*A nonna Maria, che non avrebbe compreso
granché di questo libro, ma che sapeva
capire benissimo suo nipote*

Collana di Fisica e Astronomia

A cura di:

Michele Cini
Stefano Forte
Massimo Inguscio
Guida Montagna
Oreste Nicrosini
Franco Pacini
Luca Peliti
Alberto Rotondi

Roberto Piazza

Note di fisica statistica

(con qualche accordo)

 Springer

Roberto Piazza
Dipartimento di Chimica, Materiali e Ingegneria chimica
Politecnico di Milano - sede Ponzio

UNITEXT- Collana di Fisica e Astronomia
ISSN versione cartacea: 2038-5730   ISSN elettronico: 2038-5765

ISBN 978-88-470-1964-5   ISBN 978-88-470-1965-2 (eBook)
DOI 10.1007/978-88-1965-2

Springer Milan Dordrecht Heidelberg London New York

Copertina: Simona Colombo, Milano
Impaginazione: CompoMat S.r.l., Configni (RI)
Stampa: Grafiche Porpora, Segrate (MI)

Springer-Verlag Italia S.r.l., Via Decembrio 28, I-20137 Milano
Springer fa parte di Springer Science + Business Media (www.springer.com)

Prefazione

*All'ingegner giammai farai sapere
che la fisica serve e può piacere
anche fuori dall'impianto o dal cantiere.*
Detto popolare (tra i docenti di Ingegneria)

Questo volume ha origine da una scommessa che porto avanti da un decennio, durante il quale ho svolto, presso il Politecnico di Milano, corsi di Fisica e Termodinamica Statistica per diversi indirizzi della Laurea Magistrale in ingegneria. Sono un fisico, e nella vita faccio il fisico (qualunque cosa ciò significhi), ma per una ragione o per l'altra da lungo tempo mi capita di insegnare ai futuri ingegneri e di vivere a stretto contatto con chi ingegnere lo è da tempo. Sia dei primi sia dei secondi ho un alto grado di stima e considerazione, soprattutto per la concretezza nell'affrontare i problemi, talora un po' carente, per usare un eufemismo, tra noi fisici.

C'è tuttavia un piccolo appunto che devo fare a qualche collega. Spesso, nei corsi d'ingegneria, l'apprendimento della fisica è visto soprattutto come funzionale ai successivi studi di carattere tecnico: così, ci si sforza di concentrare nel breve volgere di un semestre il maggior numero possibile di nozioni ritenute utili per il prosieguo degli studi, evitando di soffermarsi sui fondamenti di un particolare settore d'interesse fisico e, soprattutto, di mettere in luce la bellezza in sé (lasciatemi usare quest'espressione) delle teorie fisiche. Ciò è vero per la fisica moderna e quantistica, ma ancor più per la meccanica statistica, a mio avviso un po' la "Cenerentola" della formazione ingegneristica.

Se fino a qualche decennio or sono ciò era (forse) giustificabile, non lo è più alla luce dei recenti avanzamenti tecnologici: applicazioni quali le nanotecnologie, lo sviluppo di processi chimici ecosostenibili, la bioingegneria, la formulazione di farmaci innovativi, le tecnologie avanzate per gli impianti nucleari, richiedono sempre più una adeguata conoscenza dei processi fisici a livello microscopico e del comportamento termico e strutturale di materiali avanzati. Al di là di ciò, ritengo che, nel ridurre la fisica statistica a qualche nozione di base funzionale alle applicazioni, si faccia soprattutto torto a tante giovani menti brillanti, desiderose di andare alle radici del conoscere scientifico, che ho avuto il privilegio di scoprire come docente.

Così, in tutti questi anni la mia scommessa è stata quella di fornire sì quelle nozioni che si rivelano indispensabili per uno studio dei materiali e delle tecnologie avanzate, ma accompagnandole con un'indagine sui fondamenti dell'approccio statistico alla fisica dei sistemi macroscopici che non desse nulla per scontato. Sulla base dell'interesse, dell'entusiasmo e della soddisfazione che ho riscontrato in tanti studenti, credo ne sia valsa la pena.

Per rifarmi all'analogia musicale che attraversa tutto il volume, ho scelto di sviluppare gli argomenti trattati secondo un andamento "in crescendo". Se quindi nei primi capitoli il tono è colloquiale, anche a costo di risultare un po' "verboso" (peccato che riterrei comunque veniale rispetto al rischio di risultare "saccente" o "pomposo"), nei capitoli finali, diviene necessariamente più tecnico e formale, nella speranza che il lettore abbia nel contempo acquisito familiarità con i concetti di base. Il testo si rivolge in primo luogo agli studenti dei corsi di laurea magistrale in ingegneria, ma può costituire comunque un'ampia introduzione alla meccanica statistica anche per gli studenti dei corsi di laurea in fisica, chimica e scienza dei materiali. Buona parte degli argomenti presentati possono essere svolti in un corso semestrale da "dieci crediti", secondo la dicitura corrente. Le sezioni che possono essere omesse in prima lettura sono indicate con un asterisco, così come richiami, complementi e osservazioni non essenziali per la comprensione di quanto segue sono interposti tra due simboli "◊". Per come è strutturato e per la presenza di ampie sezioni introduttive che richiamano nozioni di probabilità, termodinamica, meccanica classica e fisica quantistica essenziali per una piena comprensione, credo inoltre che il volume si presti anche all'apprendimento autonomo.

Lasciatemi infine ringraziare i tanti studenti che in questi anni si sono trovati, per dovere o per piacere, a seguire i corsi da me svolti: i loro dubbi e le loro osservazioni si sono rivelati essenziali per trasformare qualche decina di pagine di appunti scritti a mano nel libro che avete sotto gli occhi. A loro, oltre che alla mia indimenticabile nonna Maria, dedico le pagine che seguono.

Milano, aprile 2011   *Roberto Piazza*

Indice

1

Suonando ad orecchio

*Ludwig Boltzmann, who spent much of his life studying
statistical mechanics, died in 1906, by his own hand. Paul
Ehrenfest, carrying on the work, died similarly in 1933.
Now it is our turn to study statistical mechanics.
Perhaps it will be wise to approach the subject cautiously.*

David L. Goodstein

Voglio aprire queste pagine con una chiara "dichiarazione d'intenti": è mia ferma intenzione attenermi strettamente al suggerimento che ci viene dalla citazio-
ne di apertura, a mio avviso uno degli *incipit* più brillanti per un libro scientifico (anche se a dire il vero un po' allarmante). Niente paura: anche se ciò di cui
parleremo ha molto a che fare con quanto chiamiamo "irreversibilità", avvicinar-
si alla fisica statistica non significa certo scivolare senza speranza verso uno stato auto-distruttivo (né fu la causa, se non in misura minore, del triste addio alla vita di Boltzmann ed Ehrenfest). Un po' di cautela, è comunque giustificata,
perché la materia che vogliamo trattare è una materia "sottile", dove sono i concetti di fondo più che i dettagli tecnici a richiedere una lenta e non sempre facile
digestione.

Quindi intraprenderemo la nostra strada con pazienza, più con il lento procedere
di un vecchio motore diesel che con il ritmo forsennato di un propulsore da Formula
1: del resto, sono questi i motori che alla fine fanno più strada!. Il paragone con
l'educazione musicale che attraversa tutto il libro non è casuale. Certo, è possibile godere di una canzone di Bob Dylan o di un pezzo degli U2 anche senza aver
mai visto uno spartito: ma è solo imparando a conoscere il linguaggio della mu-
sica, la sua ricchezza, le sue sottigliezze tecniche, che si apprezzano in pieno una
sinfonia di Mozart o un assolo di Miles Davis. Così, per comprendere il significato
profondo della visione statistica del mondo fisico che ci circonda, senza ridurla a
fumosi discorsi su complessità, caos, ordine, disordine e destino dell'Universo, che
lasceremo volentieri a tanti, troppi artisti, umanisti e filosofi (quelli che fanno la Cul-
tura con la "C" maiuscola, per intenderci), dovremo acquisire un discreto bagaglio
tecnico.

Per fortuna, ciò a cui vogliamo avvicinarci condivide con l'educazione musicale un'altro aspetto, che ci faciliterà l'avvio. Persino un semianalfabeta musicale
come me, che impiega per leggere uno spartito non molto meno tempo di quanto
i suddetti artisti, umanisti e filosofi impieghino a risolvere un'equazione di primo
grado, può permettersi di strimpellare una chitarra, suonando essenzialmente ad
orecchio. Un corrispettivo del "suonare ad orecchio" per la fisica statistica è costituito dalla termodinamica, una specie di "scienza a sé" che si fonda su pochi

Piazza R.: Note di fisica statistica (con qualche accordo).
© Springer-Verlag Italia 2011

principi elementari, non richiede complesse conoscenze pregresse e soprattutto permette di inquadrare in modo adeguato gli aspetti essenziali del comportamento di quel mondo "macroscopico" che costituisce nostra realtà quotidiana. In questo capitolo cercheremo dunque di riassumere qualche concetto elementare di termodinamica. Ma prima cerchiamo di capire quale sia veramente l'obiettivo di tutto quanto faremo.

1.1 La freccia del tempo

C'è una contraddizione apparente ma inquietante tra il nostro senso comune e le leggi della fisica. L'esperienza di tutti i giorni ci dice che il tempo "viaggia" in una precisa direzione, da quello che chiamiamo "passato" a quello che chiamiamo "futuro". Se il grande film della Natura venisse proiettato all'indietro, ce ne accorgeremmo subito: un bicchiere che cade da un tavolo va in mille pezzi, mentre non ci capita mai di vedere una miriade di frammenti di vetro ricomporsi a formare il bicchiere e risalire spontaneamente al punto da dove era caduto. Più prosaicamente, ciascuno di noi nasce, cresce, invecchia e muore[1]. I processi naturali spontanei sono perciò *irreversibili* e la direzione in cui avvengono stabilisce una "freccia del tempo"[2].

Il fatto veramente strano è che non c'è *nulla* nelle leggi microscopiche della fisica che vieti il contrario. Sia le equazioni classiche di Newton, che descrivono il mondo come una sorta di perfetto meccanismo ad orologeria, che l'equazione di Schrödinger, che invece spiega (in parte) il comportamento pazzerello di quel mondo microscopico cui la fisica moderna ci ha abituato, sono perfettamente *reversibili*: se ad un dato istante "rovesciassimo" le velocità di tutte le particelle che compongono un sistema (una nuova condizione iniziale, perfettamente ammissibile), quest'ultimo traccerebbe a ritroso il cammino percorso. Per il bicchiere, ciò significherebbe ritrasformare l'energia utilizzata per rompere il vetro (e scaldare lievemente il pavimento) in moto ordinato del centro di massa e riguadagnare quota: l'energia, in ogni caso, sarebbe conservata[3].

---

[1] Fanno ovviamente eccezione i babonzi. Si veda: Stefano Benni, *I fantastici animali di Stranalandia*.

[2] Dato che scopriremo in seguito come molti concetti "intuitivi" siano spesso ingannevoli, voglio ribadire che cosa intendo con questa espressione. Un processo è irreversibile se, quando filmato e poi riproiettato facendo girare la pellicola al contrario appare "strano", "buffo", "inverosimile" (tipo bicchieri che risalgono sul tavolo o morti che escono dalle tombe). Può sembrare un'affermazione poco scientifica, ma vi assicuro che non conosco una definizione migliore. Non è una constatazione banale: chiedetevi *con che cosa* (meglio, con l'esperienza *di chi*) state confrontando quanto osservate per ritenerlo strano, buffo, inverosimile, e se basti quindi *solo* un orologio per quantificare lo scorrere del tempo...

[3] Intendiamoci bene: ho detto che questo è un comportamento *strano*, ma non che sia necessariamente *contraddittorio* (di fatto, ho parlato di contraddizione "apparente"). Il comportamento fisico di un sistema infatti è determinato da *due* cose: le equazioni del moto e *le condizioni iniziali*. Potrebbero essere quest'ultime ad essere "strane" e a contenere il seme dell'irreversibilità. Vedremo che in parte ciò è vero, ma che non è ancora il succo del problema: l'irreversibilità sarà infatti una caratteristica del *tipo* di grandezze fisiche che ci interesseranno, che chiameremo "grandezze macroscopiche".

Scopo principale della fisica (o "meccanica") statistica è proprio risolvere questo apparente paradosso (e non è poco). Anticipando la risposta, possiamo dire che, ancora una volta, la fisica nega il senso comune. Non è rigorosamente vero che i fenomeni anomali a cui abbiamo accennato non possano succedere: *possono avvenire*, ma *con una probabilità ridicolmente bassa*, dove per "ridicolmente" intendiamo ad esempio che per vedere un bicchiere riformarsi e risalire sul tavolo dovremmo aspettare un tempo pari a molte, ma molte volte la vita dell'Universo. Per poter giustificare quest'affermazione dovremo tuttavia fare un bel po' di strada. La chiave per penetrare in questo strano mondo della fisica macroscopica è rendersi conto che dobbiamo trattare sistemi formati da un numero straordinariamente grande di particelle (dell'ordine del numero di Avogadro $\mathcal{N}_A \simeq 6 \times 10^{23}$) utilizzando le leggi dei grandi numeri, così difficili da assimilare perché ben poco intuitive. Se avrete la pazienza di seguirmi, comunque, come beneficio aggiuuntivo dovreste anche imparare ad impostare ed affrontare problemi di grande importanza per la fisica della materia. Come antipasto, cominciamo ad riesaminare in breve la "scienza principe" del mondo macroscopico, ossia la termodinamica, che è proprio l'ambito in cui la "freccia del tempo" fa la sua comparsa, anzi, in cui gioca un ruolo da prima donna. In sostanza, quanto faremo nel tempo che ci rimane, sarà proprio dare una giustificazione "microscopica" alla termodinamica. Cerchiamo quindi di richiamare gli aspetti essenziali della descrizione termodinamica di un sistema fisico.

1.1.1 Il mistero della termodinamica

Come ho già anticipato, la termodinamica è una scienza ben strana. In primo luogo si occupa di grandezze fisiche abbastanza speciali: a fianco di concetti come quello di pressione, lavoro, o energia, che conosciamo dalla meccanica, appaiono infatti nuove grandezze come la temperatura, o ancor di più l'entropia, che si possono riferire *solo al sistema nel suo complesso*. In altri termini, mentre analizzeremo ad esempio l'entropia di un gas, non ha alcun senso parlare dell'entropia di *una* delle molecole che lo compongono. La termodinamica si occupa quindi di grandezze *collettive*, che vedremo emergere in modo naturale da una descrizione statistica di un un insieme di atomi e molecole. Come vedremo, sono proprio queste grandezze collettive e macroscopiche a mostrare la freccia del tempo, mentre le quantità che si riferiscono ad una sola, o a poche molecole, soddisfano in pieno alla reversibilità microscopica delle leggi fondamentali della fisica.

In secondo luogo, basandosi su pochi principi generali, la termodinamica è in grado di trarre conclusioni su una varietà pressoché illimitata di fenomeni fisici distinti, senza aver bisogno di conoscere le complesse leggi microscopiche che li regolano. In un certo senso, la termodinamica è quasi una meta-fisica, ossia una scienza che viene prima della fisica: qualunque fisico sarebbe pronto a scommettere che, anche se dovesse cambiare (come è già cambiata, dalla meccanica classica a quella quantistica) la nostra descrizione microscopica del mondo, le leggi fondamentali della termodinamica, che affermano sostanzialmente l'esistenza di stati di equilibrio, i quali definiscono la temperatura, la conservazione dell'energia, l'irreversibilità dei processi naturali con il conseguente aumento dell'entropia, continueranno a valere[4]. Cominciamo però a chiederci che cosa intendiamo davvero per "equilibrio".

1.1.2 Equilibrio e tempi di osservazione

Con l'espressione "raggiungere uno stato di equilibrio", intendiamo in maniera intuitiva che un sistema, lasciato a se stesso, evolve spontaneamente fino a raggiunge una condizione in cui il suo comportamento *macroscopico*, cioè quello ottenuto analizzando solo grandezze che riguardano l'intero sistema o una suo sottoinsieme grande rispetto alle dimensioni e alle distanze tipiche tra le molecole (come il volume complessivo, o la pressione che il sistema esercita sulle pareti di un contenitore), non dipende più dal tempo. Se a questo punto il sistema viene messo in contatto ed interagisce con l'ambiente esterno, i suoi parametri mutano fino a raggiungere un nuovo e diverso stato di equilibrio; ciò permette di introdurre la temperatura proprio come quella quantità fisica che è uguale per due sistemi in contatto termico all'equilibrio. In realtà, il concetto di equilibrio è molto più sottile. Consideriamo ad esempio una tazzina di caffè che abbiamo appena rigirato per mescolare lo zucchero[5]. Per effetto delle forze viscose agenti nel fluido, Il liquido lentamente si ferma e raggiunge uno stato di apparente equilibrio. Tuttavia, nel giro di una mezz'ora, il caffè si raffredda fino a raggiungere un nuovo "stato di equilibrio" in cui la sua temperatura è uguale a quella della stanza. Ma è veramente equilibrio? In realtà, se aspettiamo qualche giorno, l'acqua evapora progressivamente, fino a lasciare il caffè in un nuovo stato costituito da una polvere solida finemente dispersa. Ma non è finita qui: molto lentamente (magari su una scala di migliaia o decine di migliaia di anni), i fondi di caffè (e la tazzina stessa) sublimeranno progressivamente, fino a disperdersi a loro volta come gas. Per tempi più lunghi, la sorte del caffè seguirà quella del pianeta, che non è (fortunatamente per noi) un sistema in equilibrio. L'equilibrio dunque è *relativo alla scala dei tempi su cui lo osserviamo*; ancor meglio, possiamo dire che un sistema è in equilibrio se le sue proprietà non variano apprezzabilmente *sulle scale di tempo dei fenomeni a cui siamo interessati*. Questa osservazione fondamentale dev'essere sempre ben presente quando si analizzano le proprietà termodinamiche di un sistema.

◇ Accenneremo ad esempio ad una classe di "solidi", i vetri, che veri solidi non sono. Se osservato su una scala di tempo molto lunga (ma veramente lunga, non basterebbe la pazienza di Matusalemme!) un vetro in realtà *fluisce* come un liquido, anche se si tratta di un liquido molto più "viscoso" del miele. Ciò ci spingerà a chiederci che cosa davvero distingua un "vero" solido

---

[4] L'esempio più lampante è l'analisi del comportamento dei "buchi neri" da parte di Stephen Hawking, basata in primo luogo sullo studio della loro entropia termodinamica.

[5] Devo questo semplice ma brillante esempio a Shang–Keng Ma.

da un liquido. Analogamente, discutendo nel Cap. 3 le proprietà magnetiche della materia, incontreremo situazioni di "falso equilibrio" che tali sono solo se guardate su tempi molto brevi. Queste situazioni non sono curiosità accademiche: in realtà, rendono ad esempio possibile alla commessa di un supermarket rilevare rapidamente il codice a barre di un prodotto, senza doverne battere il prezzo a mano, o utilizzare sistemi automatici per il taglio e la saldatura delle lamiere nell'industria automobilistica. In altre parole, rendono possibile realizzare quegli oggetti che chiamiamo laser. Ben poco di accademico, non vi pare? ◇

1.2 Un po' di meccanica (ma non solo)

Diremo che le pareti che costituiscono la superficie di delimitazione (il "contenitore") di un sistema fisico sono *adiabatiche* quando il sistema contenuto raggiunge l'equilibrio termico con l'esterno solo dopo tempi estremamente lunghi rispetto alle scale di tempo dei processi a cui siamo interessati[6]: chiameremo poi (termicamente) *isolato* un sistema racchiuso da un contenitore adiabatico. Vogliamo valutare il lavoro fatto *sul* sistema quando vengono variati certi *parametri esterni* che lo definiscono. Consideriamo alcuni esempi.

1.2.1 Pressione e lavoro su un fluido

Il modo più semplice per fare lavoro su di un sistema è quello di cambiarne il volume. Se il sistema è un fluido, come un gas o un liquido, e si trascurano gli effetti di superficie che discuteremo tra poco, questo è anche di solito l'unico modo per trasferire energia meccanica al sistema (dei solidi parleremo nel paragrafo che segue). Si dice anzi che un sistema è "puramente idrostatico" quando l'unico parametro esterno di controllo è il volume V. Sappiamo dalla fisica elementare che in questo caso il lavoro fatto *sul*[7] sistema quando il volume viene variato di dV è semplicemente

$$\delta W = -PdV. \tag{1.1}$$

È opportuno ricordare che P è in generale la pressione *esterna*, ossia la forza per unità di superficie applicata dall'esterno sul sistema: solo nel caso in cui la variazione di volume avvenga molto lentamente[8] P coincide con la pressione termodinamica del sistema (che, per processi veloci, può anche non essere definibile globalmente, ma solo localmente, nel sistema).

---

[6] Quindi, non è detto che il contenitore debba ad esempio essere un vaso Dewar (un "thermos"): se siamo interessati a processi che avvengono su scale di tempi molto brevi, questi processi potranno essere considerati adiabatici anche se il sistema è delimitato da pareti termicamente conduttive. L'equilibrio, lo ripetiamo, è un concetto legato ai tempi di osservazione!

[7] Attenzione a questa convenzione, che useremo sempre e che differisce da quella usuale nell'ingegneria o nella fisica tecnica!

[8] Chiediamoci sempre: lentamente rispetto a che cosa? Ovviamente, ai *tempi di riequilibrio interni* del sistema.

1.2.2 Solidi e deformazione plastica

Consideriamo un filo di lunghezza ℓ ad un estremo del quale venga applicata una forza T, mentre l'altro estremo viene mantenuto fisso, vincolandolo ad esempio ad una parete. Se il filo si allunga di $d\ell$, il lavoro compiuto sul sistema è semplicemente $\delta W = +Td\ell$, che in questo caso ha proprio la forma di una forza per uno spostamento. A questo punto, però, dobbiamo fare una distinzione importante. Se la forza applicata è sufficientemente piccola, il filo risponde in maniera elastica. Il filo è in *tensione* e, a patto di non applicare la forza esterna troppo rapidamente (altrimenti si genera un'onda longitudinale che propaga lungo il filo), questa tensione è uguale in ogni punto del filo e proprio pari a T: se il filo viene rilasciato, ritorna alla sua lunghezza iniziale e la tensione scompare. Tuttavia, ogni filo, qualunque sia il materiale di cui è fatto, presenta un punto di snervamento, cioè un valore massimo della forza applicata oltre al quale il filo "non ce la fa più" a reggere lo sforzo a cui è sottoposto, e si allunga irreversibilmente, senza più ritornare allo stato iniziale quando la forza applicata viene tolta. In altri termini, la tensione interna si "rilascia" e il filo subisce una deformazione *plastica*, che è l'effetto del lavoro compiuto da T. Questo semplice esempio può essere generalizzato: ogni solido, sottoposto ad una forza di trazione compressione esterna[9], tende a resistere elasticamente fino ad un certo punto, ma poi "cede" deformandosi plasticamente. Di solito, alla deformazione plastica è associata *anche* una variazione di volume, ma questa non rende conto di tutto il lavoro compiuto dalla forza, che in buona parte è speso per modificare la *forma* del materiale[10]. Questo tipo di lavoro su un sistema non è ovviamente presente per i fluidi, che non hanno una forma propria.

1.2.3 La tensione superficiale

Per formare una superficie di separazione tra un liquido o un solido ed un altro mezzo è necessario "spendere" energia. Questa osservazione risulta più immediata nel caso dei liquidi. Se osserviamo i gerridi, quegli insetti anche detti "pattinatori" che si muovono sulla superficie delle acque calme (e pulite) dei laghetti alpini senza affondare, ci rendiamo conto di come la superficie di un liquido si comporti come

---

[9] Ma anche ad una "forza di taglio", come ad esempio quando cerchiamo di deformare un cubo spingendo due facce opposte lungo una stessa direzione che giace sul piano delle facce stesse, ma con verso opposto.

[10] Non è neppure necessario che *ci sia* una variazione di volume. Proprio quei materiali come le gomme che presentano un elevatissimo grado di elasticità hanno la proprietà di non cambiare praticamente di volume quando vengono compressi o "stirati". In generale, il cambiamento di volume di un solido soggetto a trazione o compressione lungo una direzione è quantificato da un coefficiente detto modulo di Poisson ν, che è il rapporto tra la deformazione del materiale lungo la direzione trasversa alla forza applicata e quella assiale. Per le gomme, $\nu \simeq 0.5$, che corrisponde ad una deformazione senza variazione di volume, mentre un caso opposto è quello del sughero, che si comprime senza dilatarsi nelle altre direzioni (cosa estremamente utile per tappare le bottiglie!) e per il quale $\nu \simeq 0$. Di recente, sono stati realizzati materiali di notevole interesse applicativo per cui il modulo di Poisson è addirittura *negativo*, ossia che, quando schiacciati lungo una direzione, si comprimono anche lungo le direzioni trasverse!

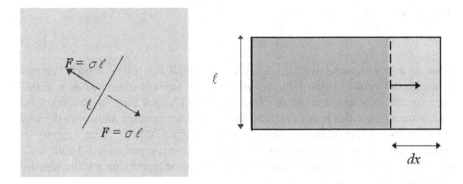

Fig. 1.1 Tensione superficiale come forza per unità di lunghezza o energia per unità di superficie

una sorta di "membrana elastica", simile a quella di un palloncino gonfiato, ossia è in tensione[11]. Analogamente, se osservate una goccia che si forma all'estremità di un rubinetto mal chiuso che gocciola lentamente, potrete notare che per un po' di tempo la goccia non cade, anche se sottoposta alla forza peso, aderenendo alla bocca del rubinetto come se fosse trattenuta da una membrana elastica. Ancora, se immergete un pennello da pittura in un bicchiere d'acqua tirandolo poi fuori, sapete che le setole del pennello rimangono appiccicate tra di loro, serrate insieme dal film di acqua che le bagna, che si comporta come una specie di "colla". In tutti questi casi, la superfice dell'acqua si comporta proprio come un elastico. Per quantificare questa tensione, pensiamo di praticare un "taglio" sulla superficie con un ideale "bisturi molecolare" che elimini le forze d'interazione tra le molecole che si trovano da bande opposte rispetto al taglio (si veda la Fig. 1.1). Come nel caso di un palloncino gonfiato, i lembi del taglio tenderanno al allontanarsi con una forza che sarà ovviamente proporzionale alla lunghezza ℓ del taglio, e che scriveremo:

$$F = \sigma\ell,$$

dove la forza per unità di lunghezza σ è detta *tensione superficiale* del liquido[12]. Per estendere, come in figura, un film di liquido di lato ℓ di un tratto dx dobbiamo

---

[11] Microscopicamente, ciò è dovuto al fatto che mentre le forze attrattive, dovute alle altre molecole, a cui è soggetta una molecola che si trovi all'interno del fluido sono distribuite in modo isotropo, questo non vale per le molecole che si trovano sulla superficie e che "sentono" solo le interazioni con le molecole che si trovano da una banda della superficie. Ciò dà origine ad un effettiva coesione superficiale, che corrisponde ad un'energia per creare la superficie (proprio perché alcune molecole vengono "private" di parte delle interazioni con le altre).

[12] Per essere più precisi la tensione superficiale si riferisce ad una superficie di separazione tra il liquido ed il suo vapore saturo in equilibrio (non cambia molto se con tale termine ci riferiamo anche alla separazione tra liquido ad aria circostante, anche se questa non è esattamente in equilibrio con il liquido). Nel caso in cui si consideri invece la superficie di separazione tra *due* liquidi (o tra un solido ed un liquido) si parla più propriamente di *tensione interfacciale*.

fare un lavoro $\delta W = \sigma \ell dx$, ossia:

$$\delta W = \sigma dA, \tag{1.2}$$

dove dA è la variazione dell'area superficiale. Quindi la tensione superficiale può essere anche pensata come *l'energia per unità di superficie del liquido* e si misura quindi indifferentemente in N/m o J/m^2. L'acqua pura, ad esempio, ha una tensione superficiale nei confronti dell'aria (a temperatura ambiente) di circa 70×10^{-3} N/m[13], ossia un'energia superficiale di circa 70×10^{-3} J/m^2, mentre liquidi non polari come gli idrocarburi hanno una tensione superficiale 3-4 volte inferiore. Un caso estremo è quello del mercurio, che come sapete è un metallo liquido, per il quale $\sigma \simeq 0.5$ N/m.

◇ **Pressione di Laplace.** Il fatto che la tensione superficiale corrisponda alla quantità di energia che è necessario "spendere" per creare una superficie unitaria ci spiega perché una goccia di pioggia o una bolla d'aria che risale un *flûte* di spumante[14] siano sferiche, a patto che non si muovano troppo rapidamente: a parità di volume, questa è ovviamente la forma che riduce al minimo la superficie di contatto tra acqua ed aria. Ciò che forse non vi è noto, è che la pressione dell'aria nella bolla (o nella goccia) non è uguale a quella esterna, ma lievemente *maggiore*. La cosa dovrebbe esservi chiara se pensate alla bolla come ad un palloncino elastico, dato che per gonfiarlo dovete soffiarci dentro, incrementando la pressione rispetto a quella esterna, ma cerchiamo di quantificare quanto valga questa differenza di pressione ΔP, che si dice *pressione di Laplace*. La spinta dovuta alla differenza di pressione deve proprio bilanciare la tendenza della bolla a contrarsi dovuta alla tensione superficiale. In altri termini, la bolla deve essere in una condizione di equilibrio meccanico sotto l'effetto di queste due forze contrastanti. Ciò significa, che se aumentiamo il raggio r della bolla di di una quantità infinitesima dr la sua energia non deve variare (ossia $\partial E / \partial R = 0$, che è la condizione di equilibrio). Pertanto il lavoro necessario ad aumentare la superficie sarà esattamente uguale a quello fatto dalla differenza di pressione tra interno ed esterno. Dato che d$V = 4\pi r^2 dr$ e d$S = 8\pi r dr$, dobbiamo cioè avere:

$$-\Delta P 4\pi r^2 dr + 8\pi r dr = 0,$$

ossia:

$$\Delta P = \frac{2\sigma}{r}. \tag{1.3}$$

Notate come la pressione di Laplace sia tanto più grande quanto più *piccolo* è il raggio della bolla. Ad esempio, mentre la pressione interna di una goccia d'acqua con un raggio di 1 mm è superiore a quella esterna di solo 140 Pascal (l'1,4 per mille della pressione atmosferica), la pressione di Laplace di una bolla del raggio di 1 μm sarebbe di 1,4 atmosfere (come dire, l'eccesso di pressione a cui siete sottoposti quando vi immergete alla profondità di 14 m!). Vedremo come ciò abbia notevoli effetti sul modo in cui l'acqua per la pasta bolle in pentola. L'espressione per la pressione di Laplace può essere generalizzata senza troppa difficoltà al caso in cui si abbia a che fare con una superficie chiusa non sferica, ma per i nostri scopi quanto abbiamo detto è più che sufficiente. ◇

Nel caso di un solido le cose sono più complicate, dato che la forza necessaria a deformare la superficie dipende in generale dall'orientazione della superficie rispetto

---

[13] La presenza di quantità anche piccole di impurezze superficiali, ad esempio di detergenti (tensioattivi), può però abbassare sensibilmente questo valore, facendo "affondare" gli sfortunati gerridi (se non ci credete, cercate su *YouTube*: qualcuno questo triste scherzetto lo ha fatto per davvero!).

[14] O del suo equivalente francese, ovviamente, ma cerchiamo una volta tanto di essere un po' campanilisti!

agli assi cristallini e dalla direzione dello sforzo: lo scalare σ viene ad essere sostituito da un *tensore* che lega lo sforzo alla deformazione della superficie. In quanto segue, non ci occuperemo di superfici solide, per cui non approfondiremo questo aspetto.

◇ **Wetting.** C'è però un fenomeno di grande importanza che riguarda la tensione interfacciale tra un solido e un liquido, che è quello del bagnamento (o, per usare l'espressione inglese più comune, dei fenomeni di *wetting*), cui vale la pena di far cenno. Che cosa vuol dire che un liquido "bagna" una superficie solida? Con ciò intendiamo che il liquido si "sparge" sulla superficie formando un film sottile. Al contrario, se il liquido si raggruppa sulla superficie sotto forma di goccioline separate, si dice che il wetting è solo parziale. Per capire quanto questi effetti siano rilevanti dal punto di vista tecnologico, pensate solo a quello che *non* vogliamo che accada quando verniciamo una parete o la carrozzeria dell'auto, oppure a quanto sia importante che un colorante si stenda rapidamente ed uniformemente su un filato. Cerchiamo allora di capire in quali condizioni un liquido bagna una superficie, cominciando a chiederci che forma assumerà una goccia in condizioni di wetting parziale. La Fig. 1.2 mostra una goccia appoggiata su una superficie, che forma una calotta sferica più o meno "schiacciata" a seconda del valore dell'*angolo di contatto* θ che il liquido forma con la superficie. Che cosa determina l'angolo di contatto? Il bordo circolare della goccia a contatto con la superficie è sottoposto a tre forze. Da una parte c'è la tensione interfacciale tra liquido e solido σ_{LS} che vorrebbe ridurre la superficie di contatto tra i due mezzi (appunto perché ciò comporta un'energia σ_{LS} per unità di superficie). Questa è però contrastata dalle tensione interfacciale σ_{GS}, che per le stesse ragioni vorrebbe limitare la superficie di contatto tra il solido e l'aria. D'altra parte, anche gas e liquido non sono felici di essere a contatto, e ciò dà origine ad una forza che tende a far "ritirare" la goccia. Quest'ultima sarà diretta come la tangente alla goccia nel punto di contatto e proporzionale alla tensione interfacciale σ_{GS}, che praticamente coincide con la tensione superficiale del liquido. La goccia assumerà una forma di equilibrio quando le componenti lungo l'orizzontale di queste tre forze si bilanciano, ossia quando

$$\sigma_{LS} + \sigma_{GL} \cos \theta = \sigma_{GS},$$

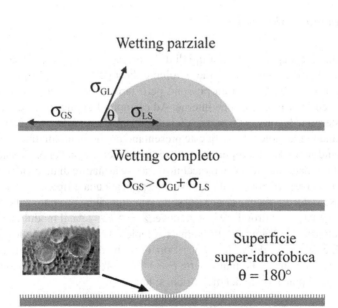

Wetting parziale

σ_{GL} σ_{GS} θ σ_{LS}

Wetting completo

$\sigma_{GS} > \sigma_{GL} + \sigma_{LS}$

Superficie
super-idrofobica
$\theta = 180°$

Fig. 1.2 Fenomeni di bagnamento

per cui l'angolo di contatto all'equilibrio sarà dato da:

$$\cos \theta = \frac{\sigma_{GS} - \sigma_{LS}}{\sigma_{GL}}. \tag{1.4}$$

Se il termine a secondo membro aumenta, l'angolo di contatto si riduce, fino ad annullarsi quando $\sigma_{GS} - \sigma_{LS} = \sigma_{GL}$. Quando $\sigma_{LS} + \sigma_{GL} \leq \sigma_{GS}$ formare *due* superfici di contatto, una tra liquido e solido e l'altra tra liquido ed aria, diviene più "economico" in termini di energia rispetto al costo della sola superficie solido/aria originaria, per cui il liquido si sparge progressivamente formando un film che ricopre la superficie solida. Man mano che il liquido si spande, questo film diviene molto sottile, fino a potersi ridurre in linea di principio a spessori molecolari. In pratica, tuttavia, l'espansione del film, avviene sempre più lentamente ed è fortemente influenzato dalla presenza di irregolarità sulla superficie. Di fatto, la *dinamica* dei processi di wetting è un fenomeno estremamente complesso, analizzato solo di recente. Per molti impieghi tecnologici, è al contrario interessante realizzare superfici che *non* si bagnino, ossia, nel caso in cui il liquido sia acqua, che siano il più possibile idrorepellenti. Per molti materiali, l'angolo di contatto può ovviamente superare i 90°, situazione in cui la goccia ha una forma semisferica. Nel caso in cui il liquido sia acqua, si dice in questo caso che la superficie è *idrofobica* (se $\theta < 90°$ si parla invece di superficie *idrofilica*). Tuttavia, per quanto in linea teorica potrebbero esistere superfici per cui $\theta = 180°$, anche su materiali plastici fortemente idrofobici come il Teflon^{TM} l'angolo di contatto non supera in genere i 120°. Curiosamente, ciò avviene al contrario in natura, ad esempio per le foglie di talune piante acquatiche come il fior di loto, sulle quali le goccioline di pioggia assumono una forma perfettamente sferica. Il segreto di queste foglie è di non essere per nulla lisce, ma al contrario di avere una superficie ricoperta da tantissimi "spunzoncini" delle dimensioni di pochi micron, sui quali la gocce si appoggiano senza toccare la superficie sottostante. Negli ultimi anni, si è sviluppato un grande interesse verso lo sviluppo di superfici "microstrutturate" che mimino in qualche modo la struttura delle foglie di loto. $\lozenge$

1.2.4 Omaggio a Maxwell

Finora ci siamo occupati di diversi tipi di di lavoro *meccanico*, in cui facciamo variare un parametro geometrico, come il volume, la superficie, o la lunghezza di un filo. Forze esterne di altra natura possono però fare lavoro su di un sistema modificandone certe proprietà fisiche interne. Ad esempio, l'applicazione di un campo elettrico esterno fa lavoro su un mezzo dielettrico *polarizzandolo*, cioè, come vedremo, orientandone le molecole, se queste presentano un momento di dipolo elettrico, o trasformandole in piccoli dipoli, se tali originariamente non sono. Consideriamo ad esempio un materiale dielettrico racchiuso tra due armature di un condensatore di area A e con una separazione ℓ, al quale venga applicata una differenza di potenziale $\Delta V = E\ell$. Se si accumula una carica dQ sulle armature, il lavoro fatto sul condensatore è $\delta W = E\ell dQ$. D'altronde $Q = \mathscr{D}A$, dove $\mathscr{D} = \varepsilon_0 E + \mathscr{P}$ è il modulo del vettore induzione elettrica (o "campo elettrico macroscopico") che compare nelle equazioni di Maxwell e $\mathscr{P}$ quello del vettore polarizzazione, che è la polarizzabilità per unità di volume del dielettrico. Pertanto, detta $P = V\mathscr{P} = A\ell\mathscr{P}$ la polarizzazione (ossia il momento di dipolo) *totale* del dielettrico, si ha:

$$dQ = \left(\varepsilon_0 dE + \frac{dP}{V}\right)A \Longrightarrow \delta W = V\varepsilon_0 E dE + E dP.$$

Il primo termine a secondo membro rappresenta il lavoro fatto sul condensatore in assenza del dielettrico (lavoro sul vuoto). Il lavoro fatto *sul dielettrico* sarà allora:

$$\delta W = E \mathrm{d}P. \tag{1.5}$$

In seguito, ci occuperemo per esteso delle proprietà magnetiche della materia, e vedremo che molti materiali possono magnetizzarsi in presenza di un campo magnetico esterno, mantenendo talora una magnetizzazione finita anche quando il campo viene tolto. Per ora osserviamo che, analogamente a quanto avviene per i campi elettrici, anche i campi magnetici fanno lavoro variando la magnetizzazione di un mezzo. Consideriamo un solenoide costituito da N spire, avvolto attorno ad un nucleo toroidale di materiale magnetizzabile di sezione A e lunghezza della circonferenza L, in cui un generatore fa circolare una certa corrente. Se si fa variare la corrente (ad esempio tramite un reostato), varia il campo magnetico B generato dal solenoide e si ha una forza elettromotrice autoindotta $\mathscr{E} = -NA(\mathrm{d}B/\mathrm{d}t)$. Questa, a sua volta, facendo circolare corrente che trasporta una carica $\mathrm{d}Q$, fa un lavoro pari a $\mathscr{E}\mathrm{d}Q$ (lavoro fatto *dal* solenoide). Il lavoro fatto sul solenoide è allora:

$$\delta W = -\mathscr{E}\mathrm{d}Q = NA\frac{\mathrm{d}B}{\mathrm{d}t}\mathrm{d}Q = NAi\mathrm{d}B,$$

dove i è la corrente autoindotta. Se allora introduciamo il campo $H = (N/L)i$ generato dalla bobina, ricordiamo che $B = \mu_0(H + \mathscr{M})$, con $\mathscr{M}$ modulo del vettore magnetizzazione, e scriviamo $\mathscr{M} = M/V$, dove M è la magnetizzazione totale del materiale e $V = AL$ il volume del materiale magnetico, abbiamo:

$$\delta W = V\mu_0 H \mathrm{d}H + \mu_0 H \mathrm{d}M.$$

Osservando che il primo termine è di nuovo il lavoro fatto sul vuoto e che $\mu_0 H = B_0$, campo esterno al solenoide, il lavoro sul materiale magnetico è:

$$\delta W = B_0 \mathrm{d}M. \tag{1.6}$$

Gli esempi precedenti mostrano come il lavoro fatto su un sistema si possa scrivere in generale nella forma:

$$\delta W = \sum_i X_i \mathrm{d}x_i, \tag{1.7}$$

dove le variazioni dei parametri $\mathrm{d}x_i$ giocano il ruolo di *spostamenti generalizzati*, e le grandezze X_i associate quello di *forze generalizzate*. Per un sistema isolato, il lavoro fatto dalle forze generalizzate è l'unico modo per cambiare *l'energia interna* E del sistema. Si ha cioè $\mathrm{d}E = \delta W$ e quindi:

$$X_i = \left(\frac{\partial E}{\partial x_i}\right)_{x_{j \neq i}} \tag{1.8}$$

(dove intendiamo che gli altri spostamenti generalizzati vengano mantenuti costanti). Notiamo che mentre i parametri x_i quali il volume, la superficie, la polarizzazione e la magnetizzazione totale sono *grandezze estensive*, cioè proporzionali al numero N di molecole che costituiscono il sistema, le forze generalizzate sono *grandezze intensive*, cioè indipendenti dal numero di componenti del sistema (ad esempio "duplicando" un sistema ed unendo i due sistemi a formare un sistema unico, la pressione non varia)[15].

1.3 Entra in scena la primadonna: l'entropia

1.3.1 La natura del calore

Come abbiamo detto, la termodinamica introduce nuove grandezze fisiche che si riferiscono ad un sistema nel suo complesso. In questo paragrafo faremo un primo incontro con un personaggio destinato a divenire la "primadonna" della nostra rappresentazione, o per altri versi la chiave di violino che ci permetterà di leggere lo spartito su cui è scritto il melodramma che passa sotto il nome di meccanica statistica: l'entropia. Anche se dovremo fare un bel po' di strada prima di capire che cosa sia veramente, vedremo che il concetto di entropia ci permetterà di guardare la temperatura sotto una nuova prospettiva.

Per introdurre il concetto di entropia in termodinamica, dobbiamo considerare sistemi che non siano isolati, ma possano al contrario scambiare energia con l'esterno per via "microscopica", senza che apparentemente il sistema compia o riceva lavoro: a questa forma "invisibile" di trasferimento di energia si dà, come sapete, il nome di scambi di *calore*. Diremo quindi *chiuso* un sistema che può scambiare calore (ma non materia) con l'esterno e che, attraverso questi scambi che indicheremo con δQ, venga mantenuto in equilibrio con un serbatoio (ossia con un altro sistema di massa molto grande rispetto a quello che consideriamo) ad una temperatura T. L'esistenza di un nuovo modo di trasferire l'energia implica che, per un sistema chiuso, il lavoro compiuto da o sul sistema venga a dipendere dalla particolare trasformazione seguita, ossia dal percorso compiuto dal sistema per passare da uno stato iniziale A ad uno finale B. In altri termini, il lavoro compiuto per passare da A a B non può essere calcolato come la differenza tra i valori che una certa funzione, l'energia interna del sistema, assume nei due stati. Matematicamente, ciò significa che δW non è un differenziale esatto, che è la ragione per cui, fin dall'inizio non abbiamo scritto il lavoro infinitesimo come dW. Pertanto, se vogliamo conservare (e ne val la pena) il concetto di energia interna di un sistema, dobbiamo dire che la sua variazione è pari al bilancio degli scambi di lavoro e calore:

$$\mathrm{d}E = \delta W + \delta Q,$$

---

[15] Non tutte le variabili intensive hanno però il ruolo di forze generalizzate: ad esempio sono grandezze intensive, ma non forze generalizzate, le *densità*, ottenute dividendo un parametro estensivo per il numero di molecole, come ad esempio il volume per particella $v = V/N$, o il suo reciproco, il numero di particelle per unità di volume (che spesso chiameremo semplicemente "densità") $\rho = N/V$.

espressione che passa sotto il nome di *I principio della termodinamica*, dove anche δQ non è in generale un differenziale esatto (ossia anche il calore scambiato dipende dalla trasformazione).

A ben vedere, quindi, il I principio della termodinamica è poco più che una *definizione* di calore: per evitare che una parte dell'energia interna compaia o scompaia misteriosamente, introduciamo una sorta di stampella, lo scambio di calore, che pareggia il bilancio. Tuttavia, nel caso del lavoro siamo riusciti a trovare un legame tra δW e la variazione di grandezze estensive geometriche come il volume o interne come la polarizzazione. È possibile fare qualcosa di simile per δQ? Per farlo, dobbiamo introdurre il concetto di trasformazione *reversibile*, ossia di una trasformazione che possa avvenire ugualmente in una direzione o in quella opposta. Questo proposta può lasciarvi di primo acchito perplessi: non avevamo detto che lo scopo principale della termodinamica è descrivere, pur senza capirne il *perché*, quelle trasformazioni naturali che hanno solo lungo una direzione precisa ossia la misteriosa freccia del tempo di cui ci vogliamo occupare? Verissimo: tuttavia, molte trasformazioni divengono "quasi" reversibili, purché compiute con sufficiente "delicatezza". Con ciò intendo dire che, se ad esempio facciamo del lavoro su un sistema applicandogli una pressione, la differenza tra la pressione che applichiamo e quella del sistema in equilibrio deve essere molto piccola. Oppure, che per trasferire o sottrarre calore al sistema, dobbiamo farlo ponendolo a contatto con dei serbatoi la cui temperatura differisca molto poco da quella del sistema. In genere, proprio perché le differenze di pressione o temperatura sono molto piccole, queste trasformazioni sono molto lente. Verrebbe quasi da dire che una trasformazione quasi-reversibile è una trasformazione estremamente lenta, se non fosse che non sappiamo *rispetto a che cosa* debba essere lenta.

Comunque, da un'analisi accurata degli scambi di calore nei cicli termici (quelli delle macchine termiche o dei sistemi refrigeranti) si deduce che, se le trasformazioni avvengono in modo (quasi) reversibile, è di fatto possibile ottenere un differenziale esatto a partire dal calore scambiato *purché lo si rapporti alla temperatura (assoluta) a cui avviene lo scambio*. In altri termini l'integrale

$$\int_A^B \left(\frac{\delta Q}{T} \right)_{rev}$$

dipende solo dallo stato iniziale e da quello finale, e può quindi essere valutato come la differenza $S(B) - S(A)$ dei valori in A e B di una nuova variabile di stato S, che diremo *entropia*[16]. La variazione di entropia in una trasformazione infinitesima è quindi data da:

$$dS = \left(\frac{\delta Q}{T} \right)_{rev} \tag{1.9}$$

---

[16] Pertanto, se si compie un *ciclo* termodinamico reversibile, ossia se si torna allo stato di partenza, si ha

$$\oint_{rev} \frac{\delta Q}{T} = 0.$$

Sotto questa forma, questo risultato è noto come teorema di Clausius.

dove ho messo di nuovo in evidenza il fatto che, per valutare dS, è necessario che la trasformazione sia reversibile. In queste condizioni, la variazione di energia interna si scrive allora:

$$dE(x_i, S) = \sum_i X_i(x_i, S)dx_i + T(x_i, S)dS, \qquad (1.10)$$

dove E, le X_i e la temperatura sono pensate come funzioni dell'entropia e degli spostamenti generalizzati, che sono le variabili indipendenti.

Osservando la forma di questa espressione, notiamo come si possa tener conto degli scambi termici del sistema considerando l'entropia come un nuovo "spostamento generalizzato" e la temperatura come la forza generalizzata associata alle variazioni di entropia. È facile dare un significato fisico a questa espressione. Supponiamo di avere ad esempio un gas racchiuso in due contenitori C_1 e C_2 separati da un pistone mobile. Se la pressione in C_1 è maggiore che in C_2, il pistone si muove così da far espandere il volume di C_1 e contrarre quello di C_2, fino a quando le pressioni nei due contenitori sono uguali. La differenza di pressione è quindi proprio la forza che "sposta il volume". Nello stesso modo, se C_1 e C_2 sono separati da una parete questa volta fissa, ma che permette il passaggio di calore, e C_1 contiene un gas a temperatura maggiore di quello contenuto in C_2, del calore (e quindi dell'entropia) passerà da C_1 a C_2 fino a quando le temperature non saranno uguali. La differenza di temperatura è quindi proprio la forza che "sposta l'entropia".

Notiamo che, dalla (1.10), otteniamo una nuova interpretazione del concetto di temperatura:

$$T = \left(\frac{\partial E}{\partial S}\right)_{x_i} \implies \frac{\partial S}{\partial E} = \frac{1}{T}$$

ossia il tasso con cui varia l'entropia in funzione dell'energia del sistema è pari al reciproco della temperatura assoluta. Ma in termodinamica, la temperatura assoluta è una quantità *positiva*: pertanto, *l'entropia è una funzione crescente dell'energia del sistema*. Vedremo in seguito il significato microscopico di questo risultato.

1.3.2 Entropia ed irreversibilità

Una conseguenza fondamentale dello studio delle macchine termiche, è tuttavia che lavoro e calore, pur costituendo entrambi forme di scambio di energia, non hanno "pari dignità". Mentre infatti è sempre possibile trasformare integralmente una certa quantità di lavoro in calore, il contrario non è vero: in un ciclo termico, parte del calore deve essere necessariamente ceduto ad una seconda sorgente di calore a temperatura inferiore a quella da cui viene prelevato. Insomma, il calore è una valuta "meno nobile" del lavoro. Questo è il contenuto del *II principio* della termodinamica, almeno nella sua formulazione più diretta dovuta a Kelvin. Già in questa forma, il II principio contiene in sé il "germoglio" della freccia del tempo, dato che afferma l'irrealizzabilità di un processo (la trasformazione completa di calore in lavoro) che, in termini energetici, è del tutto equivalente al processo inverso. Il germoglio poi sboccia in pieno quando si osserva, come dimostrò Rudolf Clausis, che questo principio è del tutto equivalente ad affermare che *non esistono processi spontanei il cui unico risultato sia il passaggio di calore da un corpo freddo ad uno più caldo*: eccoci qui, la freccia del tempo è bell'e servita!

Ma è la combinazione del II principio con l'osservazione che i processi naturali spontanei *non sono* reversibili a fornire il risultato più significativo, che ci dice *quale sia* la direzione indicata dalla freccia del tempo. I processi irreversibili possono essere di diversa natura. Vi sono ad esempio trasformazioni di tipo "meccanico", come l'espansione libera di un gas, l'agitazione di un liquido, la dissipazione di energia in un resistore per effetto Joule, che "termico", come il passaggio di calore tra due serbatoi mantenuti ad una differenza finita di temperatura, che "chimico", come una reazione spontanea, la solubilizzazione di un solido, il miscelamento spontaneo di gas e liquidi. Tutti però, come vedremo, presentano in comune una caratteristica fondamentale per quanto riguarda le variazioni di entropia. Cerchiamo di scoprirlo esaminando in particolare due di questi processi[17].

Irreversibilità meccanica. Supponiamo di agitare vivacemente dell'acqua racchiusa in un contenitore che è posto in contatto con un serbatoio di calore ad una certa temperatura (ad esempio immerso in una piscina che ne mantiene la temperatura costante). Il lavoro che compiamo si trasforma in moto (energia cinetica del fluido) ma poi, come ben sappiamo, l'acqua progressivamente si ferma. Dall'esperienza, sappiamo che questa è una trasformazione irreversibile: non capita mai di vedere un bicchier d'acqua sottrarre calore ad un serbatoio ed impiegarlo per mettere in agitazione il nostro dito! Ma dove è andato a finire il lavoro W che abbiamo fornito? Dato che la temperatura dell'acqua nel contenitore non può variare, deve essersi interamente trasformato in calore ceduto dal contenitore al serbatoio. Per il primo principio, quindi, l'energia interna del sistema non è cambiata e, poiché l'acqua è tornata al suo stato iniziale, neppure la sua entropia, ossia $\Delta S_s = 0$ (dove il pedice s sta per "sistema"). Tuttavia, l'entropia del serbatoio (che indicheremo sempre con ΔS_r, dove il pedice r sta per *reservoir*) è cresciuta per effetto dell'assorbimento di una quantità di calore $Q = W$. Dato che la temperatura del serbatoio è costante, si ha semplicemente $\Delta S_r = +Q/T$. Quindi, in questa trasformazione irreversibile, l'entropia *totale* del sistema più serbatoio è *aumentata*: $\Delta S = \Delta S_s + \Delta S_r = +Q/T$.

Irreversibilità termica. Supponiamo ora di connettere con una sottile barretta metallica (il sistema) due grosse masse (i serbatoi S_1 ed S_2) mantenute a temperature diverse $T_1 > T_2$. In brevissimo tempo, la barretta verrà a trovarsi in una condizione stazionaria, caratterizzata da un profilo lineare di temperatura che va da T_1 all'estremo a contatto con la massa 1, fino a T_2 all'altro estremo. Dopo questo transiente, lo stato della barretta non subirà più variazioni apparenti: ciò che essa fa, non è altro che trasferire per conduzione termica ad S_2 tutto il calore Q prelevato in un certo tempo da S_1. Pertanto il suo stato e quindi la sua entropia non variano. Al contrario, S_1 *perde* nello stesso tempo una quantità di entropia $-Q/T_1$, mentre S_2 guadagna

---

[17] Altre due situazioni, l'espansione libera di un gas e il miscelamento di due fluidi, saranno trattate in dettaglio in seguito.

una quantità di entropia $+Q/T_2$. Ancora una volta, dato che $T_1 > T_2$, la variazione *totale* di entropia è positiva.

$$\Delta S_s + \Delta S_1 + \Delta S_2 = \frac{Q}{T_2} - \frac{Q}{T_1} > 0.$$

Vediamo quindi che in entrambi i casi l'entropia *complessiva* del sistema più ciò che lo circonda aumenta. Questa è una caratteristica comune a tutti i processi irreversibili. Utilizzando il II principio, si può in realtà ottenere un risultato ancora più interessante: in ogni trasformazione irreversibile la variazione di entropia del sistema (che si deve calcolare utilizzando una trasformazione *reversibile* che connetta gli stessi stati) è *maggiore* della somma degli scambi di calore del sistema rapportati alla temperatura di scambio[18]:

$$\Delta S \geq \int_{irr} \frac{\delta Q}{T}. \tag{1.11}$$

Se applichiamo questo risultato al caso particolare di un sistema isolato (che *non* scambia calore con l'esterno) in cui avvengano trasformazioni interne irreversibili, otteniamo che, nei processi spontanei l'entropia del sistema cresce sempre (o meglio, non può decrescere), ossia il ben noto e spesso bistrattato "principio dell'aumento dell'entropia". La freccia del tempo quindi "punta" nella direzione dell'aumento dell'entropia, cioè distinguiamo il passato dal futuro di un sistema isolato (o li *definiamo* come tali) guardando come cambia la sua entropia: il verso "giusto" è quello in cui cresce. L'entropia dunque diviene l'indiziato numero uno per il crimine di assassinio delle leggi microscopiche reversibili della fisica. Varrà dunque la pena di metterci nei panni di Sherlock Holmes per compiere un'indagine che, per anticipare il finale del giallo, ci porterà a concludere che l'imputato è innocente: non per non aver commesso il fatto, ma perché il fatto non sussiste. Notiamo infine che lo stato di sistema isolato è "controllato" dai valori delle grandezze il cui valore è fissato, ossia in primo luogo dalla sua energia interna, oltre che dal suo volume, dal numero di particelle che lo compongono, più eventualmente altre grandezze estensive come la superficie totale, se teniamo conto degli effetti di superficie, o il valore della polarizzazione o della magnetizzazione, se vi sono effetti elettrici o magnetici. In altri termini, sono questi i parametri che determinano completamente lo stato termodinamico del sistema. *Quale* sia lo stato che corrisponde effettivamente all'equilibrio ce lo dice però il II principio: dato che fino a quando avvengono trasformazioni interne (cioè fino a quando il sistema non raggiunge l'equilibrio) l'entropia decresce (o comunque non cresce), lo stato di equilibrio sarà quello corrispondente al *massimo dell'entropia*.

---

[18] Applicata ad un ciclo, la (1.11) mostra che, nel caso di trasformazioni generiche, il teorema di Clausius si scrive

$$\oint_{rev} \frac{\delta Q}{T} \leq 0.$$

◇ **Rapidità ed irreversibilità.** Abbiamo detto che una trasformazione, per essere reversibile, deve essere estremamente lenta. Cerchiamo di vedere come la rapidità, che è sintomo di irreversibilità, faccia a pugni con quello che si chiama *rendimento* η di un motore termico, dato del rapporto tra il lavoro $|W|$ *fatto* dal motore[19] ed il calore che assorbe per compierlo (quanto di fatto dobbiamo "pagare" per ottenere tale lavoro). Se il motore fornisce lavoro compiendo un ciclo (altrimenti che motore è?), assorbendo calore $+|Q_c|$ da una sorgente a temperatura assoluta T_c e cedendone (necessariamente, per il II principio) una parte $-|Q_f|$ ad un'altra sorgente, ad esempio l'ambiente, a temperatura $T_f < T_c$ si ha dunque, per il primo principio:

$$\eta = \frac{|W|}{|Q_c|} = 1 - \frac{|Q_f|}{|Q_c|}.$$

In un ciclo completo, l'entropia del motore non varia, mentre quella delle due sorgenti, in maniera analoga a quanto visto nell'esempio precedente dev'essere:

$$\frac{|Q_f|}{T_f} - \frac{|Q_c|}{T_c} \geq 0 \implies \frac{|Q_f|}{|Q_c|} \geq \frac{T_f}{T_c} \implies \eta \leq 1 - \frac{T_f}{T_c}.$$

Il massimo rendimento corrisponde quindi a quello di un ciclo di Carnot reversibile, in cui la macchina viene portata, attraverso trasformazioni adiabatiche, alle temperature dei due serbatoi con cui scambia di calore. Il problema è che, se il sistema si trova *esattamente* alla temperatura del serbatoio, lo scambio di calore è di fatto nullo, perché il flusso di temperatura è, con buona approssimazione, proporzionale alla differenza di temperatura tra serbatoio e sistema. Per aumentare la velocità è quindi necessario sacrificare in parte l'efficienza.

Supponiamo ad esempio di voler massimizzare la *potenza* generata dalla macchina, ossia il rapporto tra il lavoro fornito ed il tempo necessario a compiere un ciclo. Per far questo, quando a contatto con i due serbatoi, il sistema dovrà trovarsi a due temperature $T_c' < T_c$ e $T_f' > T_f$. Quindi il rendimento della macchina sarà:

$$\eta \leq 1 - \frac{T_f'}{T_c'} = 1 - (1 + \delta)^2 \frac{T_f}{T_c},$$

dove ho supposto per semplicità $T_c/T_c' = T_f'/T_f = 1 + \delta$. Se supponiamo che T_c' e T_f' non si discostino troppo dalle temperature dei serbatoi, ossia che $\delta \ll 1$, abbiamo dunque per il *massimo* rendimento possibile (al primo ordine in δ):

$$\eta \simeq \eta^{id} - 2\delta \frac{T_f}{T_c},$$

dove η^{id} è il rendimento del ciclo ideale. Dato che i flussi di calore saranno proporzionali a $|T_c - T_c'|$ e $|T_f' - T_f|$, il tempo τ necessario per scambiare calore con le due sorgenti sarà proporzionale a:

$$\tau \propto \frac{|Q_c|}{T_c - T_c'} + \frac{|Q_f|}{T_f' - T_f}.$$

D'altronde, in termini dell'entropia scambiata dal sistema possiamo scrivere $|Q_c| = T_c' \Delta S$ e $|Q_f| = T_f' \Delta S$, quindi si ha anche:

$$\tau \propto \frac{T_c'}{T_c - T_c'} + \frac{T_f'}{T_f' - T_f} = \frac{1}{\delta} + \frac{1 + \delta}{\delta} = \frac{2 + \delta}{\delta}.$$

---

[19] Uso i valori assoluti per evitare confusioni con la nostra convenzione sui segni di W e Q.

Massimizzando ora rispetto a δ:

$$\frac{\eta}{\tau} \propto \frac{\delta}{2+\delta} \left[\eta^{id} - 2\delta \frac{T_f}{T_c} \right]$$

si ottiene facilmente (sempre al primo ordine in δ):

$$\delta \simeq \frac{\eta^{id}}{4} \frac{T_c}{T_f} \implies \eta \simeq \frac{\eta^{id}}{2},$$

ossia il rendimento si dimezza rispetto a quello ideale[20]. $\diamond$

1.4 Altri personaggi (in ordine di apparizione)

1.4.1 Una valida "spalla": l'energia libera

Nei sistemi isolati, l'energia interna gioca il ruolo di quello che diremo un "potenziale" termodinamico, nel senso che il lavoro che il sistema fa o riceve è stabilito unicamente dalla variazione di E. In un sistema chiuso, dove E varia anche per effetto degli scambi di calore, il ruolo dell'energia interna viene assunto da un nuovo potenziale termodinamico con cui faremo ora conoscenza. Per introdurlo, notiamo come, per trasformazioni generiche, la (1.10) si possa scrivere:

$$\delta W \geq dE - T dS. \tag{1.12}$$

Introduciamo allora la grandezza:

$$F = E - TS, \tag{1.13}$$

che viene detta *energia libera*[21] del sistema. Se il sistema viene mantenuto a temperatura costante ($dT = 0$) si ha allora $dF = dE - T dS - S dT = dE - T dS$, e dunque otteniamo:

$$-(\delta W) \leq -(dF). \tag{1.14}$$

In altri termini, il lavoro $-(\delta W)$ fatto *da* un sistema chiuso a temperatura costante è sempre *minore o uguale alla variazione della sua energia libera F* (che quindi viene detta "libera" proprio perché è la sola effettivamente *disponibile* per compiere lavoro).

L'importanza "ingegneristica" dell'energia libera quando consideriamo sistemi che si trovino o macchine che si lavorino a una fissata *temperatura* è quindi evidente. Ma il ruolo di F diviene ancora più rilevante se consideriamo ora un sistema in cui

---

[20] Notiamo tuttavia che il risultato vale solo per $T_f/T_c \gg 0,2$, in modo che si abbia effettivamente $\delta \ll 1$, ossia per rendimenti relativamente bassi.

[21] Spesso detta anche "energia libera di Helmholtz", per distinguerla da un'altra energia libera, detta "di Gibbs", che però noi chiameremo in modo diverso.

avvengono trasformazioni interne *senza* che sul sistema o dal sistema venga fatto lavoro. In queste condizioni, la (1.12) diviene semplicemente

$$dF \leq 0,$$

dove il segno uguale vale solo se le trasformazione interne sono completamente reversibili (cioè in pratica mai). Ciò significa le trasformazioni interne fanno inevitabilmente *diminuire* l'energia libera di un sistema chiuso. Con lo stesso ragionamento fatto per l'entropia di un sistema isolato, possiamo allora concludere che l'equilibrio corrisponderà a quello stato in cui F è *minima*. Indicando quale sia lo stato di equilibrio, l'energia libera assume dunque lo stesso ruolo di "segnale" che ha l'entropia per un sistema isolato. Quanto abbiamo detto giustifica già di per sé l'importanza dell'energia libera in termodinamica. Ma il vero significato di F ci sarà chiaro solo quando indagheremo gli aspetti microscopici, dove scopriremo che l'energia libera non è altro che il "paravento" dietro cui si nasconde un secondo personaggio fondamentale. Se l'entropia fa la parte della regina nella mondo della termodinamica, questo personaggio è il "ministro dell'economia", o più modestamente l'affidabile ragioniere che tiene diligentemente i conti nel regno microscopico della fisica statistica.

Notiamo infine che, pensando a delle trasformazione generiche reversibili in cui variano sia il volume che la temperatura dall'espressione differenziale per l'energia interna si ottiene facilmente:

$$dF = -PdV - SdT,$$

o più in generale, dalla (1.10), esplicitando il fatto che le variabili indipendenti sono per un sistema chiuso gli spostamenti generalizzati e la temperatura (cosa che, per evitare notazioni pesanti, faremo in seguito solo se necessario):

$$dF(x_i, T) = \sum_i X_i(x_i, T)dx_i - S(x_i, T)dT. \tag{1.15}$$

1.4.2 Un coprotagonista: il potenziale chimico

Finora ci siamo limitati a considerare sistemi che, pur potendo scambiare lavoro o calore con l'esterno, hanno massa costante. Spesso, tuttavia, è utile considerare situazioni in cui un sistema scambia atomi o molecole con l'ambiente ed è costituito pertanto da un numero variabile di particelle. Ad esempio, l'acqua contenuta in una bottiglia aperta pian piano evapora, ma se tappiamo la bottiglia il processo di evaporazione termina quando la frazione di vapore acqueo nell'aria all'interno della bottiglia raggiunge una certo valore. In queste condizioni, anche se il volume dell'acqua e il tasso di umidità dell'aria sovrastante rimangono costanti, in ogni istante un gran numero di molecole passa nella fase di vapore ed un egual numero ricondensa sotto forma di acqua liquida. Potremo ancora considerare acqua e vapore come parti di un singolo sistema di massa complessiva costante, ma è più comodo considerare le due fasi come due sistemi *aperti* allo scambio di molecole ed in equilibrio tra loro.

Consideriamo allora un sistema aperto costituito per semplicità da un solo tipo di molecole. L'energia interna dovrà in questo caso dipendere esplicitamente anche dal numero N di molecole che costituiscono il sistema. Viene pertanto naturale introdurre la dipendenza da N in modo tale da preservare la forma (1.10) per E scrivendo (sempre per trasformazioni reversibili):

$$dE = \sum_i X_i dx_i + T dS + \mu dN, \tag{1.16}$$

dove il coefficiente di proporzionalità μ tra dN e dE è detto *potenziale chimico* del sistema.

L'aggettivo "chimico", che forse potrebbe infastidire qualche fisico, deriva dal fatto che, quando si considerano delle reazioni (ad esempio due reagenti A e B che danno origine ad un prodotto C), si ha sempre ovviamente a che fare con sistemi a numero di molecule variabile: vedremo come il concetto di potenziale chimico permetta di stabilire con facilità le condizioni per l'equilibrio di una reazione. In realtà, il potenziale chimico ha un significato *fisico* di estrema importanza. Dalla (1.16) vediamo infatti come μ assuma il significato di *forza generalizzata associata al trasferimento di massa*: nel caso della bottiglia che abbiamo considerato, ad esempio, l'acqua continuerà ad evaporare fino a quando il potenziale chimico delle molecole in fase vapore sarà uguale a quello nell'acqua liquida. Quando poi ci occuperemo di sistemi particolari come i gas quantistici, le tecniche che svilupperemo per trattare i sistemi aperti renderanno immediata la soluzione di problemi che a prima vista sembrano irresolubili. Infine, ci sono sistemi fisici che sono *intrinsecamente* aperti, perché il numero di "particelle" che li costituiscono varia anche se proviamo a rinchiuderli in un qualsivoglia contenitore: vedremo ad esempio per che trattare la termodinamica dei campi elettromagnetici (ossia ad esempio per analizzare le proprietà statistiche della luce) sarà necessario ricorrere alla descrizione dei sistemi aperti. Più in generale, possiamo dire che il concetto di potenziale chimico, insieme a quello di entropia e di quella "cosa" che si nasconde dietro l'energia libera, è una delle poche *password* che permettono di entrare nel mondo della meccanica statistica.

Quanto abbiamo detto può essere generalizzato al caso di un sistema costituito da più componenti, introducendo in maniera del tutto analoga i potenziali chimici dei singoli costituenti. Scriveremo cioè:

$$dE = \sum_i X_i dx_i + T dS + \sum_i \mu_i dN_i, \tag{1.17}$$

dove N_i è il numero di molecole della specie i[22].

---

[22] Spesso, in chimica, è preferibile utilizzare come variabili il numero di *moli* n_i dei singoli componenti. Si introducono in questo caso i potenziali chimici molari $\tilde{\mu}_i$, scrivendo $dE = \sum_i X_i dx_i + T dS + \sum_i \tilde{\mu}_i dn_i$.

1.4.3 Estensività ed omogeneità

Se pensiamo ad E come funzione di V, S ed N (dove per semplicità abbiamo considerato un solo parametro meccanico, il volume), e variamo il numero di particelle da N a λN, dove λ è un coefficiente moltiplicativo arbitrario, si ha che anche $V \to \lambda V$ e $S \to \lambda S$, dato che V e S sono variabili estensive. Ma l'energia interna è anch'essa una grandezza estensiva, quindi:

$$E(\lambda V, \lambda S, \lambda N) = \lambda E(V, S, N),$$

cioè E è una *funzione omogenea* (di primo grado) di V, S ed N. Per le funzioni omogenee vale un importante teorema, dovuto ad Eulero, che vogliamo ricordare. Consideriamo in generale una funzione $f(x_1, \dots, x_N)$ omogenea di grado n, ossia tale che:

$$f(\lambda x_1, \dots, \lambda x_N) = \lambda^n f(x_1, \dots, x_N).$$

Derivando ambo i membri rispetto a λ:

$$\sum_{i=1}^{N} x_i \frac{\partial f(\lambda x_1, \dots, \lambda x_N)}{\partial x_i} = n\lambda^{n-1} f(x_1, \dots, x_N).$$

Ma questa espressione è valida *per ogni* λ. Quindi, possiamo scegliere $\lambda = 1$, ottenendo:

$$nf(x_1, \dots, x_N) = \sum_{i=1}^{N} \frac{\partial f(x_1, \dots, x_N)}{\partial x_i} x_i, \tag{1.18}$$

che mostra come ogni funzione omogenea sia proporzionale ad una somma di termini *lineari* in ciascuna delle variabili, dove i coefficienti sono proprio le derivate parziali della funzione rispetto alla variabile considerata. Nel caso di funzioni omogenee di *primo* grado possiamo riassumere questo risultato con parole un po' imprecise ma significative, affermando che lo sviluppo del differenziale $df = \sum_i (\partial f / \partial x_i) dx_i$ vale anche per i termini "integrati":

$$f = \sum_i \frac{\partial f}{\partial x_i} x_i.$$

Per l'energia interna si ha allora:

$$E = -PV + TS + \mu N, \tag{1.19}$$

o, in generale

$$E = \sum_i X_i x_i + TS + \sum_i \mu_i N_i.$$

Se ora differenziamo la (1.19) e teniamo conto della (1.17) otteniamo:

$$SdT - VdP + Nd\mu = 0, \tag{1.20}$$

che è detta *relazione di Gibbs-Duhem* e che ha una notevole importanza applicativa, ad esempio nello stabilire l'andamento della pressione con la temperatura lungo la linea in cui due fasi come liquido e vapore sono in equilibrio.

1.4.4 Qualche comparsa: potenziali per tutti i gusti

Ritorniamo a considerare (per semplicità di notazione, ma la generalizzazione è banale) un sistema puramente idrostatico, in cui il lavoro sia dovuto solo alle variazioni di volume. Abbiamo visto che, nel passare da un sistema isolato, in cui le variabili indipendenti sono V ed S, ad un sistema chiuso, caratterizzato da V e T, il nuovo potenziale termodinamico F (il cui minimo indica la condizione di equilibrio) si ottiene sottraendo ad E la quantità TS, che è il prodotto tra lo spostamento generalizzato S per la forza generalizzata ad esso associata T. Notiamo anche che nella nuova descrizione, poiché $dF = -PdV - SdT + \mu dN$ (ammettendo che il sistema possa anche essere aperto), S e T si "scambiano i ruoli" (con un segno cambiato), ossia T diviene uno spostamento generalizzato e $-T$ la forza associata. Questo non è che un esempio di quelle che si dicono *trasformazioni di Legendre*, che permettono in generale di trasformare una descrizione termodinamica in un'altra in cui cambiano le variabili indipendenti, individuando un nuovo potenziale termodinamico. Consideriamo un paio di esempi:

Entalpia. Nelle reazioni chimiche, è molto più facile lavorare a *pressione* costante (quella ambiente) che a volume costante (spesso il volume dei prodotti cambia rispetto a quello dei reagenti, ad esempio se la reazione tra due liquidi produce un gas!). Se la reazione avviene senza controllare la temperatura, magari in un contenitore adiabatico che non permette scambi di calore con l'esterno, siamo di fronte ad un sistema isolato, ma dove il volume può variare. Per ottenere il nuovo potenziale termodinamico che descrive un sistema di questo tipo, che si dice *entalpia* e che, in chimica, si indica con H (da non confondersi con quella "H", molto più nota ai fisici, che useremo tra poco!), basta porre:

$$H = E + PV, \tag{1.21}$$

da cui, per trasformazioni reversibili:

$$dH = VdP + TdS + \mu dN. \tag{1.22}$$

Il significato fisico dell'entalpia diviene immediato non appena consideriamo proprio delle trasformazioni che avvengano a pressione costante. Si ha infatti:

$$dH = dE + PdV + VdP = \delta W + \delta Q + +PdV + 0 = \delta Q,$$

ossia la variazione di entalpia è semplicemente pari al calore scambiato.

Entalpia libera (energia libera di Gibbs). Se invece un processo avviene *sia* a pressione costante che a *temperatura* costante (questa è la situazione più amata dagli sperimentali), possiamo invece partire da F ponendo

$$G = F + PV,$$

o alternativamente da H, scrivendo

$$G = H - TS,$$

o addirittura in un colpo solo da E, definendo

$$G = E + PV - TS, \qquad (1.23)$$

ottenendo in ogni caso (sempre per trasformazioni reversibili):

$$dG = V dP - S dT + \mu dN. \qquad (1.24)$$

Il potenziale termodinamico G viene spesso chiamato "energia libera di Gibbs", per sottolineare la sua parentela con F (detta in questo caso "energia libera di Helmholtz"). Dato che per noi tuttavia F sarà un personaggio molto più fondamentale (e e semplice) di G, preferiamo riservare ad esso il termine di "energia libera" (senza patronimici) e sottolineare piuttosto il fatto che G si ottiene da H come F da E, chiamandola entalpia libera. Avremo comunque modo di familiarizzare ampiamente con G, e di osservare in particolare come essa giochi, in un sistema a pressione costante, lo stesso ruolo di F per un sistema chiuso. Scopriremo poi una semplice relazione tra G e μ. Ma non voglio rovinarvi la sorpresa (comunque, non dovrebbe esservi difficile intuirla fin d'ora).

Potremmo andare avanti di questo passo, e definire uno o più potenziali termodinamici per un sistema *aperto* (dove le variabili sarebbero ad esempio V, T e μ, o P, T e μ)ma, dato che l'analisi dei sistemi aperti e del significato del potenziale chimico (quantità per ora ancora un po' oscura) occuperà buona parte del Cap. 5, diamo tempo al tempo. È infatti arrivato il momento di indossare maschera, muta e pinne, per tuffarci nelle abissi microscopici.

Il rigo, la misura, soprattutto la chiave di violino

Time goes, you say? Ah no!
Alas, Time stays, WE go.

Henry Austin Dobson, "The Paradox Of Time"

Scopo principale di quanto faremo da qui in poi è cercare di dare un significato microscopico all'entropia, che come abbiamo visto costituisce la nuova "coordinata" non meccanica che permette di descrivere gli scambi termici. Ci avvicineremo all'idea centrale, che sarà il contenuto dell'ipotesi di Boltzmann, in modo progressivo, analizzando alcuni esempi semplici ed usando concetti per ora piuttosto vaghi ed imprecisi, che cercheremo man mano di chiarire.

2.1 Qualche indizio ed un primo identikit

2.1.1 Espansione libera di un gas

Come abbiamo detto, l'espansione libera di un gas costituisce uno degli esempi più semplici di processo irreversibile in cui l'entropia aumenta. Consideriamo allora un gas ideale, inizialmente racchiuso in un contenitore di volume V, che venga fatto espandere in un contenitore 2 inizialmente vuoto fino a raddoppiarne il volume; il sistema complessivo è adiabaticamente isolato dall'esterno. Il processo di espansione avviene ad energia interna costante, dato che non vi sono scambi di calore con l'esterno ed inoltre il gas, espandendosi verso un contenitore a pressione iniziale nulla, non fa lavoro. Ma per i gas ideali (dovreste ricordarlo, ma in ogni caso lo vedremo meglio in seguito) l'energia interna è funzione *solo* della temperatura e quindi l'espansione è anche *isoterma*. Per valutare la variazione di entropia, consideriamo allora una trasformazione isoterma *reversibile* che connetta lo stato iniziale A (volume V) con quello finale B (volume $2V$). Tenendo conto che $\delta Q = -\delta W = PdV$ ed usando l'equazione di stato dei gas ideali $PV = Nk_BT$:

$$\Delta S = \int_A^B \frac{\delta Q}{T} = NK_B \int_V^{2V} \frac{dV}{V} = Nk_B \ln 2 > 0.$$

Piazza R.: Note di fisica statistica (con qualche accordo).
© Springer-Verlag Italia 2011

Inizialmente, tutte le molecole si trovavano nel contenitore 1 e, per ciascuna molecola, la "scelta" del contenitore è obbligata: ora, per ogni molecola abbiamo due possibili scelte. Quindi, nel mettere ciascuna singola molecola nell'uno o nell'altro contenitore, le N molecole possono essere disposte in 2^N modi distinti, che potremmo chiamare "stati accessibili" per il sistema complessivo di N molecole. Naturalmente, dato che ci aspettiamo che *in media* sia in 1 che in 2 si trovino $N/2$ molecole (se vogliamo che la pressione media esercitata dal gas sia uguale nei due contenitori), alcune di queste disposizioni (quelle in cui quasi tutte le molecole si trovano in uno solo dei due contenitori) saranno altamente improbabili; ma, come abbiamo detto, nulla nelle leggi microscopiche impedisce che ciò possa avvenire. Notiamo che, continuando ad usare la nozione per ora un po' vaga di "stati accessibili" e tenendo conto che nelle condizioni iniziali c'è *un solo* stato accessibile (quello in cui tutte le molecole sono nel primo contenitore), possiamo azzardarci a scrivere

$$\Delta S = k_B \ln \frac{[\text{stati accessibili finali}]}{[\text{stati accessibili iniziali}]}.$$

In qualche modo, quindi, la variazione di entropia deve essere connessa al maggiore *volume accessibile* per ogni singola molecola. Cerchiamo di precisare ulteriormente questo concetto con l'esempio del paragrafo che segue.

2.1.2 Cessione isoterma di calore

Consideriamo un gas contenuto in un cilindro dotato di un pistone mobile ed in contatto termico con un serbatoio che mantiene il gas a temperatura T. Supponiamo di cedere al gas una quantità di calore δQ, in conseguenza della quale il gas subisce un'espansione isoterma dal volume iniziale V a quello finale $V + \Delta V$. Per ogni singola molecola possiamo scrivere:

$$\frac{[\text{volume accessibile finale}]}{[\text{volume accessibile iniziale}]} = \frac{V + \Delta V}{V} = 1 + \frac{\Delta V}{V}.$$

La precedente espressione ci dice quanto è cambiata la libertà di moto di cui dispone *una* molecola. Ma possiamo in qualche modo quantificare l'incremento di "libertà di moto" per l'*intero* sistema? Cerchiamo di ragionare qualitativamente in questo modo. Tanto più spazio ha una molecola per muoversi, tanto maggiore è la quantità di informazione di cui abbiamo bisogno per "localizzarla" (nel senso che è più grande la regione che dobbiamo "esplorare" per trovarla). Se ad esempio prendiamo in considerazione un volumetto v, la probabilità di trovarla proprio lì, ammesso che possa trovarsi ovunque con la stessa probabilità, sarà $p = v/V$. Se ora consideriamo una seconda molecola, che si muove indipendentemente dalla prima (come in un gas ideale, dove le molecole non interagiscono), la probabilità di localizzare la prima in v e la seconda in un altra regione (non necessariamente la stessa) anch'essa di volume v sarà p^2, ed in generale, per N molecole, sarà p^N. La difficoltà di "catturare" (almeno in senso figurato) *tutte* le molecole cresce allora come V^N, ossia possiamo pensare che la "libertà di movimento" per l'intero sistema sia legata al *prodotto* degli spazi disponibili per il moto per ciascuna molecola[1]. Azzardandoci ad usare questa nozione un po' vaga, possiamo scrivere:

$$\frac{[\text{libertà di moto finale}]}{[\text{libertà di moto iniziale}]} = \left(1 + \frac{\Delta V}{V}\right)^N$$

e quindi, supponendo che si abbia $\Delta V \ll V$,

$$\ln\left[\frac{\text{libertà di moto finale}}{\text{libertà di moto iniziale}}\right] = N \ln\left(1 + \frac{\Delta V}{V}\right) \simeq N\frac{\Delta V}{V}.$$

D'altronde, per il calore ceduto, si ha:

$$\Delta Q = P\Delta V = Nk_B T\frac{\Delta V}{V} \Longrightarrow \Delta S = Nk_B\frac{\Delta V}{V}$$

e quindi si ha, scrivendo S_i ed S_f per l'entropia iniziale e finale:

$$S_f - S_i = k_B \ln\left[\frac{\text{libertà di moto finale}}{\text{libertà di moto iniziale}}\right]. \tag{2.1}$$

2.1.3 Compressione adiabatica

Dall'esempio precedente, sembrerebbe che le variazioni di entropia siano necessariamente legate ad un una variazione del volume accessibile per le singole molecole. Tuttavia, non è sempre così, perché il vago concetto di libertà di movimento che abbiamo introdotto è, per così dire, troppo "restrittivo". Consideriamo infatti di nuovo un gas ideale racchiuso in un cilindro dotato di pistone mobile, ma questa volta racchiuso da pareti *adiabatiche*. Per mezzo del pistone, comprimiamo lentamente il gas. Il volume accessibile per ciascuna molecola diminuisce ma, dato che la trasformazione è adiabatica, l'entropia *resta costante*. Quindi, una minore "libertà di movimento" per le molecole, nel senso del volume accessibile al moto, non ha comportato una riduzione dell'entropia. Che cosa è cambiato, rispetto al caso precedente? In una compressione adiabatica, la temperatura *aumenta*[2]. Dalla teoria cinetica

---

[1] Questa nozione vaga può essere resa rigorosa andando ad analizzare il legame tra il concetto di probabilità e quello informazione, che è brevemente discusso in Appendice B, e a cui vi consiglio di dare un'occhiata fin d'ora: vedrete che associare la libertà di moto del sistema a V^N equivale ad affermare che la quantità di informazione necessaria a localizzare tutte le molecole è pari alla *somma* delle informazioni richieste per localizzare ciascuna singola molecola.

[2] La legge che regola una trasformazione adiabatica per un gas ideale è $PV^\gamma = $ cost, dove γ è un esponente, detto *indice adiabatico*, che dipende dal numero di atomi che compongono una molecola di gas, ma che è in ogni caso maggiore di uno (per un gas monoatomico, $\gamma = 5/3$). Usando la legge dei gas, ciò significa che $TV^{\gamma-1} = C$, dove C una nuova costante. Quindi, se V diminuisce, T aumenta.

elementare dei gas, sappiamo che ogni componente v_i della velocità molecolare ha una distribuzione gaussiana, con un valore medio nullo ed una varianza che è legata alla temperatura da $\sigma^2(v_i) = <v_i^2> = k_B T/m$. Un aumento della temperatura corrisponde quindi ad un aumento dell'*intervallo di velocità accessibile* per le molecole. Per poter giustificare il risultato che abbiamo ottenuto, dobbiamo perciò ipotizzare che l'entropia sia legata sia all'accessibilità di volume nello spazio "fisico" che nello spazio delle *velocità*. Con questa interpretazione, possiamo ritenere che la riduzione di entropia dovuta alla riduzione del volume accessibile sia in qualche modo compensata dall'aumento della velocità quadratica media (vedremo che è esattamente così).

Sfruttando questo concetto più generale, seppur ancora vago, di libertà di movimento, che tiene conto del volume accessibile per il sistema nello spazio delle velocità, possiamo azzardarci a pensare che l'entropia *termodinamica* (cioè proprio quella grandezza che, apparentemente, a a che fare solo con i motori ed eventualmente il destino dell'Universo) di un gas ideale si possa pensare, dal punto di vista microscopico, come:

$$S = k_B \ln[\text{"libertà di moto"}]$$

(da cui la 2.1 discende direttamente scrivendo il logaritmo del rapporto come la differenza dei logaritmi). Forse anche il più liberale dei liberali non si è mai spinto a parlare di "logaritmo della libertà", ma comunque legare l'entropia a qualche forma di "libertà di moto", oltre che esteticamente piacevole, è sicuramente più rigoroso e promettente che connetterla, come si fa di sovente, ad un altro concetto: quello di "disordine". Credo che a tutti voi sarà capitato di sentire associare l'entropia al "grado di disordine" di un sistema (se non da parte di un fisico, nei discorsi di qualche economista, architetto, filosofo, o addirittura politico, figure tra le quali il concetto di "entropia" sembra andare di gran moda): se è così, *dimenticatevelo subito*. Non voglio dire che tra S e ciò che intendiamo intuitivamente per disordine non vi sia alcuna relazione, anzi, come vedremo, entropia e ciò che usualmente riteniamo "disordine" vanno spesso a braccetto. Tuttavia, ciò non è *necessariamente* vero: incontreremo situazioni in cui un sistema si trova in uno stato macroscopico che sembra sicuramente molto "ordinato", ad esempio di solido cristallino, ma la cui entropia è *maggiore* di quella di uno stato dello stesso sistema al confronto molto più "disordinato", come uno stato fluido.

Del resto, quella tra ordine e disordine è, a mio modo di vedere, una distinzione molto più "sfocata" di quella di libertà e costrizione: io e mia moglie, ad esempio, condividiamo in buona parte ciò che si deve intendere per libertà individuale anche all'interno di una coppia, ma sicuramente abbiamo un'idea molto diversa riguardo a ciò che si significhi mantenere una "casa ordinata"! Legare la libertà al "disordine" può essere pericoloso, proprio perché non sappiamo che cosa quest'ultimo realmente sia. La scelta sicura ed indolore è quella di *identificare* tecnicamente il concetto di disordine con quello di entropia, ma personalmente ho la sensazione che nel modo in cui applichiamo intuitivamente questo concetto vi sia qualcosa di più (in fondo, neppure Bakunin avrebbe mai osato affermato che libertà e disordine si identificano sempre). Al contrario, porre in relazione l'entropia con la libertà di movimento o in generale di assumere diverse "configurazioni" che ha un sistema funziona sempre, purché si sappia dire di preciso che cosa si intenda con quest'ultime.

Quanto abbiamo detto finora in modo molto vago si applica tuttavia solo ad un gas ideale. Per poter dare un concetto microscopico preciso di entropia, dovremo innanzitutto definire in modo adeguato che cosa si intenda in generale per "stato" (microscopico e macroscopico) di un sistema, e in particolare quali stati microscopici siano effettivamente "accessibili".

2.2 Dal macroscopico al microscopico

In questa sezione, vogliamo costruire le basi di partenza per una descrizione statistica microscopica rigorosa (o, almeno, più rigorosa di quanto fatto finora...) di un sistema costituito da un grande numero di particelle. Con "grande" intenderemo in realtà sempre, "astronomicamente grande", dato il numero di molecole che costituiscono un sistema macroscopico è generalmente[3] dell'ordine del numero di Avogadro $\mathcal{N}_A \simeq 6 \times 10^{23}$. Vedremo come il fatto di dover considerare numeri così grandi[4], lungi dal costituire una limitazione, costituirà proprio la chiave di volta per costruire l'edificio della termodinamica macroscopica. Cominciamo quindi a riassumere il modo in cui si descrive un sistema fisico con molte particelle rispettivamente in meccanica classica ed in meccanica quantistica, cercando in particolare di chiarire che cosa si intenda per stato microscopico (o "microstato") del sistema.

2.2.1 Il mondo delle mele di Newton

Comincerò cercando di riportare alla mente qualche concetto di meccanica classica (o, se non avete mai avuto un'introduzione adeguata alla meccanica razionale, a darvene almeno un'infarinatura), soprattutto per quanto concerne la descrizione hamiltoniana di un sistema meccanico, che è particolarmente utili per gli scopi della meccanica statistica. Naturalmente, se siete meccanici esperti, potete saltare a piè pari fino al "segnale di quadri" che chiude questa breve parentesi... ma non fatelo a cuor leggero.

◊ Le leggi di Newton sono, in linea di principio, del tutto sufficienti per analizzare qualunque problema di statica o di dinamica. Tuttavia, in pratica, descrivendo la posizione di un corpo attraverso le sue coordinate cartesiane ortogonali, ci si scontra con un problema davvero spinoso: quello dei vincoli, i quali introducono forze di reazione che sono in realtà incognite del problema (pensate solo alla reazione vincolare richiesta per costringere una massa a scivolare lungo un piano inclinato, anziché cadere in verticale). Inoltre, spesso è piuttosto sciocco utilizzare le coordinate cartesiane:

---

[3] Anche considerando una goccia d'acqua delle dimensioni tipiche di una cellula, cioè con diametro di 10 μm, avremo pur sempre a che fare con oltre 10^{13} molecole d'acqua!

[4] Anzi, in realtà, quando valuteremo il numero di stati microscopici di un sistema, *straordinariamente più grandi* di questi numeri astronomicamente grandi!

per descrivere il moto di un pendolo semplice, nessuno penserebbe mai di utilizzare le due coordinate x ed y della massa sospesa nel piano in cui il oscilla il pendolo, dato che ovviamente l'angolo ϑ formato dal filo di sospensione con la verticale è molto più comodo (anche se, come vedete, ϑ è una coordinata un po'strana, perché è periodica, ossia valori che differiscono di un multiplo di 2π corrispondono alla stessa situazione fisica). Se poi abbiamo a che fare con un pendolo *doppio*, ossia con una massa appesa a due aste di massa trascurabile incernierate l'una con l'altra ad un estremo, la descrizione cartesiana diventa improponibile rispetto a quella che utilizza due angoli! Conviene quindi individuare delle *coordinate generalizzate* q_i che siano tra di loro indipendenti (ma non necessariamente ortogonali) e che, soprattutto, non siano soggette a vincoli. Il numero f di coordinate generalizzate necessario a descrivere un sistema è detto numero dei *gradi di libertà* (ad esempio, $f = 1$ per un pendolo semplice ed $f = 2$ per un pendolo doppio). A queste coordinate si possono far corrispondere delle velocità generalizzate $\dot{q}_i = \mathrm{d}q_i/\mathrm{d}t$.

Uno dei risultati più importanti dello sviluppo della meccanica alla fine del settecento fu mostrare che queste coordinate soddisfano a delle equazioni del tutto generali, che ovviamente non contengono le reazioni vincolati, ottenute a partire da una funzione detta *lagrangiana* data semplicemente dalla differenza tra l'energia cinetica T e quella potenziale U del sistema scritte in funzione delle q_i e delle $\dot{q}_i$: $\mathscr{L}(q_i, \dot{q}_i) = T(q_i, \dot{q}_i) - U(q_i, \dot{q}_i)$. Queste equazioni, ottenute da Giuseppe Lodovico Lagrangia[5] si scrivono:

$$\frac{\mathrm{d}}{\mathrm{d}t}\left(\frac{\partial \mathscr{L}}{\partial \dot{q}_i}\right) - \frac{\partial \mathscr{L}}{\partial q_i} = 0. \tag{2.2}$$

Abbiamo quindi f equazioni differenziali, in generale del secondo ordine rispetto al tempo che, insieme alle condizioni iniziali per le q_i e le $\dot{q}_i$, determinano completamente il problema. Ricordiamo poi che, se le forze in gioco sono conservative, l'energia potenziale V non dipende in generale dalle $\dot{q}_i$.

Nella meccanica elementare, definiamo una grandezza fisica, la quantità di moto **p** (o "momento", per usare un espressione inglese ormai entrata anche nella nostra lingua, anche se può generare qualche ambiguità) che con un importante proprietà: se lungo una particolare direzione la risultante delle forze agente è nulla, la componente di **p** lungo quella direzione si conserva, ossia è una *costante del moto*. In meccanica lagrangiana possiamo analogamente definire dei *momenti generalizzati*[6]:

$$p_i(q_i, \dot{q}_i) = \frac{\partial \mathscr{L}(q_i, \dot{q}_i)}{\partial \dot{q}_i}.$$

Anche per i momenti generalizzati vale un criterio di conservazione. Se infatti una certa coordinata q_j non compare esplicitamente nella lagrangiana, la corrispondente equazione di Lagrange diviene:

$$\frac{\mathrm{d}}{\mathrm{d}t}\left(\frac{\partial \mathscr{L}}{\partial \dot{q}_j}\right) = 0 \Longrightarrow \frac{\mathrm{d}p_j}{\mathrm{d}t} = 0,$$

ossia il momento generalizzato p_j è una costante del moto. In fisica, scoprire delle grandezze conservate come i momenti generalizzati relativi a una coordinata ciclica è ovviamente di grande

---

[5] Sì, proprio così, perché quel grande matematico e fisico che siamo abituati a chiamare "Lagrange" era un piemontese, la cui famiglia si era trasferita dalla Francia a Torino da due generazioni, e che a Torino studiò e visse per trent'anni firmandosi a seconda dei casi "De la Grangia Tournier", "Tournier de la Grangia", o "De la Ganja". Solo dopo i cinquant'anni, trasferitosi a Parigi (dove è sepolto nel Pantheon), divenne per tutti Joseph-Louis Lagrange.

[6] Ad esempio, nel caso di un pendolo semplice di lunghezza ℓ, poiché $T = (m/2)\ell^2\dot{\vartheta}^2$, si ha $p_\vartheta = m\ell^2\dot{\vartheta}$. Ricordando che il modulo della velocità tangenziale della massa è $v = \ell\dot{\vartheta}$, si ha quindi $p_\vartheta = m\ell v$, che coincide con il momento della quantità di moto di m. Ad una coordinata generalizzata angolare corrisponde quindi un momento generalizzato che è un momento angolare, ossia una quantità che ha anche le dimensioni di un'*azione* (una energia per un tempo). Questo è il caso più semplice di quelle che si chiamano "variabili azione-angolo", che giocano un ruolo importante nella meccanica razionale avanzata.

interesse. Possiamo scoprire un'altra grandezza conservata di importanza fondamentale andando a vedere come $\mathscr{L}$ varia nel tempo. In generale avremo:

$$\frac{\mathrm{d}\mathscr{L}(q_i,\dot{q}_i)}{\mathrm{d}t} = \sum_i \frac{\partial \mathscr{L}(q_i,\dot{q}_i)}{\partial q_i} \dot{q}_i + \sum_i \frac{\partial \mathscr{L}(q_i,\dot{q}_i)}{\partial \dot{q}_i} \frac{\mathrm{d}\dot{q}_i}{\mathrm{d}t}.$$

Utilizzando nel primo termine a II membro le eqq. di Lagrange e la definizione dei momenti generalizzati si ha:

$$\frac{\mathrm{d}\mathscr{L}}{\mathrm{d}t} = \sum_i \frac{\mathrm{d}}{\mathrm{d}t}\left(\frac{\partial \mathscr{L}}{\partial \dot{q}_i}\right)\dot{q}_i + \sum_i \frac{\partial \mathscr{L}}{\partial \dot{q}_i}\frac{\mathrm{d}\dot{q}_i}{\mathrm{d}t} = \sum_i \frac{\mathrm{d}}{\mathrm{d}t}\left(\dot{q}_i\frac{\partial \mathscr{L}}{\partial \dot{q}_i}\right) = \sum_i \frac{\mathrm{d}}{\mathrm{d}t}(p_i\dot{q}_i).$$

Pertanto la quantità:

$$\mathscr{H}(q_i,p_i) = \sum_i p_i\dot{q}_i - \mathscr{L} \tag{2.3}$$

che si dice *hamiltoniana* del sistema, e che pensiamo come funzione delle coordinate e dei *momenti* generalizzati[7], è tale che $\mathrm{d}\mathscr{H}/\mathrm{d}t = 0$, ossia *si conserva*. Ma che cosa rappresenta in realtà $\mathscr{H}$? Per scoprirlo, è sufficiente notare che l'energia cinetica, che in coordinate cartesiane è semplicemente proporzionale alla somma dei quadrati delle componenti della velocità, è anche in coordinate generalizzate una *funzione omogenea di secondo grado* delle q_i, ossia contiene solo termini del tipo q_iq_j (dove ovviamente si può avere anche $i = j$). Se allora consideriamo un sistema conservativo nel quale V non dipende dalle $\dot{q}_i$ e pertanto $p_i = \partial T/\partial \dot{q}_i$, e applichiamo il teorema di Eulero con $n = 2$, otteniamo:

$$\sum_i p_i\dot{q}_i = \sum_i \frac{\partial T}{\partial \dot{q}_i}\dot{q}_i = 2T,$$

ossia, si ha semplicemente:

$$H = 2T - T + V = V + T.$$

L'hamiltoniana è dunque una funzione il cui *valore*, che per forze conservative non dipende dal tempo, è pari all'*energia meccanica totale del sistema*, ed assume quindi un significato fisico molto più diretto di $\mathscr{L}$[8]. Nel caso di un sistema di N particelle non vincolate, descritte attraverso le loro $3N (= f)$ coordinate cartesiane $\mathbf{r}_i$ e interagenti con forze conservative non dipendenti dalla velocità, $\mathscr{H}$ si scrive semplicemente:

$$\mathscr{H} = \sum_{i=1}^{n} \frac{p_i^2}{2m} + U(\mathbf{r}_1,\cdots,\mathbf{r}_N). \tag{2.4}$$

Usando la definizione di $\mathscr{H}$ in termini della lagrangiana, è immediato vedere a quali nuove equazioni dinamiche soddisfino le q_i ed i p_i. Il differenziale totale di $\mathscr{H}$ è infatti:

$$\mathrm{d}\mathscr{H} = \mathrm{d}\left(\sum_i p_i\dot{q}_i - \mathscr{L}\right) = \sum_i \dot{q}_i\mathrm{d}p_i + \sum_i p_i\mathrm{d}\dot{q}_i - \left(\sum_i p_i\mathrm{d}\dot{q}_i + \sum_i \dot{p}_i\mathrm{d}q_i\right),$$

dove abbiamo usato la definizione di p_i e le equazioni di Lagrange $\dot{p}_i = \partial \mathscr{L}/\partial q_i$. Quindi:

$$\mathrm{d}\mathscr{H} = \sum_i \dot{q}_i\mathrm{d}p_i - \sum_i \dot{p}_i\mathrm{d}q_i,$$

---

[7] Notate che il passaggio da $\mathscr{L}(q_i,\dot{q}_i)$ ad $\mathscr{H}(q_i,p_i)$ è una *trasformazione di Legendre* del tutto analoga a quelle che abbiamo usato per introdurre i potenziali termodinamici.

[8] In realtà, anche alla lagrangiana è associato un importante significato fisico. L'integrale nel tempo di $\mathscr{L}$ è pari infatti all'azione del sistema. In meccanica razionale, le equazioni di Lagrange vengono proprio ottenute imponendo che l'azione, tra l'istante iniziale e quello finale sia minima.

da cui, scrivendo in generale:

$$d\mathscr{H} = \sum_i \frac{\partial \mathscr{H}}{\partial p_i} dp_i + \sum_i \frac{\partial \mathscr{H}}{\partial q_i} dq_i$$

ed identificando i coefficienti di dp_i e dq_i si ottengono le *equazioni di Hamilton*:

$$\begin{cases} \dot{q}_i = \dfrac{\partial \mathscr{H}}{\partial p_i} \\ \dot{p}_i = -\dfrac{\partial \mathscr{H}}{\partial q_i} \end{cases} \tag{2.5}$$

che sono $2f$ equazioni differenziali, in generale del *primo* ordine. $\diamondsuit$

Classicamente, un particolare stato *microscopico* di un sistema è definito quindi ad un dato istante t dall'insieme delle f coordinate e degli f momenti generalizzati $\{q_1(t), \ldots, q_f(t), p_1(t), \ldots, p_f(t)\}$, che si ottengono a partire da certe condizioni iniziali $\{q_1(0), \ldots, q_f(0), p_1(0), \ldots, p_f(0)\}$ utilizzando le equazioni di Hamilton. La stato microscopico un sistema classico e la sua evoluzione nel tempo corrisponderanno quindi alla posizione del punto rappresentativo P ad un dato istante e alla traiettoria che questo percorre in quello che si dice *spazio delle fasi*. In realtà (scusate il gioco di parole) P non può spaziare liberamente in tutto lo spazio delle fasi. Sappiamo infatti che l'energia totale di un sistema isolato soggetto a forze conservative non cambia, ossia le coordinate ed i momenti del punto rappresentativo devono sempre soddisfare $\mathscr{H}(q_i, p_i) = E$, con E costante. Come nello spazio tridimensionale una relazione tra le variabili (x, y, z) definisce una superficie, così la relazione precedente definirà una "iper-superficie" a $2f - 1$ dimensioni nello spazio delle fasi, che diremo semplicemente "superficie dell'energia", su cui P è limitato a muoversi[9].

Naturalmente, per un grande numero di particelle, l'unico modo per descrivere il sistema consisterà nel ricorrere ad una descrizione statistica, ossia nel chiedersi con quale probabilità P, nel corso della sua evoluzione temporale, verrà a trovarsi in una certa regione dello spazio delle fasi. C'è però un nodo centrale, che rende piuttosto "ostica" da un punto di vista formale la descrizione statistica di un sistema in meccanica classica, dovuta al fatto che tutte le grandezze fisiche, quali le coordinate, i momenti, la stessa energia, assumono valori continui. Descrivere dal punto di vista probabilistico variabili continue presenta qualche problema. Non ha infatti senso parlare della probabilità che una variabile X assuma un *preciso* valore x, ma solo della probabilità che x abbia un valore compreso, diciamo tra x e $x + dx$. Ad esempio, nessuno di noi è alto esattamente $\pi/2$ metri (che è solo un punto di misura nulla sull'asse reale), mentre ha senso chiedersi quale sia la probabilità che che un

---

[9] Non un gran risparmio, a dire il vero, visto che per noi f sarà spesso dell'ordine del numero di Avogadro! Comunque, potremmo chiederci se esistano altre leggi di conservazione generali che limitino ulteriormente il moto nello spazio delle fasi. Ad esempio, sappiamo che, in assenza di forze e coppie esterne, sia la quantità di moto che il momento angolare totale di un sistema si conservano. Queste però, a differenza dell'energia, sono grandezza *vettoriali*, equivalenti alla quantità di moto del centro di massa e al momento angolare associato alle rotazioni rigide attorno al centro di massa stesso. Dato che in seguito considereremo solo sistemi il cui centro di massa è fermo e che non sono in rotazione, entrambe queste quantità sono nulle, e il fatto che qualcosa di nullo rimanga tale nel corso del tempo non aggiunge gran ché alla nostra descrizione!

individuo abbia un'altezza compresa tra 1,55 e 1,60 m. Per questa ragione, anziché di distribuzioni di probabilità, dobbiamo parlare di *densità* di probabilità $p(x)$,
definendo la probabilità che la variabile X sia compresa tra x e $x + dx$ come

$$P(x \leq X \leq x + dx) = p(x)dx.$$

Ciò significa, in particolare, che anche l'energia del sistema dovrà essere definita a
meno di una certa incertezza δE, perché non avremo modo di valutare la probabilità
di trovarci in un microstato che abbia energia *esattamente* uguale ad E (così come
un punto sull'asse reale, una iper-superficie inglobata in un iper-volume ha misura
nulla). Il problema sarà capire se l'ampiezza di questo intervallo d'incertezza (che
potremmo ad esempio attribuire all'effetto di perturbazioni esterne non quantifi-
cabili sul sistema, ossia al fatto di avere usato una hamiltoniana approssimata per
descrivere i problema, o alla nostra precisione di misura) abbia effetto sulle nostre
valutazioni statistiche. Per fortuna, vedremo che l'ampiezza δE sarà a tutti gli effetti
irrilevante ai fini pratici, proprio perché il numero di dimensioni dello spazio delle
fasi è enorme.

Veniamo ad una seconda difficoltà, meno facile da aggirare. Abbiamo detto che
il nostro scopo sarà quello di "misurare" la regione in cui si può muovere il nostro
sistema all'interno dello spazio delle fasi e, come abbiamo fatto in modo approssi-
mativo per un gas ideale, di legare l'entropia proprio alla dimensione della regione
del moto. In pratica, come vedremo, ciò corrisponderà a chiederci quanto sia estesa
la superficie dell'energia, supponendo che il nostro punto rappresentativo, nel corso
del suo moto, la percorra tutta in lungo e in largo (questa sarà un'ipotesi ardita, anzi
arditissima, che dovremo analizzare nei dettagli). Ma, ovviamente, la misura della
superficie dell'energia dipende dal "metro" che scegliamo, ossia dalle coordinate
utilizzate per rappresentare lo spazio delle fasi. Perché allora scegliere coordinate
e momenti, come nella descrizione hamiltoniana, e non coordinate e *velocità* generalizzate (che, per variabili generalizzate, non sono semplicemente proporzionali ai
momenti), o altre variabili ancora[10]?

A questo problema risponde per fortuna un importante teorema (valido in una
forma equivalente anche in meccanica quantistica), dovuto a Liouville, che governa
l'evoluzione temporale nello spazio delle fasi e che mostra come le variabili hamiltoniane siano in qualche modo "privilegiate" rispetto a quelle usate ad esempio
nella descrizione lagrangiana. Il messaggio centrale del teorema di Lioville è che,
se e solo se usiamo come variabili le q_f ed i p_f. *la densità dei punti rappresentativi
è un invariante temporale*, il che è essenziale per definire una densità di probabilità
indipendente dal tempo. Più precisamente, consideriamo un insieme di punti che
rappresentino il medesimo sistema, ma in condizioni iniziali diverse (o come si dice, un "*ensemble* statistico" di sistemi), che occupino completamente un volumetto
iniziale $dV_0 = dq_1^0 \ldots dq_f^0 dp_1^0 \ldots dp_f^0$. Nel corso dell'evoluzione temporale ciascun

---

[10] Questo problema, in realtà, riflette un'aspetto specifico delle distribuzioni di probabilità di variabile
continua, ed in particolare il modo in cui cambia una densità di probabilità passando da una variabile ad
un altra ad essa legata funzionalmente. In altre parole, se $y = f(x)$, la distribuzione di probabilità per y
non ha in generale la stessa *forma* di quella per x. Ad esempio, se x ha una densità di probabilità uniforme
($p(x) = $ costante) e la funzione f non è lineare, y *non è* uniforme.

punto seguirà la propria traiettoria, cosicché i punti rappresentativi si "sparpaglie-ranno" notevolmente sulla superficie dell'energia Il teorema di Liouville afferma tuttavia che il *volume* racchiuso dai punti rappresentativi non cambia nel tempo, ossia

$$dV(t) = dq_1(t)\ldots dq_f(t)dp_1(t)\ldots dp_f(t) = dV_0. \tag{2.6}$$

$\Diamond$ Dimostrare il teorema di Liouville nel caso generale richiede un formalismo un po' pesante. Pertanto, limitiamoci a considerare un caso banalissimo, che comunque racchiude tutta la fisica del problema, quello di un sistema con *un solo grado* di libertà, ossia descritto da una sola coordinata ed un solo momento generalizzati q e p. Per l'evoluzione temporale tra $t = 0$ e $t = \delta t$, dove δt è un'intervallo di tempo molto breve, possiamo scrivere:

$$\begin{cases} q_{\delta t} = q_0 + \dot{q}_0 \delta t = q_0 + \left(\dfrac{\partial \mathscr{H}}{\partial p}\right)_0 \delta t \\[2ex] p_{\delta t} = p_0 + \dot{p}_0 \delta t = p_0 - \left(\dfrac{\partial \mathscr{H}}{\partial q}\right)_0 \delta t, \end{cases}$$

dove i pedici 0 e δt di riferiscono ai valori della coordinata e del momento nei due istanti, e dove abbiamo fatto uso delle equazioni di Hamilton per ottenere i secondi membri. La trasformazione equivale ad un cambiamento di variabili $(q_0, p_0) \to (q_{\delta t}, p_{\delta t})$, e quindi l'elemento di volume al tempo δt sarà dato da:

$$dV_{\delta t} = dq_{\delta t}dp_{\delta t} = Jdq_0dp_0 = JdV_0,$$

dove J è il determinante Jacobiano:

$$J = \begin{vmatrix} \dfrac{\partial q_{\delta t}}{\partial q_0} & \dfrac{\partial q_{\delta t}}{\partial p_0} \\[2ex] \dfrac{\partial p_{\delta t}}{\partial q_0} & \dfrac{\partial p_{\delta t}}{\partial p_0} \end{vmatrix} = \begin{vmatrix} 1 + \dfrac{\partial^2 \mathscr{H}}{\partial q_0 \partial p_0}\delta t & \dfrac{\partial^2 \mathscr{H}}{\partial p_0^2}\delta t \\[2ex] \dfrac{\partial^2 \mathscr{H}}{\partial q_0^2}\delta t & 1 - \dfrac{\partial^2 \mathscr{H}}{\partial q_0 \partial p_0}\delta t \end{vmatrix} = 1 + O(\delta t^2)$$

ossia, per effetto della forma specifica delle equazioni di Hamilton, i termini lineari in δt si cancellano. Nella trasformazione infinitesima, il volume quindi non cambia a meno di termini dell'ordine di δt^2, che se $\delta t \to 0$ si annullano più rapidamente di δt equindi possono essere trascurati, e questo sarà quindi vero anche se integriamo la trasformazione fino a considerare un intervallo di tempo finito t. La generalizzazione ad un numero di coordinate qualunque è immediata, perché si avrà ancora:

$$J = \begin{vmatrix} \dfrac{\partial q_i^{\delta t}}{\partial q_i^0} & \cdots & \dfrac{\partial q_i^{\delta t}}{\partial p_i^0} \\ \vdots & \vdots & \vdots \\ \dfrac{\partial p_i^{\delta t}}{\partial q_i^0} & \cdots & \dfrac{\partial p_i^{\delta t}}{\partial p_i^0} \end{vmatrix} = 1 + O(\delta t^2).$$

Notiamo che, a meno che le q_i siano semplici coordinate cartesiane o combinazioni lineari di esse, il teorema in generale *non* vale se si sceglie di utilizzare le velocità generalizzate[11] $\dot{q}_i$ anziché i *momenti* p_i: quest'ultima scelta risulta quindi naturale per la descrizione statistica. $\Diamond$

La conservazione del volume o della densità dei punti rappresentativi giustifica dun-que l'uso "privilegiato" delle coordinate hamiltoniane. Tuttavia, a scanso di equivo-ci, dobbiamo fare un'osservazione importante. Che una regione dello spazio delle fasi non vari in termini di volume non significa che non cambi come *forma*: anzi, come abbiamo detto, una regione inizialmente compatta in genere si "sparpaglia",

---

[11] Oppure altre variabili, come ad esempio l'energia cinetica delle particelle.

creando una trama filamentosa che, pur nella costanza di V, in qualche modo avvolge e racchiude come una fitta rete un'ampia regione dello spazio delle fasi "miscelandosi" ad essa. Ritorneremo su questi aspetti nell'ultimo paragrafo del capitolo, discutendo se siano veramente queste le caratteristiche richieste alla dinamica temporale di un sistema al fine di giustificare l'irreversibilità.

C'è però un ultimo problema, davvero difficile da risolvere. il tipo di approccio che usato nei nostri esempi elementari relativi al gas ideale porta a stabilire una connessione tra il significato microscopico dell'entropia termodinamica *in condizioni di equilibrio* e quella che viene detta "entropia statistica" associata ad una distribuzione di probabilità (definita nell'Appendice B, che a questo punto vi esorto a leggere). Tuttavia, l'entropia statistica, che in qualche modo stabilisce la quantità di informazione "contenuta" una distribuzione di probabilità[12], è un concetto piuttosto mal definito per delle variabili continue. È facile rendersene conto: la quantità di informazione necessaria per dire quanto vale esattamente una variabile continua, cioè a localizzare il suo valore come punto esatto su un asse continuo di valori, deve essere necessariamente *infinita* (per quanto precisamente lo fai, puoi sempre cercare di essere più preciso!). Si può cercare di aggirare in parte il problema, definendo ad esempio solo *differenze* di entropia tra due distribuzioni di probabilità, ma il concetto di entropia statistica diviene in questo caso molto più debole (e, per altro, dipende ancora una volta dalle variabili utilizzate per descrivere il problema).

Come vedremo, la descrizione classica si presta molto bene a dare un'idea "geometrica" diretta (in particolare se siete abitanti di uno spazio a 10^{24} dimensioni) di quelle che chiameremo variabili macroscopiche e del concetto di entropia, e di fatto ne faremo ampio uso quando ci troveremo a discutere i problemi concettuali connessi all'irreversibilità. Ma dal punto di vista delle "regole di calcolo" necessarie per *quantificare* un approccio statistico, sembra esserci, se non incompatibilità, almeno una certa difficoltà tecnica nell'usare grandezze continue. Come sarebbe bello se le grandezze fisiche, per lo meno l'energia, potessero assumere solo valori discreti! Ed in realtà, oggi lo sappiamo, le cose stanno proprio così...

2.2.2 Il mondo dei gatti di Schrödinger

Sappiamo infatti che lo stato di un sistema è descritto in meccanica quantistica da una funzione d'onda $\Psi(\mathbf{q}, t)$, dove $\mathbf{q}$ indica il complesso di tutte le coordinate che

---

[12] Notate bene che ho detto l'informazione "contenuta" in una distribuzione di probabilità, evitando accuratamente di usare espressioni del tipo "l'informazione che devo *possedere* per conoscere completamente una distribuzione di probabilità". Naturalmente, se sto utilizzando l'entropia statistica per analizzare un problema di comunicazioni elettriche, le due visioni coincidono. Ma non c'è nulla di *soggettivo* nel concetto di informazione associata a una distribuzione di probabilità (né tanto meno in altri concetti probabilistici come quello di probabilità "condizionata") che, come discusso in Appendice B, può essere definita senza far riferimento ad alcun processo di "analisi di segnale". Tuttavia, la frase che segue (dove mi contraddico) mostra come spesso un approccio "soggettivo" possa rendere chiari facilmente molti concetti, purché usato *cum grano salis*.

descrivono il sistema[13], soluzione dell'equazione di Schrödinger

$$i\hbar\frac{\partial\Psi}{\partial t}=H\Psi.$$

che, almeno se il sistema è confinato in un volume finito, ammette soluzioni solo per valori *discreti* dell'energia. È quindi naturale scegliere come stati microscopici del sistema gli autostati dell'operatore hamiltoniano $\hat{H}$ che, ricordiamo, viene ottenuto dall'hamiltoniana classica del sistema sostituendo alla posizione e al momento di una particella i gli operatori[14]:

$$\begin{cases} q_i \to \hat{q}_i \\ p_i \to \hat{p}_i = -i\hbar\dfrac{\partial}{\partial q_i}, \end{cases}$$

ossia le[15]

$$\Psi_l(\mathbf{q},t) = \psi_l(\mathbf{q})\exp(-iE_l t/\hbar),$$

con $\psi_l(\mathbf{q})$ soluzioni di

$$\hat{H}\psi_l(\mathbf{q}) = E_l\psi_l(\mathbf{q}).$$

Come abbiamo detto, la differenza fondamentale rispetto alla meccanica classica è che per un sistema di dimensione anche enorme ma *finita*, gli autostati di $\hat{H}$ sono *discreti*: non si pone pertanto il problema di avere a che fare con una distribuzione continua di microstati, che come abbiamo detto crea non trascurabili difficoltà per la descrizione statistica.

In generale, le ψ_l sono funzioni generiche di tutte le coordinate $\mathbf{q}$ e *non possono* essere fattorizzate nel prodotto di termini contenenti le coordinate relative ad una sola particella: questa "non separabilità" della funzione d'onda è all'origine di molti aspetti peculiari della meccanica quantistica. C'è però un caso in cui ciò è possibile, ed è quello in cui si possano trascurare le interazioni tra particelle, ossia il caso di un sistema di particelle *indipendenti*. In questo caso (e solo in questo caso), l'operatore hamiltoniano si può scrivere come somma di termini di singola particella, $H = \sum H_i$, cosicché l'equazione di Schrödinger diviene a variabili separabili ed ha

---

[13] In questo caso, alcune delle coordinate generalizzate potranno quindi essere "coordinate di spin", che fissano il momento angolare intrinseco delle particelle: come vedremo, lo spin, oltre a fissare la particolare statistica di occupazione degli stati, può dare origini ad importanti effetti di natura puramente quantistica come le forze di scambio.

[14] Per il momento, non ci occuperemo del ruolo delle coordinate che descrivono lo spin, che non ha un equivalente classico. Inoltre, per chi fosse un po' più esperto in meccanica quantistica, ci riferiremo solo alla descrizione di Schödinger in rappresentazione delle coordinate.

[15] Ricordiamo che ψ è in generale *complessa*, perché la sua complessa coniugata ψ^* soddisfa un equazione *diversa*, ossia l'equazione di Schrodinger con il segno al primo membro cambiato:

$$-i\hbar\frac{\partial\Psi^*}{\partial t}=H\Psi^*.$$

È proprio questo ad impedirci di poter considerare ψ come una quantità direttamente osservabile, alla stregua ad esempio di un campo elettrico o magnetico classico.

quindi soluzioni particolari della forma:

$$\psi_{\lambda_1}(1)\,\psi_{\lambda_2}(2)\ldots\psi_{\lambda_i}(i)\ldots\psi_{\lambda_N}(N).\tag{2.7}$$

dove ora con l'indice "i" indichiamo il complesso delle coordinate (eventualmente anche di spin) che descrivono la particella i-esima, che si trova nello stato λ_i descritto dalla funzione d'onda ψ_{λ_i}[16]. Una generica funzione d'onda ψ_λ che descrive un sistema di particelle indipendenti sarà quindi in generale esprimibile come combinazione lineare di termini del tipo (2.7).

Ritornando al caso generale, nel passare ad una descrizione statistica di un sistema quantistico c'è tuttavia un problema piuttosto "spinoso". Innanzitutto, le $\Psi_l(\mathbf{q},t)$ sono *stati stazionari*, cui è associata una distribuzione di probabilità $|\Psi_l(\mathbf{q},t)|^2$ che, poiché la parte temporale è un puro fattore di fase, *non dipende* dal tempo. Pertanto, un sistema che si trovi in un particolare stato stazionario *vi rimane*. All'assenza di dinamica temporale si può pensare di ovviare costruendo combinazioni lineari delle Ψ_l che variano nel tempo, dato che i fattori di fase oscillano con diversa frequenza, e che sono dette in generale *stati puri*. Tuttavia, questo non basta. Gli stati puri corrispondenti alla descrizione di un sistema di più particelle conservano in realtà in sé tutti gli aspetti "strani" della meccanica quantistica, in particolare quegli effetti di interferenza che vengono dal modo particolare di costruire la distribuzione di probabilità come modulo al quadrato di un'*ampiezza*.

Di fatto, l'unico modo per ottenere un sistema che "esplori" nel corso della sua evoluzione temporale un numero enorme di microstati (l'equivalente dell'esplorazione di un'ampia regione dello spazio delle fasi in meccanica classica) compatibilmente con la costanza di alcuni parametri fissati, è quella di costruire degli "stati miscela" che siano sovrapposizioni di stati puri *con coefficienti le cui ampiezze e fasi variano rapidamente nel tempo*, in modo da distruggere le misteriose correlazioni quantistiche. Se non si ipotizza che il sistema sia descritto da questi stati miscela, quelle che chiameremo grandezze macroscopiche (ma che potremmo anche chiamare grandezze "rozze", perché descrivendo il sistema di esse si perdono i dettagli microscopici) non potrebbero esistere: la meccanica quantistica preserva i dettagli, e proprio quelli più inconsueti, in modo pertinace. Ma da che cosa ha ha origine la "miscelazione" degli stati puri? Il problema non è di semplice soluzione: le ragioni della scomparsa per un sistema macroscopico degli effetti di correlazione quantistica, detto processo di "decoerenza" della funzione d'onda, non è ancora completamente chiarite. Per dirla in parole povere, senza il processo di decoerenza il gatto di Schrödinger sarebbe molto diverso dalla mia Chicca. Anche se ciò non risolve concettualmente il problema, da un punto di vista pratico possiamo tuttavia osservare che:

- dobbiamo di solito limitarci a considerare un'hamiltoniana approssimata, che trascura deboli effetti d'interazione tra i costituenti del sistema. Gli autostati dell'hamiltoniana approssimata, anche se magari descrivono in maniera molto accu-

---

[16] Notiamo che gli stati λ_i non sono necessariamente distinti, ossia due particelle potrebbero trovarsi in stati descritti dalla stessa funzione d'onda (vedremo tra poco se e quando ciò sia possibile).

rata grandezze fisiche quali l'energia totale del sistema, *non sono* stati stazionari dell'hamiltoniana reale;

- anche se usassimo l'hamiltoniana esatta, un sistema, per quanto ben isolato, è sempre in realtà soggetto a *perturbazioni esterne*. Queste, pur non modificando apprezzabilmente l'energia del sistema, danno origine a continui cambiamenti di fase della funzione d'onda e a transizioni tra diversi microstati[17].

Una descrizione formalmente corretta degli "stati miscela" può essere fatta attraverso l'introduzione di un opportuno "operatore densità" $\hat{\rho}$, introdotto da John von Neumann. Tuttavia ciò richiede metodi quantistici abbastanza avanzati: nella nostra trattazione continueremo a riferirci agli stati puri, tenendo tuttavia sempre presente che i microstati reali del sistema devono essere considerati una "miscela statistica" di questi. Riesaminiamo quindi quali siano gli stati puri per alcuni semplici sistemi quantistici di particelle indipendenti.

Spin su un reticolo. Lo spin, ossia il momento angolare intrinseco, rappresenta la grandezza più specificamente "quantistica" associata di una particella, perché non ha in realtà un analogo classico (rappresentarlo come un "moto si rotazione interno" porta in genere a conclusioni inconsistenti e paradossali). Anzi, si può dire che tutto ciò che vi è di "strano" nel mondo quantistico può essere messo in luce analizzando il comportamento degli spin. Sappiamo ad esempio che uno degli risultati principali della fisica quantistica è che non possiamo misurare simultaneamente con precisione arbitraria due grandezze come la posizione e la quantità di moto, ma l'aspetto sicuramente peculiare dello spin è che ciò non è possibile neppure per due componenti della *stessa* grandezza vettoriale[18]. Richiameremo in seguito la teoria elementare del momento angolare in meccanica quantistica, ma per ora ci basti ricordare che lo spin $\mathbf{S}$ è caratterizzato da un singolo numero quantico s, intero o semintero, in modo tale che il suo modulo quadro è dato da $S^2 = \hbar^2 s(s+1)$ mentre, se misuriamo la componente lungo un certo asse, diciamo z, questa è data da $S_z = \hbar m_s$, con m_s che assume i $2s+1$ valori da $-s$ a $+s$ (in queste condizioni, le altre due componenti sono completamente indeterminate).

Consideriamo allora un sistema di N particelle con spin $s = 1/2$ *fissate* sui siti di un reticolo cristallino. In questo caso, i gradi di libertà traslazionali sono "congelati" e dobbiamo considerare solo i gradi di libertà di spin. Se introduciamo un debole campo magnetico[19], la componente di ogni spin lungo la direzione individuata dal campo può avere due valori (concorde o opposto al campo). Abbiamo 2^N diverse configurazioni degli spin di tutto il sistema, che formeranno la base per i nostri stati microscopici. In questo caso, ad esempio, come hamiltoniana "approssi-

---

[17] Nel caso classico, ad esempio, è possibile mostrare che, per effetto della perturbazione gravitazionale (che non è "schermabile"!) dovuta ad un particella con massa pari a quella di un elettrone e posta ai confini dell'Universo visibile, dopo solo una *cinquantina* di urti con le altre molecole la traiettoria di una molecola di gas ideale cambia completamente rispetto a quella che avrebbe in assenza di perturbazioni, anche se ovviamente l'*energia* del sistema non viene per nulla modificata.

[18] Per l'esattezza lo spin, come ogni momento angolare, è uno *pseudo*vettore (o *vettore assiale*), ossia una grandezza che, a differenza di un vero vettore, non cambia segno quando gli assi vengono invertiti.

[19] Il campo "rompe" la simmetria del sistema: senza di esso *non vi sono direzioni privilegiate* e quindi tutte le componenti dello spin stanno "sullo stesso piano".

mata" potremmo considerare quella in cui trascuriamo le deboli interazioni di dipolo magnetico tra gli spin, ossia un'hamiltoniana di *spin indipendenti*.

Oscillatori armonici. Consideriamo un sistema di N oscillatori armonici (unidimensionali) *indipendenti* (cioè dove assumiamo, per costruire l'hamiltoniana approssimata, che non esistano accoppiamenti tra le vibrazioni dei singoli oscillatori). Ogni oscillatore ha autostati dell'energia

$$\varepsilon_n = (n + 1/2)\hbar\omega,$$

caratterizzati da un singolo numero quantico n. Quindi un microstato del sistema sarà dato da una n-upla:

$$(n_1, n_2, \cdots, n_j, \cdots, n_N).$$

Particelle libere. Consideriamo un sistema di particelle libere di muoversi all'interno di una "scatola" di lati L_x, L_y, L_z. Allora le autofunzioni sono della forma

$$\varphi_{\mathbf{k}}(\mathbf{r}) = \frac{1}{V} e^{i\mathbf{k}\cdot\mathbf{r}}.$$

Per determinare i valori ammissibili per $\mathbf{k}$, dobbiamo imporre delle condizioni al contorno. Se chiediamo che la funzione d'onda si annulli sulle pareti, si ottiene:

$$\mathbf{k} = n_x \frac{\pi}{L_x}\hat{\mathbf{x}} + n_y \frac{\pi}{L_y}\hat{\mathbf{y}} + n_z \frac{\pi}{L_z}\hat{\mathbf{z}}, \tag{2.8}$$

con n_x, n_y, n_z interi *positivi*. A tale stato corrisponde un'energia per la singola particella $\varepsilon = \hbar^2|\mathbf{k}|^2/2m$ che, per una scatola cubica con lato L, diviene semplicemente

$$\varepsilon = \frac{\hbar^2\pi^2}{2mL^2}(n_x^2 + n_y^2 + n_z^2). \tag{2.9}$$

Posto allora per l'i-esima particella $\mathbf{n}_i = (n_x^i, n_y^i, n_z^i)$ e supponendo di poter "etichettare " ciascuna particella (ritorneremo tra poco su quest'aspetto), ogni stato microscopico del sistema è allora caratterizzato da una "$3N$-upla" di numeri quantici:

$$(\mathbf{n}_1, \cdots, \mathbf{n}_i \cdots, \mathbf{n}_N).$$

Nella simulazione numerica di un sistema fisico si è tuttavia spesso costretti, per limitare le risorse di calcolo, ad usare poche particelle o volumi limitati. In questo caso, la presenza delle superfici di contorno può influenzare sensibilmente i risultati, introducendo effetti spurii. È preferibile allora "replicare" il modo indefinito il sistema imponendo delle *condizioni periodiche al contorno*. Se si chiede che la funzione d'onda di un sistema di particelle libere sia periodica con le periodicità introdotte dalla scatola, i valori di $\mathbf{k}$ accettabili sono:

$$\mathbf{k} = n_x \frac{2\pi}{L_x}\hat{\mathbf{x}} + n_y \frac{2\pi}{L_y}\hat{\mathbf{y}} + n_z \frac{2\pi}{L_z}\hat{\mathbf{z}}, \tag{2.10}$$

dove però in questo caso n_x, n_y, n_z possono essere *sia interi positivi che negativi*. Diverse condizioni al contorno danno pertanto origine a diversi *set* di autostati: tuttavia vedremo che ciò non ha alcun effetto sul *numero* di microstati accessibili al sistema.

2.2.3 Microstati, stato macroscopico, equilibrio

Il nostro scopo è descrivere un sistema costituito da un grande numero di particelle o, equivalentemente, che abbia un grandissimo numero di gradi di libertà (diciamo dell'ordine del numero di Avogadro $\mathcal{N}_A$). Per quanto abbiamo detto, "descrivere" in realtà significa analizzare il comportamento di variabili *macroscopiche*, ossia di quantità "collettive" definibili solo a partire da medie su volumi che, per quanto piccoli su scala macroscopica, contengano pur sempre un grande numero di molecole, come ad esempio la densità locale in un fluido[20]. Quello che ci proponiamo è pertanto una specie di descrizione "a grana grossa" del sistema, che è comunque sufficiente a definire in modo adeguato lo stato macroscopico del sistema. Ciò che è più importante, anzi *fondamentale*, è che un numero grandissimo, anzi "stratosferico" di stati microscopici danno origine allo *stesso* stato macroscopico del sistema, caratterizzato da precisi valori delle grandezze macroscopiche. Sarà questa osservazione a permetterci di comprendere perché sia possibile la termodinamica.

Il problema che vogliamo affrontare si semplifica enormemente se consideriamo un sistema *all'equilibrio*. Come abbiamo visto, infatti, per una descrizione termodinamica di un sistema macroscopico all'equilibrio è sufficiente specificare un numero *molto limitato* di grandezze macroscopiche che lo caratterizzano. Questo ci porta a distinguere tra:

- *parametri esterni fissati*, quali il volume, la superficie, o un campo elettrico/magnetico esterno; le condizioni del sistema possono poi imporre che certe grandezze termodinamiche (ad esempio l'energia o il numero di particelle) siano *conservate*, ossia che assumano un valore fissato a priori: a tutti gli effetti *possiamo considerare queste grandezze alla stregua di parametri esterni*;
- *variabili termodinamiche interne*, che assumono valori diversi al variare dei parametri. Vedremo come in meccanica statistica queste grandezze debbano essere considerate come *variabili casuali*, che fluttuano nel corso del tempo: le variabili termodinamiche corrispondenti saranno allora interpretate come i *valori medi* di queste grandezze fluttuanti.

In particolare, avremo a che fare con tre situazioni termodinamiche fondamentali:

Sistemi isolati in cui, oltre al volume V, l'energia E ed il numero di particelle N del sistema sono fissati e quindi giocano il ruolo di parametri esterni (una variante che considereremo è quella in cui viene fissato non il volume ma la pressione, forza generalizzata associata a V);

---

[20] Ovviamente, se il sistema è spazialmente *omogeneo*, sarà sufficiente valutare queste grandezze su *tutto* il volume del sistema.

Sistemi chiusi, che possono scambiare energia con l'esterno: in questo caso l'energia è una variabile fluttuante, mentre il numero di particelle rimane un parametro fissato;

Sistemi aperti, nei quali sia l'energia che il numero di particelle del sistema sono variabili interne.

La presenza di parametri esterni (siano anche grandezze conservate) limita, come vedremo, il numero di stati microscopici che possono essere assunti dal sistema: diremo allora *microstati accessibili* quegli stati microscopici che possono essere effettivamente assunti compatibilmente con le condizioni imposte dai parametri. Per ora, cominciamo ad occuparci di sistemi isolati in cui, a parte V ed N è il valore fissato *energia totale* (quella che in termodinamica è l'energia interna) a stabilire quali e quanti microstati sono accessibili.

Come abbiamo detto, aspetto essenziale e fondamentale per la descrizione statistica dei sistemi macroscopici è che a un dato stato macroscopico è (in generale) associato un numero *straordinariamente grande* di microstati accessibili. Per un sistema isolato di N particelle in un volume V, dove è l'energia a fissare il macrostato, dovremo quindi considerare il legame tra E e il numero di microstati accessibili. Esaminiamolo dapprima con un esempio elementare, considerando ancora N atomi con spin $1/2$ su di un reticolo. In presenza di un campo magnetico $\mathbf{B} = B\mathbf{z}$, come vedremo meglio in seguito, ogni spin si accoppia con $\mathbf{B}$ con un energia $\varepsilon_i = \pm\varepsilon_0$, dove il segno *negativo* si ha quando lo spin è orientato come il campo ($m_s = +1/2$) e quello positivo se $m_s = -1/2$. Supponiamo che *l'energia totale del sistema sia fissata a* $E = \sum_i \varepsilon_i = 0$. Ciò avviene ovviamente solo se $N/2$ spin puntano "in su" ed $N/2$ "in giù". Per quanti stati microscopici si realizza questa situazione? In un numero di stati pari al numero di modi in cui possiamo scegliere $N/2$ spin che puntano in una data direzione su un totale di N, ossia, usando l'approssimazione di Stirling, in un numero

$$\binom{N}{N/2} = \frac{N!}{(N/2)!(N/2)!} \simeq \sqrt{\frac{2}{\pi N}}\, 2^N$$

di modi, che cresce *esponenzialmente* con il numero di spin. Quindi allo stato macroscopico con $E = 0$ corrisponde un numero strabiliante di microstati.

2.2.4 Densità di stati ed energia

Per un sistema di dimensione finita, i microstati quantistici sono sempre discreti, ma, come vedremo tra poco con un esempio, *la loro spaziatura in energia* (cioè la differenza di energia tra due microstati vicini) *è estremamente piccola*. È pertanto lecito, dal punto di vista del calcolo, trattare l'energia del sistema come se fosse una variabile continua. Tuttavia, come abbiamo detto, la descrizione statistica di variabili continue è un po' delicata: ad esempio, come discusso in Appendice B, l'entropia statistica associata alla distribuzione di probabilità di una variabile continua è ben definita solo se fissiamo una precisione minima con cui la variabile è determinabile.

Dato che l'interpretazione microscopica dell'entropia termodinamica, che è il "sacro Graal" a cui miriamo, ha molto a che vedere (perlomeno in condizioni di equilibrio) con il modo in cui a una distribuzione di probabilità si associa un "contenuto di informazione", per cautelarci contro ogni rischio futuro ci conviene assumere quindi che l'energia del sistema sia definita entro una certa precisione δE. Per fortuna, come abbiamo già accennato, il valore di δE, anche se molto più grande della spaziatura dei livelli, sarà in ogni caso del tutto ininfluente ai fini delle considerazioni che faremo. Definiamo allora una quantità fondamentale, chiamando:

$\Omega(E) = $ *Numero di microstati con energia compresa tra E ed $E + \delta E$.*

Possiamo allora introdurre anche la densità di stati $\rho(E)$ scrivendo

$$\Omega = \rho(E)\delta E. \tag{2.11}$$

Se infine chiamiamo $\Phi(E)$ il numero di stati con energia *inferiore* ad E, si avrà:

$$\Omega(E) = \Phi(E + \delta E) - \Phi(E) \implies \rho(E) = \frac{d\Phi(E)}{dE}. \tag{2.12}$$

Cominciamo allora ad esaminare la relazione tra energia e densità di stati per una situazione molto semplice.

2.2.4.1 Densità di stati per una singola particella libera

Consideriamo una *singola* particella in una scatola e cominciamo ad osservare che la spaziatura dei livelli energetici è davvero *estremamente* fine. Se infatti variamo di una singola unità uno dei tre numeri quantici nella (2.9) si ha:

$$\Delta \varepsilon = \varepsilon_{n_x+1,n_y,n_z} - \varepsilon_{n_x,n_y,n_z} = \frac{\hbar^2 \pi^2}{2mL_x^2}(2n_x + 1). \tag{2.13}$$

Nel caso ad esempio di un elettrone ($m \simeq 10^{-30}$ kg) in una scatola di lato 1 cm, il prefattore[21] vale: $(\hbar^2\pi^2/2mL_x^2) \simeq 5 \times 10^{-34}$ J $\simeq 3 \times 10^{-15}$ eV. Rappresentiamo allora gli stati della particella nello spazio che ha per coordinate le componenti (k_x, k_y, k_z) del vettore d'onda. Ogni stato si trova in un punto che ha per coordinata k_i un multiplo intero positivo di π/L_i: ad ogni stato possiamo perciò associare un volumetto

$$v = \frac{\pi}{L_x}\frac{\pi}{L_y}\frac{\pi}{L_z} = \frac{\pi^3}{V},$$

dove V è il volume della scatola. Possiamo allora calcolare il numero di stati $\phi(\varepsilon)$ con energia inferiore ad ε valutando il volume dell'ottante di sfera con coordinate tutte positive (dato che gli $n_x, n_y, n_z > 0$) di raggio $k = \sqrt{2m\varepsilon}/\hbar$, e dividendo per il

---

[21] Notiamo che, dato che la spaziatura dipende da n_x, i livelli *non sono equispaziati*.

volume v occupato da ogni singolo stato:

$$\phi(\varepsilon) = \frac{1}{8} \cdot \frac{4}{3} \pi \left(\frac{\sqrt{2m\varepsilon}}{\hbar} \right)^3 \cdot \frac{V}{\pi^3} = \frac{\sqrt{2}m^{3/2}}{3\pi^2\hbar^3} V \varepsilon^{3/2}.$$

Derivando, si ha quindi la *densità di stati di una particella libera*:

$$\rho = \frac{m^{3/2}}{\sqrt{2}\pi^2\hbar^3} V \varepsilon^{1/2}, \tag{2.14}$$

di cui faremo ampio uso in seguito[22]. Osserviamo in particolare che ρ *cresce come la radice quadrata dell'energia* della particella[23].

Naturalmente, un sistema costituito da una sola particella è un po' "miserino", per usare un eufemismo. Cerchiamo di vedere se possiamo estendere questo risultato ad una situazione già più interessante per la termodinamica.

2.2.4.2 Densità di stati per N particelle libere classiche

Consideriamo un sistema di N particelle libere in una scatola, che tratteremo "classicamente", ossia non tenendo conto del fatto che da un punto di vista quantistico le particelle non possono essere distinte l'una dall'altra, cosa di cui ci occuperemo in seguito. Cerchiamo di ricavare "alla grossa" la dipendenza da V e da E della densità di stati. L'energia totale del sistema si scrive $E = \sum_i \varepsilon_i$, con $\varepsilon_i = \hbar^2 k_i^2/2m$ energia delle singole particelle. Allora, detta $\rho(\varepsilon_i)$ la densità di stati di una singola particella con energia ε_i, per il numero di stati con energia inferiore ad E possiamo scrivere:

$$\Phi(E) = \int_0^\infty d\varepsilon_1 \cdots d\varepsilon_N \, \rho(\varepsilon_1) \cdots \rho(\varepsilon_N) \vartheta(E - \varepsilon_1 - \cdots - \varepsilon_N),$$

dove: $\vartheta(x) = \begin{cases} 0 & x < 0 \\ 1 & x > 0 \end{cases}$ è la funzione di Heaviside che nell'integrale assicura che la somma delle ε_i sia minore di E. Introducendo allora delle *variabili adimensionali* η_i, definite da $\varepsilon_i = \bar{\varepsilon}\eta_i$, dove $\bar{\varepsilon} = E/N$ è l'energia media per particella, e scrivendo $\rho(\varepsilon_i) = AV\varepsilon_i^{1/2}$, abbiamo:

$$\Phi(E) = A^N V^N \bar{\varepsilon}^{3N/2} \int_0^\infty d\eta_1 \cdots d\eta_N \sqrt{\eta_1 \eta_2 \cdots \eta_N} \, \vartheta[\bar{\varepsilon}(N - \eta_1 - \cdots - \eta_N)].$$

---

[22] Abbiamo finora trascurato l'esistenza di una coordinata di spin che, come vedremo, comporta un fattore addizionale $(2s + 1)$ nella (2.14).

[23] Se anche avessimo scelto di utilizzare per il conteggio degli stati quelli ottenuti utilizzando condizione periodiche al contorno, ciò non avrebbe modificato la densità di stati: il volume per ogni singolo stato sarebbe infatti stato $v' = (2\pi)^3/V = 8v$, ma dato che non vi è restrizione sul segno delle componenti di $\mathbf{k}$, avremmo dovuto considerare l'*intera sfera*, non solo un ottante.

Ma ovviamente $\vartheta(\alpha x) = \vartheta(x)$, quindi:

$$\vartheta[\bar{\varepsilon}(N - \eta_1 - \cdots - \eta_N)] = \vartheta(N - \eta_1 - \cdots - \eta_N).$$

L'integrale pertanto non dipende né da V né da E, ma al più da N: lo indicheremo pertanto come $C_0(N)$. Otteniamo quindi:

$$
\begin{cases}
\Phi(E) = C_0(N)V^N \left(\dfrac{E}{N}\right)^{3N/2} \\[2ex]
\rho_N(E) = C(N)V^N \left(\dfrac{E}{N}\right)^{3N/2-1}
\end{cases}
\tag{2.15}
$$

con $C(N)$ che non dipende da E o V. Notiamo che, per quanto riguarda la dipendenza dal volume e dall'energia, si ha $\Phi(E) \sim [\phi(\varepsilon)]^N$, dove $\phi(\varepsilon)$ è il numero di stati di singola particella con energia minore di ε che abbiamo derivato nel paragrafo precedente.

2.2.4.3 Energia e microstati accessibili

Quanto abbiamo appena visto per un sistema di particelle libere si può in qualche modo generalizzare al caso di un sistema descrivibile attraverso f gradi di libertà *debolmente accoppiati*. Con ciò intendiamo che, scrivendo l'hamiltoniana del sistema come

$$H = \sum_{i=1}^{N} H_i + \sum_{i \neq j} H_{ij},$$

i termini di interazione H_{ij} tra gradi di libertà *diversi* sono piccoli rispetto ai termini di energia H_i legati al singolo grado di libertà.

In prima approssimazione, possiamo quindi trattare ciascun grado di libertà come indipendente dagli altri. Ad ogni grado di libertà sarà allora associata un'energia mediamente pari a $\varepsilon = E/f$. Se i livelli energetici del singolo grado di libertà fossero equispaziati (come nel caso di un oscillatore armonico), il numero di stati con energia inferiore a ε sarebbe semplicemente $\phi(\varepsilon) = \varepsilon/\delta$, dove δ è la spaziatura tra i livelli: $\phi(\varepsilon)$ crescerebbe cioè linearmente con ε. In generale non è così, dato che δ *dipende* da ε, ma possiamo ragionevolmente scrivere:

$$\phi(\varepsilon) \sim (\varepsilon)^\alpha,$$

dove α è un numero *dell'ordine di uno*[24]. Dato che i singoli gradi di libertà sono indipendenti, il numero di stati con energia inferiore ad E per l'intero sistema sarà

---

[24] Ad esempio, per una particella libera in una scatola, che ha tre gradi di libertà indipendenti, abbiamo visto che $\phi(\varepsilon) \sim (\varepsilon)^{3/2}$: quindi, per ciascun grado di libertà $\alpha = 1/2$.

allora proporzionale a[25]:

$$\Phi(E) \sim [\phi(\varepsilon)]^f \sim \left(\frac{E}{f}\right)^{\alpha f}. \tag{2.16}$$

Quindi, per un sistema con un grande numero di gradi di libertà (ricordiamo sempre che per un sistema macroscopico $f \approx \mathcal{N}_A$) $\Phi(E)$ *cresce in modo straordinariamente rapido con E*[26]. Osservando che, se $\alpha f \gg 1$, $(\alpha f - 1) \simeq \alpha f$, anche per la densità di stati si può scrivere:

$$\rho(E) \sim \left(\frac{E}{f}\right)^{\alpha f}. \tag{2.17}$$

Per quanto riguarda infine $\Omega(E)$ abbiamo:

$$\Omega(E) = \frac{d\Phi(E)}{dE}\delta E \sim \phi(\varepsilon)^{f-1}\frac{d\phi(\varepsilon)}{d\varepsilon}\delta E.$$

Possiamo allora scrivere per il logaritmo di $\Omega(E)$:

$$\ln\Omega(E) \sim (f-1)\ln\phi(\varepsilon) + \ln\left(\frac{d\phi(\varepsilon)}{d\varepsilon}\delta E\right).$$

Il secondo termine contiene l'incertezza nell'energia δE nel logaritmo. Quindi, anche variando δE di nove ordini di grandezza, questo termine cambia solo di circa un fattore venti, un nonnulla rispetto al primo termine, che è dell'ordine di $\mathcal{N}_A$! Quindi:

- lo specifico valore scelto per δE è del tutto irrilevante ai fini del calcolo di $\Omega(E)$;
- possiamo trascurare del tutto il secondo termine e scrivere ($f - 1 \simeq f$):

$$\Omega(E) \simeq \Phi(E). \tag{2.18}$$

◇ **Qualche considerazione sugli spazi a grande numero di dimensioni.** La conclusione che abbiamo appena raggiunto parrebbe paradossale: il numero di stati con energia compresa tra E ed $E + \delta E$ è sostanzialmente uguale, per quanto piccolo sia δE, al numero *totale* di stati con energia inferiore ad E! In realtà, ciò è conseguenza diretta di un aspetto geometrico caratteristico (anche se certamente non intuitivo) degli spazi ad un grandissimo numero di dimensione. Consideriamo un'"ipersfera" di raggio r in uno spazio a D dimensioni. Il volume dell'ipersfera dovrà essere proporzionale a r^D, ossia $V(R) = C_D r^D$. Vediamo allora di quanto bisogna ridurre il raggio di un'ipersfera per dimezzarne il volume. Scrivendo $r' = r(1 - \varepsilon)$ si deve avere:

$$\left(\frac{r'}{r}\right)^D = \frac{1}{2} \Rightarrow \varepsilon = 1 - 2^{-1/D} \quad (D \gg 1 \Rightarrow \varepsilon \simeq \ln 2/D).$$

---

[25] Confrontate questa espressione con il caso di N particelle libere, dove $\alpha = 1/2$ ed $f = 3N$.

[26] In realtà, come vedremo, anche se le interazioni tra N particelle (o in generale tra f gradi di libertà) non sono trascurabili, questa dipendenza esponenziale da N permane, a patto che le forze tra le particelle agiscano solo a breve distanza.

Anche solo per $D = 100$ otteniamo $\varepsilon \simeq 7 \times 10^{-3}$: quindi tutto il volume si trova in pratica localizzato in una sottilissima "crosta" superficiale o, in altri termini, in uno spazio a molte dimensioni *tutto il volume è in pratica superficie*. Pertanto, in un numero di dimensioni dell'ordine di $\mathcal{N}_A$, il numero di stati con energia compresa tra E ed $E + \delta E$, anche per un δE ridicolmente piccolo, è pressoché uguale al numero di stati con energia inferiore ad E. Per quanto riguarda il calcolo esplicito del coefficiente C_D, detta x_i una generica coordinata nello spazio D-dimensionale, consideriamo l'integrale:

$$I_D = \int_{-\infty}^{\infty} \mathrm{d}x_1 \cdots \mathrm{d}x_D \, \mathrm{e}^{-(x_1^2 + x_2^2 + \cdots + x_D^2)}.$$

L'integrale può essere valutato immediatamente, perché è il prodotto di D integrali del tipo

$$\int_{-\infty}^{\infty} \mathrm{d}x \, \mathrm{e}^{-x^2} = \sqrt{\pi}$$

e pertanto $I_D = \pi^{D/2}$. D'altronde, poiché $x_1^2 + x_2^2 + \cdots + x_D^2 = r^2$, passando a coordinate sferiche:

$$I_D = \int_0^{\infty} \mathrm{d}r \, S_D(r) \, \mathrm{e}^{-r^2},$$

dove $S_D(r) = D C_D r^{D-1}$ è la superficie di un ipersfera di raggio r. Sostituendo e ponendo $z = r^2$:

$$I_D = \frac{D}{2} C_D \int_0^{\infty} \mathrm{d}z \, z^{D/2-1} \mathrm{e}^{-z} \Longrightarrow I_D = \frac{D}{2} C_D \Gamma(D/2 + 1),$$

dove $\Gamma(x)$ è la funzione Gamma di Eulero (si veda l'Appendice A). Uguagliando le due espressioni per I_D si ha:

$$C_D = \frac{\pi^{D/2}}{\Gamma(D/2 + 1)}.$$

In particolare, per $D = 2$ e 3 ritroviamo le espressioni note per una circonferenza ed una sfera $C_2 = \pi$, $C_3 = 4\pi/3$, mentre per un'ipersfera tetradimensionale abbiamo $C_4 = \pi^2/2$. Utilizzando l'approssimazione di Stirling, per $D \gg 1$ si ha:

$$C_D \simeq \frac{1}{\pi D} \left(\frac{2\pi e}{D} \right)^{D/2}, \tag{2.19}$$

risultato che ci permetterà di quantificare il coefficiente che compare davanti all'espressione per la densità di stati di N particelle libere. $\Diamond$

2.3 Boltzmann e la chiave di violino

Siamo davvero arrivati al momento *clou* della nostra analisi: ora che abbiamo una visione più chiara di che cosa si intenda sia in meccanica classica che quantistica per microstati e quale sia la loro relazione con gli stato macroscopici che osserviamo, siamo in grado di formulare quella che è l'*assunzione fondamentale* della meccanica statistica, dovuta ad una grandiosa intuizione di Ludwig Boltzmann (1844 − 1906), su cui si basa tutto quanto saremo in grado di dire sul comportamento dei un sistema fisico macroscopico. La strada percorsa da Boltzmann per giungere a questa ipotesi centrale fu lunga, tortuosa, segnata anche da incertezze ed interpretazioni che conducevano a vicoli ciechi. Incertezze, dubbi e difficoltà che derivavano sostanzialmente dall'essere un'assunzione troppo profonda ed avanzata per la fisica della fine del XIX secolo e che segnarono profondamente la vita del grande padre fondatore della fisica statistica[27]. La progressiva evoluzione del pensiero di Boltzmann è testimoniata dal sorprendente sviluppo delle sue idee a partire dai primi scritti sulla teoria cinetica dei gas fino ai lavori finali, in cui mostra una visione profonda, completa e, a mio modo di vedere, sostanzialmente definitiva del problema dell'irreversibilità.

Noi non abbiamo a disposizione un'intera vita per ripercorrere il cammino di Boltzmann, né sicuramente disponiamo delle sue doti intellettuali ma, per dirla con Bernardo di Chartres, pur essendo dei nani abbiamo il grande vantaggio poter salire sulle spalle di un tale gigante e guardare all'ipotesi centrale con i mezzi di cui disponiamo oggi. Riassumiamo in breve quanto visto finora.

1. Analizzando qualche semplice processo termodinamico, abbiamo concluso che l'entropia termodinamica deve essere legata in meccanica classica, dove ciascuno stato microscopico corrisponde ad una particolare traiettoria del punto rappresentativo nello spazio delle fasi, alla "regione del moto" accessibile per un sistema. Da un punto di vista quantistico le cose sono "operativamente" ancora più semplici, dato che i microstati si possono "contare".

2. Ad un singolo stato macroscopico è associato un numero enorme di microstati. Gli stati microscopici possono essere quindi classificati in grandi famiglie, il cui "cognome" identifica tutti i microstati cui corrisponde lo stesso macrostato. In particolare, per un sistema isolato con N particelle indipendenti (ma non necessariamente), il numero di microstati cresce come l'energia per particella elevata ad un esponente proporzionale ad N. D'altra parte, l'entropia termodinamica è una grandezza estensiva, ossia *proporzionale* ad N.

A questi due capisaldi, aggiungiamo una terza osservazione, che ci aprirà la strada alla comprensione dell'ipotesi di Boltzmann.

3. In quanto estensiva, l'entropia termodinamica è anche *additiva*: se possiamo suddividere un sistema in due sottosistemi 1 e 2 *isolati* l'uno dall'altro, l'entropia complessiva è data dalla *somma* delle entropie dei sottosistemi: $S = S_1 + S_2$. D'altra parte, il numero di microstati Ω accessibili per sistema complessivo è pari al *prodotto* $\Omega_1 \Omega_2$ dei microstati dei sottosistemi (per ogni scelta di un microstato del primo sistema ho infatti Ω_2 scelte per il secondo).

Vogliamo quindi in definitiva che S sia una funzione $S = f(\Omega)$ del numero di microstati accessibili tale che, per due sottosistemi isolati,

$$f(\Omega_1 \Omega_2) = f(\Omega_1) + f(\Omega_2).$$

---

[27] Forse solo Maxwell, che aveva aperto la strada attraverso la teoria cinetica dei gas, possedeva gli strumenti per comprendere a fondo le idee di Boltzmann. Ma Maxwell se ne andò nel 1879, ben prima che le idee di Boltzmann giungessero a pieno compimento.

È facile vedere[28] come la soluzione generale di questa equazione funzionale sia $f(\Omega) = k\ln(c\Omega)$. Per il momento, assumeremo $c = 1$[29] e che quindi l'entropia sia proporzionale al logaritmo del numero di microstati. Per legare questa quantità all'entropia termodinamica, è sufficiente quindi attribuire un valore a k. Consideriamo allora un macrostato M cui sia associata una "famiglia" Ω_M di stati microscopici, e veniamo dunque all'assunzione fondamentale su cui si basa tutta la meccanica statistica.

Se identifichiamo k con la costante di Boltzmann $k_B \simeq 1.38 \times 10^{-23}$ J/K, la quantità

$$S = k_B \ln \Omega_M \qquad (2.20)$$

coincide con l'entropia termodinamica del macrostato.

È questa ipotesi a costituire la "chiave di violino" che permette di leggere il rigo musicale su cui scriveremo l'interpretazione microscopica del comportamento macroscopico. Facciamo però alcune osservazioni importanti dal punto di vista concettuale.

- In pratica, attraverso il criterio di appartenenza ad una specifica "famiglia" Ω_M, associamo un valore dell'entropia anche a ciascun singolo *micro*stato, cioè ad ad ogni realizzazione "microscopica" del sistema fisico che stiamo considerando, non solo all'intero "insieme" di microstati Ω_M. Questa distinzione è importante: nella realtà, abbiamo sempre a che fare con un *singolo* sistema fisico, che evolve attraverso diversi microstati, e non con un astratto *ensemble* di sistemi che mostrano lo stesso stato macroscopico.
- Non ci riferiamo solo a sistema che si trovino all'equilibrio. La forma dell'entropia ipotizzata da Boltzmann si riferisce a *qualunque* stato del sistema, anche fuori equilibrio. Ciò, come vedremo nel paragrafo finale *2.6 ci permetterà di discutere l'approccio all'equilibrio e le ragioni per cui osserviamo un comportamento irreversibile delle grandezze macroscopiche.
- Tuttavia, lo studio di sistemi all'equilibrio permette di guardare in modo diverso al problema, e di utilizzare l'assunzione fondamentale sia per giustificare tutti gli aspetti fondamentali della termodinamica di equilibrio, che di fornire "regole di calcolo" esplicite per le grandezze termodinamiche. Sarà questo l'oggetto del paragrafo che segue[30].

---

[28] Riscrivendo l'equazione come $f(xy) = f(x) + f(y)$, è sufficiente prendere la derivata parziale di ambo i membri rispetto ad x e poi porre $y = x^{-1}$ per ottenere $f'(x) = k/x$, dove $f'(x)$ è la derivata *totale* di f rispetto al suo argomento e $k = f'(1)$. Il risultato che cerchiamo si ottiene integrando quest'equazione, con c costante d'integrazione.

[29] Vedremo come la discussione del problema dell'"indistinguibilità" quantistica delle particelle ci porterà a "riaggiustare" il conteggio del numero di microstati Ω e quindi di fatto ad introdurre una costante c di normalizzazione, che dipenderà dal tipo di particelle che consideriamo.

[30] Fuori equilibrio, purtroppo, gli strumenti che abbiamo a disposizione sono molto più miseri. In particolare, è difficile trovare un equivalente di quella che chiameremo "funzione di partizione", un potente ed in pratica insostituibile strumento di calcolo della meccanica statistica di equilibrio.

- In realtà, il calcolo del numero dei microstati che abbiamo svolto nel paragrafo 2.2.4 per alcuni semplici sistemi non tiene conto di un aspetto particolare, che riguarda la possibilità di *distinguere* o meno diverse particelle. Ciò, come vedremo nel paragrafo 2.5, ci porterà a ricalcolare in modo opportuno Ω_M.

2.4 Il "Piccolo Veicolo": la distribuzione microcanonica

Ci è già capitato più volte di usare il termine "probabilità" e di utilizzare concetti probabilistici per descrivere taluni fenomeni. Se ciò è ormai naturale, in particolare da quando la meccanica quantistica ha invaso la scena della fisica devastando la visione deterministica del mondo che aveva trovato il suo maggiore interprete in Laplace, non lo era certamente ai tempi di Boltzmann.

Cerchiamo di fare un piccolo panorama storico. È in realtà James Clerk Maxwell (1831 − 1879) ad utilizzare per primo in modo esplicito un approccio probabilistico per analizzare con successo, attraverso quella che si dice "teoria cinetica", il comportamento di un gas ideale all'equilibrio. Ma è soprattutto Boltzmann a fare della teoria della probabilità uno strumento essenziale per sviluppare la meccanica statistica. Nel fare ciò, Boltzmann era motivato dal fatto che quella grandezza fisica che gli permetteva di descrivere (attraverso un'equazione cinetica che è discussa nell'Appendice C e su cui ritorneremo in seguito) l'approccio all'equilibrio di un gas, la "funzione di distribuzione" $f(\mathbf{x}, \mathbf{v}, t)$ delle velocità molecolari, si prestava ad una semplice interpretazione probabilistica[31].

I risultati ottenuti con la teoria cinetica spinsero successivamente Boltzmann a chiedersi se non fosse possibile, almeno in condizioni di equilibrio, dedurre la probabilità che un sistema venga osservato in un particolare macrostato, e a sviluppare semplici modelli, che non vennero particolarmente apprezzati (per usare un eufemismo) da buona parte della comunità scientifica del tempo, ma che consentono comunque di dedurre importanti conseguenze per la termodinamica[32]. Questa progressiva invasione della probabilità nella fisica statistica, che potremmo chiamare "programma di Boltzmann", portò ad un cambio di prospettiva che trovò il suo pieno compimento nell'opera di Josiah Willard Gibbs (1839 − 1903), un fisico americano che, nell'ultimo decennio del XIX secolo, sistematizzò nell'idea di "insieme statistico" i concetti probabilistici che Maxwell e Boltzmann avevano introdotto.

Vediamo in che cosa consiste questo cambio di prospettiva. Finora abbiamo ci siamo riferiti ad un singolo sistema la cui evoluzione temporale, in meccanica classica, corrisponde al moto del punto rappresentativo nello spazio delle fasi e, quan-

---

[31] Come vedremo, proprio il fatto di riferirsi ad un *gas*, dove l'energia è solo cinetica, permette di legare direttamente il valor medio di $\ln f(\mathbf{x}, \mathbf{v}, t)$ all'entropia che abbiamo definito nel paragrafo precedente (per un sistema di particelle *interagenti*, le cose sono molto più complicate).

[32] Curiosamente, rendendosi conto che ciò semplifica molto la trattazione, Boltzmann fece uso di modelli in cui l'energia di una particella assume solo valori *discreti*, arrivando a chiedersi se questa non sia una condizione *necessaria* per poter sviluppare una teoria consistente ed anticipando in qualche modo la meccanica quantistica. Per saperne di più, consiglio a tutti la lettura dell'insuperabile libro di Carlo Cercignani *Ludwig Boltzmann e la meccanica statistica*.

tisticamente, alla sequenza di microstati che la funzione d'onda (o meglio, lo "stato miscela") assume nel corso del tempo. L'assunzione fondamentale ci dice che l'entropia termodinamica è legata alla regione disponibile al moto del sistema nello spazio delle fasi o, quantisticamente, al numero di microstati accessibili. Un sistema all'equilibrio tuttavia è molto più semplice, perché il suo stato macroscopico è fissato da pochi parametri geometrici (ad esempio il volume) o grandezze conservate (ad esempio l'energia, per un sistema isolato). Vogliamo allora chiederci se sia possibile, all'equilibrio, assegnare un *valore di probabilità* al fatto che il sistema si trovi in un particolare microstato. Su che cosa si intenda per probabilità (non sulle *regole* per il calcolo delle probabilità, che possono essere fissate con un approccio assiomatico) non esiste un consenso unanime nel mondo scientifico. Ma difficilmente un fisico sperimentale potrebbe rinunciare all'interpretazione più semplice, detta "frequentista", che potremmo sintetizzare in questo modo: se vuoi sapere quale sia la probabilità di un certo risultato, ripeti un esperimento molte volte, calcola con quale frequenza ottieni tale risultato (ossia il numero di "successi" sul totale dei tentativi), ed assumi che, quando il numero di prove diviene *molto* grande, questa frequenza si avvicini a quello che chiami "probabilità". In questa visione, dunque, assegnare la probabilità di un microstato significa considerare idealmente un grandissimo numero di sistemi identici nelle stesse condizioni (un *ensemble* statistico) e valutare con quale frequenza questi sistemi siano in uno specifico microstato[33].

A questo scopo, l'assunzione fondamentale fornisce un indizio di valore *inestimabile*. Vediamo perché, cominciando ad occuparci di un sistema isolato, dove i microstati accessibili sono fissati solo dall'energia (oltre che dal numero di particelle e dal volume del sistema), per cui per il macrostato corrispondente all'equilibrio si può scrivere $\Omega_M = \Omega(E)$. Nell'Appendice B mostro come ad una distribuzione di probabilità si può associare un'"entropia statistica", che è sostanzialmente il "contenuto di informazione" che è necessario specificare per descrivere completamente tale distribuzione. Uno dei risultati fondamentali della teoria dell'informazione, dovuto formalmente a Claude Shannon ma anticipato in effetti da Gibbs, è che questo contenuto di informazione non è un concetto "fumoso": al contrario, data una distribuzione di probabilità[34] P_i l'entropia statistica è *univocamente* fissata come $S = -k \sum_i P_i \ln P_i$ a meno di una costante arbitraria (positiva) k, purché si richieda che S soddisfi a poche e semplici condizioni intuitive. La distribuzione a cui corrisponde il massimo valore dell'entropia è la distribuzione uniforme in cui $P_i = $ cost., per la quale si ha $S = k \ln N$, dove N è il numero totali di valori possibili.

A questo punto dovrebbe suonarvi in testa un campanello, dato che l'entropia di Boltzmann (2.20) corrisponde proprio all'entropia statistica di una distribuzione di probabilità *uniforme* con $N = \Omega(E)$. Viene quindi naturale assumere che l'entropia

---

[33] Insisto sul fatto che questa lettura "frequentista" è utile (soprattutto perché non si presta a generare grossolani "svarioni"), ma non *necessaria*. Potremmo pensare di assegnare le probabilità "a priori", sulla base della natura del problema o delle informazioni che possediamo su di esso. Ma ciò, anche se a volte consente di trarre conclusioni più ampie di quelle che derivano da una semplice (ma matematicamente poco chiara) interpretazione frequentista, è più rischioso.

[34] Faremo riferimento per semplicità ad una variabile casuale s che assume N solo valori discreti s_i con probabilità $P_i = P(s_i)$. Come mostrato nell'appendice, quando la variabile può assumere valori continui le cose sono *molto* più delicate.

statistica della distribuzione di probabilità per i microstati all'equilibrio sia *massima* e coincida con l'entropia di Boltzmann (e quindi anche con l'entropia termodinamica). Ciò significa che, all'equilibrio, tale distribuzione di probabilità sarà uniforme e che quindi la probabilità P_i che il sistema si trovi in un particolare microstato i di energia E_i sarà data da:

$$P_i = \begin{cases} \Omega^{-1}(E) & \text{se } E < E_i < E + \delta E \\ 0 & \text{altrimenti,} \end{cases} \qquad (2.21)$$

dove quindi ci siamo assicurati che le P_i siano diverse da zero solo per i microstati *accessibili* e che soddisfino la *condizione di normalizzazione* $\sum_i P_i = 1$. Per ragioni che saranno chiare in seguito, chiameremo questa distribuzione *distribuzione microcanonica* (o *ensemble microcanonico*)[35].

Sulla base di quanto abbiamo visto in precedenza, la scelta di δE nella (2.21) è poi del tutto irrilevante: possiamo far variare a piacere δE di dieci o anche *cento* ordini di grandezza senza che nulla cambi. Scrivere $S = k_B \ln \Omega(E)$ o $S = k_B \ln \Phi(E)$ è allora del tutto equivalente. Anzi, possiamo scrivere persino $S = k_B \ln[\varepsilon \rho(E)]$ dove ε è una qualunque grandezza che abbia le dimensioni di un'energia e che serve solo a rendere non dimensionale il logaritmo.

Se allora consideriamo una generica grandezza termodinamica fluttuante Y, che assuma il valore y_i quando il sistema si trova nel microstato i, e definiamo $\omega(y, E)$ *il numero di microstati del sistema in cui Y assume un valore* $y \leq y_i \leq y + \delta y$, la probabilità $P = p(y)\delta y$ che Y assuma un valore compreso tra $(y, y + \delta y)$ si otterrà rapportando $\omega(y, E)$ al numero complessivo di microstati:

$$p(y)\delta y = \frac{\omega(y, E)}{\Omega(E)}. \qquad (2.22)$$

◇ **Analogo classico.** Per introdurre la distribuzione microcanonica, ci siamo implicitamente riferiti ai stati quantistici di energia, perché questi, anche se tantissimi, sono discreti, cosa che permette di evitare i problemi che si incontrano nel definire l'entropia di una variabile continua. Non è però difficile stabilire un analogo classico per la distribuzione microcanonica (quello utilizzato di fatto da Gibbs), anche se questo richiede una notazione un po' più complessa. Classicamente, fissare l'energia E equivale a vincolare il punto rappresentativo a muoversi in un sottospazio di dimensione $2f - 1$, dove $2f$ è il numero di dimensioni dello spazio delle fasi, ossia su un'"ipersuperficie" dell'energia costituita dai punti (q_i, p_i)[36] per cui $\mathscr{H}(q_i, p_i) = E$. Al numero di microstati possiamo

---

[35] Notiamo che se avessimo seguito un'approccio "soggettivo" al problema, in cui si cerchi di determinare le P_i imponendo solo che l'entropia statistica debba essere massima con l'unica condizione di considerare solo i microstati accessibili, ossia assumendo *la minima informazione* compatibile con il fatto di conoscere il valore dell'energia totale, avremmo ugualmente ottenuto la distribuzione microcanonica (si veda l'Appendice B), *senza* far uso dell'assunzione fondamentale. Anzi, l'ipotesi di Boltzmann ne sarebbe derivata come *conseguenza* (ma solo per uno stato di equilibrio). Ciò è quanto viene fatto in molti testi, ma non in questo: l'irreversibilità del comportamento macroscopico, che discende dall'assunzione fondamentale una volta che questa sia analizzata come faremo nel paragrafo *2.6, non ha nulla a che vedere con cio che noi ("noi" chi?) conosciamo o ignoriamo!

[36] Indicheremo sempre con q_i e p_i il complesso delle coordinate $q_1, \cdots, q_f$ e dei momenti $p_1, \cdots, p_f$.

far corrispondere una misura $\Sigma(E)$ dell'ipersuperficie dell'energia scrivendo:

$$\Omega(E) \equiv \Sigma(E) = \int dQ_i dp_i \, \delta[\mathcal{H}(q_i, \, p_i) - E], \qquad (2.23)$$

dove la delta di Dirac agisce come "funzione di *sampling*" che "conta uno" ogni volta che troviamo un punto per cui $\mathcal{H}(q_i, \, p_i) = E$. Possiamo allora introdurre una *densità di probabilità microcanonica* classica $w(q_i, \, p_i)$ scrivendo:

$$w(q_i, \, p_i) = \frac{1}{\Sigma(E)} \, \delta[\mathcal{H}(q_i, \, p_i) - E]. \qquad (2.24)$$

Come per ogni densità di probabilità, ciò vuol dire che la probabilità di trovare il sistema in un volume $\mathscr{V}$ dello spazio delle fasi si ottiene integrando:

$$\int_{\mathscr{V}} dq_i dp_i \, w(q_i, \, p_i),$$

dove la delta di Dirac svolge ancora una funzione di *sampling*.

Notiamo però che $\Sigma(E)$, pur essendo il corrispondente classico della densità di stati accessibili, non è, a differenza di $\rho(E)$, una quantità *adimensionale*, ma ha per dimensioni $[q_i p_i]^f$, ossia un momento angolare (o un'azione) elevato al numero di gradi di libertà. Viene naturale allora utilizzare un "metro di misura" della superficie dell'energia che abbia proprio queste dimensioni. Per mantenere nella descrizione classica un "ricordo" della sottostante natura quantistica, e tenendo conto che in meccanica quantistica la costante di Planck (o $\hbar$) rappresenta proprio un'unità elementare di azione, conviene quindi rapportare $\Sigma(E)$ ad un volumetto elementare nello spazio delle fasi $v_0 = \hbar^f$ e definire ad esempio un analogo classico della densità di stati ponendo:

$$\rho^{cl} = \frac{\Sigma(E)}{\hbar^f} = \frac{1}{\hbar^f} \int dq_i dp_i \, \delta[\mathcal{H}(q_i, \, p_i) - E]. \qquad (2.25)$$

Osserviamo che, così facendo, stiamo in realtà "discretizzando" lo spazio delle fasi in volumetti elementari che corrispondono proprio alla minima indeterminazione sul prodotto tra una coordinata ed il momento corrispondente dettata dal principio di indeterminazione di Heisenberg. ◇

Vorrei che vi fosse ben chiaro: l'avere introdotto un *ensemble* statistico non aggiunge concettualmente *niente* all'assunzione fondamentale, anzi, per certi versi questa prospettiva è più limitata. Ma, come vedremo, un approccio probabilistico permette sia di dedurre direttamente alcuni aspetti essenziali del comportamento termodinamico, che di sviluppare potenti regole di calcolo per lo studio del comportamento delle grandezza macroscopiche all'equilibrio, o in condizioni prossime all'equilibrio. Purtroppo, mentre la distribuzione microcanonica è più che sufficiente per il primo di questi due problemi, per quanti riguarda le "regole di calcolo" si rivela piuttosto ostica e miseruccia, cosicché dovremo fare qualche passo ulteriore. Per dirla con i buddisti, l'*ensemble* microcanonico è una specie di "Piccolo Veicolo", ossia una dottrina capace di cogliere gli aspetti più profondi, ma riservata un po' per gli "iniziati". Chi come noi ha bisogno di *mettere in pratica* la meccanica statistica affrontando problemi di fisica della materia, dovrà necessariamente fare qualche passo in più, ed imparare a conoscere il "Grande Veicolo" (fatto per chi come noi non è né Buddha né Boltzmann) che incontreremo nel prossimo capitolo.

Per un sistema di particelle debolmente interagenti, o in generale di gradi di libertà debolmente accoppiati, abbiamo visto che $\Phi(E) \sim (\varepsilon)^{\alpha f}$, dove ε è l'energia per per grado di libertà. Con questa forma per $\Phi(E)$, l'entropia risulta immediatamente estensiva, ossia proporzionale al numero di particelle, o di gradi di libertà. Possiamo dare anche un ordine di grandezza per l'entropia termodinamica. Se infatti consideriamo un sistema con $f \sim \mathcal{N}_A$ (cioè una quantità di sostanza dell'ordine di una mole) abbiamo

$$S \sim k_B \mathcal{N}_A \alpha \ln \varepsilon = R \alpha \ln \varepsilon,$$

dove $R \simeq 8.3 \, \mathrm{J/mole \cdot K}$ è la costante dei gas: l'entropia per mole avrà quindi valori dell'ordine di qualche $\mathrm{J/mole \cdot K}$. Ma che cosa possiamo dire di un sistema in cui le interazioni non sono trascurabili? Soprattutto, *che cosa* fa in modo che l'entropia termodinamica risulti in ogni caso estensiva, per (quasi) tutti i tipi di interazione tra le particelle? Di questo e di molte altre cose ci occuperemo nel prossimo paragrafo, dove cercheremo di giustificare, sulla base dell'assunzione fondamentale e della distribuzione microcanonica, gli aspetti più importanti della termodinamica.

2.4.1 Ritorno alla termodinamica

2.4.1.1 Sistemi debolmente accoppiati

Uno dei concetti fondamentali che è alla base di tutto quanto faremo in seguito, senza il quale il comportamento termodinamico non sarebbe possibile, è quello di *accoppiamento debole*, che abbiamo già introdotto nel paragrafo 2.2.3 e che vogliamo ora analizzare in dettaglio. Supponiamo di porre in contatto termico due sistemi S_1 e S_2 inizialmente isolati. Se diciamo $\mathcal{H}_1$ e $\mathcal{H}_2$ le hamiltoniane dei sistemi prima che vengano posti a contatto, l'hamiltoniana del sistema complessivo $S = S_1 + S_2$, che ora costituisce un unico sistema globalmente isolato, si scriverà:

$$\mathcal{H} = \mathcal{H}_1 + \mathcal{H}_2 + \mathcal{H}_{12}.$$

Il contributo H_{12} all'hamiltoniana, che è il termine di accoppiamento, nasce dalle interazioni tra le molecole di S_1 e quelle di S_2 e contribuirà anch'esso all'energia

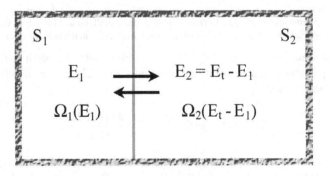

Fig. 2.1 Scambio termico tra sistemi debolmente accoppiati

del sistema complessivo, che potremo scrivere $E = E_1 + E_2 + E_{12}$, dove E_1 e E_2 sono le energie dei due sottosistemi isolati. Tuttavia, le forze effettive tra le molecole agiscono in genere a distanza molto breve (o, come diremo, "a breve range"), dell'ordine di qualche dimensione molecolare. Se questo è vero, H_{12} coinvolgerà in realtà solo una ristretta frazione delle molecole che costituiscono 1 e 2, quelle che, da una parte o dall'altra, si trovano a ridosso della parete di separazione tra i due sistemi. Il termine di energia E_{12} risulterà quindi molto piccolo rispetto rispetto ad E_1 ed E_2, e quindi può essere per certi aspetti trascurato: questo è ciò che effettivamente intendiamo dicendo che S_1 ed S_2 sono debolmente accoppiati.

Cerchiamo però di capire che cosa intendiamo con l'espressione limitativa "per certi aspetti". Il termine di accoppiamento non modifica sostanzialmente gli *stati* del sistema, che sono ancora determinati dalle hamiltoniane imperturbate $\mathscr{H}_1$ ed $\mathscr{H}_2$. Quindi, come nel caso di sistemi isolati, possiamo assumere che il numero di microstati di S sia pari al *prodotto* dei microstati di S_1 per quelli di S_2. Tuttavia, $\mathscr{H}_{12}$ un effetto importante ce l'ha, ed è proprio quello di *permettere lo scambio termico di energia* tra i due sistemi: di conseguenza, le energie interne di S_1 ed S_2 non sono più parametri fissati, ma *grandezze fluttuanti* con una loro distribuzione di probabilità. L'energia totale E_t del sistema complessivo rimane comunque un parametro fissato e ciò introduce un vincolo particolarmente importante: l'energia del sottosistema S_2 non può essere arbitraria, ma dev'essere data da $E_2 = E_t - E_1$. Vedremo che sarà proprio questo legame a permetterci di descrivere l'approccio all'equilibrio e, successivamente, di introdurre quel "Grande Veicolo" cui accennavamo.

$\diamond$ Prima di determinare il comportamento di E_1 ed E_2, soffermiamoci un attimo a considerare le conseguenze dell'accoppiamento debole sull'estensività dell'entropia anche per un sistema di particelle interagenti. Quello che possiamo fare, è suddividere il sistema in "regioni" sufficientemente grandi da contenere un numero molto grande n di particelle e con una dimensione molto maggiore della distanza tipica su cui agiscono le forze tra di esse. Allora, possiamo pensare al sistema come formato da tanti sottosistemi debolmente accoppiati, ciascuno con una certa energia E_n. In analogia con le (2.16) e (2.18), il numero di microstati complessivo potrà essere allora scritto di nuovo come $\Omega(E) \sim (E_n/\varepsilon)^{N/n}$ dove, se N è dell'ordine di $\mathscr{N}_A$, l'esponente N/n sarà sempre molto grande. In questa forma, l'entropia

$$S \sim N \frac{k_B}{n} \ln\left(\frac{E_n}{\varepsilon}\right)$$

rimane estensiva. Dire che le forze "agiscono a breve distanza" è tuttavia un po' generico: le forze reali tra due molecole, a dire il vero, agiscono a *qualunque* distanza r, ma il punto essenziale è che *decrescano rapidamente* con r. Quanto rapidamente debba annullarsi una forza quando $r \to \infty$ per poter essere considerata a "breve range" sarà un problema che affronteremo nei prossimi capitoli. $\diamond$

Ritorniamo ai due sottosistemi $S_{1,2}$ posti a contatto. Dato che per il sistema complessivo E_1 è una grandezza fluttuante, usando la (2.22) la sua distribuzione di probabilità sarà data da:

$$P(E_1;\, E_t) = p(E_1;\, E_t)\mathrm{d}E = \frac{\Omega_t(E_1;\, E_t)}{\Omega(E_t)}, \tag{2.26}$$

dove $\Omega(E_t)$ è come sempre il numero totale dei microstati del sistema complessivo S, mentre $\Omega(E_1;\, E_t)$ è il numero di stati accessibili per S *quando l'energia del sottosistema S_1 è fissata al valore E_1*. L'ipotesi di debole accoppiamento si traduce tuttavia nello scrivere che $\Omega(E_1; E_t)$ è dato da:

$$\Omega(E_1; E_t) = \Omega_1(E_1) \cdot \Omega_2(E_t - E_1).$$ (2.27)

Possiamo allora scrivere la (2.26) come:

$$P(E_1; E_t) = C\Omega_1(E_1) \cdot \Omega_2(E_t - E_1),$$ (2.28)

con $C = 1/\Omega(E_t)$ costante ed indipendente da E_i.

2.4.1.2 Equilibrio e temperatura

Per effetto dell'accoppiamento, dunque, la probabilità per S_1 di avere una certa energia è condizionata dalla quantità di energia che "rimane disponibile" per il sistema S_2. Se l'energia di S_1 cresce, il numero dei *suoi* stati aumenta, il che tende ad aumentare $P(E_1; E_t)$: d'altronde, in questo modo l'energia e il numero di stati di S_2 diminuiscono, e ciò tende a *ridurre* $P(E_1; E_t)$. A questo punto, introduciamo l'assunzione fondamentale, che ci fornirà la "chiave di lettura" del comportamento macroscopico in relazione al comportamento statistico microscopico:

La situazione di equilibrio termodinamico macroscopico corrisponde a quella che presenta la massima probabilità microscopica. L'evoluzione temporale del sistema è tale da condurre il sistema a questa condizione.

La prima parte di questa assunzione è estremamente "ragionevole". Abbiamo infatti visto che il numero di microstati di un sistema è una funzione che cresce in maniera rapidissima con l'energia. Quindi, $\Omega_1(E_1)$ "esplode" con E_1. D'altronde, ciò vale anche per S_2: in questo caso tuttavia $\Omega_2(E_t - E_2)$ *decresce* in modo estremamente rapido con E_1. Quindi $P(E_1; E_t)$, come prodotto di due funzioni che, rispettivamente, crescono e decrescono rapidissimamente, sarà una funzione estremamente "piccata" attorno ad un valore medio $\overline{E}_1$. Dunque, se esaminiamo un grande numero di "repliche" del sistema, ci aspettiamo di trovarle pressoché tutte in questa condizione. La seconda parte dell'assunzione è molto più delicata: se comprendere l'equilibrio in termini probabilistici non è troppo difficile, mostrare che un sistema *raggiunge veramente* l'equilibrio è una questione molto più spinosa e solo parzialmente risolta. Per quanto ci riguarda, faremo "orecchie di mercante" e ci occuperemo solo dell'equilibrio e non dell'*approccio* all'equilibrio, riservandoci di fare qualche commento in proposito solo alla fine del capitolo.

Cerchiamo allora di determinare $\overline{E}_1$. Dato che il logaritmo è una funzione monotona crescente del suo argomento, possiamo valutare il massimo di $\ln P(E_1; E_t)$[37]. Si ha allora:

$$\ln P(E_1; E_t) = \ln C + \ln \Omega_1(E_1) + \ln \Omega_2(E_t - E_1).$$

---

[37] Utilizzare il *logaritmo* della probabilità, anziché la probabilità stessa, sarà un accorgimento che sfrutteremo spesso in seguito. Come abbiamo visto $P(E_1; E_t)$ varia in modo estremamente rapido attorno al suo massimo: pertanto, studiarne il logaritmo significa utilizzare una funzione a variazione molto più "morbida" e poter limitare gli sviluppi in serie ai primi ordini.

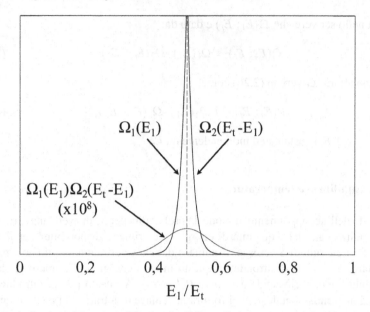

Fig. 2.2 Andamento del numero di stati accessibili per il sistema complessivo al variare dell'energia E_1 del sottosistema (la curva di $\Omega_1(E_1)\Omega_2(E_t - E_1)$ è stata amplificata per convenienza grafica)

Derivando rispetto a E_1 otteniamo:

$$\frac{\partial \ln \Omega_1(E_1)}{\partial E_1} + \frac{\partial \ln \Omega_2(E_t - E_1)}{\partial E_1} = 0$$

e, tenendo conto del fatto che[38]

$$\frac{\partial}{\partial E_1} = \frac{\partial(E_t - E_1)}{\partial E_1} \frac{\partial}{\partial E_2} = -1 \cdot \frac{\partial}{\partial E_2},$$

la condizione per il massimo di $P(E_1; E_t)$ sarà:

$$\frac{\partial \ln \Omega_1(E_1)}{\partial E_1} = \frac{\partial \ln \Omega_2(E_2)}{\partial E_2} \implies \frac{\partial S_1}{\partial E_1} = \frac{\partial S_2}{\partial E_2}. \tag{2.29}$$

Pertanto all'equilibrio la derivata dell'entropia rispetto all'energia dev'essere uguale per i due sistemi. L'analogia con la termodinamica diviene immediata definendo dal punto di vista statistico la *temperatura assoluta* come:

$$T = \left(\frac{\partial S}{\partial E}\right)^{-1} > 0 \tag{2.30}$$

---

[38] Useremo spesso questa semplice uguaglianza: tenetela a mente!

dove la positività di T (che in termodinamica era solo un fatto "empirico", conseguenza delle leggi sui gas) deriva *necessariamente* dal fatto che, come abbiamo visto, S cresce con E. Pertanto, *per essere all'equilibrio* (che corrisponderà ad un massimo della probabilità per il valore dell'energia dell'uno o dell'altro sottosistema) *i due sistemi devono avere la stessa temperatura*. Ciò significa che il calore passa dal sistema S_2 al sistema S_1 fin tanto che l'entropia di S_1 cresce più in fretta di quanto decresce quella di S_2.

La condizione (2.29) è in realtà quella per un estremo. Perché sia anche un massimo dovremo avere, derivando di nuovo:

$$\frac{\partial^2 S_1}{\partial E_1^2} + \frac{\partial^2 S_2}{\partial E_2^2} < 0.$$

Applicandola al caso particolare in cui i sottosistemi sono due sistemi *identici* e detta E l'energia di ciascuno dei due sottosistemi, si dovrà allora avere anche:

$$-\frac{\partial^2 S_1}{\partial E_1^2} = \frac{1}{T^2}\frac{\partial T}{\partial E} > 0,$$

ossia, dato che $T > 0$, T è *una funzione crescente dell'energia*, cioè il sottosistema che cede calore si *raffredda*. In quanto segue, faremo molto spesso uso della notazione:

$$\beta = \frac{1}{k_B T} = \frac{\partial \ln \Omega}{\partial E}. \tag{2.31}$$

2.4.1.3 Distribuzione dell'energia

Vogliamo ora determinare esplicitamente la distribuzione di probabilità per l'energia del sottosistema S_1, che indicheremo ora semplicemente con E. Sviluppiamo allora in serie $\ln \Omega_1(E)$ e $\ln \Omega_2(E_2)$ attorno a $\overline{E}$ e a $\overline{E}_2 = E_t - \overline{E}$, scrivendo $\delta E = E - \overline{E}$ e tenendo conto che $\Delta E_2 = E_2 - \overline{E}_2 = -\Delta E$:

$$\begin{cases} \ln \Omega_1(E) \simeq \ln \Omega_1(\overline{E}) + \beta \Delta E - \dfrac{\alpha_1^2}{2}\Delta E^2 \\[2mm] \ln \Omega_2(E) \simeq \ln \Omega_2(\overline{E}_2) - \beta \Delta E - \dfrac{\alpha_2^2}{2}\Delta E^2, \end{cases}$$

dove

$$\alpha_1^2 = -\frac{\partial^2 \ln(\Omega_1)}{\partial E_1^2}; \quad \alpha_2^2 = -\frac{\partial^2 \ln(\Omega_2)}{\partial E_2^2}.$$

Si ha allora:

$$\ln P(E) = \ln[C\Omega_1(E)\Omega_2(E_2)] \simeq \ln[C\Omega_1(\overline{E})\Omega_2(\overline{E}_2)] - \frac{1}{2\sigma^2}\Delta E^2,$$

con $\sigma^2 = (\alpha_1^2 + \alpha_2^2)^{-1}$, ossia:

$$P(E) = P(\overline{E}) \exp\left[-\frac{(E - \overline{E})^2}{2\sigma^2}\right]. \tag{2.32}$$

Quindi la distribuzione di probabilità per l'energia è una *gaussiana* di varianza σ^2. Ricordando che la *capacità termica* (a volume costante) di un sistema si definisce come

$$C_V = \frac{\partial E}{\partial T}, \tag{2.33}$$

si può scrivere (per $i = 1, 2$):

$$\alpha_i = \frac{1}{k_B T^2} \frac{\partial T}{\partial E_i} = \frac{1}{k_B T^2 (C_V)_i}.$$

Se supponiamo allora che il sistema S_1 sia molto più piccolo (e quindi abbia una capacità termica molto minore) di S_2, avremo

$$\alpha_1 \gg \alpha_2 \Longrightarrow \sigma \simeq \frac{1}{\alpha_1}.$$

2.5 Un'applicazione semplice (ma non "elementare")

Per un sistema di N particelle libere, con $\Phi(E)$ nella forma generale (2.15), possiamo scrivere l'entropia come:

$$S = k_B \ln \Omega(E) \approx k_B \ln \Phi(E) = k_B N \left[\ln V + \frac{3}{2} \ln \frac{E}{N} + A_N\right], \tag{2.34}$$

con A_N indipendente da T e V. Allora da:

$$T = \left(\frac{\partial S}{\partial E}\right)^{-1} \Longrightarrow T = \frac{2E}{3Nk_B},$$

ossia l'energia interna del sistema è:

$$E = \frac{3}{2} N k_B T. \tag{2.35}$$

Dalla relazione termodinamica $S = (E + PV)/T$ abbiamo poi:

$$P = T \left(\frac{\partial S}{\partial V}\right)_E = T \frac{Nk_B}{V}$$

e quindi riconosciamo l'equazione di stato del gas classico ideale:

$$PV = NK_BT = nRT.$$ (2.36)

Notiamo poi che in una trasformazione in cui l'entropia (2.34) rimane invariata dobbiamo avere $VE^{3/2} = C$, ossia, dalla (2.35), $VT^{3/2} = C'$, dove C e C' sono costanti che non dipendono da T e V. Pertanto, utilizzando l'equazione di stato (2.36), in una trasformazione adiabatica si ha:

$$PV^\gamma = \text{costante},$$

dove $\gamma = 5/3$ è detto *indice adiabatico*.

Utilizzando l'espressione (2.19) per il volume di una sfera in un grande numero di dimensioni, è infine possibile dare un valore esplicito per la costante A_N. Supponendo di considerare una scatola cubica di lato L, operiamo come nel caso del calcolo del numero di stati per una singola particella libera, ma nello spazio a $3N$-dimensioni dei vettori d'onda $\mathbf{k} = \frac{\pi}{L}(n_{1x} + n_{1y} + n_{1z} + \cdots + n_{Nx} + n_{Ny} + n_{Nz})$. Tenendo conto che:

- il volume per stato in questo caso è: π^{3N}/V^N;
- il volume dell'ipersfera è

$$\frac{\pi^{3N/2}}{\Gamma(3N/2+1)}k^{3N} = \frac{(2m\pi/\hbar^2)^{3N/2}}{\Gamma(3N/2+1)}E^{3N/2};$$

- dobbiamo solo considerare valori positivi per le componenti di $\mathbf{k}$ e quindi dividere il volume dell'ipersfera per 2^{3N},

si ottiene facilmente (usando l'approssimazione di Stirling per la Gamma):

$$S^{dist} = k_B N \left(\ln V + \frac{3}{2} \ln \frac{E}{N} + A \right),$$

dove

$$A = \frac{3}{2} \ln \left(\frac{me}{3\pi\hbar^2} \right)$$

è una costante che in realtà *non dipende* da N e con il suffisso "dist" ricordiamo, per prepararci alla discussione che faremo tra poco, che le N particelle sono pensate come distinguibili, ossia ciascuna "etichettabile" con un indice.

L'espressione che abbiamo appena derivato presenta tuttavia un serio problema. L'entropia dev'essere una grandezza estensiva, ossia proporzionale a N: dato che N appare come prefattore, ci aspetteremmo allora che tutti i termini in parentesi quadra siano *intensivi*, ma così non è, dato che V è anch'esso una grandezza estensiva. Questa "stranezza" è all'origine del paradosso, messo originariamente in luce da William Gibbs, che discuteremo nel paragrafo che segue.

2.5.1 Il paradosso di Gibbs

Consideriamo due gas ideali monoatomici, costituiti da N_1 molecole di massa m_1 e N_2 molecole di massa m_2, che si trovano inizialmente in due contenitori separati, di volume rispettivamente V_1 e V_2, ma alla stessa temperatura T e pressione P. Dalla legge dei gas si deve avere allora:

$$\text{i) } \frac{V_1}{N_1} = \frac{V_2}{N_2} = \frac{V}{N}$$

$$\text{ii) } \frac{E_1}{N_1} = \frac{E_2}{E_2} = \frac{E}{N},$$

dove $V = V_1 + V_2$, $N = N_1 + N_2$ ed $E = E_1 + E_2$ sono il volume, il numero di particelle e l'energia totali. L'entropia iniziale complessiva è allora:

$$S^i = k_B N_1 \left(\ln V_1 + \frac{3}{2} \ln \frac{E_1}{N_1} + A_1 \right) + k_B N_2 \left(\ln V_2 + \frac{3}{2} \ln \frac{E_2}{N_2} + A_2 \right),$$

ossia, tenendo conto della ii):

$$S^i = k_B N_1 (\ln V_1 + A_1) + k_B N_2 (\ln V_2 + A_2) + \frac{3}{2} k_B N \ln \frac{E}{N}.$$

Supponiamo ora di aprire una valvola che connette i due contenitori e di lasciare mescolare liberamente, per diffusione, i due gas. Al termine del processo, sia le molecole di massa M_1 che quelle di massa m_2 occuperanno l'intero volume V e

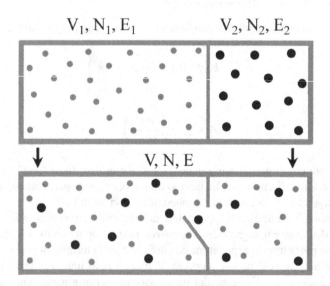

Fig. 2.3 Interdiffusione di due gas ideali e paradosso di Gibbs

l'entropia del sistema sarà data da:

$$S^f = k_B \left[(N_1 + N_2) \ln V + \frac{3}{2} N \ln \frac{E}{N} + N_1 A_1 + N_2 A_2 \right].$$

Nel processo di miscelamento si ha allora una variazione di entropia:

$$\Delta S^m = k_B (N \ln V - N_1 \ln V_1 - N_2 \ln V_2),$$

ossia, scrivendo:

$$\begin{cases} V_1 = (N_1/N)V \\ V_2 = (N_2/N)V, \end{cases}$$

$$\Delta S^m = k_B [(N_1 + N_2) \ln(N_1 + N_2) - N_1 \ln N_1 - N_2 \ln N_2], \qquad (2.37)$$

che diremo *entropia di mixing*. Che l'entropia aumenti (è immediato vedere che ΔS^m è sempre positiva) è ragionevole, dato che il miscelamento di due gas è un tipico esempio di processo irreversibile. Ma supponiamo ora che i due gas siano in realtà costituiti dallo *stesso* tipo di molecole: in questo caso non c'è alcuna differenza fisica tra lo stato iniziale e quello finale e quindi l'entropia *non può* aumentare. Come risolvere questo paradosso? Per due gas di tipo diverso, possiamo ovviamente escogitare una misura che permetta di *distinguere* le molecole del primo gas da quelle del secondo (ad esempio, misurandone lo spettro d'assorbimento). Ma per un gas singolo? È venuto il momento di cominciare a discutere il diverso grado di distinguibilità delle particelle in meccanica quantistica rispetto a quella classica.

2.5.2 Indistinguibilità e approssimazione di Maxwell–Boltzmann

Nel valutare il numero di stati accessibili, abbiamo associato ad ogni particella un indice i ed un vettore d'onda $\mathbf{k}_i$. Classicamente, è sempre possibile *in linea di principio* seguire una specifica particella nel corso del moto: in meccanica quantistica, al contrario, se un sistema è costituito da particelle identiche *libere* di muoversi in tutto il volume, non vi è *alcun modo* per poterle distinguere[39]. Ritorneremo ampiamente sul problema dell'indistinguibilità nei capitoli che seguono: ciò che è certo è che l'impossibilità di distinguere le particelle obbliga a rivalutare il numero di stati accessibili. Per ora, limitiamoci a considerare la situazione particolare in cui

---

[39] Sono proprio le collisioni ad impedirci di "etichettare" le particelle. Quando due particelle sono lontane e non interagiscono, la funzione d'onda complessiva può essere fattorizzata nel prodotto delle funzioni d'onda per ciascuna di esse, pensata come indipendente, ossia $\Psi(\mathbf{r}_1, \mathbf{r}_2) = \Psi_1(\mathbf{r}_1)\Psi_2(\mathbf{r}_2)$, ma nel corso della collisione ciò non è più vero. Possiamo raffigurarci una collisione come in processo in cui due particelle entrano in una "scatola nera" in cui vengono mescolate: quando escono, non sappiamo riconoscere più quale fosse la prima e quale la seconda particella. Più formalmente, dopo la collisione, quando le particelle tornano ad essere in punti $\mathbf{r}_1'$ ed $\mathbf{r}_2'$ lontani tra loro, la funzione d'onda fattorizza di nuovo, ma non sappiamo se corrisponda a $\Psi_1(\mathbf{r}_1')\Psi_2(\mathbf{r}_2')$ o a $\Psi_1(\mathbf{r}_2')\Psi_2(\mathbf{r}_1')$, ossia *quale* particella sia in $\mathbf{r}_1'$ e quale in $\mathbf{r}_2'$ (ritorneremo su questo problema nel Cap. 6). L'unico modo di distinguere quantisticamente due particelle identiche è quello di fissarle in posizioni prefissate, ad esempio su un reticolo cristallino.

ogni particella abbia un vettore d'onda $\mathbf{k}_i$ *distinto*. Questa situazione si verificherà con elevata probabilità se *il numero di stati accessibili è molto maggiore del nume-ro di particelle*: chiameremo quest'approssimazione, in cui si trascura la possibi-lità di avere più di una particella nello stesso stato, *approssimazione di Maxwell– Boltzmann*. In questo caso, considerare le particelle come indistinguibili equivale a considerare come fisicamente equivalenti tutti gli stati che differiscano per una permutazione dell'indice *i*. Ad esempio, se consideriamo un sistema di quattro par-ticelle *A*, *B*, *C*, *D*, gli stati S_I ed S_{II}, nei quali alle particelle sono assegnati i vettori d'onda:

$$
S_I : \begin{cases} A \to \mathbf{k}_1 \\ B \to \mathbf{k}_2 \\ C \to \mathbf{k}_3 \\ D \to \mathbf{k}_4 \end{cases} \quad S_{II} : \begin{cases} A \to \mathbf{k}_3 \\ B \to \mathbf{k}_i \\ C \to \mathbf{k}_4 \\ D \to \mathbf{k}_2 \end{cases}
$$

devono essere considerati come *un singolo stato*. Allora il numero di stati fisica-mente distinti si ottiene semplicemente dividendo il numero di stati calcolati per particelle distinguibili per il numero di permutazioni degli *N* indici di particella, ossia per *N*!. Abbiamo quindi (per grandi *N*):

$$
\Omega^{ind}(E) = \frac{1}{N!} \Omega^{dist}(E) \Rightarrow S^{ind} = S^{dist} - k_B (N \ln N - N). \tag{2.38}
$$

Applicando questa regola ad un sistema di particelle libere, otteniamo l'entropia del gas classico di Maxwell–Boltzmann, che può essere scritta nella forma (*formula di Sackur-Tetrode*):

$$
S(E,V,N) = k_B N \left[\ln \frac{V}{N} + \frac{3}{2} \ln \left(\frac{m}{3\pi\hbar^2} \frac{E}{N} \right) + \frac{5}{2} \right]. \tag{2.39}
$$

Notiamo che in questa forma l'entropia è estensiva e non presenta più i problemi incontrati con il paradosso di Gibbs. Dato che il termine sottratto dipende solo da *N*, l'equazione di stato in ogni caso non cambia.

◇ **"Entropia" o "entropie"?** Cerchiamo di riconsiderare il paradosso di Gibbs con un po' più di attenzione. A dire il vero, la meccanica quantistica ci ha permesso di cavarcela facilmente, perché in realtà la necessità di "ricontare" gli stati per tener conto dell'indistinguibilità esiste anche in meccanica classica. Del resto, l'esigenza di introdurre fattore $N!^{-1}$ era già stata sostenuta da Gibbs, che (non per ignoranza ma perché questa non esisteva ancora) nulla sapeva di meccanica quantistica!

Consideriamo allora una situazione puramente classica, in cui due gas monoatomici, uno co-stituito da atomi "colorati di verde" e l'altro di atomi "colorati di rosso" (da parte di un pittore miniaturista molto accurato, anche se non sarebbe facile trovare la vernice adatta!), contenuti ini-zialmente in due recipienti separati, vengono lasciati liberi di mescolarsi. Sulla base della (2.37) concluderemo che, per effetto del miscelamento, *S* aumenta. Ma supponiamo ora che ad osser-vare il processo sia un perfetto daltonico: questi, incapace di distinguere tra i due colori, conclu-derebbe al contrario che nel processo non vi è alcun aumento di entropia. Chi ha ragione, noi o il daltonico? In realtà, molto probabilmente, il daltonico. Da quanto abbiamo detto, sembrerebbe infatti che la variazione dell'entropia sia un fatto soggettivo, legato a chi compie la misura, ma non è così. Per capire quale espressione per l'entropia dobbiamo usare dobbiamo decidere quali grandezze macroscopiche del gas si vogliono studiare, ed esaminare se queste dipendano o meno dal *colore* delle molecole. In realtà, tutte le grandezze che ci interessano di solito, come la densità locale o la pressione, se ne fanno un baffo del colore, e quindi l'entropia da cui partire per calcolare *queste* grandezze è quella che stima il daltonico. Se invece fossimo ad esempio interessati all'assorbimento della luce in un punto particolare del gas, allora l'informazione che manca al daltonico sarebbe cruciale (prima del miscelamento l'assorbimento sarebbe disuniforme sia nel verde che nel rosso, dopo no). Quindi l'entropia che dobbiamo utilizzare è quella che considera tutti gli aspetti necessari per valutare le grandezze macroscopiche che ci interessano, *e niente di più*.

Torniamo allora al problema del miscelamento di atomi del tutto identici. Abbiamo detto che classicamente *potremmo* in linea di principio distinguerli (colorandoli, ad esempio) ma se *non* lo facciamo, l'unica cosa che distingue un atomo dagli altri è la specifica traiettoria che esso traccia collisione dopo collisione. Ma nessuna grandezza macroscopica, proprio perché tale, può dipendere dalla storia di ciascuna singola molecola: pertanto, anche nel caso classico, il fattore $N!^{-1}$ ci vuole, eccome! $\Diamond$

*2.6 Alle radici dell'irreversibilità

Abbiamo visto come l'ipotesi di Boltzmann, oltre a dare un significato macroscopico a grandezze quali l'entropia e la temperatura, permetta di giustificare il comportamento termodinamico di un sistema isolato. In quest'ultimo paragrafo (che, come vi ho anticipato, non dovete necessariamente leggere a questo punto: potete tranquillamente riprenderlo più tardi!) voglio fare qualche considerazione generale sulla visione che quest'approccio dà del comportamento macroscopico irreversibile e dell'origine di quella che abbiamo chiamato "freccia del tempo". Non pretendo certamente di fare una trattazione esauriente di questo problema centrale per la fisica e la scienza in generale, che ha occupato a tempo pieno menti molti più brillanti della mia, ma solo di darvi la mia visione delle cose, cercando soprattutto di sfatare talune "leggende metropolitane" che purtroppo infestano da tempo la letteratura scientifica e soprattutto quella *non* scientifica. Cominciamo a fare un po' di storia.

*2.6.1 L'equazione di Boltzmann e l'ipotesi del "caos molecolare"

Obiettivo di Boltzmann fu quello di estendere la teoria cinetica elementare dei gas sviluppata da Maxwell, per ottenere un'equazione che descrivesse l'evoluzione nel tempo, a partire da una data condizione iniziale, di quella che si dice *funzione di distribuzione* $f(\mathbf{x}, \mathbf{v}, t)$ che, divisa per il numero totale N di molecole, dà la densità di probabilità di trovare ad un dato istante una molecola in posizione $\mathbf{x}$ con velocità $\mathbf{v}$. Una derivazione dell'equazione di Boltzmann nel caso più semplice di un gas monoatomico è presentata in Appendice C: qui voglio solo richiamare i passi principali per ottenerla e, soprattutto, le conseguenze che se ne traggono.

In assenza di collisioni tra le molecole, il comportamento della funzione di distribuzione è molto semplice, e si riduce al fatto che la derivata *totale* rispetto al tempo di f, fatta rispetto a tutte le variabili $(x, y, z, v_x, v_y, v_z, t)$ è nulla. Il problema complesso è ovviamente proprio quello di tener conto delle collisioni di una molecola che ha velocità $\mathbf{v}$ con tutte le altre molecole che hanno diversa velocità $\mathbf{w}$. In generale, questo contributo dipende dalla densità probabilità *congiunta* $p(\mathbf{x}, \mathbf{v}, \mathbf{w}, t)$

che due molecole con velocità **v** e **w** si trovino simultaneamente nel volume elementare in cui avviene la collisione, che è di fatto una nuova funzione di distribuzione a "due particelle". Quindi, non è possibile conoscere l'evoluzione temporale della funzione di distribuzione di una singola particella senza conoscere la funzione di distribuzione per *due* particelle, e così via. Per ottenere un'equazione "chiusa" per $f_\mathbf{v} = f(\mathbf{x}, \mathbf{v}, t)$, Boltzmann ipotizzò che la probabilità di trovare una molecola con velocità **w** in un intorno di **x** fosse indipendente da quella che ve ne fosse un'altra con velocità **v**, o in altri termini che la funzione di distribuzione a due particelle *fattorizzasse* nel prodotto $f(\mathbf{x}, \mathbf{v}, t) f(\mathbf{x}, \mathbf{w}, t)$. In questo modo, si ottiene un'equazione chiusa che ha la forma generale:

$$\frac{\mathrm{D}f_\mathbf{v}}{\mathrm{D}t} = \int \mathrm{d}\mathbf{w} \int \mathrm{d}\mathbf{v}' \mathrm{d}\mathbf{w}' \, \mathscr{I} \, (f_\mathbf{v}, f_\mathbf{w}, f_{\mathbf{v}'}, f_{\mathbf{w}'}) \,, \qquad (2.40)$$

dove nel membro a destra la quantità $\mathscr{I}$, che è integrata su tutte le velocità **w** delle molecole con cui avvengono le collisioni e su tutte le velocità **v**' e **w**' delle due molecole dopo l'urto, dipende dalle funzioni di distribuzioni relative sia a **v**, che a **w**, **v**' e **w**'.

In generale la (2.40) è un'equazione integro-differenziale non lineare (per effetto della presenza di prodotti del tipo $f_\mathbf{v} f_\mathbf{w}$) di difficilissima soluzione. Tuttavia, anche senza risolverla esplicitamente, si possono trarre alcune conclusioni estremamente importanti:

1. La (2.40) ammette una soluzione *stazionaria*, cioè tale che $\partial f / \partial t = 0$.
2. In assenza di forze esterne, questa corrisponde ad una distribuzione spazialmente omogenea di molecole (ossia f non dipende da **x**), in cui le velocità sono distribuite in modo isotropo (ossia f dipende solo dal *modulo* **v**, $f = f(v)$).
3. Se il gas è nel complesso fermo (ossia se la velocità del centro di massa è nulla), $f(v)$ coincide con la distribuzione di *equilibrio* delle velocità molecolari determinata da Maxwell:

$$f(v) = \rho \left(\frac{m}{2\pi k_B T} \right)^{3/2} \exp \left[-\frac{mv^2}{2k_B T} \right] \,,$$

dove m è la massa molecolare e ρ la densità del gas.

Ma la (2.40) permette di concludere molto di più, ed in particolare che tale soluzione di equilibrio *viene di fatto raggiunta*. Nel corso dell'evoluzione temporale del gas a partire da *qualsiasi* condizione iniziale, infatti, la quantità:

$$H(t) = \int d^3 v f(v, t) \ln f(v, t)$$

decresce sempre con t, o più precisamente $\mathrm{d}H/\mathrm{d}t \leq 0$, con $\mathrm{d}H/\mathrm{d}t = 0$ solo quando si raggiunge l'equilibrio[40]. Questo risultato, noto come "teorema H" è tuttavia abbastanza sconcertante, perché consiste nell'aver individuato una quantità

---

[40] Dall'espressione per H, è chiaro come questa quantità corrisponda all'entropia statistica della distribuzione, cambiata di segno.

con un comportamento irreversibile a partire da equazioni microscopiche che sono perfettamente reversibili[41].

Nell'Appendice C si fa vedere come, in condizioni di *equilibrio*, la quantità $S = -k_B H$ coincida, a meno di una costante con l'entropia di Boltzmann $S = k_B \ln \Omega$. Ma la cosa più interessante è che questa relazione vale sempre, anche quando il gas è fortemente *fuori* equilibrio. Per vederlo, cominciamo a tenere conto del fatto che, fuori equilibrio, il gas sarà in generale disomogeneo, ossia la funzione di distribuzione dipenderà anche dalla posizione, $f = f(\mathbf{r}, \mathbf{v}, t)$. Generalizziamo allora la grandezza H scrivendola come:

$$H(t) = \int_V d^3 r \int_{\mathbb{R}^3} d^3 v f(\mathbf{r}, \mathbf{v}, t) \ln f(\mathbf{r}, \mathbf{v}, t), \qquad (2.41)$$

dove, mentre l'integrale sulle velocità si estende a tutti i valori reali senza restrizioni, quello sulle posizioni è limitato al volume V del sistema. Operativamente, avremo $f(\mathbf{r}, \mathbf{v}, t) = N_i / \omega_i$, dove N_i è il numero di particelle che si trovano all'interno di un volumetto ω_i centrato nel punto $(\mathbf{r}_i, \mathbf{v}_i)$. In questo modo, suddividendo lo spazio μ a sei dimensioni costituite dalle coordinate e dalle velocità di una singola particella in tanti volumetti piccoli su scala macroscopica, ma comunque contenenti molte particelle, otteniamo una grandezza macroscopica che dà una descrizione "a grana grossa" del sistema.

Se le particelle non interagiscono, tuttavia, lo spazio delle fasi dell'intero sistema non è altro che il prodotto degli spazi μ delle singole particelle ed il numero totale di stati è pari al prodotto degli stati di singola particella. La regione del moto per tutte le N_i particelle che si trovano in ω_i sarà allora data da $(N_i!)^{-1} \omega_i^{N_i}$, dove abbiamo diviso per il numero di permutazioni $N_i!$ per non tenere conto dell'ordine con consideriamo le N_i particelle che si trovano in ω_i. La regione del moto dell'intero sistema nello spazio delle fasi Ω sarà dunque semplicemente[42]:

$$\Omega = \prod_i \frac{1}{N_i!} \omega_i^{N_i}$$

e quindi l'entropia:

$$S = k_B \sum_i \left(N_i \ln \omega_i - \ln N_i! \right).$$

Usando l'approssimazione di Stirling nella forma $\ln N_i! \simeq N_i \ln(N_i) - N_i$, tenendo conto che $\sum_i N_i = N$ e riarrangiando i termini, otteniamo:

$$S = -k_B \left[\sum_i \left(\frac{N_i}{\omega_i} \ln \frac{N_i}{\omega_i} \right) \omega_i - N \right].$$

---

[41] Anzi, dall'Appendice C risulta evidente come, per ottenere l'equazione di Boltzmann, si faccia uso esplicito della reversibilità microscopica delle collisioni tra molecole!

[42] Da un punto di vista quantistico, otterremmo lo stesso risultato identificando ω_i con il numero di stati di singola particella entro un certo intervallo dell'energia di una particella e tenendo conto dell'indistinguibilità.

Se ω_i è piccolo, possiamo scrivere $\omega_i = d^3 r d^3 v$ e sostituire la somma con un integrale su tutti i valori delle velocità e sul volume del sistema, per cui:

$$S = -k_B \left[\int_V d^3 r \int_{\mathbb{R}^3} d^3 v f \ln f - N \right],$$

che coincide, a meno di un termine $-k_B N$ che non dipende da f, con $-k_B H$[43].

Il teorema H fu di fatto l'origine delle profonde incomprensioni e delle violente critiche che accolsero fin dall'inizio il lavoro di Boltzmann, e che contribuirono certamente (ma non esclusivamente) alla tragica decisione di porre fine alla propria vita nel 1906 a Duino, presso Trieste, dove si trovava in vacanza con la famiglia. Fu del resto subito evidente che, nella derivazione dell'equazione di Boltzmann c'era un passo non rigorosamente giustificabile, per quanto apparentemente plausibile: proprio quell'ipotesi del "caos molecolare" (*Stosszahlansatz*) che permetteva di ottenere un'equazione chiusa. Fu attraverso una lungo e profondo ripensamento di quest'ipotesi che Boltzmann giunse progressivamente alla comprensione del significato statistico e non strettamente deterministico dei propri risultati; tuttavia, i tempi non erano ancora maturi per un'ingresso così "prepotente" della probabilità in fisica, cosicché molti eminenti colleghi di Boltzmann rimasero fino alla fine suoi accaniti oppositori. Vediamo comunque alcune delle obiezioni principali che Boltzmann si trovò a dover fronteggiare, cercando di rileggerle alla luce della visione che abbiamo sviluppato in questo capitolo.

*2.6.2 Reversibilità e condizioni iniziali

La prima obiezione alla soluzione di Boltzmann, formulata dal collega e caro amico Johann Josef Loschmidt[44], riguarda proprio l'apparente contraddizione tra teorema H e reversibilità.

◊ Cerchiamo prima di capire bene che cosa intendiamo per "reversibilità" delle equazioni microscopiche, partendo dal caso classico. Sappiamo che l'evoluzione temporale nello spazio delle

---

[43] Ribadiamo che il risultato ottenuto vale *solo per un gas ideale*, in le interazioni consistono solo nelle collisioni tra particelle puntiformi, o il cui volume totale è comunque trascurabile rispetto a quello del sistema. Per un sistema di atomi o molecole interagenti, non sussiste alcun legame diretto tra l'entropia e la funzione di distribuzione di singola particella.

[44] A dire il vero, Loschmidt espresse l'obiezione in modo molto confuso, soprattutto per mostrare come la cosiddetta "morte termica" per aumento dell'entropia predetta da Kelvin fosse incompatibile con le leggi microscopiche. Fu in realtà Boltzmann a formularla chiaramente, facendo comunque (forse perché sapeva bene come rispondere) i complimenti all'amico per l'acuta osservazione. Loschmidt è noto in particolare per avere determinato in condizioni di temperatura e pressione usuali il numero di atomi o molecole per unità di volume in un gas ideale, $\rho = P \mathcal{N}_A / RT$, che è in sostanza un modo per ottenere il numero di Avogadro (per questo, nella letteratura tedesca, $\mathcal{N}_A$ è noto, erroneamente dal punto di vista storico, come "costante di Loschmidt"). È curioso come sia proprio il grandissimo numero di atomi o molecole contenuto in una porzione anche piccolissima di materia, messo in luce grazie al lavoro di Loschmidt, a giustificare da un punto di vista statistico la risposta alla sua obiezione nei confronti di Boltzmann.

fasi da uno stato iniziale $\mathbf{x}^0 = (q_f^0, p_f^0)$ allo stato al tempo t, $\mathbf{x}^t = (q_f^t, p_f^t)$, è descritto dalle equazioni di Hamilton. Possiamo pensare a quest'ultime come ad un operatore T^t che porta $\mathbf{x}^0$ in $\mathbf{x}^t$, ossia: $\mathbf{x}^t = T^t[\mathbf{x}^0]$. Introducendo allora un operatore di "inversione" R che rovescia tutti i segni dei momenti, dire che le equazioni di Hamilton sono reversibili corrisponde ad affermare che $T^t R T^t[\mathbf{x}^0] = R[\mathbf{x}^0]$, ossia se facciamo evolvere il sistema per t, quindi invertiamo il segno delle velocità, ed infine facciamo evolvere il sistema *ancora* per t, ci ritroviamo nelle condizioni di partenza ma con le velocità di segno opposto[45].

In meccanica quantistica, le cose sembrano ancora più semplici, dato che la soluzione formale dell'equazione di Schrödinger[46] si scrive $\psi(t) = \mathrm{e}^{-iHt/\hbar}\psi(0)$, ossia si ha $T^t = \mathrm{e}^{-iHt/\hbar}$. Ricordando la nota 15, ed il fatto che l'evoluzione temporale della complessa coniugata è quindi data da $\psi^*(t) = \mathrm{e}^{+iHt/\hbar}\psi^*(0)$, il corrispettivo di R si individua facilmente come l'*operatore che trasforma* ψ *in* ψ^*, per cui si ha ancora $T^t R T^t[\mathbf{x}^0] = R[\mathbf{x}^0]$. Tuttavia non è del tutto vero, perché l'evoluzione temporale di ψ non è dettata *sempre* dall'equazione di Schrödinger: la formulazione standard della meccanica quantistica afferma infatti che quando si effettua un processo di misura di una grandezza fisica G con un "apparato macroscopico", ψ "precipita" improvvisamente (ossia il vettore di stato viene proiettato) su di un autostato di G. Ho inserito un bel po' di virgolette perché che cosa significhi "macroscopico'" e quale sia la natura del processo di "riduzione" della funzione d'onda sono tra le domande più spinose sul significato fisico della meccanica quantistica (che hanno molto a che vedere con quei processi di "decoerenza" cui abbiamo accennato). Per quanto ci riguarda, tuttavia, la domanda cruciale è se il processo di "riduzione", almeno così come è descritto nella formulazione standard della meccanica quantistica, sia o meno reversibile: personalmente la cosa mi lascia molto dubbioso. Limitiamoci quindi ad affermare che l'evoluzione temporale microscopica di un sistema quantistico è reversibile se non viene perturbata attraverso processi di misura con apparati macroscopici, qualunque cosa ciò significhi realmente. $\lozenge$

I dubbi di Loschmidt possono essere sintetizzati nella domanda: se le equazioni microscopiche del moto sono reversibili, come può una quantità come H decrescere per *ogni* condizione iniziale? Consideriamo ad esempio un gas che inizialmente venga racchiuso in una piccola zona V_0 di un contenitore di volume molto maggiore. Se si lascia espandere il gas fino a quando occupa tutto V, H decresce (ossia S cresce). Ma se consideriamo a questo punto lo specifico stato microscopico finale raggiunto del gas e rovesciamo il segno di tutte le velocità, il gas tornerà in V_0 ed H deve necessariamente *crescere*. Ossia, per ogni stato microscopico del sistema in cui il gas si trova inizialmente in V_0 per poi espandersi fino a V ne esiste uno in cui avviene esattamente il contrario.

All'obiezione di Loschmidt, pare che Boltzmann abbia risposto "Avanti, comincia tu a rovesciarle (le velocità)!": sicuramente una risposta arguta, ma non del tutto convincente. Il punto è che Loschmidt ha *sicuramente* ragione, ma paradossalmente ciò... non conta un gran che. Cerchiamo di capire perché guardando la Fig. 2.4. Consideriamo tutti gli stati microscopici del gas quando questo ha invaso l'intero volume: è vero, per ogni stato microscopico del gas nel cui *passato* tutto il gas si trovava in un angolo del contenitore (quelli rappresentati dall'area grigia a sinistra) vi è un microstato che, nel *futuro*, porterà il gas a ritornare in V_0 (quelli nella regione grigia a destra). Il fatto è, tuttavia, che entrambi questi tipi particolari di microstato sono *ridicolmente pochi* rispetto al numero totale $\Omega(E)$ di microstati sulla superficie Σ dell'energia. Quindi, se osserviamo il gas in un istante a caso t_0, la probabilità

---

[45] Moltiplicando a sinistra entrambi i membri per T^{-t}, che è l'operatore inverso di T^t, ciò equivale ad affermare che $RT^t = T^{-t}R$.

[46] Tecnicamente, mi riferisco all'evoluzione nella rappresentazione di Schrödinger delle coordinate.

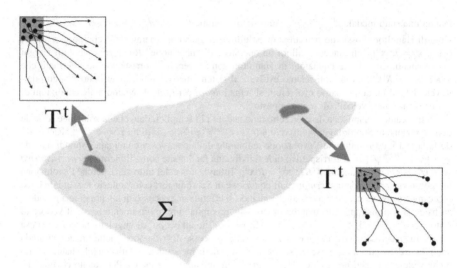

Fig. 2.4 Reversibilità temporale e microstati. Il piccolo gruppo di microstati a sinistra corrisponde a quelli che *derivano* da uno stato in cui il gas era originariamente confinato in V_0, mentre il gruppo a destra porterà nel *futuro* alla stessa condizione di confinamento. La stragrande maggioranza dei microstati corrisponde tuttavia a condizioni iniziali per le quali, nel corso dell'evoluzione temporale, il gas si manterrà in uno stato macroscopico spazialmente uniforme

che questo si trovi in uno stato che riporterà il gas in V_0 dopo un tempo t (*ma anche* in uno stato in cui il gas si trovava in V_0 al tempo $t_0 - t$) è ridicola: per questo, salvo colpi di fortuna molto molto più improbabili che vincere al Superenalotto, non vedremo *mai* il gas ritornare in V_0! Tuttavia, è vero: per gli stati del secondo tipo il teorema H non vale. Ciò significa che il teorema H vale solo *in senso statistico*, per la stragrande maggioranza[47] dei processi di evoluzione temporale a partire da un fissato microstato.

Quello che vi è di strano nel processo che abbiamo descritto (l'espansione del gas da $V_0 \to V$) è quindi la condizione iniziale, ossia come diavolo sia possibile che il gas si trovi inizialmente confinato in V_0. Questa è la ragione per cui, fin dal primo capitolo, abbiamo detto che l'irreversibilità macroscopica è "strana", ma non *incompatibile* con le equazioni microscopiche reversibili. Un processo fisico è determinato *sia* dalle equazioni del moto *che* dalle condizioni iniziali: nel processo che stiamo esaminando, sono *le condizioni iniziali* ad essere estremamente improbabili! Nel "passato" del nostro gas vi è sicuramente un "agente" (una pompa, o magari lo sperimentatore stesso) che, comprimendo il gas

---

[47] In realtà, parlare di "stragrande maggioranza" è molto di più di quanto gli inglesi chiamerebbero uno gigantesco *understatement*. Perché la scala con cui ho rappresentato in Fig. 2.4 i due gruppi di stati di cui abbiamo parlato è davvero *ridicolmente* ingrandita: considerando una mole di atomi, se anche supponiamo che V_0 sia la metà del volume totale, il rapporto tra la regione del moto nello spazio delle fasi prima e dopo l'espansione è dell'ordine di $\exp(10^{20})$, che è straordinariamente di meno del rapporto tra il volume di un protone e quello dell'intero universo visibile (circa 10^{-110}, se non ho fatto male i conti).

in V_0, ha forzatamente messo il sistema in una condizione "innaturale" a bassa entropia.

◇ Cerchiamo di investigare un po' meglio la questione. Alla fin della fiera, sia una pompa (che utilizzerà ad esempio l'elettricità derivata da combustibili fossili o da sorgenti idrogeologiche) che lo sperimentatore (il quale deve pur mangiare) derivano la loro capacità di compiere lavoro e di ridurre inizialmente l'entropia del gas dall'energia solare[48]. Chiariamo subito una cosa: in realtà ciò che cerchiamo nei combustibili o nel cibo non è in realtà *energia*, derivata in fin dai conti dalla nostra stella (con qualche contributo, per quanto riguarda l'energia nucleare, dalle sue antenate). La quantità di energia che la Terra riceve dal Sole deve essere *esattamente uguale* a quella che il pianeta "rigetta" (ossia irradia) nello spazio: se così non fosse, dato che alla fin fine *tutta* l'energia viene dissipata in energia termica, la Terra continuerebbe a riscaldarsi! Come vedremo nel Cap. 6, la differenza è che "compriamo" energia *a bassa entropia*, perché la radiazione che riceviamo dal Sole ha lunghezze d'onda dell'ordine di quelle visibili, mentre la "rivendiamo" ad *alta* entropia (a lunghezze d'onda nel lontano infrarosso, corrispondenti a quelle di emissione di un corpo con una temperatura media di circa $14°$ C come la Terra). A tutti gli effetti, dunque, quello che chiamiamo "problema energetico" è in effetti un problema *entropico*!

Spostandoci dunque un po' più in là nel cosmo, la vera stranezza (che, a parte il confinare i gas, permette a noi di esistere!) è la presenza di un "punto caldo" in un cielo decisamente freddo (poco al di sopra dello zero assoluto). Che cosa ha generato questo "punto caldo"? Solo la *gravità*, che ha portato il gas interstellare a comprimersi fino a raggiungere temperature tali da innescare le reazioni nucleari che, oltre ad evitare un ulteriore collasso, contribuiscono a loro volta a riscaldare (eccome!) il suddetto punto. Quindi, la sorgente della bassa entropia è in fin dei conti la gravità. Già, ma che cosa ha generato *prima* tutta quella materia a spasso per il cosmo che è servita a formare "il sole e l'altre stelle"? Pur non essendo dei cosmologi, sappiamo tutti (spero) che l'Universo ha avuto inizio da una condizione decisamente "singolare", che passa sotto l'innocente nome di *Big Bang*. È questa la vera condizione iniziale "anomala"? Qual era l'entropia dell'Universo subito dopo il *Big Bang*? Qui mi fermo, confessando di non capirci troppo delle speculazioni dei fisici delle alte (altissime) energie che, per altro, non sembrano essere molto d'accordo tra di loro. Basti dire che alcuni (tra cui qualche grandissimo come Stephen Hawking) ritengono che, casomai l'Universo decidesse di tornare a contrarsi, il corso dell'entropia potrebbe invertirsi. Chiedo a voi: in un Universo che si contrae, pensate che vi capiterebbe di vedere i bicchieri ricomporsi sul tavolo o i morti uscire dalle tombe? Io ho qualche dubbio in proposito... ◇

*2.6.3 Corsi e ricorsi nella storia: l'obiezione di Zermelo

C'é pero una seconda obiezione al risultato di Boltzmann, molto più sottile e decisiva, formulata dal matematico Ernst Zermelo nel 1896 sulla base di un risultato rigoroso sulla dinamica nello spazio delle fasi dovuto a Henri Poincaré. Il *teorema di ricorrenza* di Poincaré stabilisce in sostanza che, se un sistema si trova inizialmente in un punto x_0 dello spazio delle fasi, dopo un tempo "più o meno lungo" si ritroverà *arbitrariamente vicino* ad $\mathbf{x}_0$. Per tornare al nostro esempio, il teorema di ricorrenza stabilisce che, in ogni caso, il gas "prima o poi" *ritornerà* nel volume V_0: *no way out*, come dicono gli americani!

---

[48] In realtà, la potenza elettrica utilizzata dalla pompa potrebbe provenire da una centrale nucleare, ossia da combustibili che non dipendono dall'energia solare. Ciò non sposterebbe di molto (diciamo, non più di qualche centinaio o migliaio di anni luce...) il problema, dato che gli elementi radioattivi presenti sul nostro pianeta hanno a loro volta avuto origine dall'esplosione in tempi remoti di supernove.

◊ Dimostrare il teorema di Poincaré, almeno in modo non eccessivamente dettagliato, non è troppo difficile. Basta ipotizzare che la superficie dell'energia abbia una dimensione finita, cosa abbastanza ragionevole per ogni sistema finito, ed usare poi il teorema di Liouville. Consideriamo allora una condizione iniziale rappresentata dal punto $\mathbf{x}_0$ nello spazio delle fasi, ed un volumetto piccolo a piacere δV_0 attorno ad esso. Suddividiamo quindi l'evoluzione temporale in tanti "passi" di durata τ. Sappiamo dal teorema di Liouville che, per quanto riguarda il valore (la misura) dei volumetti, che indicheremo con μ,

$$\mu(\delta V_0) = \mu\left(T^\tau(\delta V_0)\right) = \mu\left(T^{2\tau}(\delta V_0)\right) = \cdots = \mu\left(T^{n\tau}(\delta V_0)\right).$$

Se tutti questi volumetti fossero *disgiunti*, prima o poi il volume totale "spazzato" nello spazio delle fasi supererebbe quello della superficie dell'energia (ossia il volume dello spazio delle fasi compreso tra E ed $E + \delta E$, con δE qualunque). Quindi, ci devono essere almeno due istanti $k\tau$ ed $\ell\tau > k\tau$ per cui: $T^{\ell\tau}(\delta V_0) \cap T^{k\tau}(\delta V_0) \neq \emptyset$. Ma allora, applicando ad entrambi i membri l'operatore di evoluzione temporale $T^{-k\tau}$:

$$T^{-k\tau}\left[T^{\ell\tau}(\delta V_0) \cap T^{k\tau}(\delta V_0)\right] = T^{(\ell-k)\tau}(\delta V_0) \cap \delta V_0 \neq \emptyset.$$

Pertanto, dopo $\ell - k$ passi qualche punto ritorna nel nel volumetto iniziale, ossia arbitrariamente vicino ad $\mathbf{x}_0$. ◊

Questa volta, pare che Boltzmann abbia risposto all'obiezione di Zermelo con un'espressione del tipo "Dovresti vivere un bel po' per vederlo!", ma era indubbiamente piuttosto irritato, perché l'obiezione era certamente più difficile da confutare. Comunque questa risposta conteneva un'intuizione importante, anche se difficile da giustificare. In sostanza, Boltzmann intuiva che nella meccanica statistica esistono in realtà *due* scale caratteristiche di tempo, ben distinte tra loro: vi è sì un tempo di ricorrenza di Poincaré τ_P, sulla scala del quale si fa sentire una "eco" della reversibilità microscopica, ma τ_P è estremamente lungo, molto più lungo del tempo τ_{eq} su cui, a partire da una condizione iniziale anche molto improbabile il sistema raggiunge quello che intendiamo per "equilibrio". Queste diverse scale temporali sono schematizzate nella Fig. 2.5, che mostra qualitativamen-

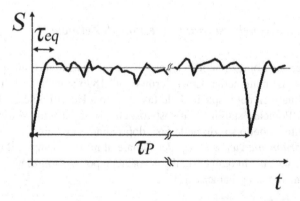

Fig. 2.5 Approccio all'equilibrio e tempo di ricorrenza di Poincaré. Notate come l'asse dei tempi sia "spezzato" per indicare come, per i sistemi reali, τ_P sia in effetti *estremamente* lungo rispetto a τ_{eq}

te la possibile evoluzione temporale di un sistema a partire da una configurazione molto improbabile. Nel paragrafo *2.6.6 vedremo quale sia l'effettiva differenza tra τ_{eq} e τ_P, almeno per un modello estremamente semplificato. In particolare, se il numero di particelle tende all'infinito, $\tau_P \to \infty$, mentre τ_{eq}, se esiste, rimane finito.

*2.6.4 Non solo condizioni iniziali: grandezze macroscopiche ed irreversibilità

In realtà, quanto abbiamo detto non tocca ancora il "cuore" del problema dell'irreversibilità. Per capirlo, cerchiamo di discutere ora come otteniamo i valori delle grandezze fisiche in condizioni di equilibrio, secondo l'approccio che abbiamo in precedenza delineato. Nella descrizione microcanonica, la prescrizione (che è stata formulata rigorosamente da Gibbs) è quella di fare una media su *tutti* i microstati accessibili, ossia quelli che si trovano sulla superficie Σ dell'energia. In realtà, le fisica del problema è molto diversa. Nel corso dell'evoluzione temporale, il sistema percorre una traiettoria nello spazio delle fasi: quindi, il valore "termodinamico" di una certa grandezza G dovrebbe essere calcolato, una volta che il sistema si venga a trovare in quelle che chiamiamo "condizioni d'equilibrio" come una media su tale traiettoria.

Di fatto, ciò è quanto si fa sperimentalmente, andando sostanzialmente a calcolare la *media temporale*:

$$\overline{G}_\tau = \frac{1}{\tau} \int_{t_0}^{t_0+\tau} G(t')dt',$$

dove τ è un tempo sufficientemente lungo per mediare sulle fluttuazioni microscopiche, ma non *infinitamente* lungo (ricordiamo che qualunque stato di equilibrio è tale solo entro un certo limite temporale). Se il sistema è in equilibrio, la media non dipende dal tempo t_0 a cui facciamo la la misura. Tuttavia, come mostrato in Fig. 2.6, questa definizione può essere estesa anche a condizioni in cui il sistema non è in equilibrio, ma varia in modo sufficientemente lento da poter in ogni caso scegliere τ lungo rispetto ai tempi di fluttuazione microscopica. In questo caso, otteniamo una media temporale che dipende dal tempo:

$$\overline{G}_\tau(t) = \frac{1}{\tau} \int_{t}^{t+\tau} G(t')dt',$$

che corrisponde al valore della grandezza nella situazione di "quasi-equilibrio" che si ha su tempi sufficientemente brevi.

Assumere che le medie temporali siano *rigorosamente* uguali ai valori che si ottengono mediando su tutti i microstati dell'energia è equivalente ad affermare che, data una certa regione $\Delta\Sigma$ sulla superficie dell'energia, la traiettoria percorsa del punto rappresentativo $\mathbf{x}[q_f(t), p_f(t)]$ nello spazio delle fasi permane in $\Delta\Sigma$

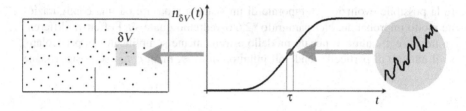

Fig. 2.6 Un esperimento ideale in cui estraiamo il valor medio di una grandezza macroscopica, il numero $n_{\delta V}(t)$ di molecole nel volumetto δV al tempo t, durante il processo (fuori equilibrio) di espansione di un gas inizialmente racchiuso nella camera a sinistra. Notate come la media venga fatta su un tempo τ breve, ma sufficiente a mediare sulle fluttuazioni

per un tempo proporzionale all'estensione di tale regione. Questa è un'assunzione *molto* pesante, che viene detta *ipotesi ergodica*. Ma i sistemi fisici reali godono di questa "proprietà ergodica"? In generale, solo per pochi sistemi estremamente idealizzati si riesce a dimostrare che la condizione di ergodicità è soddisfatta. Si può anzi provare che, in generale, i sistemi fisici *non sono* "ergodici". Un'ipotesi più vicina alla realtà è che il punto rappresentativo passi "arbitrariamente vicino" ad ogni microstato sulla superficie Σ, in modo da creare su di essa una trama fitta ed uniforme[49]. Si dice che un sistema di questo tipo ha la proprietà di *mixing*, che è abbastanza ragionevole per una classe più ampia di sistemi (anche se difficile da dimostrare rigorosamente, se non in casi particolari). Tuttavia, anche se un sistema si comportasse in questo modo, per permettere alla traiettoria di "ricoprire" sufficientemente bene Σ dovremmo compiere medie temporali su tempi estremamente lunghi, ridicolmente più lunghi di quanto venga fatto in ogni esperimento reale.

Il problema ergodico e l'ipotesi di mixing sono di grande importanza per molti motivi, e alla loro analisi si sono rivolti gli strenui sforzi di molti fisici matematici. Ma la non ergodicità o l'assenza di un perfetto mixing sono davvero ostacoli insormontabili? Davvero non è possibile fare a meno di una o l'altra di queste ipotesi per fare della meccanica statistica? E come mai, se è davvero così, la meccanica statistica così come l'abbiamo introdotta *funziona*, eccome? Ancora una volta, il segreto sta nel considerare grandezze *macroscopiche*, cioè associate ad un grande numero di particelle. Prendiamo come esempio di grandezza macroscopica proprio l'energia E_1 che caratterizza un sottosistema di un sistema isolato che abbia energia E_t. Da quanto abbiamo visto nel paragrafo 2.4.1, E ha una distribuzione *estremamente* "piccata" attorno ad un valore medio $\overline{E}_1$: pensando a ciò che significa "fare una media", ciò può solo voler dire che nella *stragrande* maggioranza dei microstati i del sistema complessivo l'energia del sottosistema vale $E_1 = \overline{E}_1$. Vi saranno poi un

---

[49] Ricordiamo inoltre che, date certe equazioni del moto, l'evoluzione temporale è completamente determinata dalle condizioni iniziali. Pertanto, $\mathbf{x}[q_f(t), p_f(t)]$ *non può* passare due volte per uno stesso un punto $\mathbf{x}_0$: altrimenti, da $\mathbf{x}_0$, pensato come condizione iniziale, partirebbero *due* traiettorie possibili. Questa traiettoria che "evita se stessa" è dunque estremamente complessa.

discreto numero di stati in cui E_1 differisce di molto poco da $\overline{E}_1$, diciamo una o due deviazioni standard, mentre gli stati con $E_1 \gg \overline{E}_1$ o $E_1 \ll \overline{E}_1$ saranno estremamente rari. In altri termini, possiamo raffigurarci schematicamente la superficie dell'energia come in Fig. 2.7, disegnando su di essa una "pezzatura" in cui i microstati per cui $E_1 \simeq \overline{E}_1$ costituiscono di gran lunga le "pezze" più estese, mentre i microstati con valori "anomali" si riducono a qualche macchiolina sparsa qua e là. Ciò che quindi ci aspettiamo che succeda è che il punto rappresentativo, anche se parte da un punto x_0 cui corrisponde un valore di E_1 molto diverso dalla media, si ritrovi ben presto a vagare in regioni in cui $E_1 \simeq \overline{E}_1$. Non è quindi per nulla essenziale che la traiettoria "copra" tutta la superficie dell'energia, e non è neppure necessario attendere tempi biblici. Il punto è che il campionamento della superficie dell'energia è molto "discriminatorio nei confronti delle minoranze": è come se cercassimo di sapere quanto guadagnano in media gli italiani ponendo la domanda a diecimila persone che possiedono una fuoriserie, più un paio di possessori di una Fiat Panda. Pertanto le medie temporali convergono in genere rapidamente alle medie microcanoniche anche se il sistema non è necessariamente ergodico. In altri termini, ancora una volta, ciò che mostra un comportamente irreversibile sono *solo* le variabili macroscopiche.

Vi è tuttavia una "sorpresa" ulteriore, che forse rappresenta l'aspetto più interessante dal punto di vista operativo per quanto concerne l'analisi del comportamento nel tempo di grandezze macroscopiche G quali ad esempio la densità di massa o la velocità media di un volume piccolo su scala macroscopica, ma sufficientemente grande da contenere moltissime molecole. Come sappiamo, c'è un insieme molto numeroso $\{x\}$ di microstati a cui corrisponde lo stesso valore di G. Dato un *partico-*

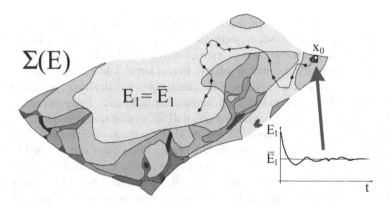

Fig. 2.7 La "pezzatura" della superficie dell'energia per quanto riguarda i valori assunti da una grandezza macroscopica come l'energia di un sottosistemi. Le regioni sono rappresentate con un grigio tanto più scuro quanto più E_1 differisce da $\overline{E}_1$. Il diagramma in basso a destra mostra l'andamento schematico della media temporale di E_1 per un sistema che parta dal microstato iniziale x_0. Ovviamente, il disegno e la pezzatura sono solo indicativi, e non sono certamente una rappresentazione fedele della superficie dell'energia

lare microstato x_0, cui nell'evoluzione temporale corrisponde una traiettoria $\mathbf{x}(t)$, G evolverà ovviamente da $G_0 = G(x_0) \rightarrow G_t = G[x(t)]$. La cosa piuttosto stupefacente è tuttavia che, per molte grandezze macroscopiche, si possono dedurre delle equazioni che determinano G_t a partire da G_0 *senza dover sapere nulla* sull'evoluzione nel tempo dei microstati, ossia che contengono *solo* grandezze macroscopiche. In altri termini, la stragrande maggioranza dei microstati $\{x_0\}$ cui corrisponde il valore $G = G_0$ evolverà verso microstati per cui, al tempo t, $G = G_t$, anche se le traiettorie seguite dai singoli microstati possono essere diversissime. Nell'equazione di Boltzmann per i gas, ad esempio, la funzione di distribuzione evolve in modo "autonomo", attraverso un equazione che, anche se in modo molto complesso, contiene solo $f(\mathbf{x}, \mathbf{v})$ senza dover tenere conto esplicitamente dei singoli moti molecolari. Esempi ancora più pregnanti sono l'equazione di diffusione di massa ottenuta a partire dal moto browniano, che è discussa in Appendice D, o le equazioni di Navier–Stokes che determinano l'andamento nel tempo della densità e del campo di velocità in un fluido in movimento. Senza queste equazioni "macroscopiche", che mostrano un comportamento intrinsecamente irreversibile e sono spesso ottenute introducendo ipotesi probabilistiche, buona parte della fisica dei sistemi fuori equilibrio che conosciamo non esisterebbe. Naturalmente, i caveat che abbiamo dovuto introdurre a partire dalle obiezioni al lavoro di Boltzmann ci dicono che anche in questo caso le equazioni funzioneranno per quasi tutte le condizioni iniziali e che descriveranno correttamente il sistema solo per tempi non troppo lunghi, ossia per $t \ll \tau_P$ (ci salva comunque il fatto che in genere $\tau_P \gg \tau_{eq}$).

*2.6.5 Irreversibilità e "caos"

Nell'ambito di dello studio dei sistemi dinamici, si è manifestato negli ultimi decenni un grande interesse verso quelli che si dicono "sistemi caotici". In sostanza, un sistema ha un comportamento caotico quando la sua dinamica temporale è estremamente sensibile alle condizioni iniziali. In altri termini, le traiettorie di sistemi di questo tipo che evolvano sulla base dalle stesse equazioni del moto, ma a partire da condizioni iniziali $x_0(q_f, p_f)$ anche lievissimamente diverse, divergono rapidamente, allontanandosi esponenzialmente l'una dall'altra nello spazio delle fasi. In problema dell'"instabilità dinamica" associata al comportamento caotico è di estrema rilevanza, perché comporta l'impossibilità pratica di predire l'evoluzione temporale sia quando si studi un sistema reale a partire da dati sperimentali che presentano un'accuratezza necessariamente finita, che nella simulazione numerica, perché l'imprecisione associata al rappresentare numeri reali con un numero finito di bit comporta seri limite sull'affidabilità delle predizioni a lungo termine. Gli esempi più tipici di instabilità dinamica sono quelli associati alle equazioni di Navier-Stokes che governano il moto di un fluido, e che ad esempio hanno come conseguenza l'impossibilità di predire l'evoluzione delle condizioni meteorologiche per tempi lunghi, ma anche semplici sistemi meccanici classici[50], come ad esempio un pendolo doppio o due palle rigide su un tavolo da biliardo, mostrano un comportamento caotico.

Proprio il secondo esempio che, come dimostrato da Yakov Sinai, mostra come per effetto del comportamento caotico un sistema di due sfere rigide sia anche ergodico, ha spinto un ampia comunità di fisici a vedere proprio nell'instabilità dinamica le radici del comportamento irreversibile. In realtà, a mio (ma non solo mio) modo di vedere, da un punto di vista *fondamentale* il comportamento caotico ha ben poco a che vedere con l'irreversibilità, anche se la presenza di instabilità dinamica ha sicuramente conseguenze importanti sui tempi di approccio all'equilibrio e sulla possibilità pratica di osservare, anche in condizioni pressoché ideali, quanto predetto da Loschmidt. Per capire perché non sia la natura caotica o meno dell'evoluzione temporale di un sistema ad "implicare" la freccia del tempo, basta ricordare la nostra immagine originale di irreversibilità. Le traiettorie di *due* palle da biliardo sono certamente molto complesse e tali da passare, per tempi sufficientemente lunghi, per ogni punto del tavolo: ma se riprendiamo il loro moto, il film proiettata all'incontrario non ci sembrerebbe certamente più strano di quello "vero". Certo, se prendessimo *molte* palle da biliardo, le mettessimo tutte in un angolo del tavolo e poi cominciassimo a metterle in moto con qualche colpo di stecca, sarebbe difficile ritrovarle prima o poi tutte nello stesso angolo: ma così facendo, stiamo di nuovo considerando implicitamente una variabile macroscopica (il numero di palle per unità di superficie). In termini più generali, la presenza di instabilità dinamica rende la traiettoria del punto rappresentativo di un sistema fisico molto più complessa, permettendogli di esplorare facilmente un'ampia regione dello spazio delle fasi e rendendolo spesso, se non ergodico, almeno "mixing": ma abbiamo detto che queste condizioni non sono *necessarie* per osservare l'irreversibilità. Detto in termini semplici ma efficaci, la nostra ignoranza o la nostra incapacità predittiva non possono essere le cause del comportamento irreversibile del comportamento delle grandezze macroscopiche che, ribadisco, non ha nulla di "soggettivo".

C'è però una conseguenza del comportamento caotico che rende davvero l'osservazione di Loschmidt un'obiezione "idealizzata" e difficilmente riscontrabile nella realtà perché, ritornando all'esempio dell'espansione di un gas, rende radicalmente diverso il comportamento di quegli stati nel cui *futuro* vi è un macrostato uniforme, rispetto a quelli nel cui *passato* il gas era racchiuso in un angolino e a cui rovesciamo le velocità microscopiche. Per i primi, un cambiamento anche sensibile del microstato di partenza non ha alcun effetto: nell'espansione, il volume della regione del moto esplode, espandendosi a dismisura in modo paragonabile a quello che i cosmologi ritengono essere successo all'Universo nella cosiddetta fase inflazionaria immediatamente successiva al "Big Bang", pertanto pressoché qualunque microstato iniziale porterà ad uno stato finale uniforme. Al contrario, una perturbazione anche minima dello stato $RT^t[\mathbf{x}^0]$ non porterà più, dopo un tempo t, a $R[\mathbf{x}^0]$, ma in generale ancora ad uno stato *uniforme*.

---

[50] Nei sistemi quantistici, il problema del caos è estremamente più complesso.

*2.6.6 L'orologio irreversibile di Kac

Tutti gli aspetti che abbiamo sottolineato possano essere messi in luce usando un semplice modello, ideato da Mark Kac[51], che a mio avviso rappresenta la più semplice e lucida descrizione di che cosa si intenda per approccio all'equilibrio, per quanto ovviamente in un sistema fortemente idealizzato. Consideriamo un anello, su cui, in un certo numero N di punti prefissati, si trovino degli spin che possono puntare sia in su che in giù[52] (si veda la Fig. 2.8). Gli intervalli che separano due spin adiacenti sono di due tipi: intervalli di tipo "normale" ed intervalli che chiameremo "ostacoli". Supponiamo che vi siano m ostacoli (e quindi $N - m$ intervalli normali) ed inoltre, per semplicità che si abbia $m < N/2$ (in caso contrario non cambierebbe un gran ché, si veda la nota alla fine del paragrafo).

Il "gioco" che vogliamo fare si basa su due semplici "leggi del moto":

1. Ad ogni "passo" ciascuno spin si muove in senso orario di una posizione.

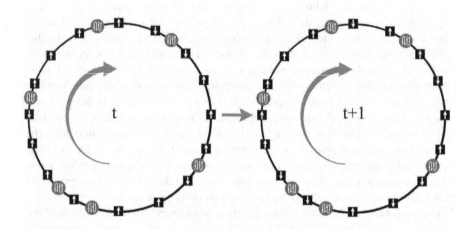

Fig. 2.8 Modello di Kac. Gli intervalli che rappresentano un "ostacolo" sono rappresentati con un quadrato grigio contenente un simbolo di inversione

---

[51] Nell'introdurre il modello di Kac, non posso non riportare alla memoria uno studente che lo discusse in sede d'esame. Lo studente, molto preparato ma altrettanto timido, era tuttavia un po' timoroso nel pronunciare il nome dell'autore del modello, che a suo avviso in italiano non suonava molto "fine". Al mio invito a non formalizzarsi troppo, mi disse che era dovuto a questo signor (nella nostra pronuncia) "Cac". Al che dissi che non c'era nulla di scurrile, facendogli tuttavia osservare che la pronuncia corretta del nome polacco è in realtà *Caz*. Questo qui-pro-quo avrebbe sicuramente divertito Kac, che, nonostante il dramma vissuto con lo sterminio di tutta la sua famiglia durante l'Olocausto, era uomo di grande spirito e humor. Consiglio a tutti la sua stupenda biografia postuma *Gli enigmi del caso: vicissitudini di un matematico*.

[52] Non cambierebbe nulla se al posto degli spin ci fossero delle palline bianche o nere, e di fatto questo è quanto fà Kac nel suo modello originale. Ma, visto che le nostre "freccioline" ci sono già servite più volte a scopo dimostrativo, ho preferito fare questa scelta. Nello stesso modo, mentre nel modello di Kac le palline si muovono in senso antiorario, ho preferito qui mantenere l'analogia con il moto delle lancette di un orologio.

2. Se nel farlo attraversa un ostacolo, il verso della freccia si inverte, altrimenti resta invariato.

Possiamo fin da ora fare qualche considerazione generale sulle caratteristiche dinamiche del sistema:

- il moto è strettamente *deterministico*, ossia nelle leggi del moto non è insito alcun comportamento "caotico";
- ancor di più, il moto è necessariamente *periodico*, con un periodo T che è *al più* uguale a $2N$ passi. Se infatti dopo un giro completo gli spin si trovano ad essere tutti invertiti, cosa che accade se il numero totale di ostacoli é dispari, è sufficiente un secondo giro per riportarli tutti nella configurazione di partenza, mentre se il numero di ostacoli è pari si ha $T = N$;
- per alcune *specifiche* configurazioni particolari degli ostacoli si può avere un moto periodico di periodo molto breve: ad esempio, se si alternano intervalli con o senza ostacoli si ha $T = 4$, e il sistema non raggiunge *mai* l'equilibrio;
- il sistema *non è* ergodico: infatti il numero massimo di diverse configurazioni accessibili per gli spin è ovviamente pari a $2N$, mentre con N spin è possibile avere 2^N diverse configurazioni teoriche;
- non vi è alcuna "perturbazione esterna".

Concentriamoci sul comportamento di una variabile macroscopica, ad esempio il numero totale di spin che puntano in su o in giù, oppure la differenza di questi valori. Diciamo allora $N_\uparrow(k)$ e $N_\downarrow(k)$ il numero di spin che dopo k passi punta rispettivamente in "su" ed in "giù", e $N_\uparrow^s(k)$, $N_\downarrow^s(k)$ il numero di tali spin che, al passo successivo incontrano un ostacolo e quindi si invertono (s sta per "switch"). Dato che il numero totale di spin si conserva, avremo le due semplici leggi di bilancio:

$$\begin{cases} N_\uparrow(k+1) = N_\uparrow(k) - N_\uparrow^s(k) + N_\downarrow^s(k) \\ N_\downarrow(k+1) = N_\downarrow(k) - N_\downarrow^s(k) + N_\uparrow^s(k). \end{cases} \qquad (2.42)$$

Naturalmente, per risolvere queste equazioni, dobbiamo stabilire quale forma abbiano $N_\uparrow^s(k)$ e $N_\downarrow^s(k)$. Facciamo allora un'assunzione in apparenza "innocente": supponiamo che il fatto che uno spin punti in su o in giù non abbia alcuna relazione con il fatto che l'intervallo che dovrà superare sia o meno un ostacolo (in realtà, vedremo che quest'ipotesi plausibile è del tutto equivalente alla *Stosszahlansatz* di Boltzmann). Se ciò è vero, le quantità $N_{\uparrow\downarrow}^s(k)$ saranno ovviamente proporzionali a $N_{\uparrow\downarrow}(k)$ e alla frazione m/N di ostacoli sul totale, che dà la probabilità di trovare un ostacolo, ossia

$$\begin{cases} N_\uparrow^s(k) = \dfrac{m}{N} N_\uparrow(k) \\ N_\downarrow^s(k) = \dfrac{m}{N} N_\downarrow(k). \end{cases} \qquad (2.43)$$

Sostituendo le (2.43) nelle (2.42) e sottraendo membro a membro, otteniamo immediatamente:

$$N_\uparrow(k+1) - N_\downarrow(k+1) = \left(1 - 2\frac{m}{N}\right)\left[N_\uparrow(k) - N_\downarrow(k)\right].$$

Iterando questo risultato per t passi a partire da una condizione iniziale $N_\uparrow(0), N_\downarrow(0)$, si ha dunque:

$$\Delta N(t) = N_\uparrow(t) - N_\downarrow(t) = \left(1 - 2\frac{m}{N}\right)^t [N_\uparrow(0) - N_\downarrow(0)].$$

Anche supponendo di partire dalla condizione iniziale più disuniforme possibile, scegliendo ad esempio $N_\uparrow(0) = N$, vediamo allora che la differenza tra il numero di spin che punta in su e quelli che puntano in giù decresce *esponenzialmente* col numero di passi (ossia col tempo):

$$\begin{cases} \Delta N(t) = N \exp(-\dfrac{t}{\tau}) \\ \tau = -\dfrac{1}{\ln(1 - 2m/N)}. \end{cases} \qquad (2.44)$$

Osserviamo che:

- il tempo caratteristico τ dipende solo dalla frazione $\alpha = m/N$ degli ostacoli sul totale degli intervalli e non dal *modo* in cui li abbiamo disposti;
- τ decresce al crescere di α ed è in generale molto minore del tempo di ricorrenza $2N$; in particolare, se $\alpha \ll 1$ si ha $\tau \simeq N/2m$;
- se facciamo tendere $N \to \infty$ (che corrisponde a quello che chiameremo "limite termodinamico") *mantenendo la frazione di ostacoli α costante*, il tempo di ricorrenza diviene infinito, mentre τ si mantiene *finito*;
- l'approccio alla condizione di "equilibrio" avviene in realtà per *tutte* le condizioni iniziali.

Tuttavia, da quanto abbiamo detto sulle caratteristiche generali del modello di Kac (periodicità e possibilità di soluzioni particolari che non raggiungono mai l'equilibrio), la (2.44), sostanzialmente basata sull'assunzione che le probabilità di transizione $N_{\uparrow\downarrow}^s(k)$ al passo k siano uguali alle probabilità *medie* $(m/N)N_{\uparrow\downarrow}(k)$, non può essere *sempre* corretta (dove "sempre" vuole dire sia "per ogni condizione iniziale" che "per tutti i tempi").

Dato che simulare numericamente il modello di Kac è molto semplice, vale la pena allora di dare un'occhiata al comportamento reale del sistema. La Fig. 2.9 mostra il risultato di una simulazione per 1000 spin, con un numero totale di "ostacoli" che è solo l'8% del totale degli intervalli ($\alpha = 0,08$). Come si può notare, il tempo di ricorrenza esiste (dato che il numero degli ostacoli è pari, è proprio dato da $\tau_P = 1000$). Anzi, osservando attentamente il comportamento per $t \geq \tau_P$, notiamo come il sistema ripeta *esattamente* quanto fatto a partire da $t = 0$, ossia il sistema è perfettamente periodico. Tuttavia, il comportamento per $0 \leq t < \tau_P$ ha un andamento molto definito e peculiare: $\Delta N(t)$ decresce molto rapidamente fino ad un valore quasi nullo, per poi fluttuare entro una banda che è solo il 5-10% del valore iniziale fino a τ_P. L'inserto mostra poi che il rapido decremento iniziale è ampiamente compatibile con l'andamento esponenziale previsto dalla (2.44), con $\tau = -(\ln 0,84)^{-1}$, tranne che per le fluttuazioni che persistono attorno alla condizione di equilibrio $\Delta N = 0$. Il quadro generale che ne emerge conferma dunque la netta differenza di

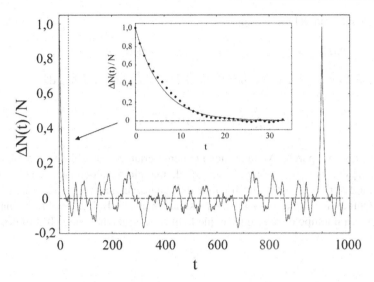

Fig. 2.9 Evoluzione con il numero di passi t della quantità $\Delta N(t)$ di un modello di Kac per 1000 "spin" in presenza di 80 ostacoli, disposti a caso. L'inserto confronta il comportamento a tempo brevi con il decadimento esponenziale previsto da un'approssimazione "alla Boltzmann"

scale di tempi tra il raggiungimento dell'equilibrio e di ricorrenza, e la correttezza della descrizione media "alla Boltzmann" su scale di tempo minori di τ_P. Per quanto riguarda le fluttuazioni di $\Delta N/N$, ripetendo la simulazione[53] con un numero N di spin crescente, si può notare come queste decrescano come a $N^{-1/2}$.

Quanto abbiamo visto con la simulazione numerica rispecchia gli aspetti principali della soluzione esatta del modello ottenuta da Kac senza fare uso dell'ipotesi alla "Boltzmann". Senza entrare nei dettagli dell'analisi, accenniamo solo il modo in cui il problema viene affrontato. Se definiamo per ogni spin s_i ed ogni intervallo I_i due variabili:

$$\eta_i = \begin{cases} +1 \text{ se al passo } t\, s_i = \uparrow \\ -1 \text{ se al passo } t\, s_i = \downarrow \end{cases}$$

$$\varepsilon_i = \begin{cases} +1 \text{ se } I_i, \text{rappresenta un ostacolo} \\ -1 \text{ altrimenti,} \end{cases}$$

[53] Dato che scrivere un programma che simuli il modello di Kac è davvero molto semplice, vi invito a farlo e ad osservare qualche aspetto in più delle soluzioni. Ad esempio, potrete notare come, se il numero di ostacoli è dispari, il tempo di ricorrenza sia $2N$, mentre per $t \simeq N$ si osserva un picco *rovesciato*, con $\Delta N/N = -1$. Oppure, potreste studiare come la soluzione dipende dalla frazione α di ostacoli. Che cosa avviene ad esempio per $\alpha > 0.5$? Non dovrebbe essere vi difficile convincervi che il sistema deve oscillare, un po' come un circuito sovrasmorzato.

allora le "equazioni del moto" sono:

$$\eta_i(t) = \eta_i(t-1)\varepsilon_{t-1} \implies \eta_i(t) = \eta_{i-t}(0)\varepsilon_{i-1}\varepsilon_{i-2}\cdots\varepsilon_{i-t}.$$

Pertanto, la differenza delle due popolazioni di spin al tempo t è data da:

$$\Delta N(t) = \sum_{i=1}^{N} \eta_i(t) = \eta_{i-t}(0)\varepsilon_{i-1}\varepsilon_{i-2}\cdots\varepsilon_{i-t}. \tag{2.45}$$

Kac dimostra che, purché N sia sufficientemente grande, per arbitrarie condizioni iniziali $\{\eta_i\}$ con $m = \alpha N$ fissato, la stragrande maggioranza delle sequenze (2.45) converge a $\Delta N(t) = (1 - 2\alpha)^t$ (la frazione di sequenze che non lo fa decresce come $N^{-1/2}$). Quindi, nel limite $N \to \infty$ l'approssimazione "alla Boltzmann" funziona ed il rapporto tra il tempo di ricorrenza e quello di equilibrazione tende all'infinito.

3

Ritmi e melodie elementari

Nel capitolo precedente, basandoci sul postulato di Boltzmann, abbiamo sta bilito le fondamenta della meccanica statistica. Tuttavia, da un punto di vista operativo, il "Piccolo Veicolo" della distribuzione microcanonica non è particolarmente utile per affrontare problemi concreti, sia pur semplici. Discutendo il gas ideale abbiamo infatti visto come il problema principale sia *individuare quali microstati corrispondano ad uno specifico valore dell'energia*. Vorremmo trovare un modo per evitare questa operazione di "scelta", che si rivela pressoché impraticabile. Scopo di quanto segue è mostrare come ciò sia possibile quando si consideri un sistema in equilibrio termico con un serbatoio.

3.1 Il "Grande Veicolo": la distribuzione canonica

Abbiamo visto come, quando si considerino due sottosistemi di un sistema isolato che possano scambiare calore, l'energia di ciascun sottosistema non sia più un parametro fissato, ma una grandezza fluttuante. Fissando l'attenzione su uno dei due sottosistemi, ciò significa che esso può trovarsi anche in un microstato a cui corrisponde un'energia diversa da quella media o, in altri termini, che *tutti* i suoi microstati sono in linea di principio accessibili. Ovviamente però la probabilità di trovarsi in uno specifico microstato sarà tanto più grande quanto più la sua energia è prossima al valor medio. Quindi, la distribuzione di probabilità dei microstati del sottosistema *non sarà più uniforme*. Consideriamo allora un sistema S che possa scambiare energia con un altro sistema R, che supporremo di dimensioni (in termini di numero di particelle, volume, ecc.) molto maggiori di S e che diremo "serbatoio". Il sistema complessivo $S + R$ costituisce un sistema isolato. Cercheremo proprio di valutare la probabilità P_i che, all'equilibrio, S si trovi in uno *specifico* stato i di energia E_i.

Dato che l'energia totale E_t di $S + R$ è un parametro fissato, l'energia del serbatoio sarà $E_r = E_t - E_i$ che, poiché le dimensioni di S sono trascurabili rispetto a quelle di

Piazza R.: Note di fisica statistica (con qualche accordo).
© Springer-Verlag Italia 2011

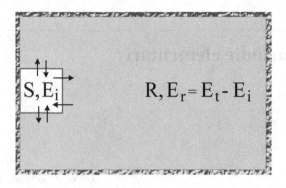

Fig. 3.1 Sistema in equilibrio termico con un serbatoio

R, non differirà di molto da E_t. Come abbiamo già visto, se supponiamo che S ed R siano debolmente accoppiati, il numero di stati totale Ω_t accessibili al sistema $S + R$ è pari al prodotto del numero di stati $\Omega_s(E_i)$ di S per il numero di stati $\Omega_r(E_r)$ di R. Ma imporre la condizione che S si trovi in un *preciso* stato significa di fatto *fissare* $\Omega_s = 1$. Possiamo allora scrivere:

$$\Omega_t \equiv \Omega_r(E_t - E_i).$$

Per quanto abbiamo visto nel capitolo precedente, possiamo allora scrivere:

$$P_i = C'\Omega_r(E_t - E_i),$$

dove C' non dipende dallo stato i.

Dato che, per le ipotesi fatte, $E_r \simeq E_t$, possiamo sviluppare in serie P_i (o meglio, come già detto, il suo logaritmo) rispetto ad E_i

$$\ln P_i \approx \ln C' + \ln \Omega_r(E_t) + \frac{\partial \ln \Omega_r}{\partial E_i} E_i + \cdots$$

Osservando che $\partial/\partial E_i = -\partial/\partial E_r$ e ponendo $\ln C \equiv \ln C' + \ln \Omega_r(E_t)$ si ha al primo ordine[1]:

$$\ln P_i = \ln C - \frac{\partial \ln \Omega_r}{\partial E_r} E_i.$$

---

[1] Ciò è ovviamente equivalente ad aver derivato $\ln \Omega_r$ rispetto ad E_r, tenendo conto che la variazione di E_r è pari a $-E_i$.

Ma $\partial(\ln\Omega_r)/\partial E_r = \beta = 1/k_B T_r$, con T_r temperatura del serbatoio (che all'equilibrio coincide ovviamente con quella del sistema). Quindi possiamo scrivere:

$$P_i = Ce^{-\beta E_i}.$$

In quanto segue, ci riferiremo al termine esponenziale $\exp(-\beta E_i)$ come al *fattore di Boltzmann* per uno stato di energia E_i. La costante C sarà determinata dalla condizione di normalizzazione per la probabilità $C^{-1} = \sum_j P_j$. Otteniamo quindi in definitiva la *distribuzione canonica*:

$$P_i = \frac{e^{-\beta E_i}}{\sum_j e^{-\beta E_j}} = \frac{1}{Z}e^{-\beta E_i}, \tag{3.1}$$

dove abbiamo definito la *funzione di partizione*:

$$Z = \sum_j e^{-\beta E_j}. \tag{3.2}$$

Come presto vedremo, la funzione di partizione è molto di più di una semplice "costante di normalizzazione": tramite essa è anzi possibile derivare tutte le proprietà termodinamiche di un sistema in equilibrio termico con un serbatoio. Che cosa abbiamo guadagnato allora nel passare dalla descrizione microcanonica a quella canonica? Moltissimo. La funzione di partizione si ottiene infatti sommando sulle probabilità di *tutti* gli stati, senza dover preselezionare quelli corrispondenti ad un fissato valore di un parametro quale l'energia, dando semplicemente a ciascuno di essi un "peso" maggiore o minore tramite il fattore di Boltzmann.

$\diamondsuit$ **Distribuzione dell'energia.** Il risultato che abbiamo ottenuto si riferisce alla probabilità di un particolare microstato i. Se vogliamo calcolare la probabilità $P(E)\delta E$ che l'energia del sistema abbia un valore compreso tra $(E, E + \delta E)$ dobbiamo sommare sulle probabilità di tutti gli stati $\{i\}$ con energia compresa nell'intervallo. Poiché per tutti questi stati il fattore di Boltzmann è pressoché uguale a $\exp(-\beta E)$, potremo allora scrivere:

$$P(E)\,\delta E = \frac{\Omega(E)e^{-\beta E}}{Z} = \frac{\rho(E)e^{-\beta E}}{Z}\,\delta E.$$

Dato che $\Omega(E)$ è una funzione che cresce in modo estremamente rapido con l'energia, mentre al contrario $\exp(-\beta E)$ decresce rapidamente con E, il loro prodotto sarà ancora una funzione estremamente "piccata" attorno ad un valore medio $\langle E\rangle$. Questo valore si otterrà massimizzando P(E), o se vogliamo il suo logaritmo. Dato che

$$\frac{d\ln P(E)}{dE} = \frac{d\ln\Omega(E)}{dE} - \beta,$$

il massimo si ottiene proprio per quel valore $\langle E\rangle$ tale che

$$\left(\frac{d\ln\Omega(E)}{dE}\right)_{E=\langle E\rangle} = \beta,$$

cioè per cui la temperatura del sistema è uguale a quella del serbatoio (ossia all'equilibrio). $\diamondsuit$

3.1.1 Valori medi e fluttuazioni

Il valore medio[2] di una generica variabile interna fluttuante Y, che assuma valori $\{y_i\}$ sugli stati $\{i\}$, si otterrà dalla distribuzione canonica come:

$$\langle Y \rangle = \frac{\sum_i y_i e^{-\beta E_i}}{\sum_i e^{-\beta E_i}} = \frac{1}{Z} \sum_i y_i e^{-\beta E_i}. \tag{3.3}$$

Ricordando che la varianza di Y è data da $\sigma_Y^2 = \langle Y^2 \rangle - \langle Y \rangle^2$ (che indicheremo anche con $\langle (\Delta Y)^2 \rangle$), possiamo allora valutare il valor medio e le fluttuazioni delle grandezze termodinamiche.

3.1.1.1 Energia

Si ha:

$$\langle E \rangle = \frac{1}{Z} \sum_i E_i e^{-\beta E_i} = -\frac{1}{Z} \sum_i \frac{\partial}{\partial \beta} \left(e^{-\beta E_i} \right) = -\frac{1}{Z} \frac{\partial}{\partial \beta} \left(\sum_i e^{-\beta E_i} \right) = -\frac{1}{Z} \frac{\partial Z}{\partial \beta}.$$

Quindi:

$$\langle E \rangle = -\frac{\partial \ln Z}{\partial \beta}, \tag{3.4}$$

o, in termini della temperatura $T = 1/k_B \beta$

$$\langle E \rangle = k_B T^2 \frac{\partial \ln Z}{\partial T}. \tag{3.5}$$

Analogamente si ha

$$\langle E^2 \rangle = \frac{1}{Z} \sum_i E_i^2 e^{-\beta E_i} = \frac{1}{Z} \frac{\partial^2 Z}{\partial \beta^2}.$$

Quindi, scrivendo:

$$\langle E^2 \rangle = \frac{1}{Z} \frac{\partial^2 Z}{\partial \beta^2} = \frac{\partial}{\partial \beta} \left(\frac{1}{Z} \frac{\partial Z}{\partial \beta} \right) + \frac{1}{Z^2} \left(\frac{\partial Z}{\partial \beta} \right)^2 = -\frac{\partial \langle E \rangle}{\partial \beta} + \langle E \rangle^2,$$

abbiamo

$$\langle (\Delta E)^2 \rangle = -\frac{\partial \langle E \rangle}{\partial \beta} = \frac{\partial^2 \ln Z}{\partial \beta^2}, \tag{3.6}$$

---

[2] Indicheremo il "valore medio" con $\langle Y \rangle$, perché si tratta in realtà del *valore di aspettazione* della grandezza sulla distribuzione di probabilità canonica. Tuttavia, utilizzeremo talora in seguito anche l'usuale simbolo di media $\overline{Y}$, che rende la notazione più "snella" (anche se un po' più imprecisa).

o, in termini di temperatura:

$$\langle (\Delta E)^2 \rangle = k_B T^2 \frac{\partial \langle E \rangle}{\partial T}. \tag{3.7}$$

Osserviamo come quest'ultima relazione connetta le fluttuazioni microscopiche di energia ad una grandezza termodinamica macroscopica quale la *capacità termica* $(\partial \langle E \rangle / \partial T)_V$ a volume costante, ossia alla "risposta" del sistema in termini di variazione di temperatura a fronte del trasferimento di calore. Vedremo in seguito che questo legame tra fluttuazioni microscopiche e funzioni di risposta del sistema è del tutto generale.

3.1.1.2 Parametri esterni e forze generalizzate

Abbiamo visto che variare l'energia di un sistema corrisponde a variare il *numero* di stati accessibili. Se si varia un parametro esterno, quale ad esempio il volume, ciò che cambia sono invece le *energie* dei singoli stati microscopici (pensate ad esempio a come dipendono dal volume gli stati di particella libera); per un particolare stato scriveremo allora $\Delta E_i = (\partial E_i / \partial x)\, \delta x$, dove δx è la variazione del parametro esterno. Il lavoro fatto sul sistema sarà uguale alla variazione dell'energia media:

$$\delta W = \langle \delta E \rangle = Z^{-1} \sum_i \left(\frac{\partial E_i}{\partial x} \delta x \right) e^{-\beta E_i} = Z^{-1} \left(\sum_i \frac{\partial E_i}{\partial x} e^{-\beta E_i} \right) \delta x.$$

Osservando che

$$\sum_i \frac{\partial E_i}{\partial x} e^{-\beta E_i} = -\frac{1}{\beta} \frac{\partial}{\partial x} \sum_i e^{-\beta E_i} = -\frac{1}{\beta} \frac{\partial Z}{\partial x},$$

abbiamo:

$$\delta W = -\frac{1}{\beta Z} \frac{\partial Z}{\partial x} \delta x = -\frac{1}{\beta} \frac{\partial \ln Z}{\partial x} \delta x,$$

che ci porta ad identificare il valor medio della forza generalizzata associata alla variazione del parametro x in:

$$\langle X \rangle = -\frac{1}{\beta} \frac{\partial \ln Z}{\partial x}. \tag{3.8}$$

Applicando l'espressione precedente al volume:

$$\delta W = -\langle P \rangle \, dV \Rightarrow \langle P \rangle = \frac{1}{\beta} \frac{\partial \ln Z}{\partial V}.$$

3.1.2 L'energia libera

Come abbiamo visto, sia i valori medi delle grandezze termodinamiche che le loro fluttuazioni possono essere scritte in termini di derivate di Z, o meglio del *logaritmo* di Z. Possiamo attribuire qualche significato termodinamico particolare a quest'ultima quantità? Se non vi sono altri parametri esterni oltre al volume (quali campi elettrici e magnetici, o effetti di superficie), la funzione di partizione può essere pensata come funzione di V e di β. Dunque:

$$d(\ln Z) = \frac{\partial \ln Z}{\partial V} dV + \frac{\partial \ln Z}{\partial \beta} d\beta = -\beta \delta W - \langle E \rangle d\beta,$$

dove l'ultima uguaglianza viene dalla relazioni stabilite nel paragrafo precedente. Scrivendo allora $\langle E \rangle d\beta = d(\beta \langle E \rangle) - \beta d\langle E \rangle$ si ha:

$$d(\ln Z) = -\beta \delta W - d(\beta \langle E \rangle) + \beta d\langle E \rangle \Rightarrow \beta(d\langle E \rangle - \delta W) = d(\ln Z + \beta \langle E \rangle).$$

Dal I principio della termodinamica, possiamo allora identificare il calore scambiato dal sistema con

$$\delta Q = \frac{1}{\beta} d(\ln Z + \beta \langle E \rangle)$$

e scrivere la variazione di entropia del sistema come:

$$dS = \frac{\delta Q}{T} = k_B \, d(\ln Z + \beta \langle E \rangle).$$

Quindi, a meno di una costante d'integrazione che possiamo scegliere nulla,

$$S = k_B(\ln Z + \beta \langle E \rangle).$$

Riscrivendo la precedente come $TS = k_B T \ln Z + \langle E \rangle$ e confrontandola con la relazione termodinamica $F = E - TS$ otteniamo la *relazione fondamentale*:

$$F = -k_B T \ln Z, \tag{3.9}$$

che connette la funzione di partizione della distribuzione canonica all'energia libera (di Helmholtz) F. Ricordiamo che F è il potenziale termodinamico che, per un sistema chiuso, assume valore minimo all'equilibrio. Il problema della meccanica statistica si riconduce in tal modo al calcolo della funzione di partizione.

Utilizzando la (3.9) possiamo ad esempio riscrivere le relazioni precedenti per i valori medi e le fluttuazioni di energia e per le forze generalizzate come:

Energia:

$$\langle E \rangle = \frac{\partial(\beta F)}{\partial \beta} = F + \beta \frac{\partial F}{\partial \beta}$$

e, utilizzando $\partial T / \partial \beta = k_B T^2$,

$$\langle E \rangle = F + T \frac{\partial F}{\partial T}.$$

Forze generalizzate:

$$\langle X \rangle = \frac{1}{\beta} \frac{\partial (\beta F)}{\partial x} = k_B T \frac{\partial (F/k_B T)}{\partial x}.$$

3.1.2.1 Additività di F per sistemi debolmente interagenti

Come abbiamo detto, se un sistema S è costituito da due sottosistemi (S_1, S_2) debolmente interagenti, gli stati di ciascun sottosistema non vengono apprezzabilmente modificati dall'interazione. Quindi l'energia di uno stato complessivo di S in cui S_1 si trova in uno stato di energia E_i ed S_2 in uno stato di energia E_j si scrive $E_{ij} = E_i + E_j$. La funzione di partizione per il sistema complessivo si scrive allora:

$$Z = \sum_{i,j} e^{-\beta E_{ij}} = \sum_{i,j} e^{-\beta (E_i + E_j)} = \sum_i e^{-\beta E_i} \sum_j e^{-\beta E_j} \Rightarrow Z = Z_1 \cdot Z_2.$$

Di conseguenza $\ln Z = \ln Z_1 + \ln Z_2$ e per l'energia libera e le altre grandezze estensive si ottiene:

$$\begin{cases} F = F_1 + F_2 \\ \langle E \rangle = \langle E \rangle_1 + \langle E \rangle_2 \\ S = S_1 + S_2. \end{cases}$$

3.1.3 Distribuzione di probabilità per le fluttuazioni

Abbiamo visto come calcolare da Z o da F i valori medi e le fluttuazioni delle grandezze termodinamiche. Ma come è fatta l'intera distribuzione di probabilità per una variabile interna fluttuante Y? Se chiamiamo l_y gli stati per i quali $Y = y$, possiamo scrivere per la probabilità totale che Y assuma il particolare valore y:

$$P(y) = Z^{-1} \sum_{l_y} \exp(-\beta E_{l_y}).$$

Questa espressione può essere riscritta come

$$P(y) = \frac{Z(y)}{Z},$$

dove $Z(y)$ è *la funzione di partizione che avrebbe il sistema se il valore della variabile interna fosse fissato a* $Y = y$ (ovviamente, $\sum_y Z(y) = Z$). Analogamente, l'energia libera del sistema per $Y = y$ fissato sarà:

$$F(y) = -k_B T \ln Z(y).$$

Vediamo quindi che la distribuzione di probabilità per Y è data da:

$$P(y) = e^{-\beta[F(y)-F]}. \tag{3.10}$$

Il valore più probabile $\langle y \rangle$ di Y sarà quello che massimizza $P(y)$ e sarà quindi dato dalla condizione che $F(\langle y \rangle)$ sia *minima*. Come già visto discutendo la distribuzione microcanonica, ci aspettiamo che, se il sistema è costituito da un numero sufficientemente grande di particelle, $P(y)$ sia in realtà una distribuzione molto stretta. Se allora sviluppiamo $F(y)$ in serie attorno a $\langle y \rangle$ e teniamo conto che il termine del primo ordine è nullo perché $\partial F(y)/\partial y = 0$ in $Y = \langle y \rangle$, è immediato vedere che $P(y)$ è una *gaussiana*:

$$\begin{cases} P(y) \propto \exp\left[-\dfrac{(y-\langle y \rangle)^2}{2(\Delta y)^2}\right] \\ (\Delta y)^2 = k_B T \left(\dfrac{\partial^2 F}{\partial y^2}\right)^{-1}. \end{cases} \tag{3.11}$$

Osserviamo quindi che le fluttuazioni di una grandezza termodinamica Y sono inversamente proporzionali alla *derivata seconda* di F rispetto a Y.

Consideriamo ora una grandezza Y che dipenda dal numero di particelle come $Y \sim N^\alpha$ (ad esempio $\alpha = 1$ per le grandezze estensive, o $\alpha = 0$ per quelle intensive). Allora, dato che $F \sim N$, si ha sempre:

$$\frac{\partial^2 F}{\partial y^2} \sim N^{1-2\alpha} \Rightarrow (\Delta y)^2 \sim N^{2\alpha-1} \Rightarrow \frac{\Delta y}{\langle y \rangle} \sim N^{-1/2},$$

ossia le fluttuazioni relative decrescono *sempre* come la radice del numero di particelle (come in una distribuzione di Poisson) e diventano trascurabili per $N \to \infty$, cioè nel limite termodinamico. Proprio perché nel limite termodinamico la distribuzione diviene molto stretta ed il valore medio di Y viene a corrispondere con "il" singolo valore che associamo alla grandezza in specifiche condizioni termodinamiche, ometteremo spesso da ora in poi di indicare il simbolo di media, quando non vi sia pericolo di confusione e si intenda chiaramente il valore nel limite termodinamico, trascurando le fluttuazioni.

3.1.4 Distribuzione canonica: la prospettiva di Gibbs

Abbiamo visto come, seguendo l'approccio di Gibbs, l'entropia di Boltzmann di un sistema all'equilibrio possa essere vista come l'entropia statistica di una distribuzione di probabilità che, per un sistema isolato, non ha alcuna restrizione, se non ovviamente quella di essere normalizzata. Per quanto riguarda la distribuzione canonica, possiamo rileggere "all'inverso" l'espressione

$$\langle E \rangle = \frac{\sum_i E_i e^{-\beta E_i}}{\sum_i e^{-\beta E_i}}$$

per l'energia media: *fissata* $\langle E \rangle$, questa *determina* un valore per β, che corrisponde alla temperatura di un serbatoio con cui dovremmo porre in contatto il sistema perché la sua energia media abbia quello specifico valore. Naturalmente, ciò avrà significato *solo a patto che il valore di β ottenuto invertendo la relazione sia positivo*, cioè solo se a tale energia media corrisponda una temperatura fisicamente accettabile. La distribuzione canonica quindi non descrive solo un sistema in contatto termico con un termostato ma anche *sistemi per i quali possiamo fissare un valore per l'energia media*. Da un punto di vista pratico, ciò è particolarmente interessante per quanto riguarda la simulazione numerica, dove sarebbe piuttosto complesso descrivere l'equilibrio di un sistema con un serbatoio, mentre è tecnicamente molto più semplice fissarne l'energia media[3].

Di fatto possiamo vedere che, se fissiamo l'energia media, la distribuzione canonica è quella a cui corrisponde ancora la massima entropia in senso statistico. Massimizzare $S = -k_B \sum_i P_i \ln P_i$ sotto la condizione:

$$\sum_i P_i E_i = \langle E \rangle$$

(oltre alla condizione, sempre presente, $\sum_i P_i = 1$ che, da sola, dà origine alla distribuzione uniforme microcanonica) corrisponde a massimizzare senza vincoli:

$$S^* = -k_B \sum_i P_i \ln P_i - a \left(\sum_i P_i - 1 \right) - b \left(\sum_i P_i E_i - \langle E \rangle \right),$$

dove a e b sono moltiplicatori indeterminati di Lagrange. Si deve avere dunque:

$$\forall j : \frac{\partial S^*}{\partial P_j} = -k_B (\ln P_j + 1) - a - b E_j = 0,$$

da cui

$$P_j = \exp[-(1 + a/k)] \exp[(b/k) E_j].$$

Basta allora porre $\beta = b/k$ e $Z = \exp(1 + a/k)$ per avere la (3.1) (che, come detto, avrà tuttavia senso fisico solo se $\beta > 0$).

Notiamo, che in realtà, in tutto ciò non abbiamo in nessun modo supposto che le E_i e $\langle E \rangle$ rappresentino delle energie. Come vedremo infatti, questo metodo per

---

[3] Una visione alternativa (che è quella originaria di Gibbs) consiste nel pensare di "replicare" idealmente il nostro sistema un grande numero M di volte, porre tutte queste repliche in contatto termico e determinare la probabilità di un certo microstato di energia E_i, stabilendo il numero m_i di repliche che si trovano in tale stato, con $\sum_i m_i E_i = M \langle E \rangle$. Questo approccio è del tutto equivalente se si pensa che, fissata l'attenzione su una specifica replica j, le altre $M - 1$ costituiscono un serbatoio di energia $E' = ME - m_i E_i$.

estrarre la distribuzione che massimizza l'entropia può essere utilizzato ogni qual volta si fissi solo il valore *medio* di un *qualsivoglia* parametro estensivo, come potrebbe essere il volume o, per un sistema aperto, il numero di particelle. Se quindi lasciamo libera di fluttuare attorno alla media una grandezza estensiva, originariamente pensata come un parametro fisso, stabilendo invece il valore preciso di una variabile *intensiva* (come ad esempio la temperatura, la pressione, o il potenziale chimico) otteniamo una nuova "regola di calcolo" adatta ad una specifica condizione fisica del sistema.

◇ Voglio ancora ribadire che l'approccio di Gibbs, basato sul derivare una distribuzione di probabilità massimizzandone l'entropia statistica, vale *solo* all'equilibrio: per un sistema fuori equilibrio, l'entropia di Gibbs-Shannon è *diversa* da quella di Boltzmann. Anzi, è facile vedere, usando una trattazione classica, che l'entropia di Gibbs *non cambia proprio* nel tempo, cosicché, a differenza di quella di Boltzmann, non può spiegare l'irreversibilità macroscopica e approccio all'equilibrio. Basta infatti notare che, per il teorema di Liouville, la densità $\rho(q_f, p_f)$ dei punti rappresentativi nello spazio delle fasi (e quindi anche $\rho \ln \rho$) non varia nel corso dell'evoluzione temporale[4]. Il fatto è che l'entropia di Gibbs, contando singolarmente tutti gli stati, è troppo "dettagliata": solo se mediata su volumetti sufficientemente grandi nello spazio delle fasi diviene una grandezza macroscopica che mostra un comportamento irreversibile. ◇

3.2 Sistemi di particelle indipendenti

Consideriamo un sistema di N particelle identiche che interagiscano tra di loro molto debolmente. Se i contributi di energia dovuti alle forze interparticellari sono piccoli rispetto all'energia delle singole particelle, si possono in prima approssimazione trascurare gli effetti delle interazioni e scrivere l'hamiltoniana del sistema come se questo fosse costituito da particelle *indipendenti*:

$$H = \sum_i H_i,$$

dove le H_i sono le hamiltoniane di particella singola. Uno stato del sistema complessivo si scrive allora come una *lista* $\{\lambda_i\} = (\lambda_1, \lambda_2, \cdots, \lambda_N)$ degli stati λ_i di singola particella, e la sua energia è pari a

$$E_\lambda = \varepsilon_{\lambda_1} + \varepsilon_{\lambda_2} + \cdots \varepsilon_{\lambda_N},$$

dove le ε_{λ_i} sono le energie di singola particella negli stati λ_i.

Per poter sviluppare completamente questa approssimazione di "singola particella", dobbiamo tuttavia introdurre un importante "distinguo", quello (scusate il gioco di parole) tra particelle *distinguibili* e particelle *indistinguibili*. In meccanica quanti-

---

[4] Notate la differenza fondamentale tra $\rho(q_f, p_f)$, che è una funzione di distribuzione per l'*intero* sistema nello spazio delle fasi, e la funzione di distribuzione di Boltzmann per un gas ideale, che si riferisce ad una *singola* particella. Mentre la seconda varia nel tempo per effetto delle collisioni (e coincide di fatto con $S = k_B \ln \Omega$), la prima soddisfa al teorema di Liouville proprio perché il punto rappresentativo nello spazio delle fasi non collide proprio con nulla!

stica, se consideriamo delle particelle identiche *libere* di muoversi in tutto il volume occupato dal sistema, non vi è alcun modo per "etichettare" una specifica particella e di seguirne la traiettoria, come avremmo potuto fare in una descrizione classica. In questo caso le particelle, oltre ad essere identiche, sono del tutto *indistinguibili*. Come vedremo in quanto segue impone delle restrizioni sul modo di contare gli stati $\{\lambda\}$: l'identità delle particelle impone infatti di considerare come un *singolo* stato configurazioni che differiscano esclusivamente per uno scambio degli indici delle particelle, indici che a questo sono convenienti solo per la notazione, ma che non hanno alcun significato fisico. L'unica cosa che ha senso per particelle indistinguibili è allora stabilire *quante* (e non *quali*) particelle si trovino in un determinato stato: indicando con λ un particolare stato di singola particella di energia ε_λ, diremo *numero di occupazione* N_λ il numero di particelle del sistema che si trovano nello stato λ. Si ha ovviamente $\sum_\lambda N_\lambda = N$ e, dato che abbiamo trascurato le interazioni tra particelle, $E = \sum_\lambda N_\lambda \, \varepsilon_\lambda$, con E energia totale del sistema.

In altri casi, tuttavia, le particelle, per quanto identiche, *possono* essere distinte: possiamo ad esempio "etichettare" atomi o ioni vincolati a trovarsi su specifici siti di un reticolo cristallino, o la cui libertà traslazionale sia limitata ad un intorno di fissate posizioni di equilibrio. In altri termini, il concetto di identità *non coincide necessariamente* con quello (statistico) di indistinguibilità. Consideriamo quindi prima il caso particolarmente semplice di particelle distinguibili.

3.2.1 Particelle identiche ma distinguibili

In questo caso, dato che gli indici rappresentano "fisicamente" le singole particelle, gli stati $\{\lambda\}$ sono costituiti da tutte le liste *ordinate* $(\lambda_1 \cdots \lambda_N)$, dove ad esempio l'etichetta indica lo specifico sito reticolare, senza alcuna restrizione sui valori che i singoli λ_i possono assumere all'interno degli stati permessi per la singola particella. La funzione di partizione si scrive allora semplicemente:

$$Z = \sum_{\lambda_1 \lambda_2 \cdots \lambda_N} e^{-\beta(\varepsilon_{\lambda_1} + \varepsilon_{\lambda_2} \cdots + \varepsilon_{\lambda_N})} = \sum_{\lambda_1} e^{-\beta \varepsilon_{\lambda_1}} \cdot \sum_{\lambda_2} e^{-\beta \varepsilon_{\lambda_2}} \cdot \sum_{\lambda_N} e^{-\beta \varepsilon_{\lambda_N}}.$$

La funzione di partizione del sistema fattorizza dunque nel prodotto di funzioni di partizioni z di singola particella:

$$\begin{cases} Z = z^N \\ z = \sum_i e^{-\beta \varepsilon_i}. \end{cases} \qquad (3.12)$$

Questo risultato consente ovviamente di semplificare enormemente il calcolo di Z. Per quanto riguarda l'energia libera abbiamo quindi:

$$F = -N k_B T \ln z = N f, \qquad (3.13)$$

dove f è l'energia libera di singola particella.

3.2.2 Particelle indistinguibili

Cerchiamo di vedere se, anche in questo caso, sia possibile fattorizzare la funzione di partizione come abbiamo fatto per le particelle distinguibili, cominciando col richiamare qualche nozione sulla descrizione in meccanica quantistica di un sistema di N particelle *identiche e indistinguibili*, ed in particolare sulle conseguenze che tale indistinguibilità ha sulla simmetria della funzione d'onda dell'intero sistema

◇ **Proprietà di simmetria della funzione d'onda e principio di esclusione.** Come nel paragrafo. 2.2.2, indicheremo con $\psi(1, 2, \ldots, i, \ldots N)$ la funzione d'onda del sistema. Dire che due particelle i e j sono indistingibili coincide con l'affermare che, scambiando le loro coordinate, la descrizione fisica del sistema deve rimanere la stessa, ossia che non deve cambiare la distribuzione di probabilità associata a ψ. Ciò non significa che la funzione d'onda non possa cambiare, ma solo che il suo *modulo al quadrato* deve rimanere immutato, ovverosia:

$$|\psi(1, \ldots, j, \ldots, i, \ldots, N)|^2 = |\psi(1, \ldots, i, \ldots, j, \ldots, N)|^2.$$

Ciò è possibile solo se le due funzioni d'onda differiscono solo per un fattore di fase:

$$\psi(1, \ldots, j, \ldots, i, \ldots, N) = e^{i\phi}\,\psi(1, \ldots, i, \ldots, j, \ldots, N).$$

Se tuttavia scambiamo ancora una volta tra di loro le due particelle, il sistema deve tornare nella condizione originaria, cioè si deve avere $\exp(i\phi) = \pm 1$. Quindi vi sono solo due possibilità:

- la funzione d'onda è completamente *simmetrica*, ossia rimane immutata per lo scambio di qualsivoglia coppia di particelle:

$$\psi(1, \ldots, j, \ldots, i, \ldots, N) = \psi(1, \ldots, i, \ldots, j, \ldots, N);$$

- la funzione d'onda è completamente *antisimmetrica*, ossia rimane immutata per lo scambio di qualsivoglia coppia di particelle:

$$\psi(1, \ldots, j, \ldots, i, \ldots, N) = -\psi(1, \ldots, i, \ldots, j, \ldots, N).$$

Le particelle elementari si dividono quindi in due classi: quelle la cui funzione d'onda è simmetrica, dette *bosoni*, e quelle per le quali è antisimmetrica, dette *fermioni*. Vi è una connessione diretta tra proprietà di simmetria della funzione d'onda e spin: mentre i bosoni hanno sempre un valore intero dello spin, lo spin dei fermioni è sempre semintero. Questa inaspettata relazione tra spin e simmetria, dedotta da Pauli, è giustificabile solo in una trattazione relativistica della meccanica quantistica.

Le conseguenze delle condizioni di simmetria della funzione d'onda sono particolarmente interessanti per sistemi di particelle *indipendenti* come quelli che che stiamo considerando dove, come abbiamo visto nel capitolo precedente, la funzioni d'onda si possono esprimere per mezzo di termini della forma:

$$\psi_{\lambda_1}(1)\,\psi_{\lambda_2}(2) \ldots \psi_{\lambda_N}(N) \tag{3.14}$$

(ricordiamo, gli stati λ_i occupati dalle singole particelle *non sono necessariamente tutti distinti*). Un singolo termine di questo tipo, tuttavia, non è in generale né simmetrico né antisimmetrico rispetto allo scambio di due indici di particella. Dovremo quindi costruire ψ come un'opportuna combinazione lineare di termini della forma (3.14) che rispetti le proprietà di simmetria per il tipo di particella considerato.

Cominciamo ad occuparci del caso di due soli bosoni. Se questi si trovano in due stati distinti α e β, l'unica combinazione simmetrica degli stati di singola particella ψ_α e ψ_β è:

$$\psi(1, 2) = \frac{1}{\sqrt{2}}[\psi_\alpha(1)\psi_\beta(2) + \psi_\beta(1)\psi_\alpha(2)],$$

dove il coefficiente $1/\sqrt{2}$ assicura che $\psi(1,2)$ sia correttamente normalizzata. Se tuttavia le particelle si trovano nello *stesso* stato ($\beta = \alpha$), è sufficiente scegliere:

$$\psi(1,2) = \psi_\alpha(1)\psi_\beta(2).$$

Per generalizzare questo risultato al caso di N bosoni, dovremo quindi prestare particolare attenzione alla presenza di particelle che siano nello stesso stato. Non è difficile convincersi che, per ottenere una funzione d'onda che rimanga uguale scambiando tra di loro gli indici di due particelle, evitando tuttavia di inserire "ripetizioni" inutili, dobbiamo sommare tutti e solo quei termini della forma (3.14) che corrispondono a permutazioni *distinte* degli indici di particella, ossia che differiscono tra loro per scambi di particelle che *non* sono nello stesso stato. Quante sono queste permutazioni? Supponiamo che tra gli indici λ_i ve ne siano r distinti e consideriamo i numeri di occupazione N_k di questi stati, con $k = 1,\ldots r$. Il numero *totale* di permutazioni di N oggetti è ovviamente $N!$. Di queste, tuttavia, $N_1!$ sono permutazioni di particelle che si trovano tutte nello stato corrispondente a $k = 1$, $N_2!$ di particelle che si trovano nello stato $k = 2\ldots$ e così via fino a $k = r$. Ciascuno di questi gruppi deve essere considerato come *una sola* permutazione distinta. Il problema è del tutto analogo a quello di calcolare il numero di anagrammi di una parola formata da N lettere in cui una particolare lettera "k" è ripetuta N_k volte (si veda l'Appendice A): pertanto, il numero totale M di permutazioni distinte è pari al *coefficiente multinomiale*:

$$M = \frac{N!}{N_1!N_2!\cdots N_r!} = \frac{N!}{\prod_k N_k!}. \tag{3.15}$$

Una funzione d'onda completamente simmetrica per l'intero sistema è dunque:

$$\psi(1,\ldots,N) = \frac{1}{\sqrt{M}}\sum_{p.d.} \psi_{\lambda_1}(1)\psi_{\lambda_2}(2)\ldots\psi_{\lambda_N}(N), \tag{3.16}$$

dove la somma è estesa a tutte le permutazioni *distinte* degli indici λ_i e la costante $M^{-1/2}$ assicura che ψ sia correttamente normalizzata: ciascuno degli M termini nella somma ha modulo al quadrato unitario e, per come è stata costruita $\psi(1,\ldots,N)$, è immediato vedere che non vi sono termini di interferenza tra i singoli termini.

Occupiamoci ora dei fermioni, cominciando sempre dal caso di sole due particelle che occupino gli stati α e β. Per ottenere una funzione d'onda complessiva antisimmetrica e correttamente normalizzata, dobbiamo in questo caso porre:

$$\psi(1,2) = \frac{1}{\sqrt{2}}[\psi_\alpha(1)\psi_\beta(2) - \psi_\beta(1)\psi_\alpha(2)]. \tag{3.17}$$

Qui tuttavia, rispetto al caso dei bosoni, si presenta subito una sorpresa: quando $\alpha = \beta$, $\psi(1,2)$ è identicamente nulla! In altri termini, non è possibile costruire una funzione d'onda antisimmetrica in cui i due fermioni siano nello stesso stato (di fatto, abbiamo già visto che l'unica combinazione possibile, $\psi_\alpha(1)\psi_\alpha(2)$ è simmetrica). È evidente che quanto abbiamo detto può essere generalizzato al caso di N particelle. Se infatti $\psi(1,\ldots,N)$ contenesse un termine in cui due particelle i e j sono nello stesso stato e fosse antisimmetrica rispetto a qualunque scambio di indici di particella, basterebbe scambiare proprio gli indici i e j per ottenere lo stesso risultato, cioè il fatto che $\psi(1,\ldots,N)$ deve essere identicamente nulla. Questo è il celebre *principio di esclusione di Pauli*, che stabilisce che ogni stato di singola particella può contenere *al più* un fermione.

Nel costruire la funzione d'onda, non dobbiamo quindi più preoccuparci di selezionare solo le permutazioni distinte, dato che in questo caso tutti gli indici λ_i devono essere distinti. Equivalentemente, possiamo osservare che, dato che tutti i numeri di occupazione sono pari a 0 o a 1, tutti gli $N_k!$ nella (3.15) sono pari ad uno, per cui si ha semplicemente $M = N!$. Per costruire la funzione d'onda, dobbiamo solo stare attenti ad imporre che sia completamente antisimmetrica. Ricordando che una generica permutazione di indici si dice pari o dispari a seconda che sia rispettivamente ottenibile come prodotto di un numero pari o dispari di "inversioni di coppie", basta allora porre:

$$\psi(1,\dots,N) = \frac{1}{\sqrt{N!}} \sum_p \delta_p \, \psi_{\lambda_1}(1)\,\psi_{\lambda_2}(2)\dots\psi_{\lambda_N}(N), \qquad (3.18)$$

dove:

$$\delta_p = \begin{cases} +1 & \text{per permutazioni pari} \\ -1 & \text{per permutazioni dispari} \end{cases}$$

è detto segno della permutazione e la somma è fatta su tutte le permutazioni p di stati λ_i *distinti*. In questo modo, $\psi(1,\dots,N)$ è infatti antisimmetrica per costruzione, ed è correttamente normalizzata. Per convincervi che soddisfa anche al principio di esclusione, basta qualche ricordo di algebra lineare. Infatti, l'espressione precedente è equivalente a scrivere:

$$\psi(1,\dots,N) = \frac{1}{\sqrt{N!}} \det \begin{bmatrix} \psi_{p_1}(1) & \psi_{p_1}(2) & \dots & \psi_{p_1}(N) \\ \psi_{p_2}(1) & \psi_{p_2}(2) & \dots & \psi_{p_N}(N) \\ \vdots & \vdots & \vdots & \vdots \\ \psi_{p_1}(1) & \psi_{p_1}(2) & \dots & \psi_{p_1}(N) \end{bmatrix} \qquad (3.19)$$

Se infatti due stati p_i e p_j coincidono, la matrice ha due righe uguali: quindi il suo determinante, noto come *determinante di Slater*, è nullo. ◇

Per quanto abbiamo detto, liste che differiscano solo per una permutazione degli indici non possono corrispondere a stati fisici distinti: come stati fisici (λ) del sistema dobbiamo considerare *liste non ordinate* di stati di singola particella. Consideriamo allora separatamente il caso dei bosoni e quello dei fermioni.

Bosoni. Abbiamo visto che il numero di liste *ordinate* e distinte che corrispondono a una data sequenza di numeri di occupazione $N_1,\dots,N_r$ (sui cui valori non vi è alcuna restrizione, dato che un particolare stato può essere occupato da un numero arbitrario di particelle) è pari al coefficiente multinomiale M. Per effetto dell'indistinguibilità, tutte queste liste ordinate corrispondono tuttavia ad *un solo* stato fisico del sistema. Quindi, fissati i numeri di occupazione, se vogliamo scrivere ancora la funzione di partizione Z^{BE} per bosoni indistinguibili[5] specificando con un indice "i" ogni singola particella, dobbiamo ridurre il numero di stati fisicamente distinti dividendo per M e ponendo:

$$Z^{BE} = \sum_{\lambda_1 \lambda_2 \cdots \lambda_N} \frac{\prod_{k=1}^{r} N_k!}{N!} \, e^{-\beta(\varepsilon_{\lambda_1} + \varepsilon_{\lambda_2} \cdots + \varepsilon_{\lambda_N})}.$$

Il problema è tuttavia il fattore $\prod_k N_k!$ che seleziona le permutazioni distinte: di fatto, per determinare i numeri di occupazione dobbiamo necessariamente esaminare uno per uno tutti i termini della somma e valutare, per ognuno di essi, quante particelle stiano in ciascuno degli r stati distinti. In altre parole, questo fattore dipende da *tutti* gli indici di somma: ne consegue che *non è possibile* fattorizzare Z^{BE} in funzioni di partizione di particella singola.

---

[5] L'apice "*BE*" sta ad indicare che, come vedremo nel Cap. 5, i bosoni seguono quella che si dice "statistica di Bose–Einstein".

Fermioni. In questo caso, il coefficiente multinomiale vale semplicemente $M = N!$. Tuttavia dobbiamo limitare le somme ai soli casi in cui tutti gli λ_i siano diversi. Possiamo allora scrivere formalmente[6]:

$$Z^{FD} = \frac{1}{N!} \sum_{\lambda_1 \lambda_2 \cdots \lambda_N} \left(\prod_{\lambda_i} \alpha(N_{\lambda_i}) \right) e^{-\beta(\varepsilon_{\lambda_1} + \varepsilon_{\lambda_2} \cdots + \varepsilon_{\lambda_N})},$$

dove abbiamo definito:

$$\alpha(N_{\lambda_i}) = \begin{cases} 1 & \text{se } N_\lambda = 0, 1 \\ 0 & \text{altrimenti.} \end{cases}$$

Quindi, il fattore $\alpha(N_{\lambda_i})$ gioca come "funzione di controllo" che elimina tutte e sole quelle liste in cui compaiono due stati uguali. Purtroppo, anche in questo caso, dato che $\prod_\lambda \alpha(N_\lambda)$ dipende da tutti gli indici di somma, la funzione di partizione *non è* fattorizzabile.

3.2.3 L'approssimazione di Maxwell–Boltzmann (MB)

Anche in assenza di forze interparticellari, dunque, la funzione di partizione di un sistema di bosoni o fermioni *non* fattorizza per effetto delle correlazioni introdotte dall'indistinguibilità. Abbiamo tuttavia accennato nel capitolo precedente come il calcolo del numero di liste ordinate equivalenti ad un singolo stato fisico sia molto semplice nel caso in cui il numero di stati di singola particella accessibili sia molto maggiore del numero N di particelle, ossia nell'approssimazione di Maxwell–Boltzmann (MB). In questo caso, pertanto il numero medio di occupazione di ogni stato sarà $\langle N \rangle_\lambda \leq 1$ e quindi necessariamente:

$$\begin{cases} M \equiv 1 \\ \forall \lambda : \alpha(N_\lambda) = 1. \end{cases}$$

Nell'approssimazione MB, sia per fermioni che per bosoni indistinguibili, otteniamo:

$$Z^{BE} = Z^{FD} = Z^{MB} = \frac{1}{N!} \sum_{\lambda_1} \sum_{\lambda_2} \cdots \sum_{\lambda_N} e^{-\beta(\varepsilon_{\lambda_1} + \varepsilon_{\lambda_2} \cdots + \varepsilon_{\lambda_N})},$$

ossia:

$$Z^{MB} = \frac{1}{N!} z^N, \tag{3.20}$$

che differisce dal risultato per particelle distinguibili solo per la presenza del termine $1/N!$ Analogamente:

$$F^{MB} = Nf + k_B T \ln N!. \tag{3.21}$$

---

[6] Anche qui, l'apice "FD" sta ad indicare che i fermioni seguono la cosiddetta "statistica di Fermi–Dirac".

3.3 Il gas ideale

3.3.1 Gas classico monatomico

Riesaminiamo il comportamento di un gas classico monoatomico, di cui abbiamo parlato nel capitolo precedente, utilizzando il formalismo canonico e le espressioni per la funzione di partizione di un sistema di particelle indipendenti e indistinguibili nell'approssimazione di Maxwell–Boltzmann. Questa volta terremo conto anche della presenza dello spin, scrivendo per gli stati di singola particella $\{l\} = \{\mathbf{k}, m_s\}$, dove $\mathbf{k}$ è come sempre il vettore d'onda e m_s è la componente dello spin della particella in una direzione fissata. Dato che, in assenza di campi magnetici, l'energia del sistema non dipende dallo spin, le energie degli stati di singola particella saranno ancora semplicemente $\varepsilon_l = \hbar^2 k^2/2m$. Ancora una volta, teniamo conto del fatto che i valori dell'energia, seppur discreti, sono molto ravvicinati, e che gli stati sono distribuiti nello spazio reciproco (spazio dei $\mathbf{k}$) con densità $V/(2\pi)^3$, sostituendo:

$$\sum_l \Rightarrow \sum_{m_s=-s}^{s} \frac{V}{(2\pi)^3} \int d^3k.$$

Per la funzione di partizione di particella singola si ha allora:

$$z = \sum_{m_s=-s}^{s} \frac{V}{(2\pi)^3} \int d^3k \exp\left(-\beta \frac{\hbar^2 k^2}{2m}\right).$$

Notando che la somma è formata da $2s+1$ termini tutti uguali e passando a coordinate sferiche si ha:

$$z = \frac{(2s+1)V}{2\pi^2} \int_0^\infty dk\, k^2 \exp\left(-\beta \frac{\hbar^2 k^2}{2m}\right).$$

Ponendo $y = (\beta/2m)^{1/2}\hbar k$ e ricordando che $\int_0^\infty dy\, y^2 \exp(-y^2) = \sqrt{\pi}/4$, si ottiene semplicemente:

$$z = (2s+1)\frac{V}{\Lambda^3}, \tag{3.22}$$

dove:

$$\Lambda = \sqrt{\frac{2\pi\hbar^2}{mk_B T}} = \frac{h}{\sqrt{2\pi m k_B T}} \tag{3.23}$$

è detta *lunghezza d'onda termica* ed equivale (a meno di un fattore $\pi^{-1/2}$) alla lunghezza d'onda di De Broglie di una particella che ha energia cinetica pari a $k_B T$.

Per la funzione di partizione del gas classico monoatomico abbiamo allora:

$$Z = \frac{1}{N!}\left[(2s+1)\frac{V}{\Lambda^3}\right]^N = \frac{(2s+1)^N V^N}{N!}\left(\frac{mk_B T}{2\pi\hbar^2}\right)^{3N/2} \tag{3.24}$$

e per l'energia libera, usando l'approssimazione di Stirling,

$$F = -Nk_B T \left[\ln \frac{(2s+1)V}{N\Lambda^3} + 1 \right].$$ (3.25)

Per il potenziale chimico del gas classico monoatomico si ottiene quindi la semplice espressione:

$$\mu = \frac{\partial F}{\partial N} = -k_B T \ln \left[(2s+1) \frac{V}{N\Lambda^3} \right].$$ (3.26)

3.3.2 Cenni ai gas poliatomici

Nel paragrafo precedente ci siamo limitati a valutare, nell'approssimazione classica, la funzione di partizione relativa ai soli gradi, considerando al più i gradi di libertà dovuti allo spin, che comunque non contribuiscono all'hamiltoniana. Ciò non è sicuramente sufficiente a descrivere un gas costituito da molecole, che possono ad esempio vibrare o ruotare. Anche nel caso di un gas monoatomico, dovremmo in realtà tenere conto del fatto che gli atomi hanno una struttura interna, ossia che in linea di principio dovremmo considerare anche la possibile eccitazione di stati elettronici. Atomi e molecole possiedono quindi dei gradi di libertà *interni* addizionali, dei quali vogliamo analizzare brevemente il contributo in questo paragrafo. Una delle conclusioni principali a cui giungeremo è che gli aspetti quantistici sono in questo caso tutt'altro che trascurabili: al contrario, la quantizzazione dei livelli energetici, e soprattutto l'esistenza di uno stato fondamentale di minima energia, fanno sì che buona parte di questi gradi di libertà, che dal punto di vista classico contribuirebbero sia all'energia cinetica che a quella potenziale delle molecole, siano di fatto "congelati", perlomeno nelle condizioni di temperatura a cui siamo soliti operare. Per quanto riguarda i gas molecolari, ci occuperemo soprattutto di gas biatomici, sia per semplificare la trattazione, che perché molti gas comuni (ad esempio i principali componenti dell'atmosfera, N_2 e O_2) sono di questo tipo.

Cominciamo con l'osservare che i gradi di libertà interni sono *disaccoppiati* da quelli del centro di massa, ossia che l'hamiltoniana di singola particella si scrive:

$$H = H_0 + H_{int} = \frac{p^2}{2m} + H_{int}.$$

Da un punto di vista quantistico, ciò significa che H_{int} *commuta* con H_0 e che quindi gli stati di singola particella possono scriversi come $\{l\} = \{\mathbf{k}, \lambda\}$, a cui corrisponde l'energia

$$\varepsilon_l = \frac{\hbar^2 k^2}{2m} + \eta_\lambda,$$

dove η_λ è un autovalore di H_{int}. La funzione di partizione di singola particella sarà allora:

$$z = \frac{V}{(2\pi)^3} \int d^3k \sum_{\{l\}} \exp\left[-\beta\left(\frac{\hbar^2 k^2}{2m} + \eta_\lambda\right)\right] = z_0(T,V) + \zeta(T),$$

dove:

$$\begin{cases} z_0(T,V) = \left(\frac{V}{\Lambda}\right)^3 \\ \zeta(T) = \sum_{\{\lambda\}} e^{-\eta_\lambda / k_B T}. \end{cases} \tag{3.27}$$

Nel caso dei gradi di libertà di spin che abbiamo già considerato e che non contribuiscono all'hamiltoniana, per cui tutti i fattori di Boltzmann valgono uno, si ha semplicemente $\zeta = 2s + 1$. Per la funzione di partizione complessiva e l'energia libera del sistema si ha dunque:

$$\begin{cases} Z(T,V,N) = \frac{1}{N}\left(\frac{V}{\Lambda}\right)^{3N} \zeta(T)^N \\ F(T,V,N) = -N k_B T \left[\ln\frac{V}{N\Lambda^3} + 1 + \ln\zeta(T)\right]. \end{cases} \tag{3.28}$$

Come dicevamo, molto spesso i gradi di libertà interni sono però "congelati". Consideriamo infatti un particolare grado di libertà interno e chiamiamo η_0 ed η_1 il suo livello fondamentale ed il primo livello eccitato, supponendo inoltre che il livello fondamentale possa avere una degenerazione g. Se $\eta_1 - \eta_0 \gg k_B T$, la funzione di partizione "interna" diviene semplicemente $\zeta(T) \simeq g\exp(-\eta_0/k_B T)$, ed il suo contributo all'energia libera $F_{int} = N(\eta_0 - k_B T \ln g)$.

Alla luce di queste considerazioni generali, esaminiamo allora i singoli contributi dei gradi di libertà interni scrivendo:

$$H_{int} = H^e + H^v + H^r,$$

dove H_e, H_v ed H_r sono i termini di energia intramolecolare dovuti rispettivamente alle transizioni elettroniche, alle vibrazioni e alle rotazioni della molecola.

3.3.2.1 Transizioni elettroniche

In generale, l'energia necessaria per le transizioni elettroniche dallo stato fondamentale η_0^e ed il primo livello eccitato η_1^e sono dell'ordine di qualche elettronvolt. Dato che si ha $k_B T = 1\,\text{eV}$ per $T \simeq 12000\,\text{K}$, ciò significa che i gradi di libertà elettronici sono a tutti gli effetti congelati.

◇ C'é però una situazione un po' più delicata: per alcuni atomi, come ad esempio l'ossigeno o il fluoro *monoatomici*, il livello fondamentale presenta una cosiddetta "struttura fine". In altri termini, per effetto dell'accoppiamento tra il momento angolare orbitale **L** e quello di spin **S** degli elettroni, lo stato fondamentale si suddivide in più livelli, corrispondenti a diversi valori del momento angolare totale $\mathbf{J} = \mathbf{L} + \mathbf{S}$, con una separazione in energia molto inferiore a $\eta_0^e - \eta_1^e$. Ad esempio, indicando con gs (*ground state*) lo stato di minore energia, $\Delta\eta$ la differenza di energia (in eV) tra tale stato ed il livello superiore della struttura fine, e T^e la temperatura per cui $k_B T^e = \Delta\eta$:

	L,S	J	$\Delta\eta$	$T^e\,(K)$
Fluoro:	1,1/2	3/2	gs	—
		1/2	0,05	581
Ossigeno:	1,1	2	gs	—
		1	0,02	228
		0	0,028	326

Quindi in realtà le temperature per cui le transizioni divengono attive non sono particolarmente elevate. Tuttavia, dobbiamo tenere conto del fatto che questi elementi si presentano come gas monoatomici (normalmente sono biatomici) solo per temperature T *molto* alte, ossia per $T \gg T^e$. In queste condizioni, $\exp(-\Delta\eta/k_B T) \simeq 1$, e quindi tutti i sottolivelli dello stato fondamentale sono pressoché ugualmente popolati, per cui, nelle reali condizioni in cui questi gas vengono studiati, la situazione è equivalente a quella di avere un singolo livello con degenerazione $g = 2$ nel caso del fluoro e $g = 3$ nel caso dell'ossigeno. $\Diamond$

3.3.2.2 Moti vibrazionali

Nelle molecole poliatomiche, gli atomi possono avere diversi "modi" di vibrazione. Per semplicità, qui esamineremo solo gli effetti sulla termodinamica delle vibrazioni di una molecola *biatomica*, in cui l'unico modo di vibrazione corrisponde ovviamente ad una variazione periodica della distanza tra i due atomi che la compongono. In meccanica quantistica, il calcolo dei modi di vibrazione di una molecola si fa a partire da quella che viene detta *approssimazione adiabatica*, o di Born–Oppenheimer. In sostanza, si suppone che, quando gli atomi si spostano dalla posizione di equilibrio, lo facciano in modo sufficientemente lento da consentire agli elettroni di valenza (quelli che i due atomi compartecipano nel legame) di "riaggiustarsi" in modo pressoché istantaneo sullo stato fondamentale, la cui energia $u(\rho) = \eta_0(\rho)$ è ovviamente una funzione della distanza ρ tra i due nuclei[7].

Se lo spostamento $\rho - \rho_0$ dei nuclei dalla distanza di equilibrio ρ_0 è piccolo, il moto dei nuclei è sostanzialmente armonico (come per ogni moto di piccola ampiezza attorno ad una posizione di minima energia), ossia la molecola si comporta come un oscillatore armonico con una costante elastica data da $k = (\mathrm{d}^2 u/\mathrm{d}\rho^2)_{\rho=\rho_0} > 0$, una massa che, per esattezza, coincide con la *massa ridotta* $m = m_1 m_2/(m_1 + m_2)$ dei due atomi, e pertanto una frequenza di oscillazione $\omega = \sqrt{k/m}$. I possibili autovalori dell'energia, corrispondenti a quelli che diremo *livelli vibrazionali*, sono dati da:

$$\eta^v = (n + 1/2)\hbar\omega,$$

---

[7] Quindi il legame puramente etimologico con il termine "adiabatico" in termodinamica sta nel fatto che si suppone che il moto vibrazionale sia sufficientemente lento da non provocare transizioni degli elettroni tra lo stato fondamentale ed uno stato eccitato. Ciò in generale (ma non sempre) è assicurato dal fatto che i periodi caratteristici delle vibrazioni sono molto maggiori di $\hbar/\Delta\eta$.

Tabella 3.1 Temperature caratteristiche vibrazionali e rotazionali di alcune molecole biatomiche

Molecola	θ_{vib} (K)	θ_{rot} (K)
H_2	6215	85,3
D_2	4394	42,7
O_2	2256	2,1
N_2	3374	2,9
CO	3103	2,8
HCl	4227	15,0

con n intero positivo o nullo (notiamo che lo stato vibrazionale fondamentale $n = 0$ ha energia *finita* $\eta_0^v = \hbar\omega/2$ e non è degenere).

La funzione di partizione del singolo grado di libertà vibrazionale è dunque:

$$\zeta(\beta) = \sum_{n=0}^{\infty} e^{-\beta(n+\frac{1}{2})\hbar\omega} = e^{-\frac{\beta\hbar\omega}{2}} \sum_{n=0}^{\infty} \left(e^{-\beta\hbar\omega}\right)^n .$$

Dato che $\exp(-\beta\hbar\omega) < 1$, la serie al secondo membro è una serie geometrica convergente, che ha per somma $[1 - \exp(-\beta\hbar\omega)]^{-1}$. Quindi si ha:

$$\zeta^v(\beta) = \frac{e^{-\frac{\beta\hbar\omega}{2}}}{1 - e^{-\beta\hbar\omega}} . \tag{3.29}$$

Conviene a questo punto introdurre una "temperatura vibrazionale" caratteristica $\theta_{vib} = \hbar\omega/k_B$ e, ricordando che $\sinh(x) = [\exp(x) - \exp(-x)]/2$, riscrivere la (3.29) come:

$$\zeta^v(T) = \frac{1}{2\sinh(\theta_{vib}/2T)} . \tag{3.30}$$

In generale, θ_{vib} è tanto più elevata quando più intense sono le forze di legame tra i due atomi (ossia quanto maggiore è la costante elastica k) e quanto più leggeri sono gli atomi che compongono la molecola. Dalla seconda colonna della Tab. 3.1 possiamo tuttavia notare come per la maggior parte delle molecole biatomiche comuni θ_{vib} sia sensibilmente maggiore della temperatura ambiente[8]. Quando $T \ll \theta_{vib}$, tenendo conto che per x grande $\sinh(x) \sim \exp(x)/2$, abbiamo $\zeta^v(T) \sim \exp(-\theta_{vib}/2T)$. In questo caso, la probabilità che la molecola si trovi nel primo stato vibrazionale eccitato di energia $3\hbar\omega/2 = 3\theta_{vib}/2T$,

$$P(\eta_1^v) = \frac{\exp(-3\theta_{vib}/2T)}{\zeta^v(T)} = \exp(-\theta_{vib}/T),$$

si annulla rapidamente, ossia le vibrazioni sono anch'esse "congelate".

---

[8] Notiamo anche come la dipendenza dalla massa atomica sia particolarmente evidente dal confronto tra la molecola di idrogeno H_2 e quella di deuterio D_2.

$\Diamond$ Un altro modo per rendersi conto del "congelamento" dei gradi di libertà vibrazionali è valutare il valor medio del contributo dovuto alle vibrazioni all'energia della molecola:

$$\langle \eta \rangle^{v} = -\frac{\mathrm{d}}{\mathrm{d}\beta} \ln(\zeta^{v}) = \hbar\omega \left(\frac{1}{2} + \frac{1}{e^{\theta_{vib}/T} - 1} \right) \tag{3.31}$$

ed osservare che per $T \ll \theta_{vib}$ esso diviene un contributo costante $\hbar\omega/2$ che deriva dall'energia di "punto zero". Ritorneremo con maggior dettaglio su questo aspetto nel paragrafo 3.4, quando discuteremo la capacità termica vibrazionale dei solidi. $\Diamond$

Nel caso delle molecole formate da più di due atomi, la situazione è un po' più complicata, perché una molecola poliatomica presenta più "modi" distinti di vibrazione. Quanti sono i modi indipendenti di vibrazione? Ragioniamo in questo modo. Se una molecola composta di N atomi fosse rigida, potremmo fissarne la posizione in questo modo:

- fissando tre coordinate, si blocca la posizione di un primo atomo;
- per fissare un secondo atomo, dato che la sua distanza dal primo atomo è fissata, sono sufficienti *due* ulteriori coordinate (ad esempio, due angoli di rotazione dell'asse che congiunge i due atomi);
- ora abbiamo bisogno di *un solo* ulteriore grado di libertà per fissare la posizione, di un terzo atomo, e con esso, evidentemente, di tutta la molecola (ossia la posizione di ogni altro atomo è univocamente determinata quando nella molecola, pensata come rigida, vengano "bloccati" tre punti).

Quindi, in sostanza, *sei* gradi di libertà dei $3N$ in linea di principio disponibili servono a fissare la posizione del centro di massa e l'orientazione della molecola: i restanti $f_{vib} = 3N - 6$ gradi di libertà daranno quindi origine ad altrettanti "modi di vibrazione" della molecola[9]. Nel paragrafo 3.4 analizzeremo in generale il problema di scomporre le vibrazioni in modi indipendenti tra loro. Per era, ci basti dire che questi corrispondono a spostamenti combinati di *tutti* gli atomi che compongono la molecola.

Ad esempio, nel caso di una molecola triatomica (non lineare) come l'acqua, per la quale $f_{vib} = 3$, questi modi corrispondono approssimativamente a una vibrazione di *stretching simmetrico* (*ss*), nel quale i due legami tra l'ossigeno e gli idrogeni variano di lunghezza *in fase* (ossia entrambi i legami si accorciano e si allungano simultaneamente), una di stretching *anti*simmetrico (*as*) (dove un legame si accorcia mentre l'altro si allunga), ed infine un modo di *bending* (*b*), in cui l'angolo formato tra i due legami $O - H$ oscilla "a forbice" nel tempo. Le energie corrispondenti a questi modi possono essere ottenute a partire dalle lunghezze d'onda λ di assorbimento ottenute con tecniche di spettroscopia nell'infrarosso. Entrambi i modi di stretching corrispondono ad un numero d'onda $\lambda_{ss,as}^{-1} \simeq 4000\,\mathrm{cm}^{-1}$, corrispondenti ad un energia $\hbar\omega = hc/\lambda \simeq 0,5\,\mathrm{eV}$, mentre il modo di bending (o *scissoring*) corrisponde ad un numero d'onda $\lambda_{b}^{-1} \simeq 2000\,\mathrm{cm}^{-1}$, ossia ad un'energia di circa $0,25\,\mathrm{eV}$, pur sempre un ordine di grandezza maggiore di $k_B T$ a $T =$

---

[9] È facile convincersi che, se la molecola è *lineare*, ossia se tutti gli atomi giacciono su un asse, i gradi di libertà vibrazionali sono invece $f_{vib} = 3N - 5$.

300 K. Dunque, a temperatura ambiente, anche questi modi sono sostanzialmente congelati.

3.3.2.3 Moti rotazionali

Consideriamo di nuovo una molecola biatomica. Da un punto di vista classico, la molecola può ruotare liberamente attorno al centro di massa. Se fissiamo il centro di massa della molecola nell'origine e ne descriviamo il moto di rotazione in coordinate polari, per mezzo dell'angolo ϑ che l'asse della molecola fa con l'asse z e dell'angolo φ che la proiezione di tale asse sul piano xy fa con l'asse x, è facile mostrare che l'energia cinetica di rotazione η^r è data da:

$$\eta^r = \frac{1}{2} I(\dot{\vartheta}^2 + \dot{\varphi}^2 \sin^2 \vartheta) = \frac{L^2}{2I},$$

dove I è il momento d'inerzia della molecola e L il modulo del suo momento angolare. Dato che la lagrangiana coincide con l'energia cinetica, i momenti generalizzati sono dati da $p_\vartheta = \partial \eta^r / \partial \dot{\vartheta} = I\dot{\vartheta}$ e $p_\varphi = \partial \eta^r / \partial \dot{\varphi} = I\dot{\varphi} \sin^2 \vartheta$, per cui η_r si può riscrivere nella forma

$$\eta^r = \frac{1}{2I} \left(p_\vartheta^2 + \frac{p_\varphi^2}{\sin^2 \vartheta} \right), \tag{3.32}$$

che mostra come l'energia sia una funzione *quadratica* sia di p_ϑ che di p_φ.

In meccanica quantistica, tuttavia, il modulo L del momento angolare può assumere solo i valori $L^2 = \ell(\ell+1)\hbar^2$, e a ciascuno di questi valori sono associati $2\ell + 1$ autostati, corrispondenti ai possibili valori di una componente di **L**. Pertanto l'energia cinetica rotazionale può assumere solo i valori:

$$\eta_\ell^r = \frac{\hbar^2}{2I} \ell(\ell+1),$$

ciascuno dei quali degenere $2\ell + 1$ volte. La molecola può quindi compiere transizioni tra stati di moto rotazionale discreti, e la spaziatura tra i livelli rotazionale è dell'ordine di $\hbar^2/2I$.

Cerchiamo di valutare quali energie siano in gioco in queste transizione. La molecola biatomica che presenta il più piccolo valore di I (e quindi la maggiore spaziatura tra livelli rotazionali) è sicuramente la molecola d'idrogeno, per la quale I sarà dell'ordine del prodotto tra la massa (anche qui *ridotta*) della molecola $m = m_p/2$, dove $m_p \simeq 1.67 \times 10^{-27}$ kg è la massa del protone, ed il quadrato della distanza $d \simeq 1$ Å tra i due nuclei. Si ha quindi:

$$I \simeq 10^{-47} \, \text{kg} \cdot \text{m}^2 \implies \hbar^2/2I \simeq 4 \times 10^{-3} \, \text{eV},$$

che è in questo caso notevolmente inferiore all'energia termica a $T = 300$ K. Quindi, anche nel caso della molecola con minor momento d'inerzia, i gradi di libertà rotazionale *non sono* congelati. Ciò è ancor più vero per le altre molecole biatomiche.

Tabella 3.2 Calori specifici di alcuni solidi a 300 K. θ_D indica la temperatura di Debye, discussa in seguito nel testo

	C_P	θ_D		C_P	θ_D
Litio	2,93	344	Sodio	3,39	158
Ferro	3,01	467	Potassio	3,54	91
Zinco	3,04	327	Silicio	2,37	640
Argento	3,07	225	Boro	1,33	1250
Oro	3,05	165	Diamante	0,75	2230

Se infatti definiamo, in maniera analoga a quanto fatto per le vibrazioni, una temperatura rotazionale caratteristica $\theta_{rot} = \hbar^2/2k_B I$, per le molecole più comuni otteniamo i valori nell'ultima colonna di Tab. 3.1, che mostrano come θ_{rot} sia tipicamente dell'ordine di pochi kelvin. Vedremo in seguito come la possibilità di compiere transizioni rotazionali in modo pressoché libero influenzi il comportamento termico di un gas biatomico.

3.4 Vibrazioni e calore specifico dei solidi

Le prime misure della variazione di temperatura di un cristallo per effetto del trasferimento di calore, svolte da Dulong e Petit verso la fine del XIX secolo, misero in luce un fatto piuttosto interessante: a temperature prossime a quella ambiente la capacità termica di molti solidi (in particolare dei metalli) assume un valore molto simile pari a

$$C_P = (\mathrm{d}Q/\mathrm{d}T)_P \approx 3Nk_B, \tag{3.33}$$

che è detta *legge di Dulong e Petit*. Notiamo che C_P è la capacità termica misurata sperimentalmente a *pressione* costante: tuttavia, dato che un solido è sostanzialmente incomprimibile, C_P non si discosta di molto da C_V, la capacità termica a volume costante che discuteremo in seguito. In realtà, alcuni materiali (si veda Tab. 3.2, ed in particolare i dati per silicio, boro e diamante) si discostavano in modo non trascurabile dalla legge di Dulong–Petit, ma la somiglianza dei valori sperimentali per molti solidi era ugualmente singolare. Per esperienza comune sappiamo che certi metalli sembrano riscaldarsi molto più facilmente[10] di altri. La (3.33) ci dice in sostanza che il grosso dell'apparente variabilità della capacità termica dei metalli è dovuta alla differenza di *densità* tra di essi: il calore specifico, cioè la capacità termica per kg, o per mole, o per molecola, è in realtà molto simile per tutti i metalli.

Tuttavia, nei decenni immediatamente successivi alle osservazioni di Dulong e Petit, la possibilità di utilizzare gas liquefatti per compiere misure a basse temperature mise in luce una situazione più complessa: al decrescere di T la capacità termica

---

[10] Nel senso che riscaldarli richiede meno calore, non perché si riscaldino più rapidamente (quest'ultimo sarebbe un problema di *conducibilità* termica).

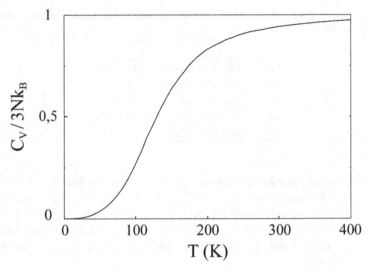

Fig. 3.2 Andamento schematico della capacità termica di un solido cristallino

di tutti i materiali si riduce considerevolmente rispetto a quella data dalla (3.33) e *tende a zero* per basse temperature. La Fig. 3.2 mostra un andamento tipico di C_P (o anche C_V). Mentre per alte temperature la capacità termica tende al valore previsto della (3.33), si osserva in generale[11] che $C_V \xrightarrow[T \to 0]{} aT^3$. Per riuscire a giustificare questo comportamento, cominciamo a farci un'idea del modo in cui viene trasferita energia termica ad un solido cristallino.

3.4.1 Oscillazioni degli atomi su un reticolo cristallino

Ciascun atomo in un solido si trova in prossimità di una specifica posizione, determinata dalle interazioni con gli altri atomi che si trovano nei siti reticolari vicini. Queste interazioni possono essere di svariata natura: come vedremo nel prossimo capitolo, le forze intermolecolari sono in generale repulsive a corta distanza (per evitare la sovrapposizione delle "nuvole" elettroniche di valenza) ed attrattive per distanze più lunghe. Al di là della specifica natura delle forze che "tengono insieme" un solido, ciò di cui siamo certi è che la posizione in cui si trova l'atomo considerato deve corrispondere ad un minimo dell'energia potenziale $U(x,y,z)$. In generale, le forze d'interazione con gli altri atomi dipenderanno dalla particolare direzione considerata rispetto agli assi del reticolo cristallino: quindi la dipendenza di U dalle coordinate sarà piuttosto complessa. Per semplicità supporremo invece che U abbia simmetria sferica, cioè dipenda solo dal modulo r della distanza dal sito

---

[11] Nel caso dei metalli, per temperature *molto* vicine a 0 K si osserva in realtà che C_V è *linearmente* proporzionale a T: ci occuperemo in seguito di questa "anomalia".

reticolare in cui si trova l'atomo A, che porremo nell'origine. Per piccoli spostamenti dalla posizione di equilibrio, nella quale si ha $dU(r)/dr = 0$, potremo allora
scrivere: $U(r) = U(0) + (k/2)r^2$ dove

$$k = \frac{d^2U(r)}{dr^2} > 0$$

perché siamo in un minimo dell'energia. Come ogni sistema vicino all'equilibrio,
l'atomo si comporterà quindi come un oscillatore armonico. Supporremo quindi
che il trasferimento di calore al solido consista nella eccitazione di vibrazioni degli
atomi attorno ai siti reticolari.

Il modello elementare che abbiamo sviluppato presenta tuttavia un grave limite:
nell'analizzare il moto di A, lo abbiamo considerato come "immerso" in un potenziale $U(r)$ *fissato*. Questo sarebbe vero solo se, mentre A si muove, gli altri atomi
rimanessero fermi. La descrizione che stiamo facendo è quindi quella di un sistema di oscillatori, ciascuno dei quali risponde *indipendentemente* al trasferimento
di energia termica. In realtà è naturale pensare che, in risposta alle oscillazioni di
A, anche gli atomi vicini si mettano in movimento. Le oscillazioni di atomi che si
trovano su siti reticolari vicini saranno pertanto *correlate*. Trascureremo dapprima
quest'importante osservazione, mostrando che, mentre una trattazione classica non
è in grado di spiegare le deviazioni dalla legge di Dulong e Petit, ed in particolare
il tendere a zero del calore specifico per $T \to 0$, l'introduzione della quantizzazione
degli stati di energia per gli oscillatori permette di superare, almeno qualitativamente, questa contraddizione con il comportamento sperimentale, anche quando si
considerino gli atomi come oscillatori indipendenti. Successivamente accenneremo
a come l'introduzione, seppur semplificata, dell'accoppiamento tra le oscillazioni
atomiche, che dà origine a quelle che chiameremo vibrazioni reticolari, consenta di
ottenere un accordo molto migliore con i dati sperimentali. Incominciamo a vedere
come, utilizzando la meccanica statistica classica, la legge di Dulong e Petit non sia
poi così inaspettata.

3.4.2 Democrazia statistica: il teorema di equipartizione

In meccanica statistica *classica* vale un importante teorema, riguardante l'energia
media associata a termini dell'hamiltoniana che siano *quadratici* in una specifica
coordinata o uno specifico momento, che enunciamo come segue:
Teorema di equipartizione (TE). Supponiamo che $H(q_j, p_j)$ contenga una coordinata q_i o un momento p_i solo in forma quadratica additiva, ossia che si possa
scrivere:

$$H(q_j, p_j) = \begin{cases} a(q_{j \neq i}, p_j) q_i^2 + H'(q_{j \neq i}, p_j) \\ a(q_j, p_{j \neq i}) p_i^2 + H'(q_j, p_{j \neq i}) \end{cases} \qquad (3.34)$$

dove, come indicato, a e b possono essere in generale funzioni delle altre coordinate
e momenti, ma *non* dipendono dalla coordinata o dal momento considerati. Allora

per i valori medi dei termini quadratici si ha:

$$\left.\begin{array}{c} \langle aq_i^2 \rangle \\ \langle ap_i^2 \rangle \end{array}\right\} = \frac{1}{2}k_B T.$$

(3.35)

Per dimostrarlo, limitiamoci a considerare il caso di una coordinata e per semplicità di notazione scegliamo $i = 1$. Si ha:

$$\langle aq_1^2 \rangle = \frac{\int aq_1^2 e^{-H/k_B T}\, dq_j dp_j}{\int e^{-H/k_B T}\, dq_j dp_j} = \frac{\int dq_2 \ldots dq_N\, e^{-H'/k_B T}\, dp_j \int dq_1\, aq_1^2 e^{-aq_1^2/k_B T}}{\int dq_2 \ldots dp_j\, dq_N e^{-H'/k_B T} \int dq_1\, e^{-aq_1^2/k_B T}}.$$

Dato che a dipende in generale dalle altre coordinate e dai momenti, non possiamo semplicemente "semplificare" i primi integrali al numeratore e denominatore. Tuttavia, gli integrali in q_1 al denominatore e al numeratore sono rispettivamente proporzionali (a meno di un fattore $1/\sigma\sqrt{2\pi}$) a quello di una gaussiana centrata sull'origine con $\sigma^2 = k_B T/2a$ e al suo momento secondo. Osservando che:

$$\begin{cases} \int_{-\infty}^{+\infty} dx\, e^{-x^2/2\sigma^2} = \sigma\sqrt{2\pi} \\ \int_{-\infty}^{+\infty} dx\, x^2 e^{-x^2/2\sigma^2} = \sigma^3\sqrt{2\pi}, \end{cases}$$

si ottiene immediatamente:

$$\langle aq_1^2 \rangle = \frac{k_B T}{2}.$$

Applichiamo il TE ad alcuni casi particolarmente semplici:

Gas ideale monoatomico. L'hamiltoniana classica del sistema si scrive:

$$\mathcal{H}_{ig}(q_i, p_i) = \frac{1}{2m} \sum_{i=1}^{N} p_i^2 = \frac{1}{2m} \sum_{i=1}^{N} \left(p_{i_x}^2 + p_{i_y}^2 + p_{i_z}^2 \right).$$

Quindi abbiamo $3N$ componenti del momento, per ciascuna delle quali varrà il TE, ossia $\langle p_{i_x}^2 \rangle = \langle p_{i_y}^2 \rangle = \langle p_{i_z}^2 \rangle = mk_B T$ Avremo allora, per l'energia cinetica media del sistema:

$$\langle E \rangle = \frac{1}{2m} \sum_{i=1}^{N} \left(\langle p_{i_x}^2 \rangle + \langle p_{i_y}^2 \rangle + \langle p_{i_z}^2 \rangle \right) = \frac{3}{2} Nk_B T.$$

La capacità termica a volume costante di un gas monoatomico è quindi data da $C_V = (3/2)Nk_B = 3R/2$, dove R è la costante dei gas. Se invece trasferiamo il calore al gas a *pressione* costante, la capacità termica sarà data da:

$$C_P = \left(\frac{\delta Q}{dT}\right)_P = \left(\frac{\partial E}{\partial T}\right)_P + P\left(\frac{\partial V}{\partial T}\right)_P = C_V + Nk_B = C_V + R,$$

ossia[12], per un gas monoatomico, $C_P = 5R/2$.

---

[12] Notiamo anche che si ha semplicemente $C_P = \partial H/\partial T$, dove H è l'entalpia.

Gas biatomico. Dalle considerazioni svolte nel paragrafo 3.3.2 sappiamo che, a temperatura ambiente, le vibrazioni di un gas biatomico sono "congelate". Tuttavia, ciò non è vero per le rotazioni, che contribuiscono all'energia cinetica. La (3.32) mostra che questo contributo è ancora una volta la somma di due termini quadratici nei momenti p_ϑ e p_φ (per particella). Quindi l'energia cinetica media sarà:

$$\langle E \rangle = \frac{1}{2m} \sum_{i=1}^{N} \left(\langle p_{i_x}^2 \rangle + \langle p_{i_y}^2 \rangle + \langle p_{i_z}^2 \rangle \right) + \frac{1}{2I} \left(\langle p_\vartheta^2 \rangle + \frac{\langle p_\varphi^2 \rangle}{\sin^2 \vartheta} \right) = \frac{5}{2} N k_B T.$$

Si ha quindi $C_V = 5R/2$ e $C_P = 7R/2$. Per le molecole poliatomiche, in particolare se costituite da molti atomi, bisogna stare un po' più attenti, perché in generale le vibrazioni non sono del tutto "congelate". Non avremo comunque modo di occuparcene in seguito.

Sistema di N oscillatori armonici. Abbiamo in questo caso:

$$\mathscr{H} = \mathscr{H}_{ig} + \frac{1}{2} \sum_{i=1}^{N} k_i r_i^2 = H_{ig} + \frac{1}{2} \sum_{i=1}^{N} k_i (x_i^2 + y_i^2 + z_i^2)$$

dove k_i è la costante elastica del singolo oscillatore e $\mathbf{r}_i$ è la distanza dal centro di oscillazione. Allora, oltre al termine di energia cinetico $(3/2k_B T)$, abbiamo $3N$ termini di energia potenziale elastica, per ciascuno dei quali si ha

$$\frac{k_i}{2} \langle x_i^2 \rangle = \frac{k_i}{2} \langle y_i^2 \rangle = \frac{k_i}{2} \langle z_i^2 \rangle = \frac{k_B T}{2}.$$

L'energia media totale è allora data da $\langle E \rangle = 3N k_B T$ e la capacità termica (a *volume* costante, dato che stiamo utilizzando la distribuzione canonica) da:

$$C_V = \left(\frac{\partial \langle E \rangle}{\partial T} \right)_V = 3N k_B,$$

ossia la legge di Dulong e Petit, per la quale C_V non dipende da T.

3.4.3 Il modello di Einstein

Nel 1908 Einstein cercò di far uso delle nuove ipotesi (al tempo, solo *ad hoc*) della fisica quantistica per porre rimedio all'evidente contraddizione tra la predizione classica dell'indipendenza del calore specifico da T e l'accumularsi di dati sperimentali a basse temperature (in particolare per il diamante), che al contrario mostravano un evidente diminuzione di C_V. Il semplice modello sviluppato da Einstein considera ancora gli atomi come oscillatori indipendenti, ma con lo spettro discreto di valori dell'energia caratteristico di un oscillatore quantistico. Il problema è quindi analogo a quello che abbiamo svolto studiando le vibrazioni di una molecola biatomica, con la sola differenza di avere a che fare con tre oscillatori (indipendenti) alla stessa frequenza ω lungo x, y, z. Gli autovalori dell'energia per il singolo oscillatore saranno dunque:

$$\varepsilon_{n_x,n_y,n_z} = \left[\left(n_x + \frac{1}{2} \right) + \left(n_y + \frac{1}{2} \right) + \left(n_z + \frac{1}{2} \right) \right] \hbar\omega. \tag{3.36}$$

La funzione di partizione per il singolo oscillatore è data allora da:

$$z = \sum_{n_x,n_y,n_z} \exp\left[-\left(n_x + n_y + n_z + \frac{3}{2} \right) \beta\hbar\omega \right],$$

dove ancora una volta ciascuna delle serie in n_x, n_y, n_z è una serie geometrica, per cui si ottiene facilmente:

$$z = \left(\frac{e^{-\beta\hbar\omega/2}}{1 - e^{-\beta\hbar\omega}} \right)^3 = \left[\frac{1}{2\sinh(\beta\hbar\omega/2)} \right]^3. \tag{3.37}$$

Dato che stiamo considerando N oscillatori su un reticolo e quindi *distinguibili*, la funzione di partizione per l'intero sistema sarà allora:

$$Z = \left[\frac{1}{2\sinh(\beta\hbar\omega/2)} \right]^{3N}. \tag{3.38}$$

Dalla prima delle (3.37), l'energia media vibrazionale del sistema sarà allora:

$$\langle E \rangle = -\frac{\partial Z}{\partial \beta} = -N\frac{\partial z}{\partial \beta} = N\left(\frac{3}{2}\hbar\omega + \frac{3\hbar\omega}{e^{\beta\hbar\omega} - 1} \right). \tag{3.39}$$

Notiamo che:

- $\langle E \rangle \xrightarrow[T \to 0]{} (3/2)N\hbar\omega$, che è l'energia di punto zero del sistema di oscillatori;
- $\langle E \rangle \xrightarrow[T \to 0]{} 3Nk_BT$, che coincide con quanto previsto del TE classico (ossia con la legge di Dulong e Petit).

La capacità termica sarà quindi data da:

$$C_V = \left(\frac{\partial E}{\partial T} \right)_V = 3Nk_B \left(\frac{\hbar\omega}{k_BT} \right)^2 \frac{e^{\hbar\omega/k_BT}}{(e^{\hbar\omega/k_BT} - 1)^2}. \tag{3.40}$$

Per discutere l'andamento di C_V, possiamo notare che la quantità $\theta_E = \hbar\omega/k_B$ ha le dimensioni di una temperatura: questa sarà quindi una temperatura caratteristica del problema, corrispondente a quel valore di T per cui l'energia termica è pari a quella di un quanto vibrazionale $\hbar\omega$, che diremo *temperatura di Einstein*. Sostituendo θ_E otteniamo:

$$C_V = 3Nk_B \left(\frac{\theta_E}{T} \right)^2 \frac{\exp(\theta_E/T)}{[\exp(\theta_E/T) - 1]^2}. \tag{3.41}$$

Possiamo allora osservare che:

- per $\theta_E/T \ll 1$ (alte temperature) ritroviamo l'espressione di Dulong e Petit;
- per $\theta_E/T \gg 1$ (basse temperature) la capacità termica e il calore specifico *vanno rapidamente a zero*; tuttavia l'andamento quantitativo previsto dal modello di Einstein:

$$\lim_{T \to 0} C_V = 3Nk_B \left(\frac{\theta_E}{T} \right)^2 e^{-\theta_E/T}$$

è *molto diverso* da quello ($C_V \sim T^3$) osservato sperimentalmente;

- l'espressione (3.41) suggerisce che i calori specifici di diversi solidi siano "riscalabili" su una singola curva universale *rapportando semplicemente la temperatura ad un singolo parametro del materiale*, θ_E.

L'ultima previsione è forse il risultato più importante del modello di Einstein: di fatto, gli andamenti con la temperatura dei calori specifici sperimentali di molti solidi possono essere riscalati con buona approssimazione su di una curva "universale", anche se diversa da quella prevista dal semplice modello di Einstein.

3.4.4 Il modello di Debye

Tra le ipotesi semplificative del modello di Einstein, quella che senza dubbio suscita maggiori perplessità dal punto di vista fisico è l'aver trattato ciascun atomo come un oscillatore indipendente. In realtà, gli spostamenti vibrazionali di atomi vicini sono fortemente correlati. Ad esempio, se consideriamo una sistema lineare di atomi identici, l'equazione del moto per un atomo posto in posizione i, dato che la variazione della distanza dai primi vicini rispetto a quella di equilibrio è $|x_i - x_{i\pm1}|$, si scriverà:

$$m\ddot{x}_i = k[(x_{i+1} - x_i) - (x_i - x_{i-1})] = k(x_{i+1} - 2x_i + x_{i-1}),$$

che accoppia lo spostamento x_i con gli spostamenti $x_{i\pm1}$ dei primi vicini.

Per N atomi abbiamo allora $3N$ equazioni lineari accoppiate. Il metodo standard per risolvere il sistema è determinare i $3N$ autovalori distinti λ_j della matrice dei coefficienti e gli associati autovettori u_j, ai quali corrisponderanno $3N$ "modi" di oscillazione indipendenti del sistema, che coinvolgeranno in generale lo spostamento correlato di *tutti* gli atomi del sistema. In altri termini, stiamo descrivendo la propagazione di *onde* (longitudinali e trasverse) che sono l'equivalente microscopico di quelle che in una descrizione continua del solido sarebbero le *onde sonore*.

Cerchiamo di farci un'idea di quali siano le frequenze di oscillazione associate a tali moti ondulatori. Se consideriamo per semplicità una catena unidimensionale e chiamiamo d la distanza tra due primi vicini, il modo di vibrazione più "lento" corrisponderà ad un'oscillazione che ha per semilunghezza d'onda $\lambda^{max}/2$ la lunghezza complessiva $D = Nd$ della catena di atomi. Per grandi N, dunque, $\lambda^{max} \to \infty$. Detta c la velocità di propagazione dell'onda (ossia, quella che in una descrizione continua di un mezzo isotropo è la *velocità del suono*), nel limite termodinamico la frequenza più bassa di oscillazione è allora $v^{min} = c/\lambda^{max} \simeq 0$. Tuttavia, a differenza che nel caso continuo, esiste una lunghezza d'onda *minima* di oscillazione che corrisponde alla situazione in cui *due atomi primi vicini oscillano in opposizione di fase* e che quindi (per una catena unidimensionale) sarà pari a $2d$. Ad essa sarà allora associata una frequenza massima, che diremo *frequenza di cutoff*, $v_c \simeq c/2d$, ossia una frequenza angolare $\omega_c = 2\pi v_c \simeq \pi c/d$.

3.4.4.1 Densità di stati

Cerchiamo ora di determinare la densità di modi $\rho(\omega)$ con frequenza angolare ω per un sistema macroscopico. In generale, in un solido (a differenza che in un fluido) possono propagare, per una data frequenza, sia un onda *longitudinale* che *due onde trasverse*, che vibrano in direzioni mutualmente perpendicolari. Per un solido reale, le velocità di propagazione $c_{||}$ dell'onda longitudinale e $c_\perp$ di quelle trasverse sono diverse, ma nella nostra trattazione approssimata assumeremo per semplicità $c_{||} = c_\perp = c$. Il calcolo dei modi di oscillazione con frequenza compresa tra $(\omega, \omega + d\omega)$ si fa allora in modo del tutto analogo a quanto visto per gli stati di una particella libera in una scatola, con la differenza che in questo caso abbiamo (con $V = L^3$ il volume di un cubo di solido di lato L):

- una legge di dispersione *lineare*:

$$\omega = c|k| = \frac{\pi c}{L}(n_x^2 + n_y^2 + n_z^2)^{1/2};$$

- *tre* "stati di polarizzazione" per ogni frequenza.

Il numero di modi in un ottante di sfera di raggio $(L/\pi c)\omega$ è allora:

$$\frac{3}{8}\frac{4\pi}{3}\left(\frac{L}{\pi c}\omega\right)^3 = \frac{V}{2\pi^2 c^3}\omega^3$$

e derivando questa espressione si ottiene dunque:

$$\rho(\omega) = \frac{3V}{2\pi^2 c^3}\omega^2. \tag{3.42}$$

3.4.4.2 Quantizzazione dei modi

L'aver introdotto un accoppiamento tra le vibrazioni dei singoli atomi non modifica la previsione classica per la capacità termica del sistema. Ciascun modo vibrazionale si comporta infatti come un oscillatore indipendente, con un totale di $3N$ oscillatori: quindi, il teorema di equipartizione porta ancora alla legge di Dulong e Petit. Proviamo invece a quantizzare gli stati di energia di ciascun modo vibrazionale come fatto in precedenza per i singoli oscillatori, con la differenza che in questo caso non abbiamo una frequenza unica di oscillazione, ma una *distribuzione* di frequenze possibili descritta dalla densità degli stati vibrazionali (3.42). Vedremo in seguito come, in maniera analoga a quanto avviene per la quantizzazione del campo elettromagnetico in una cavità, che può essere pensato come costituito da fotoni, ciascun "quanto" di oscillazione si comporti in qualche modo come una particella (in particolare, come un bosone). In questo senso, se un dato oscillatore a frequenza angolare ω ha energia $E = \hbar\omega(n + 1/2)$, si dice che a ciò corrisponde la presenza di n "fononi" (per ricordare che in questo caso abbiamo a che fare con onde sonore). Se allora vi sono $n(\omega)$ quanti eccitati (fononi) alla frequenza angolare ω, questi danno un contributo all'energia del cristallo pari a:

$$\Delta E^{vib} = (n + 1/2)\hbar\omega = \varepsilon_\omega + \Delta E_0.$$

Il termine di "punto zero" ΔE_0 contribuisce all'energia del sistema solo come una costante indipendente dalla temperatura e quindi ininfluente per il calcolo del calore specifico. Trascurando questo termine, l'energia media dovuta alle vibrazioni a frequenza ω è allora $\bar{\varepsilon}_\omega = \bar{n}(\omega)\hbar\omega$. In altri termini, sceglieremo come zero dell'energia il valore dato dall'energia di equilibrio del solido in assenza di vibrazioni, più l'energia di punto zero. Possiamo allora scrivere il contributo alla funzione di partizione del sistema di oscillatori accoppiati dovuto alle sole vibrazioni a frequenza ω come:

$$Z_\omega^{vib} = \sum_{n=0}^{\infty} e^{-\beta\hbar\omega n} = \frac{1}{1 - \exp(-\beta\hbar\omega)}. \tag{3.43}$$

Dalla (3.4), l'energia media dovuta alle vibrazioni a frequenza ω sarà:

$$\bar{\varepsilon}_\omega = -\frac{\partial}{\partial\beta}(\ln Z_\omega^{vib}) = \frac{\hbar\omega}{\exp(\beta\hbar\omega) - 1}.$$

Pertanto, uguagliando questa espressione a quella precedentemente scritta, il numero medio di fononi a frequenza ω sarà dato da:

$$\bar{n}(\omega) = \frac{1}{\exp(\beta\hbar\omega) - 1}. \tag{3.44}$$

3.4.4.3 Energia vibrazionale e calore specifico

Per ottenere l'energia vibrazionale totale del sistema di oscillatori accoppiati dobbiamo a questo punto integrare su tutte le frequenze possibili. Cominciamo a stabilire con maggior precisione il valore della frequenza di cutoff ω^{max}. Dato che il numero totale di modi vibrazionali è $3N$, per la (3.42) si dovrà avere:

$$\int_0^{\omega_c} \rho(\omega)d\omega = \frac{V}{2\pi^2 c^3}\omega^3 = 3N,$$

ossia:

$$\omega_c = \sqrt[3]{6}\,\pi^{2/3}\frac{c}{d} \simeq \frac{4c}{d}, \tag{3.45}$$

dove $d = (V/N)^{1/3}$ è il passo reticolare. L'energia vibrazionale media sarà allora:

$$E^{vib} = \int_0^{\omega_c} d\omega\, \hbar\omega\rho(\omega)\,\langle n\rangle\,(\omega) = \frac{3\hbar}{2\pi^2 c^3} V \int_0^{\omega_c} d\omega\, \frac{\omega^3}{\exp(\beta\hbar\omega) - 1}. \qquad (3.46)$$

Come abbiamo fatto per il modello di Einstein, possiamo ora caratterizzare le proprietà termiche del sistema introducendo la *temperatura di Debye*:

$$\theta_D = \frac{\hbar\omega_c}{k_B} = \sqrt[3]{6}\,\pi^{2/3}\,\frac{\hbar c}{k_B d} \qquad (3.47)$$

e riscrivere la (3.46) come:

$$E^{vib} = \frac{3\hbar\omega_c^4}{2\pi^2 c^3} V \int_0^1 dx\, \frac{x^3}{e^{(\theta_D/T)x} - 1} = \frac{3\hbar\omega_c^4}{\pi c^3} V f\left(\frac{T}{\theta_D}\right), \qquad (3.48)$$

dove $x = \omega/\omega_c$. Come per il modello di Einstein, dunque, l'energia vibrazionale si scrive in termini di una funzione universale di T/θ_D. Analizziamo quindi il comportamento di E^{vib} per alte e basse temperature.

Alta temperatura ($T \gg \theta_D$). Dato che si ha sempre $x < 1$, l'argomento dell'esponenziale in $f(T/\theta_D)$ è molto piccolo e, sviluppando e sostituendo per ω_c, ritroviamo la legge di Dulong e Petit:

$$E^{vib} \simeq \frac{3\hbar\omega_c^4}{2\pi^2 c^3} V \frac{T}{\theta_D} \int_0^1 x^2 dx = \frac{\omega_c^3}{2\pi^2 c^3} V k_B T = 3N k_B T.$$

Bassa temperatura ($T \ll \theta_D$). In questo caso, ponendo $y = (\theta_D/T)x$ abbiamo:

$$E^{vib} = \frac{3\hbar\omega_c^4}{2\pi^2 c^3} V \left(\frac{T}{\theta_D}\right)^4 \int_0^{\theta_D/T} dy\, \frac{y^3}{e^y - 1} = \frac{3V}{2\pi^2 \hbar^3 c^3}(k_B T)^4 \int_0^{\theta_D/T} dy\, \frac{y^3}{e^y - 1}.$$

Dato che $\theta_D/T \gg 1$, nell'ultimo integrale possiamo sostituire l'estremo superiore con $+\infty$. Quindi, poiché (si veda l'Appendice A)

$$\int_0^\infty y^3/(e^y - 1)dy = \Gamma(4)\zeta(4) = \pi^4/15,$$

abbiamo:

$$E^{vib} = \frac{\pi^2 V}{10(\hbar c)^3}(k_B T)^4. \qquad (3.49)$$

La capacità termica a basse temperature è allora data da:

$$C_V = \frac{\pi^2 V}{10(\hbar c)^3}(k_B T)^4 = \frac{12\pi^4}{5} N k_B \left(\frac{T}{\theta_D}\right)^3. \qquad (3.50)$$

L'andamento del calore specifico nel modello di Debye rispecchia quindi sia ad alte che a basse temperature quanto si osserva sperimentalmente (per i metalli, si ten-

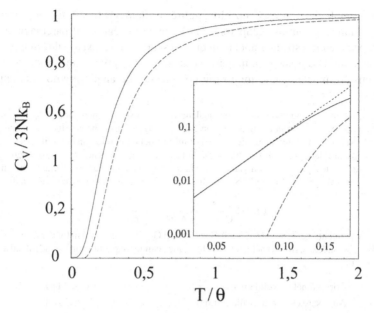

Fig. 3.3 Confronto tra gli andamenti in temperatura per C_V modello di Debye (linea piena) e in quello di Einstein (linea tratteggiata). L'asse della temperatura è riscalato rispettivamente a $\theta = \theta_D$ e $\theta = \theta_E$. Nell'inserto viene sottolineato, in scala logaritmica, il diverso andamento a bassa temperatura (per il modello di Debye è mostrato un fit cubico)

ga però conto della nota 11). Le discordanze maggiori si osservano a temperature intermedie, dove ha un effetto significativo l'aver trascurato l'anisotropia del reticolo cristallino, delle costanti e delle velocità di propagazione dei fononi. In realtà, un importante argomento di ricerca sia teorica che sperimentale in fisica dello stato solido è proprio determinare la densità effettiva di stati vibrazionali, rispetto alla semplice approssimazione quadratica di Debye. Se analizziamo le temperature di Debye riportate nella tabella all'inizio della sezione (3.4), vediamo come per quei materiali il cui calore specifico a temperatura ambiente è sensibilmente inferiore a quanto previsto dalla legge di Dulong–Petit, θ_D sia particolarmente elevata[13].

3.5 Il paramagnetismo

In questo paragrafo, faremo un primo incontro con le proprietà magnetiche dei materiali, che presentano grande interesse sia applicativo che, come vedremo, concettuale. I tipi di comportamento che un materiale può presentare in risposta ad un campo

---

[13] In realtà, θ_D risulta elevata anche per alcuni metalli con una capacità termica a T ambiente dell'ordine di $3Nk_B$. Anzi, per molti metalli C_V è *maggiore* di $3Nk_B$, fatto in contraddizione con l'andamento della funzione di Debye. L'anomalia è da imputarsi sostanzialmente al contributo addizionale (elettronico) citato nella nota 11.

magnetico applicato sono sostanzialmente tre: il diamagnetismo, che è proprio di tutte le sostanze, di cui ci occuperemo brevemente in seguito, il paramagnetismo, di cui ci occuperemo specificamente in quanto segue, e che invece rilevante per una classe più ristretta di materiali, in genere (ma non necessariamente) solidi, ed il ferromagnetismo, un fenomeno molto più complesso che analizzeremo nel capitolo che segue.

◇ Prima di cominciare, tuttavia, facciamo qualche richiamo sul magnetismo, e soprattutto sull'ordine di grandezza dei campi magnetici, con cui so per esperienza che gli studenti hanno poco confidenza. Nel Sistema Internazionale, l'unità di misura del campo magnetico è il tesla (T), che è definito a partire dalla forza di Lorentz, ossia la forza $\mathbf{F} = q\mathbf{v} \times \mathbf{B}$, che un campo magnetico $\mathbf{B}$ esercita su una carica q in moto con velocità $\mathbf{v}$. Un tesla corrisponde dunque al campo magnetico necessario per applicare una forza di 1 N su di una carica di 1 C che si muove alla velocità di 1 m/s, ossia

$$1\,\mathrm{T} = 1\,\frac{\mathrm{N \cdot s}}{\mathrm{C \cdot m}} = 1\,\frac{\mathrm{N}}{\mathrm{A \cdot m}} = 1\,\frac{\mathrm{V \cdot s}}{\mathrm{m}^2}$$

l'unità corrispondente nel sistema CGS è il Gauss, con $1\,\mathrm{G} = 10^{-4}\,\mathrm{T} = 0,1\,\mathrm{mT}$). Per avere un'idea degli ordini di grandezza, riporto nella tabella che segue i campi magnetici corrispondenti ad alcune situazioni fisiche:

Correnti nel cervello umano	$\simeq 0,1 - 1\,\mathrm{pT}$
Audiocassetta (vicino alla testina)	$\simeq 20\,\mu\mathrm{T}$
Campo magnetico terrestre (all'equatore)	$30\,\mu\mathrm{T}$
Limite di sicurezza per i pacemaker cardiaci	$0,5\,\mathrm{mT}$
Macchia solare	$\simeq 0,15\,\mathrm{T}$
Bobina di un altoparlante	$\simeq 1\,\mathrm{T}$
Magnete permanente a terre rare (neodimio/ferro/boro)	$1,25\,\mathrm{T}$
Apparato per risonanza magnetica (diagnostica)	$1,5 - 10\,\mathrm{T}$
Massimi campi (continui) ottenuti in laboratorio	$\simeq 50\,\mathrm{T}$
Stella a neutroni	$1 - 100\,\mathrm{MT}$
Magnetar (stella a neutroni "magnetica")	$\simeq 10\,\mathrm{GT}$

Come si può vedere, a parte alcune situazioni estreme di carattere astrofisico, Il tesla è un'unità di misura decisamente un po' eccessiva per la maggior campi magnetici che incontriamo nella vita quotidiana. Tuttavia, magneti permanenti con un campo superiore al tesla sono ormai comuni nei laboratori e quindi è a questi valori di $\mathbf{B}$ che faremo riferimento in seguito. ◇

Taluni solidi, come dicevamo presentano proprietà paramagnetiche: la presenza di un campo magnetico esterno dà cioè origine nel materiale ad una magnetizzazione, ossia ad un momento magnetico per unità di volume $\mathbf{M}$, il quale genera un campo addizionale che si somma al campo esterno. Caratteristica specifica di questi materiali è che tra gli atomi che li compongono ve ne sono alcuni che *presentano un momento angolare totale $J \neq 0$*[14].

---

[14] Che vi sia necessariamente un legame tra momenti angolari e momenti magnetici è evidente anche in meccanica classica se rappresentiamo un elettrone che ruota attorno al nucleo come una spira di corrente. Per un'orbita circolare, tale corrente vale $qv/2\pi r$, dove v è la velocità orbitale, e quindi il momento magnetico, che è pari alla corrente per l'area racchiusa dalla spira, ha modulo

$$\mu = qvr/2 = (q/2m)L,$$

dove m è la massa dell'elettrone e $L = mvr$ il modulo del momento angolare. Le cose sono un po' meno evidenti per il momento magnetico di spin che, ribadiamo, non ha un vero equivalente classico.

Il paramagnetismo può avere in realtà origine da due situazioni distinte:

- il momento angolare totale degli *elettroni* $\mathbf{L} + \mathbf{S}$ è non nullo, ad esempio perché vi è un elettrone spaiato: in questo caso, che è quello ad esempio di ioni quali Cu^{2+}, Mn^{2+}, Fe^{3+}, parliamo di *paramagnetismo elettronico*;
- il momento angolare *nucleare* è non nullo, come nel caso ad esempio di alogenuri alcalini quali LiF: parliamo in questo caso di *paramagnetismo nucleare*.

È facile comunque vedere che il paramagnetismo nucleare è un effetto molto più debole del paramagnetismo elettronico. Sia nel caso elettronico che in quello nucleare, il momento magnetico generato da un campo esterno è infatti sempre dell'ordine del *magnetone di Bohr* $\mu_B = e\hbar/2m$, dove m è, nel caso elettronico, la massa m_e dell'elettrone e, nel caso nucleare, la massa m_p del protone. Quindi, poiché $m_p \simeq 2000 m_e$, i momenti magnetici nucleari sono di tre ordini di grandezza inferiori a quelli elettronici. Ci occuperemo quindi per il momento solo di paramagneti elettronici; in seguito vedremo tuttavia che anche il paramagnetismo nucleare, per quanto debole, ha importanti applicazioni.

Supponiamo allora di considerare N ioni paramagnetici fissati su di un reticolo e di applicare un campo magnetico esterno $\mathbf{B}$ in direzione z. Il momento magnetico indotto si può scrivere come $\mu = g\mu_B\mathbf{J}$, dove g è il "fattore di Landé":

$$g = 1 + \frac{J(J+1) + S(S+1) - L(L+1)}{2J(J+1)}, \qquad (3.51)$$

che varia tra 1, quando $S = 0$, e 2, quando il momento magnetico deriva esclusivamente dallo spin. L'energia di interazione con il campo si scrive allora:

$$H_{int} = -\mu \cdot \mathbf{B} = -g\mu_B B J_z. \qquad (3.52)$$

Classicamente, J_z può assumere qualunque valore compreso tra 0 e J; quantisticamente, invece J_z può assumere solo $2J + 1$ valori distinti.

Per farci un'idea dell'ordine di grandezza delle energie di accoppiamento nel paramagnetismo elettronico, teniamo conto che

$$\mu_B = 9,274 \times 10^{-24}\,\mathrm{JT^{-1}} \simeq 10^{-23}\,\mathrm{Am^2}.$$

Pertanto, a temperatura ambiente si ha $\mu_B B \simeq k_B T$ solo per campi di oltre 400 T, o se si vuole, l'energia di accoppiamento di un dipolo magnetico pari a μ_B con un campo di 1 T corrisponde all'energia termica che si ha ad una temperatura di soli 0,7 K.

Supponiamo allora di poter trascurare le interazioni tra diversi dipoli magnetici, e di considerare pertanto un sistema di spin indipendenti ma distinguibili (sulla base del sito reticolare che occupano). Prenderemo in considerazione due casi:

- il caso continuo, sviluppando quello che è il modello classico di Langevin per il paramagnetismo (che in realtà vale anche per *dipoli elettrici*);
- Il caso $J = 1/2$, in cui abbiamo solo due stati $J_z = \pm 1/2$.

3.5.1 Il modello di Langevin

Scriviamo in questo caso per l'hamiltoniana classica $\mathcal{H}_{int} = -\mu B \cos \vartheta$, dove ϑ è l'angolo tra μ e l'asse z. Detto $d\Omega$ l'elemento di angolo solido, possiamo allora calcolare direttamente il valor medio della componente lungo z del momento di dipolo come:

$$\langle \mu \rangle_z = \langle \mu \cos \vartheta \rangle = \frac{\int \mu \cos \vartheta \, e^{\beta \mu B \cos \vartheta} d\Omega}{\int e^{\beta \mu B \cos \vartheta} d\Omega}.$$

Ponendo $x = \cos \vartheta$, e $\alpha = \beta \mu B$:

$$\langle \mu \rangle_z = \mu \frac{\int_{-1}^{1} x e^{-\alpha x} dx}{\int_{-1}^{1} e^{-\alpha x} dx} = \mu \frac{d}{d\alpha} \ln \left(\int_{-1}^{1} e^{-\alpha x} \right) dx,$$

ossia:

$$\langle \mu \rangle_z = \mu \frac{d}{d\alpha} \ln \left[\frac{2}{\alpha} \sinh \alpha \right] = \mu \left[\coth \alpha - \frac{1}{\alpha} \right]. \tag{3.53}$$

La magnetizzazione è allora data dal valor medio del momento di dipolo per unità di volume:

$$M = \frac{N}{V} \mu L \left(\frac{\mu B}{k_B T} \right), \tag{3.54}$$

dove

$$L(x) = \left[\coth(x) - \frac{1}{x} \right] \tag{3.55}$$

è detta *funzione di Langevin*. Per bassi campi ($B \ll k_B T / \mu$), scrivendo $\coth(x) \xrightarrow[x \to 0]{}$ $1/x + x/3$, si ha $L(x) \xrightarrow[x \to 0]{} x/3$, ossia:

$$M(B) \to \frac{N \mu^2}{3 V k_B T} B. \tag{3.56}$$

La magnetizzazione risulta quindi *proporzionale al campo applicato*, secondo una *suscettività magnetica*

$$\chi_m = (\partial M / \partial B) = N \mu^2 / 3 k_B T.$$

Nel limite opposto ($B \ll k_B T / \mu$) si ha invece

$$M(B) \to \frac{N \mu}{V}. \tag{3.57}$$

che corrisponde alla situazione in cui tutti i dipoli sono completamente allineati con il campo. Si ha quindi $\chi_m \to 0$.

3.5.2 Descrizione quantistica

Assumiamo per semplicità che si abbia $J = 1/2$. In questo caso ciascuno ione paramagnetico ha due soli stati possibili:

$$\begin{cases} J = +1/2 \Rightarrow H_{int} = -\dfrac{g\mu_B B}{2} = -\mu B \\ J = -1/2 \Rightarrow H_{int} = +\dfrac{g\mu_B B}{2} = +\mu B, \end{cases}$$

dove[15] $\mu = g\mu_B/2$. La funzione di partizione per il singolo ione si scrive allora:

$$z = e^{+\beta\mu B} + e^{-\beta\mu B} = 2\cosh\left(\frac{\mu B}{k_B T}\right). \tag{3.58}$$

Il valor medio del momento di dipolo vale:

$$\langle\mu\rangle_z = \frac{1}{z}\left(+\mu e^{+\beta\mu B} - \mu e^{-\beta\mu B}\right) = \mu\tanh\left(\frac{\mu B}{k_B T}\right) \tag{3.59}$$

e la magnetizzazione è allora data da:

$$M(B) = \frac{N\mu}{V}\tanh\left(\frac{\mu B}{k_B T}\right). \tag{3.60}$$

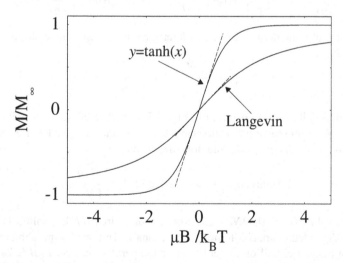

Fig. 3.4 Andamento della magnetizzazione per un paramagnete classico ($s = \infty$) e quantistico con $s = 1/2$

---

[15] Di norma, la situazione che stiamo analizzando corrisponde ad avere un singolo momento magnetico elettronico spaiato, per cui $\mathbf{J} = \mathbf{S}$, $g = 2$ e $\mu = \mu_B$.

Notiamo che nel limite $B \to 0$ si ha

$$M(B) \to \frac{N\mu^2}{Vk_B T}B, \qquad (3.61)$$

che corrisponde ad una suscettività χ_m tre volte maggiore che nel caso classico.

Per un valore di J generico, il calcolo è solo un po' più elaborato e la espressione finale per la magnetizzazione più complicata. Ci basti osservare comunque che la curva di magnetizzazione che si ottiene deve giacere tra il caso "estremo" $J = 1/2$ e la funzione di Langevin, che corrisponde a $J = \infty$. Il comportamento quindi è qualitativamente molto simile.

3.5.3 Capacità termica paramagnetica

Abbiamo analizzato l'andamento della capacità termica dovuta all'eccitazione delle vibrazioni reticolari. Per un solido paramagnetico, tuttavia, esiste un contributo addizionale, che fisicamente corrisponde al calore che viene "speso" per disallineare i momenti magnetici. Per calcolarlo, osserviamo che, poiché $Z = z^N$, il contributo addizionale E^M all'energia interna del sistema dovuto alla magnetizzazione è dato, nel caso $J = s = 1/2$ ($\mu = \mu_B$), da:

$$E^M = -\frac{\partial \ln Z}{\partial \beta} = -N\frac{\partial}{\partial \beta}\left[2\cosh\left(\frac{\mu_B B}{k_B T}\right)\right] = -N\mu_B B \tanh\left(\frac{\mu_B B}{k_B T}\right) = NVM(B).$$

Per il contributo magnetico alla capacità termica termica si ottiene allora, ponendo $x = \mu_B B/k_B T$,

$$C_V^M = \frac{\partial E^M}{\partial T} = Nk_B \frac{x^2}{\cosh^2 x}. \qquad (3.62)$$

L'andamento della (3.62), mostrato in Fig. 3.5, fa vedere come la capacità termica mostri un picco molto pronunciato per μB dell'ordine di $k_B T$. Per l'esattezza, il valore massimo x_0 è dato dalla soluzione dell'equazione

$$x_0 \tanh x_0 = 1 \Rightarrow x_0 \simeq 1,2 \Rightarrow T \simeq \frac{\mu_B B}{1,2 k_B}.$$

Per questo valore $C_v^M \simeq 0.44 Nk_B$, che corrisponde a circa 1/7 del limite ad alta temperatura $3Nk_B$ della capacità termica vibrazionale. Tuttavia, come abbiamo visto, per campi magnetici dell'ordine del tesla, la temperatura per cui $\mu_B B \simeq k_B T$ è dell'ordine di 1 K. Se si opera in queste condizioni di temperatura, la capacità termica vibrazionale può essere trascurabile rispetto a quella dovuta al paramagnetismo. Viceversa, a temperatura ambiente questi effetti sono trascurabili utilizzando i campi magnetici generabili in laboratorio.

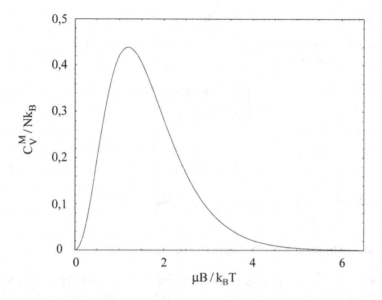

Fig. 3.5 Andamento della capacità termica per un paramagnete con $s = 1/2$

3.5.4 Raffreddamento magnetico e "temperature negative"

3.5.4.1 Entropia di un sistema di spin su un reticolo

Consideriamo un sistema di N spin con $s = 1/2$ fissati su un reticolo. Ciascuno spin può avere solo sue stati che, ponendo $x = \mu B/k_B T$ e ricordando che la funzione di partizione del singolo spin è $z = 2\cosh x$, hanno probabilità:

$$\begin{cases} P^+ = \dfrac{e^x}{2\cosh x} \\ P^- = \dfrac{e^{-x}}{2\cosh x}. \end{cases}$$

Per spin indipendenti, l'entropia complessiva sarà allora data da:

$$S = -Nk_B(P^+ \ln P^+ + P^- \ln P^-), \tag{3.63}$$

da cui è facile ottenere:

$$\frac{S}{Nk_B} = -x\tanh x + \ln(2\cosh x) \tag{3.64}$$

(è possibile ottenere lo stesso risultato a partire dalla funzione di partizione $Z = z^N$ scrivendo $S = \langle E \rangle /T - k_B \ln Z$).

Consideriamo allora i limiti di alta e bassa temperatura.

- $k_B T \gg \mu B$: si ha semplicemente $P^+ \simeq P^- \simeq 1/2 \Rightarrow S \simeq N k_B \ln 2$;
- $k_B T \ll \mu B$: in questo caso

$$
\begin{cases}
P^+ \simeq 1 - \exp(-2x) \\
P^- \simeq \exp(-2x),
\end{cases}
$$

per cui:

$$
\frac{S}{N k_B} \simeq 2x \exp(-2x), \tag{3.65}
$$

che tende rapidamente a zero per $x \to +\infty$ (cioè $T \to 0^+$).

3.5.4.2   Raffreddamento per demagnetizzazione adiabatica

L'andamento di S espresso dalla (3.64) è alla base di un'interessante tecnica per raggiungere basse temperature sviluppata da William Giauque nel 1933. Un sale paramagnetico (in questo caso GaSO$_4$) viene fissato tramite un filo sottile all'interno di un contenitore C, a sua volta racchiuso in un vaso Dewar contenente He liquido portato, per mezzo di tecniche evaporative, a circa 1 K. Inizialmente, C contiene He gassoso, che assicura gli scambi termici tra il campione ed il bagno esterno. In queste condizioni, viene progressivamente applicato un campo magnetico che porta il campione a T costante su una nuova curva $S(T)$ corrispondente ad un campo magnetico elevato ($P \to P'$ in Fig. 3.6). Successivamente, l'elio gassoso contenuto in C viene aspirato tramite una pompa, cosicché il campione viene isolato termicamente. In queste condizioni adiabatiche, il campo viene riportato al valore iniziale ($P' \to P''$ in Fig. 3.6). Effetto complessivo è quello di ridurre sensibilmente la temperatura del campione. Nell'esperimento originario, Giauque riuscì per la prima volta ad ottenere una temperatura di 0,25 K: oggi, con tecniche simili (iterate più volte) si può scendere a temperature di circa 3 mK.

3.5.4.3   Temperature apparenti negative

Come abbiamo detto, il paramagnetismo nucleare è molto più debole di quello elettronico. Tuttavia, lo spin nucleare costituisce un grado di libertà fortemente "disaccoppiato" da altri gradi di libertà degli ioni paramagnetici quali quelli vibrazionali. Per quantificare l'accoppiamento tra spin e vibrazioni reticolari, si introduce il *tempo di rilassamento spin–reticolo* τ_r, tempo caratteristico perché si stabilisca l'equilibrio termico tra spin e fononi, che va confrontato con il *tempo di rilassamento spin-spin* τ_s, costante di tempo per l'equilibrio termico *tra* gli spin. Per i paramagneti nucleari si ha $\tau_r \gg \tau_s$: ad esempio, nel caso dello ione Li$^+$, si ha $\tau_s \simeq 10\,\mu s$, mentre $\tau_r \simeq 300\,s$. Come conseguenza, un sistema di spin nucleari può essere con-

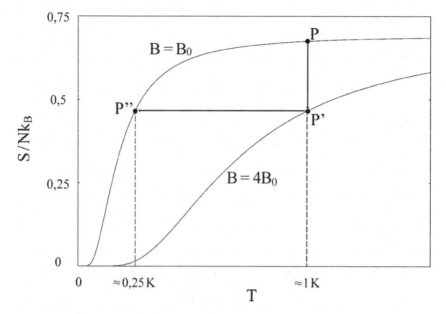

Fig. 3.6 Raffreddamento paramagnetico

siderato, almeno su una scala di tempi sufficientemente breve, come *isolato* rispetto allo scambio di energia con i gradi di libertà vibrazionali.

Valutiamo allora l'andamento dell' entropia *in funzione dell'energia E* per il sistema di spin. Con N_+ spin che puntano "in sù" e N_- spin che puntano "in giù", dobbiamo avere:

$$\begin{cases} N_+ + N_- = N \\ (N_- - N_+)\mu B = E \end{cases} \implies \begin{cases} N_+ = (N - E/\mu B)/2 \\ N_- = (N + E/\mu B)/2. \end{cases} \tag{3.66}$$

Il numero di modi in cui si può scegliere una configurazione (N_+, N_-) è come sempre:

$$\Omega = \binom{N_+}{N_-} = \frac{N!}{N_+! N_-!}$$

e l'entropia è quindi data da:

$$S = k_B(\ln N! - \ln N_+! - \ln N_-!) \simeq k_B(N\ln N - N_+ \ln N_+ - N_- \ln N_-).$$

Sostituendo le 3.66 e ponendo $x = E/N\mu B$, si ottiene con semplici passaggi:

$$\frac{S}{Nk_B} = \frac{1+x}{2}\ln\left(\frac{2}{1+x}\right) + \frac{1-x}{2}\ln\left(\frac{2}{1-x}\right),$$

che è la curva mostrata in Fig. 3.7. Come possiamo notare, a differenza di quanto abbiamo detto finora per l'andamento generale di $S(E)$, l'entropia non cresce mo-

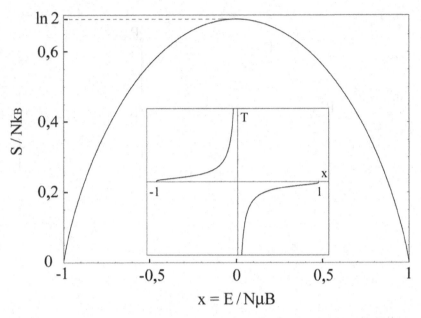

Fig. 3.7 Andamento dell'entropia con l'energia per un paramagnete. L'inserto mostra l'andamento della temperatura apparente

notonicamente con l'energia: anzi, per valori positivi dell'energia, S *decresce* con E! Ciò è dovuto al fatto che, se trascuriamo l'accoppiamento e ci "dimentichiamo" dell'esistenza dei gradi di libertà traslazionali, il numero di stati per il singolo spin è *finito* (in questo caso, è semplicemente uguale a due): di conseguenza, dove $\partial S/\partial E < 0$ si ha una temperatura apparente *negativa* (che persiste per tempi inferiori a τ_r). Partendo dalla situazione in cui tutti gli spin sono allineati col campo, che corrisponde a $T = 0$, la temperatura cresce al crescere dell'energia e tende a $+\infty$ man mano che il sistema di spin va verso uno stato di allineamento medio nullo. Tuttavia, in $E = 0$ la temperatura passa in modo discontinuo a $-\infty$ e rimane negativa in tutta la regione in cui abbiamo *inversione di popolazione*, ossia $N_- > N_+$, fino ad annullarsi di nuovo nello stato con allineamento completo ma opposto al campo[16].

Questa situazione apparentemente paradossale è stata osservata per la prima volta da Edward Purcell e Robert Pound che, stimolando con onde radio un sistema paramagnetico portato in condizioni di inversione di popolazione per mezzo di una tecnica ingegnosa, osservarono come la potenza delle onde riemesse dal segnale fosse maggiore di quella assorbita e corrispondesse a quella di un corpo nero a T negativa. L'esperimento, svolto nel 1950, ha avuto un ruolo guida per lo sviluppo nel decennio successivo delle sorgenti *laser*, che operano in condizioni di inversio-

---

[16] È opportuno notare che un sistema 1 a temperatura negativa ha energia *maggiore* di un sistema 2 a T positiva e quindi, se 1 e 2 vengono posti a contatto, 1*cederà* calore a 2: pertanto, il sistema 1 è a tutti gli effetti *più caldo* del sistema 2.

ne di popolazione dei livelli elettronici, e quindi sono sistemi a temperatura effettiva negativa.

3.5.5 "No spin, no party": il magnetismo classico non esiste!

Abbiamo visto come il paramagnetismo sia dovuto alla presenza di un momento angolare, e quindi di un momento magnetico non nullo. Tuttavia, tutti gli ioni e le molecole, anche quelli con $J = 0$, mostrano in presenza di un campo magnetico esterno un effetto opposto, quello del *diamagnetismo*. Non ci soffermeremo sugli aspetti classici o su quelli quantistici (piuttosto complessi e di diversa natura) del diamagnetismo: ci basta ricordare che è sostanzialmente un effetto di "reazione" di un sistema elettronico all'imposizione del campo, che tende a variarne il momento angolare.

◇ In un modellino classico elementare, pensiamo di applicare ad un elettrone che ruota con velocità v su un'orbita circolare di raggio r un campo magnetico B_0 perpendicolare all'orbita, e che il campo venga stabilito in un tempo T molto maggiore del periodo orbitale $\delta t = 2\pi r/v$. Alla variazione del campo magnetico è associato allora un campo elettrico dato dall' equazione di Maxwell

$$\nabla \times \mathbf{E} = -\frac{dB}{dt},$$

che agisce come un momento sull'elettrone variandone il momento angolare secondo $dL_z = -erE_\theta dt$ Dato che $T \gg \delta t$, il campo è pressoché costante durante un periodo orbitale, e posso pertanto integrare l'ultima equazione scrivendo:

$$\delta L_z = -er \int_0^{\delta t} E_\theta dt = -\frac{er}{v} \oint E_\theta dl.$$

Per la precedente equazione di Maxwell, la circuitazione di E lungo l'orbita non è altro che il flusso di $-dB/dt$ attraverso la superficie πr^2 sottesa dall'orbita, e quindi abbiamo:

$$\delta L_z = \frac{er}{v} \cdot \pi r^2 \frac{dB}{dt} = \frac{er^2}{2} \frac{dB}{dt} \delta t = \frac{er^2}{2} \frac{B_0}{T} \delta t.$$

Integrando da 0 a T si ha allora una variazione totale del momento angolare

$$\Delta L_z = \frac{er^2}{2} B_0$$

(che *non dipende* dal tempo T su cui imponiamo il campo) e quindi una variazione del momento magnetico associato alla "spira":

$$\Delta \mu_z = -\frac{e}{2m} \Delta L_z = -\frac{e^2 r^2}{2m} B_0,$$

che come si vede *si oppone* al campo esterno. ◇

Al contrario del paramagnetismo, il diamagnetismo tende quindi a *ridurre* il campo esterno. In una valutazione approssimativa, ci si potrebbe aspettare che gli effetti diamagnetici siano comunque molto più deboli di quelli paramagnetici, se questi sono presenti. Tuttavia, dal punto di vista classico, non è così: il teorema che segue, già ottenuto da Niels Bohr nella sua tesi di dottorato del 1911 e successivamente ripreso da Hendrika Johanna van Leeuwen, mostra che, utilizzando una formulazione puramente classica, paramagnetismo e diamagnetismo devono bilanciarsi esattamente.

3.5.5.1 Il teorema di Bohr–van Leewen

Per dimostrare che un sistema classico non può presentare effetti magnetici, introduciamo prima l'hamiltoniana di un sistema di particelle cariche in presenza di campi elettrici e magnetici. Da un punto di vista operativo, è molto più semplice affrontare il problema (ed anche, in generale, analizzare le equazioni di Maxwell) introducendo quelli che si dicono *potenziale scalare* $\phi(\mathbf{r},t)$ e *potenziale (magnetico) vettore* $\mathbf{A}(\mathbf{r},t)$. Se le cariche non si muovono e quindi non vi sono campi magnetici, ϕ si riduce al potenziale elettrostatico, mentre se la carica totale è nulla, gli effetti di induzione magnetica sulle correnti possono essere esaminati a partire da $\mathbf{A}$. Dati i potenziali, i campi $\mathbf{E}(\mathbf{r},t)$ e $\mathbf{B}(\mathbf{r},t)$ possono essere ricavati come[17] :

$$\begin{cases} \mathbf{E}(\mathbf{r},t) = -\nabla\phi(\mathbf{r},t) - \dfrac{\partial \mathbf{A}(\mathbf{r},t)}{\partial t} \\ \mathbf{B}(\mathbf{r},t) = \nabla \times \mathbf{A}(\mathbf{r},t). \end{cases} \tag{3.67}$$

Consideriamo allora un sistema di particelle, la cui hamiltoniana di in assenza di campo è data da

$$\mathscr{H}_0 = \sum_{i=1}^{N} \frac{|\mathbf{p}_i|^2}{2m} + U(\mathbf{r}_1, \cdots, \mathbf{r}_N), \tag{3.68}$$

dove $U(\mathbf{r}_1, \cdots, \mathbf{r}_N)$ è l'energia potenziale dovuta alle forze tra le particelle (eventualmente anche di tipo elettrico, se le particelle sono cariche). Gli effetti della presenza di campi elettromagnetici esterni possono essere riassunti dicendo che ϕ modifica l'*energia potenziale* del sistema, mentre il contributo di $\mathbf{A}$ è solo quello di cambiare *i momenti* delle particelle. In termini quantitativi, quindi, l'hamiltoniana $\mathscr{H}(\mathbf{E},\mathbf{B})$ in presenza dei campi si ottiene dalla (3.68) con le sostituzioni:

$$\begin{cases} U \to U + q_i\phi \\ \mathbf{p}_i \to \mathbf{p}_i - q_i\mathbf{A}, \end{cases} \tag{3.69}$$

---

[17] Dato che le grandezze fisiche osservabili (almeno nell'elettromagnetismo classico) sono solo i *campi*, le relazioni (3.67) lasciano in realtà una certa arbitrarietà nella definizione di ϕ ed $\mathbf{A}$. Le (3.67) rimangono infatti invariate se, data una generica funzione scalare f, a ϕ si sottrae la derivata rispetto al tempo, e ad A si aggiunge il gradiente di una *generica* funzione $f(\mathbf{r},t)$, ovverosia se si ridefiniscono i potenziali come:

$$\begin{cases} \phi'(\mathbf{r},t) = \phi(\mathbf{r},t) - \dfrac{\partial f}{\partial t} \\ \mathbf{A}'(\mathbf{r},t) = \mathbf{A}'(\mathbf{r},t) + \nabla f(\mathbf{r},t). \end{cases}$$

Queste trasformazioni, che permettono di "modellare" in maniera opportuna i potenziali (ad esempio, potrei scegliere f in modo tale che ϕ' sia nullo) si dicono *trasformazioni di gauge* e sono di grande aiuto nella trattazione di un problema elettromagnetico.

dove q_i è la carica dell'i-esima particella, ossia si ha:

$$\mathcal{H}(\mathbf{E}, \mathbf{B}) = \sum_{i=1}^{N} \left(\frac{|\mathbf{p}_i - q_i \mathbf{A}(\mathbf{r}, t)|^2}{2m} - q_i \phi(\mathbf{r}_i, t) \right) + U(\mathbf{r}_1, \cdots, \mathbf{r}_N). \tag{3.70}$$

$\Diamond$ Anche se non ricaveremo l'espressione per l'hamiltoniana in presenza di campi elettromagnetici, perché ciò comporta un po' troppi "conticini", possiamo vedere che essa conduce alle equazioni corrette per la forza agente su una particella carica in presenza di campi elettromagnetici. Per una singola particella di carica q, indicando con x_j e p_j le coordinate e le componenti del momento, la (3.70) diviene:

$$\mathcal{H} = \frac{1}{2m} \sum_{j=1}^{3} (p_j - q A_j)^2 - q\phi.$$

Le equazioni di Hamilton sono pertanto:

$$\begin{cases} \dot{x}_j = \dfrac{\partial \mathcal{H}}{\partial p_j} = \dfrac{p_j - q A_j}{m} \\[3mm] \dot{p}_j = -\dfrac{\partial \mathcal{H}}{\partial x_j} = \dfrac{q}{m} \sum_{k=1}^{3} (p_k - q A_k) \dfrac{\partial A_k}{\partial x_j} - q \dfrac{\partial \phi}{\partial x_j} \end{cases} \tag{3.71}$$

(dove abbiamo tenuto conto che *ogni* componente A_k può ovviamente dipendere da x_j). Derivando rispetto al tempo la prima delle (3.71) si ha:

$$m\ddot{x}_j = \dot{p}_j - q \frac{\mathrm{d}A_j}{\mathrm{d}t} = \dot{p}_j - q \left(\sum_{k=1}^{3} \frac{\partial A_j}{\partial x_k} \dot{x}_k + \frac{\partial A_j}{\partial t} \right)$$

e sostituendo $\dot{p}_j$ dalla seconda, si ottiene facilmente:

$$m\ddot{x}_j = q \left[\left(-\frac{\partial \phi}{\partial x_j} - \frac{\partial A_j}{\partial t} \right) + \sum_{k=1}^{3} \dot{x}_k \left(\frac{\partial A_k}{\partial x_j} - \frac{\partial A_j}{\partial x_k} \right) \right].$$

Dalle (3.67), la quantità nella prima parentesi a secondo membro è semplicemente la componente E_j del campo elettrico. Non vi dovrebbe poi essere difficile vedere (provate esplicitamente per una specifica coordinata cartesiana) che il secondo termine non è altro che il componente lungo j di

$$\dot{\mathbf{x}} \times (\nabla \times \mathbf{A}) = \mathbf{v} \times \mathbf{B},$$

dove $\mathbf{v} = \dot{\mathbf{x}}$ è la velocità della particella. In forma vettoriale abbiamo dunque che la forza $\mathbf{F} = m\ddot{\mathbf{x}}$ agente sulla particella è data da:

$$\mathbf{F} = q(\mathbf{E} + \mathbf{v} \times \mathbf{B}), \tag{3.72}$$

che è proprio la forza di Lorentz. $\Diamond$

Il caso che ci interessa è particolarmente semplice, perché abbiamo a che fare solo con campi magnetici e quindi possiamo supporre $\phi = 0$. Si ha quindi:

$$\mathcal{H}(\mathbf{E}, \mathbf{B}) = \sum_{i=1}^{N} \frac{|\mathbf{p}_i - q_i \mathbf{A}(\mathbf{r}, t)|^2}{2m} + U(\mathbf{r}_1, \cdots, \mathbf{r}_N). \tag{3.73}$$

La funzione di partizione in presenza del campo B sarà allora:

$$Z(\mathbf{B}) = \frac{1}{\hbar^{3N}} \int \mathrm{d}^3 r_i \mathrm{d}^3 p_i \exp \left[-\beta \left(\sum_{i=1}^{N} \frac{|\mathbf{p}_i - q_i \mathbf{A}(\mathbf{r}_i)|^2}{2m} + U(\mathbf{r}_1, \cdots, \mathbf{r}_N) \right) \right].$$

Tuttavia, se facciamo il cambiamento di variabili:

$$\begin{cases} \mathbf{p}'_i = \mathbf{p}_i - q_i \mathbf{A}(\mathbf{r}_i) \\ \mathbf{r}'_i = \mathbf{r}_i, \end{cases}$$

è facile verificare che *lo Jacobiano della trasformazione è unitario*. Ad esempio, nel caso elementare di un solo grado di libertà:

$$\begin{cases} p' = p + eA(x) \\ x' = x \end{cases} \implies \begin{vmatrix} \frac{\partial x'}{\partial x} & \frac{\partial x'}{\partial p} \\ \frac{\partial p'}{\partial x} & \frac{\partial p'}{\partial p} \end{vmatrix} = \begin{vmatrix} 1 & 0 \\ -q\frac{\partial A}{\partial x} & 1 \end{vmatrix} \equiv 1.$$

Ma allora:

$$Z(\mathbf{B}) = \frac{1}{\hbar^{3N}} \int d^3 r'_i d^3 p'_i \exp\left[-\beta \left(\sum_{i=1}^{N} \frac{(p'_i)^2}{2m} + U(\mathbf{r}'_1, \cdots, \mathbf{r}'_N)\right)\right] = Z(\mathbf{B} = 0),$$

ossia la funzione di partizione *non dipende* da **B** e quindi *non vi possono essere effetti del campo sulle proprietà termodinamiche del sistema*. Il teorema di Bohr–van Leewen non vale in meccanica quantistica, proprio perché il campo magnetico si accoppia con lo spin con un termine che *modifica l'energia potenziale* del sistema. Quindi, in effetti, le proprietà magnetiche della materia sono correttamente giustificabili solo dal punto di vista quantistico e sono in ultima analisi dovute all'esistenza del momento angolare intrinseco di spin.

4

Accordi fluidi

Nel capitolo precedente abbiamo utilizzato la distribuzione canonica per affrontare lo studio di fenomeni fisici dove è possibile in prima approssimazione trascurare le interazioni tra i componenti, come per il paramagnetismo o nel modello di Einstein per il calore specifico dei solidi, oppure si possono introdurre nuovi gradi di libertà indipendenti, come nel modello di Debye. Ora ci proponiamo di analizzare fenomeni in cui le forze d'interazione intermolecolari hanno un ruolo essenziale: in altre parole, vogliamo passare dallo studio di melodie composte da singole note in libertà a quello di qualche semplice armonia, dove le note si "accordano". Il prezzo da pagare è tuttavia piuttosto salato: la funzione di partizione del sistema non fattorizza più in contributi relativi a gradi di libertà indipendenti, cosa che rende in generale il problema intrattabile, almeno in modo analitico.

Ci sono tuttavia situazioni in cui si può in prima approssimazione recuperare una trattazione di singola particella, riassumendo l'effetto delle interazioni interparticellari in un "potenziale medio efficace" cui ciascuna particella è soggetta. Sviluppare modelli di questo tipo, detti di *campo medio*, è spesso di estrema utilità quando si cerchi di cogliere almeno gli aspetti globali di un nuovo fenomeno. La struttura di una teoria di campo medio risulterà più chiara quando avremo esaminato alcuni esempi di modelli formulati in questo "spirito". In questo capitolo, ci occuperemo in particolare di due classi di sistemi fisici di grande interesse per la fisica della materia: i fluidi reali, in relazione ai processi di condensazione (cioè di transizione allo stato liquido), ed i sistemi di particelle cariche quali i plasmi e le soluzioni di elettroliti. Nel capitolo che segue affronteremo invece lo studio del ferromagnetismo, che ci permetterà di inquadrare in generale il problema delle transizione di fase.

4.1 Giano bifronte: le due facce dello stato fluido

Sappiamo che in natura esistono due fasi "fluide", i gas ed i liquidi. Da un punto di vista strutturale, un fluido si distingue da un solido per l'assenza di un ordine traslazionale discreto, quello imposto dal reticolo cristallino (in questo senso anche

Piazza R.: Note di fisica statistica (con qualche accordo).
© Springer-Verlag Italia 2011

i vetri non sono "veri" solidi, bensì liquidi con una viscosità molto, ma molto alta).
Ma che cosa distingue in realtà un liquido da un gas, a parte il fatto di "occupare
un volume fissato"[1] e di avere in generale una densità molto più alta ed una comprimibilità molto più bassa? C'è in altri termini una differenza *qualitativa* tra le due
fasi fluide, quale quella tra un fluido ed un solido, o esistono condizioni in cui le
due fasi fluide sono in realtà indistinguibili? A queste domande cercheremo di rispondere introducendo il primo modello di campo medio, la teoria di van der Waals
della condensazione. Prima di ciò, cercheremo tuttavia di delineare in quale modo
la funzione di partizione di un fluido di molecole interagenti differisca da quella del
gas ideale.

4.1.1 L'integrale configurazionale

L'hamiltoniana di un fluido di N molecole interagenti avrà la forma generale:

$$H(\mathbf{r}_i, \mathbf{p}_i) = \frac{1}{2m} \sum_{i=1}^{N} p_i^2 + U(\mathbf{r}_1, \dots, \mathbf{r}_N) = H_0 + U(\mathbf{r}_1, \dots, \mathbf{r}_N,) \qquad (4.1)$$

dove H_0 è l'hamiltoniana del gas ideale e l'energia potenziale d'interazione tra
le molecole $U(\mathbf{r}_1, \dots, \mathbf{r}_N)$ è di norma una funzione delle coordinate, ma *non* dei
momenti. La funzione di partizione classica fattorizza allora in:

$$Z = \frac{1}{N! h^{3N}} \int d^3 p_1 \, d^3 p_N \exp(-\beta H_0) \int d^3 r_1 \, d^3 r_N \exp(-\beta U).$$

È facile "sbarazzarsi" dell'integrale sui momenti osservando che:

$$\frac{1}{N! h^{3N}} \int d^3 p_1 \, d^3 p_N \exp(-\beta H_0) = \left[\int d^3 p \exp\left(-\frac{p^2}{2mk_B T} \right) \right]^N =$$

$$= \left[4\pi \int dp \, p^2 \exp\left(-\frac{p^2}{2mk_B T} \right) \right]^N = \left[\sqrt{\pi m k_B T} \right]^N.$$

Quindi, ricordando la definizione (3.23) della lunghezza d'onda termica Λ si ha:

$$Z = \frac{1}{\Lambda^{3N} N!} Z_C, \qquad (4.2)$$

dove

$$Z_C = \int d^3 r_1 \, d^3 r_N \exp(-\beta U), \qquad (4.3)$$

detto *integrale configurazionale* del sistema, caratterizza di fatto le proprietà del
sistema interagente. Notiamo che, per $U \equiv 0$, Z_C è semplicemente pari a V^N e

---

[1] Chiedetevi bene che cosa *realmente* significhi: che cosa succederebbe ad una goccia di liquido nello
spazio vuoto?

pertanto:

$$Z_0 = \frac{1}{N!} \left(\frac{V}{\Lambda^3} \right)^N ,$$

che è la funzione di partizione del gas di Maxwell-Boltzmann.

Il calcolo dell'integrale configurazionale costituisce di norma un problema formidabile, anche quando si conosca il potenziale d'interazione $U(\mathbf{r}_1, \ldots, \mathbf{r}_N)$. In molti casi si può tuttavia semplificare il problema, supponendo che le forze intermolecolari agiscano solo tra *coppie* di molecole. Questo in generale non è esatto. Ad esempio, se consideriamo forze dovute alla polarizzazione delle nubi elettroniche delle molecole, come le forze di London-van der Waals (forze di dispersione), la prossimità di una terza molecola modifica in modo non trascurabile le distribuzioni elettroniche, e quindi le forze che agiscono tra due molecole considerate. Tuttavia, se la densità del fluido è sufficientemente bassa (cioè se il numero di particelle per unità di volume non è troppo elevato) e se le forze che stiamo considerando agiscono solo a breve distanza (ossia, come diremo, sono a *corto range*), la probabilità di trovare tre o più molecole le cui mutue distanze siano inferiori al *range* delle forze sarà piccola, e pertanto l'approssimazione di "interazioni a coppia" sarà con buona approssimazione valida. In questo caso potremo scrivere:

$$U(\mathbf{r}_1, \ldots, \mathbf{r}_N) = \frac{1}{2} \sum_{i \neq j} u(\mathbf{r}_i, \mathbf{r}_j), \tag{4.4}$$

dove $u(\mathbf{r}_i, \mathbf{r}_j)$ è il potenziale di coppia tra le molecole (i, j), la somma è fatta solo tra molecole *distinte* $(i \neq j)$ e il coefficiente 1/2 evita di contare due volte ciascuna coppia di molecole[2]. $U(\mathbf{r}_1, \ldots, \mathbf{r}_N)$ è espressa quindi come somma delle interazioni sulle $N(N-1)/2$ coppie di molecole distinte. Se le densità è bassa ed il potenziale a coppie, si possono introdurre delle correzioni via via più precise al comportamento del gas ideale attraverso uno sviluppo in serie della densità che passa sotto il nome di *sviluppo del viriale*, di cui ci occuperemo in seguito, ma oltre a ciò sembra esserci poco da fare. Tuttavia, come vedremo, nel prossimo paragrafo le cose non stanno proprio così...

4.1.2 L'approccio di campo medio

Nel 1873 Johannes Diderik van der Waals ottenne il titolo di dottorato con una tesi dal titolo "Sulla continuità degli stati liquido e gassoso" (*Over de Continuïteit van den Gas - en Vloeistoftoestand*). Risultato fondamentale del suo lavoro di tesi fu l'aver ricavato un'equazione di stato per i fluidi che prevede sia lo stato liquido che quello gassoso, mostrando come questi due stati di aggregazione non solo possano

---

[2] Equivalentemente, si può scrivere $U(\mathbf{r}_1, \ldots, \mathbf{r}_N) = \sum_{i<j} u(\mathbf{r}_i, \mathbf{r}_j)$, ossia sommando solo su $i < j$ senza dividere per due.

"fondersi" l'uno nell'altro in modo continuo, ma abbiano di fatto la stessa natura fisica. In altri termini, esiste in realtà un'*unica* fase fluida, che solo in certe condizioni mostra, come Giano bifronte, due facce ben distinte. Il metodo seguito da van der Waals, che costituisce come vedremo il "prototipo" di quello che chiameremo un approccio di *campo medio*, si basa su due punti essenziali:

- Ogni particella viene trattata come *indipendente*, ma sottoposta al potenziale $u_{eff}(\mathbf{r})$ di una "forza efficace" che riassume l'effetto medio delle interazioni con tutte le altre particelle (la cui espressione specifica dovremo naturalmente determinare). Ciascuna singola particella viene quindi vista come "sonda" del campo complessivo generato da tutte le altre. Scriveremo di conseguenza l'energia totale del sistema come:

$$U = \frac{1}{2} \sum_{i=1}^{N} u_{eff}(\mathbf{r}_i), \qquad (4.5)$$

  dove $\mathbf{r}_i$ è la posizione di ciascuna particella "sonda" ed abbiamo introdotto un fattore 1/2 per semplice analogia con quanto fatto nello scrivere i potenziali di coppia (in questo senso, l'espressione per l'energia totale *definisce* u_{eff}).

- Assumiamo poi che il sistema sia *perfettamente omogeneo*, ossia che la densità locale di particelle $\rho(\mathbf{r})$ che ciascuna particella "vede" in un suo intorno sia ovunque uguale alla densità media $\rho_0 = N/V$. In altri termini, trascuriamo completamente le *fluttuazioni* di densità. Questa assunzione è sicuramente discutibile: abbiamo già visto infatti come anche in un gas ideale esistano fluttuazioni spontanee di densità (secondo una distribuzione di Poisson) e come ad esempio la presenza di forze attrattive debba intuitivamente far crescere queste fluttuazioni. Come vedremo, quindi, è proprio questa ipotesi (del resto essenziale per valutare u_{eff}) a porre dei limiti alla validità di una teoria di campo medio.

4.1.3 Potenziale efficace e funzione di partizione

4.1.3.1 Aspetti generali delle forze intermolecolari nei fluidi

La seconda grande intuizione di van der Waals è stata quella di individuare gli aspetti generali che accomunano i possibili potenziali d'interazione intermolecolari nei fluidi. Van der Waals osservò come, al di là della loro forma specifica, le forze intermolecolari di coppia dovranno in ogni caso essere:

- *Repulsive* a breve *range*, cioè per piccoli valori della distanza r tra i centri delle molecole. Ciò è essenziale per garantire l' "incompenetrabilità" delle molecole e, in definitiva, la stabilità stessa della materia. Da un punto di vista microscopico, queste forze hanno origine dal principio di Pauli, per cui le funzioni d'onda degli elettroni che si trovino in uno stesso stato non possono sovrapporsi.
- *Attrattive* a distanze maggiori, dato che stiamo cercando di descrivere un processo (la transizione da gas a liquido) in cui il fluido si "confina" spontaneamente in una fase, il liquido, a densità molto maggiore (molto simile a quella del solido):

è difficile pensare che ciò possa avvenire senza l'ausilio di forze attrattive che spingono le molecole a condensare.

Un tipico esempio di potenziale con queste caratteristiche è il potenziale di Lennard-Jones, o "potenziale 6–12", ampiamente usato per descrivere le interazioni in fluidi semplici (come ad esempio i liquidi di gas nobili):

$$u(r) = \varepsilon \left[\left(\frac{\sigma}{r} \right)^{12} - \left(\frac{\sigma}{r} \right)^{6} \right] \tag{4.6}$$

che dipende solo da due parametri, un'*ampiezza* ε ed un *range* σ. La scelta della dipendenza da r^{-6} della parte attrattiva deriva, sostanzialmente, dall'andamento delle forze di dispersione (forze di London-van der Waals), mentre l'andamento della parte repulsiva è scelto per "mimare" abbastanza bene il forte aumento delle forze repulsive al decrescere di r, ma soprattutto per comodità matematica.

4.1.3.2 Potenziale efficace e funzione di partizione

L'assenza di fluttuazioni comporta una drastica semplificazione per quanto riguarda u_{eff}: infatti, se non vi sono forze esterne come ad esempio la gravità che possono creare gradienti di densità (discuteremo nel prossimo capitolo il caso di un gas sottoposto alla forza peso) e trascuriamo le fluttuazioni locali, il sistema è *spazialmente omogeneo*: quindi il potenziale efficace "sentito" da una particella di prova *non può* dipendere dalla posizione in cui si trova la particella stessa. Dall'esame della forma generale delle forze intermolecolari sappiamo tuttavia che esiste una minima distanza r_0 di avvicinamento tra due particelle, e quindi che in effetti una parte del volume totale V_{exc} non è accessibile al moto della molecola di sonda. Per quanto detto, l'integrale configurazionale nella funzione di partizione, scritta come prodotto delle funzioni di partizione di singola particella

$$Z = \frac{1}{N! \Lambda^{3N}} \left[\int d^3 r \exp \left(-\frac{u_{eff}}{2 k_B T} \right) \right]^N,$$

sarà allora esteso solo a $V - V_{exc}$; inoltre, dato che il potenziale efficace non dipende dalla posizione, possiamo scrivere $u_{eff}(\mathbf{r}) = \text{cost.} = u_0$. Pertanto si ha:

$$Z = \frac{1}{N! \Lambda^{3N}} \left[(V - V_{exc}) \exp \left(-\frac{u_0}{2 k_B T} \right) \right]^N. \tag{4.7}$$

Dobbiamo ora trovare un espressione per V_{exc} e u_0.

- **Volume escluso.** È ragionevole assumere che V_{exc} sia proporzionale al numero di particelle. Scriveremo quindi $V_{exc} = bN$, dove b sarà dell'ordine di r_0^3. Analizziamo con un po' più di attenzione il problema nel caso di un sistema particolarmente semplice, quello di sfere rigide (*hard-spheres*, HS) di diametro σ che interagiscono con un potenziale[3]:

$$u_{hs}(r) = \begin{cases} \infty & r \leq \sigma \\ 0 & r > \sigma. \end{cases} \tag{4.8}$$

Se consideriamo una coppia di molecole che si trovino in prossimità, il volume escluso *per la coppia* è ovviamente pari a $4/3\pi\sigma^3$. Il numero di coppie totali è $N(N-1)/2 \simeq N^2/2$, per N sufficientemente grande. Allora il volume escluso per molecola sarà:

$$\frac{(4/3\pi\sigma^3)(N^2/2)}{N} = \left(\frac{2\pi}{3}\sigma^3\right) N,$$

che come si vede è proporzionale ad N, con $b = 2\pi\sigma^3/3$. Tuttavia, nell'effettuare il calcolo, ci siamo riferiti al volume escluso ad un *coppia* di molecole: che cosa sarebbe successo in presenza di una terza, o una quarta molecola? In realtà, un calcolo preciso di V_{exc} dovrebbe tenere conto di tutte le possibili configurazioni delle particelle. L'esserci limitati a considerare solo coppie significa che quella che abbiamo ricavato è un'espressione valida solo per densità N/V sufficientemente basse.

- **Contributo attrattivo.** Il potenziale efficace u_0 è definito come la media delle interazioni con le altre molecole attraverso la parte *attrattiva* del potenziale di coppia reale $u(r)$. Scrivendo il numero di molecole che si trovano a distanza compresa tra r ed $r + dr$ dalla molecola di sonda come $4\pi r^2 \rho(r)dr$, si ha:

$$u_0 = 4\pi \int_{r_0}^{\infty} dr r^2 \rho(r)u(r) = 4\pi \frac{N}{V} \int_{r_0}^{\infty} dr r^2 u(r),$$

dove la densità è supposta *uniforme* per l'assunzione di base di campo medio, mentre abbiamo tenuto conto delle forze repulsive di volume escluso solo imponendo che la distanza minima tra i centri sia r_0. Notiamo che l'integrale converge soltanto se il potenziale di coppia tende a zero al crescere della distanza intermolecolare *più rapidamente di* r^{-3}: per forze a *range* più lungo, ad esempio forze elettrostatiche, non sarà quindi possibile definire un potenziale efficace ed utilizzare la teoria di van der Waals. Se questa condizione è verificata, porremo

---

[3] Notiamo che per un sistema di sfere rigide (in assenza di forze attrattive) il fattore di Boltzmann è semplicemente $\exp[-u_{hs}(r)] = \theta(r - \sigma)$, dove:

$$\theta(x) = \begin{cases} 0 & x < 0 \\ 1 & x > 0. \end{cases}$$

Pertanto, il comportamento termodinamico non può dipendere dalla temperatura, ma solo dalla densità, e questo perché *non c'è una scala intrinseca di energia nel problema*. Un sistema di questo tipo si dice "atermico": il contributo di energia interna all'energia libera è nullo (l'effetto del potenziale è solo quello di escludere le configurazioni in cui due o più particelle si sovrappongono), e l'energia libera è semplicemente $F = -TS$.

$u_0 = -2a(N/V)$ con

$$a = -2\pi \int_{r_0}^{\infty} dr\, r^2 u(r). \tag{4.9}$$

Notiamo che, per effetto del *cutoff* a r_0, all'integrale contribuisce solo la parte attrattiva del potenziale e pertanto $a > 0$.

Sostituendo l'espressione per il potenziale efficace, otteniamo la la funzione di partizione:

$$Z = \frac{1}{N! \Lambda^{3N}} \left[(V - bN) \exp\left(\frac{aN}{V k_B T} \right) \right]^N = Z_0 \left[\left(1 - b\frac{N}{V} \right) \exp\left(\frac{aN}{V k_B T} \right) \right]^N, \tag{4.10}$$

dove Z_0 è come sempre la funzione di partizione del gas ideale.

4.1.4 L'equazione di stato di van der Waals

L'energia libera del gas di van der Waals è allora data da:

$$F = +k_B T \ln(N! \Lambda^{3N}) - N \left[a\frac{N}{V} + k_B T \ln(V - bN) \right], \tag{4.11}$$

da cui possiamo ottenere direttamente la pressione:

$$P = -\frac{\partial F}{\partial V} = \frac{N k_B T}{V - bN} - a\left(\frac{N}{V} \right)^2 = \frac{\rho k_B T}{1 - b\rho} - a\rho^2, \tag{4.12}$$

dove ρ è la densità in termini di numero di particelle per unità di volume. Osserviamo che, nel primo termine, l'effetto delle forze repulsive è quello di *aumentare* la pressione rispetto a quella del gas ideale $\rho k_b T$ riducendo il volume effettivo a disposizione di una frazione $1 - b\rho$, mentre il contributo delle forze attrattive è quello di *ridurre* la pressione attraverso il secondo termine (negativo). Inoltre, mentre l'effetto delle forze repulsive è proporzionale alla densità, quello delle forze attrattive va come ρ^2 (le interazioni attrattive dipendono infatti dal numero di *coppie* di particelle). Ci aspettiamo quindi che per densità sufficientemente alte le forze attrattive divengano dominanti. Possiamo riscrivere la 4.12 come:

$$\left[P + a\left(\frac{N}{V} \right)^2 \right] (V - bN) = N k_B T, \tag{4.13}$$

che è l'equazione di stato di un fluido di van der Waals.

◇ **Forze intermolecolari ed entropia.** Scrivendo:

$$F = F_0 - N \left[\frac{aN}{V} + k_B T \ln\left(1 - \frac{bN}{V} \right) \right],$$

dove F_0 è l'energia libera del gas ideale, otteniamo:

$$S = -\frac{\partial F}{\partial T} = S_0 + Nk_B \ln\left(1 - \frac{bN}{V}\right) < S_0. \tag{4.14}$$

L'entropia cioè *diminuisce* rispetto a quella del gas ideale per effetto delle forze repulsive, mentre *non dipende dalla parte attrattiva del potenziale*. Ciò è consistente con la nostra visione generale di S come volume della regione del moto nello spazio delle fasi: è solo il volume escluso che riduce tale regione. $\Diamond$

Nel secondo membro della 4.12 solo il primo termine dipende da T, quindi l'andamento qualitativo delle isoterme cambia al variare della temperatura. Per T grande domina il primo termine: il comportamento diviene simile a quello di un gas ideale, ma con un volume di "massimo impaccamento" pari a bN. Al descrescere di T, le isoterme cominciano a presentare un minimo e un massimo. Ricordando che la *comprimibilità isoterma*, che stabilisce quanto un materiale si comprime (a temperatura costante) per effetto di una pressione applicata, si definisce come

$$K_T = -\frac{1}{V}\left(\frac{\partial P}{\partial V}\right)_T^{-1}$$

e tenendo conto che dalla (4.12)

$$\frac{\partial P}{\partial V} = -\frac{Nk_B T}{(V - bN)^2} + 2a\frac{N^2}{V^3},$$

possiamo osservare come per $V \simeq bN$ (la regione "a sinistra" del minimo di $P(V)$) il fluido presenti una comprimibilità molto bassa, mentre il contrario avvenga per $V \gg bN$. Questi due comportamenti sono quelli che di norma attribuiamo rispettivamente ad un liquido e ad un gas.

Ma che cosa possiamo dire della regione in cui $\partial P/\partial V > 0$ (e quindi $K_T < 0$)? Osserviamo che ciò equivale a

$$\frac{\partial P}{\partial \rho} = -\frac{N}{\rho^2}\frac{\partial P}{\partial V} < 0,$$

ossia la pressione è una funzione decrescente della densità. Supponiamo allora di considerare una fluttuazione spontanea di densità nel fluido, per cui un elemento di volume δV si trovi a densità maggiore della media. La pressione in δV sarà minore di quella esterna, quindi δV tenderà a comprimersi *ulteriormente* per effetto delle forze di pressione dovute al fluido circostante. Ciò comporta però un'ulteriore diminuzione di pressione, che rafforza tale tendenza: l'elemento, in altre parole, "collassa". Con lo stesso ragionamento, è immediato constatare come una fluttuazione corrispondente ad una riduzione di densità si espanderà indefinitamente. La zona di comprimibilità negativa è dunque *instabile* ed il fluido tende a separarsi spontaneamente in regioni ad alta e bassa densità: la condizione $K_T < 0$ costituisce quindi la "firma" di un processo di *separazione di fase*.

Tra le isoterme di van der Waals, cerchiamo allora quella che separa le isoterme a temperatura maggiore, per cui $P(V)$ è monotona, da quelle che presentano una

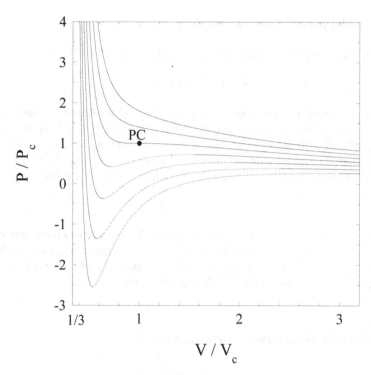

Fig. 4.1 Isoterme del gas di van der Waals, ottenute a partire dalla (4.16) per valori di T/T_c tra 0,6 e 1,2 (a passi di 0,1). I tratti di instabilità di ciascuna curva sono indicati con una linea tratteggiata

regione in cui $K_T < 0$: questa isoterma, corrispondente ad una temperatura che diremo *temperatura critica* T_c, presenterà quindi un punto di flesso orizzontale in corrispondenza di specifici valori (P_c, V_c), che diremo *punto critico*. Per determinare la pressione ed il volume critici dobbiamo imporre:

$$\begin{cases} \left(\dfrac{\partial P}{\partial V}\right)_{V_c} = -\dfrac{Nk_BT_c}{(V_c - bN)^2} + 2a\dfrac{N^2}{V_c^3} = 0 \\[3mm] \left(\dfrac{\partial^2 P}{\partial V^2}\right)_{V_c} = \dfrac{2Nk_BT_c}{(V_c - bN)^3} - 6a\dfrac{N^2}{V_c^4} = 0. \end{cases}$$

Risolvendo il sistema, si ottiene:

$$\begin{cases} V_c = 3bN \\[2mm] T_c = \dfrac{8a}{27bk_B} \\[2mm] P_c = \dfrac{a}{27b^2}. \end{cases} \qquad (4.15)$$

4.1.4.1 La legge degli stati corrispondenti

Osserviamo come dai precedenti valori critici si ottenga:

$$R = P_c V_c / N k_B T_c = 3/8$$

indipendentemente dal tipo di gas considerato. Da un punto di vista sperimentale, R risulta essere effettivamente una quantità universale, anche se il suo valore misurato ($R \approx 3/10$) è diverso da quello previsto dalla teoria di van der Waals. È possibile far di più: se introduciamo le nuove variabili "riscalate" $\widetilde{T} = T/T_c, \widetilde{V} = V/V_c, \widetilde{P} = P/P_c$, *l'intera equazione di stato* può essere scritta in forma universale come:

$$(\widetilde{P} + 3/\widetilde{V}^2)(3\widetilde{V} - 1) = 8\widetilde{T}. \tag{4.16}$$

Questa proprietà dell'equazione di stato dei fluidi di assumere una forma universale se riscalata ai valori critici, detta *legge degli stati corrispondenti*, è ben verificata per tutti i fluidi reali in prossimità del punto critico, anche se la forma funzionale dell'equazione non è quella prevista da van der Waals.

4.1.5 Energia libera e coesistenza delle fasi

La condizione di stabilità per la comprimibilità implica:

$$\frac{\partial^2 F}{\partial V^2} = -\frac{\partial P}{\partial V} > 0, \tag{4.17}$$

ossia l'energia libera, come funzione di V, deve essere *concava verso l'alto*. Sappiamo che F è minima all'equilibrio. Per vedere se il fluido "preferisce" separarsi in due fasi, confrontiamo dunque l'energia libera F di un sistema monofasico, data dall'espressione di van der Waals, con l'energia libera F_2 di un sistema bifasico che occupi lo stesso volume V, in cui N_A molecole si trovino nella fase A ed $N_B = N - N_A$ molecole nella fase B. Chiamiamo:

- F_A, V_A l'energia libera ed il volume di una *singola fase omogenea* di tipo A costituita da *tutte* le N molecole;
- F_B, V_B l'energia libera ed il volume di una singola fase omogenea *di tipo B* costituita da *tutte* le N molecole.

Per l'estensività di F, l'energia libera del sistema bifasico sarà:

$$F_2 = \frac{N_A}{N} F_A + \frac{N_B}{N} F_B$$

ed inoltre si dovrà avere

$$\frac{N_A}{N} V_A + \frac{N_B}{N} V_B = V.$$

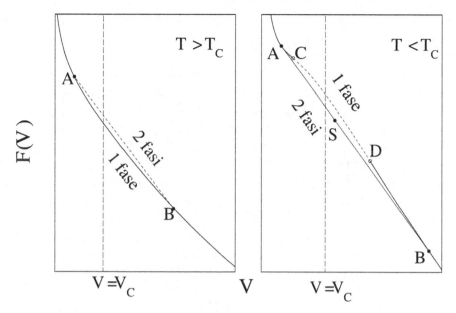

Fig. 4.2 Andamento di $F(V)$ per $T > T_c$ e $T < T_c$

Ricavando da quest'ultima N_A/N, N_B/N, si ottiene:

$$F_2 = F_A + \frac{V - V_A}{V_B - V_A}(F_B - F_A),\qquad(4.18)$$

ossia una retta che congiunge due punti A e B sulla curva $F(V)$, nei quali il sistema è tutto in fase A o fase B.

Per $T > T_c$, quando il sistema è stabile e $F(V)$ è concava verso l'alto, la retta sta sempre *sopra* $F(V)$, e quindi l'energia libera di un sistema bifasico è sempre superiore a quella del sistema in una sola fase. Ma per $T < T_c$ vi è una regione in cui $\partial^2 F/\partial V^2 < 0$ (il tratto tra C e D), e quindi si possono sempre trovare due punti A e B per cui la retta per F_2 giace *tutta* sotto la curva per F. Il sistema bifasico costituito dalle fasi A e B ha allora energia libera *minore* del sistema monofasico, e costituirà la situazione di equilibrio termodinamico del sistema. È facile verificare che per un particolare volume V_C del sistema, corrispondente al punto S sulla retta, il rapporto tra la frazione della fase A e quella della fase B nella miscela bifasica è inversamente proporzionale al rapporto $\overline{AS}/\overline{SB}$. Per volumi compresi tra $V(A)$ e $V(B)$ il sistema si separa dunque in una fase liquida ed una gassosa. Notiamo che questa regione è *più ampia* di quella di instabilità termodinamica (regione tra $V(C)$ e $V(D)$). Si può allora ripetere questa costruzione per ciascun valore di $T < T_c$, ottenendo in questo modo una serie di coppie di valori corrispondenti ai volumi delle fasi coesistenti a T. La curva che unisce questi punti è detta *curva di coesistenza* delle fasi (si veda la Fig. 4.3): in questa regione, la condizione di equilibrio stabile del sistema è quella in cui due fasi separate coesistono. Una costruzione analoga si può fare

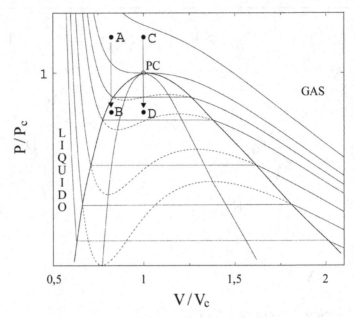

Fig. 4.3 Curve di coesistenza delle fasi (esterna) e spinodale (interna) per il gas di van der Waals. I tratti orizzontali delle isoterme sono ottenuti con la costruzione di Maxwell che discuteremo in seguito

utilizzando invece i punti che bordano la regione d'instabilità: la curva così ottenuta, che costituisce quindi la regione di instabilità del sistema, è detta *curva spinodale*. Notiamo che la spinodale è completamente interna alla curva di coesistenza e che la tocca solo al punto critico.

4.1.6 Intermezzo: far statistica sotto pressione

Dal punto di vista della meccanica statistica, è naturale considerare il volume come un parametro fissato, visto il suo legame diretto con la "regione del moto" permessa al sistema. Tuttavia, da un punto di vista sperimentale, è più facile studiare molti fenomeni a *pressione* costante (ad esempio quella atmosferica). Inoltre, come abbiamo appena visto, nello studiare gli equilibri di stato, c'è l'inconveniente di avere a che fare con due o più sottosistemi (le fasi) i cui volumi non sono fissati, ma variano a seconda delle condizioni che fissano l'equilibrio. Vogliamo allora determinare la distribuzione di probabilità per gli stati di un sistema S che possa scambiare sia calore che lavoro meccanico con un serbatoio R, variando in tal modo il proprio volume.

Supponiamo allora che S sia in contatto termico con un serbatoio R, ma *attraverso un pistone mobile*. In questo caso non solo l'energia, ma anche il volume del sistema saranno variabili interne. L'equilibrio si raggiungerà quando sia le temperature di S ed R che *le forze esercitate da S ed R sul pistone* sono uguali, cioè quando la *pressione* di S è uguale a quella di R. Come già visto nel derivare la distribuzione canonica, la probabilità P_i che il sistema sia in un particolare stato di energia E_i sarà proporzionale al numero di stati Ω_r accessibili per il serbatoio. Tuttavia in questo caso Ω_r sarà funzione sia dell'energia $E_r = E_t - E_i$ che del volume del serbatoio $V_r = V_t - V$, dove $V \ll V_t$ è il volume di S. Allora, nell'espandere $\ln \Omega_r$, dobbiamo scrivere:

$$
\begin{aligned}
\ln \Omega_r(E_r, V_r) &= \ln \Omega_r(E_t, V_t) + \left(\frac{\partial \ln \Omega_r}{\partial E_i} \right)_V E_i + \left(\frac{\partial \ln \Omega_r}{\partial V} \right)_{E_i} V + \ldots \\
&= \ln \Omega_r(E_t, V_t) - \left(\frac{\partial \ln \Omega_r}{\partial E_r} \right)_{V_r} E_i - \left(\frac{\partial \ln \Omega_r}{\partial V_r} \right)_{E_r} V + \ldots
\end{aligned}
$$

Sappiamo che $\partial \ln \Omega_r / \partial E_r = \beta$, mentre, osservando che dalla (1.19) l'entropia può essere scritta come

$$
S = \frac{1}{T}(E + PV - \mu N),
$$

abbiamo che:

$$
\left(\frac{\partial S_r}{\partial V_r} \right)_{E_r} = \frac{P}{T} \implies \left(\frac{\partial \ln \Omega_r}{\partial V_r} \right)_{E_r} = \beta P,
$$

dove P è la pressione del serbatoio, che all'equilibrio è pari a quella del sistema. Avremo quindi al primo ordine:

$$
P_i = Z_{PT}^{-1} \exp[-\beta(E_i + PV)] \tag{4.19}
$$

dove Z_{PT} sarà la funzione di partizione relativa a quella che diremo *distribuzione PT*, che si otterrà non solo sommando su tutti i possibili stati E_i, ma anche integrando su tutti i valori possibili per il *volume* del sistema:

$$
Z_{PT} = \int dV \sum_i \exp[-\beta(E_i + PV)] = \int dV e^{-\beta PV} Z(V), \tag{4.20}
$$

dove $Z(E, V)$ è la funzione di partizione canonica in corrispondenza del particolare volume[4] V.

Come fatto per la distribuzione canonica, viene spontaneo quindi associare a Z_{PT} un potenziale termodinamico attraverso:

$$
G(P, T) = -k_B T \ln Z_{PT}. \tag{4.21}
$$

---

[4] Ricordiamo che il volume, come parametro esterno, fissa i particolari stati di un sistema. La "prescrizione" che stiamo seguendo è quindi di calcolare prima gli stati per un particolare valore di V, quindi determinare $Z(V)$, infine integrare su tutti i possibili valori di V (da fare in quest'ordine).

I valori medi per le grandezze fluttuanti si calcolano in modo analogo che con la distribuzione canonica, ottenendo ad esempio

$$\bar{S} = -\left(\frac{\partial G}{\partial T}\right)_{P,N} ; \bar{V} = \left(\frac{\partial G}{\partial P}\right)_{T,N}.$$

Se poi si valuta il valor medio dell'energia libera di Helmholtz si ottiene

$$\bar{F} = G - P\bar{V},$$

che consente di identificare $G(P,T)$ come *l'entalpia libera* (o energia libera di Gibbs) definita nella (1.23).

4.1.6.1 Fluttuazioni di densità a P costante

Valutiamo le fluttuazioni di volume ΔV per un sistema chiuso a pressione costante. Avremo:

$$\begin{cases} \langle V \rangle = \dfrac{1}{Z_{PT}} \int dV\, V e^{-\beta PV} Z(V) = -\dfrac{1}{\beta Z_{PT}} \dfrac{\partial Z_{PT}}{\partial P} \\ \langle V^2 \rangle = \dfrac{1}{Z_{PT}} \int dV\, V^2 e^{-\beta PV} Z(V) = \dfrac{1}{\beta^2 Z_{PT}} \dfrac{\partial^2 Z_{PT}}{\partial P^2}. \end{cases}$$

Derivando la prima:

$$\frac{\partial \langle V \rangle}{\partial P} = -\frac{\partial}{\partial P}\left(\frac{1}{\beta Z_{PT}}\frac{\partial Z_{PT}}{\partial P}\right) = -\frac{1}{\beta Z_{PT}}\frac{\partial^2 Z_{PT}}{\partial P^2} + \frac{1}{\beta Z_{PT}^2}\left(\frac{\partial Z_{PT}}{\partial P}\right)^2 =$$
$$= -\beta(\langle V^2 \rangle - \langle V \rangle^2),$$

ossia, indicando con ΔV la deviazione standard della distribuzione di probabilità per il volume:

$$\Delta V = \left(\langle V^2 \rangle - \langle V \rangle^2\right)^{1/2} = \left(-k_B T \frac{\partial \langle V \rangle}{\partial P}\right)^{1/2} = (k_B T \bar{V} K_T)^{1/2}. \qquad (4.22)$$

Le fluttuazioni di volume sono cioè legate alla *comprimibilità isoterma*. Possiamo anche valutare le fluttuazioni di *densità* da:

$$\rho = \frac{N}{V} \Longrightarrow \frac{\Delta \rho}{\rho} = \frac{\Delta V}{V} = \left(-\frac{k_B T}{V^2}\frac{\partial \langle V \rangle}{\partial P}\right)^{1/2} \Longrightarrow \frac{\Delta \rho}{\rho} = \sqrt{\frac{k_B T}{N}\frac{\partial \rho}{\partial P}}. \qquad (4.23)$$

Osserviamo come, in maniera analoga a quanto visto per le fluttuazioni di energia nella (3.7) questa relazione connetta la risposta del sistema ad una perturbazione esterna macroscopica (una variazione di pressione), alle fluttuazioni spontanee di densità *all'equilibrio*. Risultati di questo tipo consentono di fornire una base microscopica a quantità come la capacità termica, la comprimibilità isoterma o, come vedremo, la suscettività magnetica, il cui valore in termodinamica può essere ottenuto solo per via fenomenologica, e sono alla base di quella che più in generale si dice *teoria della risposta lineare*, di grande utilità quando un sistema sia sottoposto a campi esterni non troppo elevati.

4.1.6.2 Entalpia libera e potenziale chimico

Abbiamo visto che il potenziale chimico, dal punto di vista termodinamico, può essere visto sia come la "forza generalizzata" che tende a far variare il numero di particelle di un sistema, che come la variazione che subisce qualsivoglia potenziale termodinamico al variare del numero di particelle, mantenendo costanti le altre variabili da cui dipende il potenziale dato, ossia[5]:

$$\mu = \left(\frac{\partial E}{\partial N}\right)_{S,V} = \left(\frac{\partial H}{\partial N}\right)_{S,P} = \left(\frac{\partial F}{\partial N}\right)_{T,V} = \left(\frac{\partial G}{\partial N}\right)_{T,P}.$$

Se con $(\delta\ldots)^{+1}_{\ldots}$ intendiamo la variazione dei potenziali per l'aggiunta di *una sola* nuova particella al sistema, ciò equivale a scrivere:

$$\mu = (\delta E)^{+1}_{S,V} = (\delta H)^{+1}_{S,P} = (\delta F)^{+1}_{T,V} = (\delta G)^{+1}_{T,P}. \qquad (4.24)$$

Ci occuperemo con dettaglio molto maggiore del potenziale chimico quando tratteremo sistemi aperti, ma fin da ora vogliamo far notare un'importante relazione che collega μ a G. Se teniamo in considerazione anche il numero di particelle del sistema, l'entalpia libera è funzione dei tre parametri fissati (T, P, N). Di questi tre, tuttavia, solo N è un parametro *estensivo*. Pensiamo allora di variare il numero particelle del sistema da $N \to \alpha N$. Le grandezze intensive T e P non variano, mentre per G (estensiva) si deve avere:

$$G(T, P, \alpha N) = \alpha G(T, P, N). \qquad (4.25)$$

Ma allora il potenziale chimico, pensato come funzione di (T, P, N) deve soddisfare *per ogni* α:

$$\mu(T, P, \alpha N) = \mu(T, P, N) \qquad (4.26)$$

e quindi $(\partial G/\partial N)_{T,V} = \mu = \mu(T, P)$, ma *non* di N. Ciò significa che:

$$G = \mu N. \qquad (4.27)$$

Pertanto il potenziale chimico è semplicemente l'*entalpia libera per particella*[6].

---

[5] Osserviamo che l'entalpia H descrive un sistema isolato termicamente, ma che può scambiare lavoro meccanico, quindi è il potenziale termodinamico di una sorta di "microcanonico (S, P)".

[6] Tutto ciò non è altro che una semplice conseguenza di quanto visto in termodinamica per le proprietà delle funzioni omogenee estensive.

4.1.7 Coesistenza delle fasi, comportamento critico, nucleazione

Ritorniamo ora al gas di van der Waals, per mettere in evidenza alcuni aspetti della coesistenza tra gas e liquido, del comportamento vicino al punto critico e dei processi di separazione di fase.

4.1.7.1 Regola di Maxwell e diagramma $P - T$

Abbiamo visto che, nella regione di coesistenza della fasi, l'andamento delle isoterme ottenute dalla (4.12) non è fisicamente accettabile, e va sostituito con un segmento a pressione costante che congiunge i volumi V_A e V_B delle fasi in equilibrio. Queste possono essere determinate dall'andamento di F, ma c'è un modo più semplice per determinarle su un diagramma P, V. Sappiamo che il potenziale chimico delle due fasi è uguale: $\mu_A = \mu_B$. D'altronde, su di un'isoterma $SdT = 0$: quindi la variazione dell'entalpia libera è semplicemente $dG = -VdP$ e pertanto quella del potenziale chimico è $d\mu = -(V/N)dP$. Se allora integriamo questa equazione da A a B lungo l'isoterma di van der Waals, dobbiamo avere:

$$\frac{1}{N} \int_A^B V dP = \mu_B - \mu_A = 0.$$

È facile vedere che ciò significa semplicemente scegliere A e B in modo tale che *l'area compresa tra l'isoterma e la retta $P = P_A = P_B$ sia nulla*. Dobbiamo solo tenere conto del fatto che V, come funzione di P, è a più valori, spezzare l'integrale in (vedi Fig. 4.4a)

$$\int_A^B V dP = \int_A^M V dP + \int_M^O V dP + \int_O^N V dP + \int_N^B V dP = 0,$$

da cui

$$\int_A^M V dP - \int_O^M V dP = \int_N^O V dP - \int_N^B V dP,$$

e osservare semplicemente che i termini a I e II membro corrispondono rispettivamente alle aree 1 e 2. Questo semplice modo per costruire i tratti di isoterma a P costante è detto *costruzione di Maxwell*.

Per mezzo della costruzione di Maxwell è quindi possibile determinare il valore della pressione a cui coesistono le fasi in funzione della temperatura, ossia costruire un diagramma di fase $P - T$ come quello illustrato in Fig. 4.4a[7], che mostra chiaramente la "continuità tra lo stato liquido e quello gassoso" asserita da van der Waals. Infatti, mentre se si attraversa la linea $P - T$, come ad esempio nella trasformazione da A a B il passaggio da liquido a gas avviene all'improvviso tramite ebollizione, è

---

[7] Nel diagramma sono schematizzate in grigio, per completezza, le linee di sublimazione (solido/gas) e fusione (solido/liquido), che incontrano la linea di coesistenza gas/liquido al punto triplo PT. Notate come, a differenza della transizione gas/liquido, la linea di fusione non abbia un punto terminale.

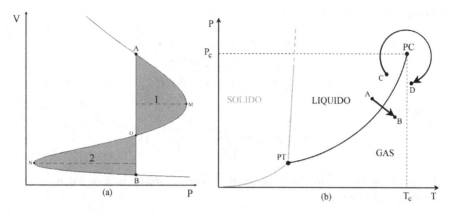

Fig. 4.4 Costruzione di Maxwell (a); diagramma di fase nel piano $(P,T)(b)$

possibile delineare un cammino termodinamico come quello da C a D, che "aggira" il punto critico, in cui il liquido diventa gas (o viceversa) senza che si osservi alcuna discontinuità.

4.1.7.2 Opalescenza critica ed esponenti critici

Analizziamo prima di tutto qualitativamente che cosa accade quando, trovandoci in fase omogenea, ci avviciniamo al punto critico di un fluido. Come abbiamo visto, in prossimità del punto critico si ha $\partial P/\partial V \to 0$ e pertanto $K_T \to \infty$. Ciò significa che le fluttuazioni spontanee di densità divergono avvicinandosi al punto critico: nel fluido, ad ogni istante, si creano regioni sempre più estese in cui la densità è maggiore o minore di quella media. In qualche modo, è come se il sistema, pur essendo nella regione monofasica, si prepari alla separazione di fase, creando spontaneamente regioni simili al gas o al liquido. Questo fenomeno ha considerevoli effetti "visivi": in presenza di fluttuazioni di densità, un fluido *diffonde* infatti in tutte le direzioni parte della luce da cui viene investito[8]. Più quantitativamente, l'intensità della luce diffusa è proporzionale a $\langle \delta\rho^2 \rangle$, e quindi a K_T. In prossimità del punto critico un fluido (completamente trasparente un condizioni normali) diviene fortemente torbido, apparendo biancastro o, come si dice, *opalescente*.

Vogliamo ora stabilire in quale modo diverga la comprimibilità e, più in generale, come si comportano le grandezze termodinamiche vicino al punto critico. Per far questo, nell'equazione di stato di van der Waals in forma non dimensionale (4.16), introduciamo delle nuove variabili proporzionali agli scostamenti di T, V, P dai

---

[8] Il processo, che è del tutto diverso da quello di assorbimento o emissione di radiazione, è meglio noto con il termine di *scattering* di luce.

valori critici, ponendo:

$$\begin{cases} \varepsilon = \widetilde{T} - 1 = (T - T_c)/T_c \\ v = \widetilde{V} - 1 = (V - V_c)/V_c \\ p = \widetilde{P} - 1 = (P - P_c)/P_c \end{cases}$$

si ha dunque:

$$1 + p = \frac{4(1 + \varepsilon)}{1 + (3/2)v} - \frac{3}{(1 + v)^2}.$$

In prossimità del punto critico possiamo allora sviluppare in serie i denominatori per $\varepsilon, v \ll 1$ ottenendo:

$$1 + p = 4(1 + \varepsilon)(1 - \frac{3}{2}v + \frac{9}{4}v^2 + \frac{27}{8}v^3 + \ldots) - 3(1 - 2v + 3v^2 - 4v^3 + \ldots).$$

Fermandoci ai primi termini che contengono ε, v o la loro combinazione εv, otteniamo:

$$p \simeq 4\varepsilon - 6\varepsilon v - \frac{3}{2}v^3. \tag{4.28}$$

Analizziamo quindi il comportamento critico di alcune grandezze termodinamiche.

Comprimibilità: si ha

$$\left(\frac{\partial p}{\partial v}\right) = -6\varepsilon - \frac{9}{2}v^2.$$

Lungo l'isocora critica, cioè per $V = V_c$ ($v = 0$):

$$K_T = -\frac{1}{V_c}\left(\frac{\partial V}{\partial P}\right)_{V_c} \propto -\left(\frac{\partial p}{\partial v}\right)_{v=0}^{-1} \propto \varepsilon^{-1},$$

da cui

$$K_T \propto (T - T_c)^{-1}.$$

Isoterma critica: l'andamento di $p(v)$ per $\varepsilon = 0$ è dato da $p \propto v^3$, ossia $(V - V_c) \propto (P - P_c)^{1/3}$. Quindi sull'isoterma critica la densità dipende dalla pressione come

$$\rho - \rho_c \propto (P - P_c)^{1/3}.$$

Differenza di densità tra le fasi: è immediato verificare che, per l'uguaglianza delle pressioni delle fasi gassosa (A) e liquida (B) in equilibrio, la condizione di uguaglianza dei potenziali chimici può essere scritta in termini di variabili ridotte:

$$\int_A^B V dP = 0 \Rightarrow \int_A^B v dp = 0.$$

Dalla (4.28), a T costante, possiamo sostituire $dp = -[6\varepsilon + (9/2)v^2]dv$, ottenendo:

$$\int_A^B v \, dp = -3\varepsilon(v_B^2 - v_A^2) - \frac{9}{8}(v_B^4 - v_A^4) = 0.$$

Poco al di sotto di T_c ($\varepsilon \to 0^-$) si ha allora

$$|v_B| = |v_A| \Rightarrow |V_B - V_c| = |V_A - V_c|.$$

In altri termini, in prossimità del punto critico la curva di coesistenza è *simmetrica* attorno a V_c. Dalla (4.28), con $p_B = p_A$, $v_B = -v_A$ otteniamo:

$$4\varepsilon - 6\varepsilon v_A - \frac{3}{2}v_A^3 = 4\varepsilon + 6\varepsilon v_B - \frac{3}{2}v_B^3,$$

ossia:

$$v_A \propto (-\varepsilon)^{1/2} \Rightarrow (V_A - V_c) \propto (T_c - T)^{1/2}.$$

Per le densità delle fasi liquida e gassosa, con semplici calcoli si ottiene in maniera analoga:

$$\rho_l - \rho_g \propto (T_c - T)^{1/2}.$$

4.1.7.3 Processi di nucleazione

Abbiamo detto che, mentre la curva spinodale racchiude la regione di instabilità termodinamica, all'interno della quale il fluido comincia immediatamente a separarsi spontaneamente nelle due fasi, la curva di coesistenza borda solo la regione in cui, all'equilibrio, il sistema è separato in due fasi. Nulla ci dice però che, se ad esempio riduco la pressione di un liquido quanto basta per portarlo all'interno della curva di coesistenza (freccia $A \to B$ in Fig. 4.3), ma non abbastanza da portarlo al di sotto della curva spinodale, questo cominci *effettivamente* a "bollire". Anzi, se il fluido non contiene impurezze come particelle disperse, e a patto di aver scelto in maniera adeguata il contenitore, di norma ciò *non* avviene: il liquido può rimanere in quello che si dice uno stato "metastabile" anche per tempo indefinito (se ciò si fa, anziché variando la pressione, elevando la temperatura di un liquido o abbassando quella di un gas, si parla rispettivamente di liquido *surriscaldato* o gas *sovrassaturo*).

Come mai ciò avviene? Il fatto è che non abbiamo tenuto conto del fatto che la nascita della nuova fase avverrà sotto forma di "goccioline"(o "bollicine" per la formazione di una fase gas), che poi dovranno crescere e coalescere per formare una fase omogenea. Ma una goccia o una bolla danno origine ad un'interfaccia di separazione tra le due fasi e, per quanto abbiamo visto in termodinamica, creare un'interfaccia costa energia a causa della tensione interfacciale σ della goccia con il fluido che la circonda.

Supponiamo allora che, per una fluttuazione spontanea, si formi all'interno del fluido omogeneo una gocciolina (o una bolla) di raggio r. Poiché stiamo considerando un processo a pressione costante, dobbiamo valutare come varia l'entalpia libera per effetto della formazione della gocciolina. Ovviamente, dato che all'interno della curva di coesistenza il sistema vuole separarsi in fase, la formazione della goccia tenderà a ridurre G proporzionalmente alla quantità della nuova fase contenuta nella goccia, cioè proporzionalmente al volume della goccia stessa. Chiamiamo allora $-g$ il guadagno di entalpia libera per unità di volume. D'altronde, il "costo" di entalpia libera per formare la superficie S della bolla sarà pari a σS. La variazione complessiva sarà allora:

$$\Delta G(r) = -(4\pi/3)r^3 g + 4\pi\sigma r^2. \tag{4.29}$$

Chiediamoci allora: al passare del tempo, la goccia crescerà o tenderà ad essere riassorbita? Per stabilirlo valutiamo:

$$\frac{d}{dt}\Delta G[r(t)] = \left[-4\pi g r^2(t) + 8\pi\sigma r(t)\right] \frac{dr(t)}{dt}, \tag{4.30}$$

dove ora pensiamo al raggio della goccia come funzione $r(t)$ del tempo. In un processo *spontaneo*, l'entalpia libera decresce: quindi, sicuramente, $d\Delta G/dt < 0$. Allora la goccia crescerà $(dr(t)/dt > 0)$ se

$$-4\pi g r^2 + 8\pi\sigma r < 0,$$

cioè se e solo se il suo raggio è inizialmente già maggiore di un valore minimo, detto *raggio critico di nucleazione*:

$$r_c = 2\sigma/g. \tag{4.31}$$

Quindi, per stabilire se il processo di separazione di fase avverrà effettivamente, è necessario valutare la probabilità di formazione di una fluttuazione spontanea di dimensione pari a r_c. Per farlo è necessario ricorrere a modelli abbastanza complessi (e per ora quantitativamente piuttosto insoddisfacenti). Da un punto di vista qualitativo, diciamo solo che penetrando sempre più all'interno della curva di coesistenza, il tasso di formazione di nuclei critici diviene sempre più grande, fino a diventare estremamente elevato ben prima di raggiungere la regione di instabilità bordata dalla curva spinodale. Viene così ad individuarsi una regione sottile compresa tra curva di coesistenza e spinodale (*fuzzy nucleation line*) raggiungendo la quale si osserva pressoché istantaneamente la nucleazione e la crescita della nuova fase.

◊ **Decomposizione spinodale.** La situazione è molto diversa se si "entra" direttamente all'interno della curva spinodale passando per il punto critico (freccia $C \to D$ in Fig. 4.3). In questo caso, il sistema è termodinamicamente instabile e comincia a separarsi istantaneamente, ossia non c'è un raggio critico di nucleazione. Inoltre, all'interno della spinodale, la differenza di tensione interfacciale tra le due fasi è nulla. Non vi è quindi nessun motivo per cui si formino gocce sferiche della nuova fase: al contrario, la struttura dell'interfaccia tra le due fasi è molto complessa, con una geometria frattale, e dà origine ad un "pattern" caratterizzato da una precisa modulazione spaziale (una lunghezza d'onda caratteristica) che cresce col tempo fino alla separazione per gravità delle due fasi. Questo affascinante processo, visualizzabile direttamente con tecniche ottiche, prende il nome di decomposizione spinodale. A parte il suo interesse di base, la decomposizione spinodale ha notevole interesse applicativo nella scienza dei materiali: attraverso un processo simile vengono ad esempio prodotti gli *aerogel* di silice, strutture di vetro ad altissima porosità e bassissima densità che hanno impieghi in molti settori, ad esempio per realizzare rivelatori di particelle, o grandi

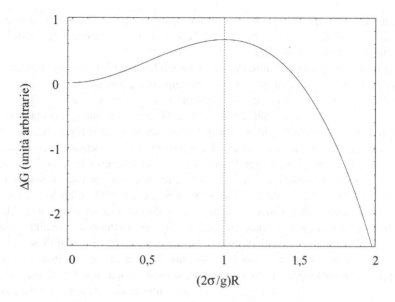

Fig. 4.5 Andamento dell'entalpia libera di formazione di una goccia di raggio r

pannelli quali quelli utilizzati nella missione *Stardust* della NASA per raccogliere polvere cosmica rilasciata nella scia delle comete. ◊

4.2 Dai plasmi al DNA: i fluidi carichi

Con l'espressione "fluidi carichi" vogliamo riferirci a diversi sistemi, quali:

- i *plasmi*, cioè i gas completamente o parzialmente ionizzati;
- le soluzioni saline, ossia di *elettroliti*, dove penseremo al sistema come formato da ioni positivi e negativi, mentre il solvente verrà visto solo come un continuo con specifiche proprietà dielettriche;
- le sospensioni colloidali o le soluzioni di polimeri carichi (polielettroliti) dove, a parte il solvente, abbiamo a che fare con particelle di grossa taglia rispetto a quella molecolare e con un elevato numero di cariche sulla superficie, dette *macroioni*, che rilasciano in soluzione *controioni* di dimensione molecolare e segno opposto.

Per tutti questi sistemi, il potenziale di coppia d'interazione tra due particelle con cariche q_i, q_j è ovviamente il potenziale elettrostatico coulombiano:

$$u_{i,j}(|\mathbf{r}_i - \mathbf{r}_j|) = \frac{1}{4\pi\varepsilon} \frac{q_i q_j}{|\mathbf{r}_i - \mathbf{r}_j|} \tag{4.32}$$

dove nel caso dei plasmi $\varepsilon = \varepsilon_0$, permittività elettrica del vuoto, mentre per le soluzioni di elettroliti e macroioni $\varepsilon = \varepsilon_0\varepsilon_r$, con ε_r permittività elettrica relativa del solvente pensato come un continuo.

Per il potenziale di Coulomb, tuttavia, l'integrale nella (4.9) diverge, perché $u(r)$ si annulla troppo lentamente per $r \to \infty$, e pertanto non è possibile definire un potenziale di campo medio. C'è una evidente ragione fisica per cui una teoria "alla van der Waals" non può funzionare: nello svilupparla, abbiamo supposto il sistema completamente uniforme, trascurando ogni correlazione spaziale tra le particelle. Nel caso di un fluido carico, tuttavia, non è assolutamente possibile trascurare le correlazioni di carica: nell'intorno di una carica positiva q fissata, ad esempio, tenderanno ad accumularsi necessariamente cariche negative, mentre si creerà uno "svuotamento" di cariche positive. Si creerà cioè una regione S in cui lo sbilanciamento tra le cariche negative e quelle positive *schermerà* in modo più o meno completo q. Quale sarà tuttavia la conseguenza fisica immediata di questo effetto di coordinazione di carica? Se chiamiamo λ la dimensione caratteristica della "regione di schermo", il campo generato da tutte le cariche contenute in S (inclusa q) ad distanze $r \gg \lambda$ sarà pressoché nullo, per effetto del bilanciamento dei contributi dovuti alle cariche opposte. Quindi, *tenendo conto* in modo opportuno degli effetti di coordinazione di carica, dovremmo riuscire di nuovo a introdurre un potenziale efficace che tiene conto degli effetti di schermo e che ha un *range* molto più corto del potenziale diretto (4.32). È quanto cercheremo di fare[9].

4.2.1 L'equazione di Poisson-Boltzmann

Supponiamo allora di considerare un sistema costituito da diverse specie di particelle cariche, e siano q_j, N_j rispettivamente la carica e il numero di particelle di tipo j. Dato che in ogni caso il sistema deve essere elettricamente neutro, dovremo avere (*condizione di neutralità di carica*):

$$\sum_j N_j q_j = 0. \tag{4.33}$$

Per semplificare il problema, procediamo in questo modo. Poniamo l'attenzione su una carica q di riferimento fissata nell'origine, ed introduciamo un'approssimazione fondamentale: valuteremo le correlazioni indotte da q sulla distribuzione di carica circostante, che verrà tuttavia descritta come un "fluido" carico omogeneo, *trascurando pertanto le correlazioni di coppia tra gli altri ioni* e trattandoli come *cariche puntiformi*. Tuttavia, la distribuzione spaziale di questo "fluido carico" non sarà fissata solo dal campo generato da q, ma piuttosto dal potenziale elettrostatico medio $\psi(r)$ generato da *tutte* le cariche (inclusa q), che dovrà soddisfare all'equazione di

---

[9] Una trattazione puramente classica, come quella che svilupperemo, richiede che la distanza media delle particelle sia molto maggiore di Λ_T, cioè $(\hbar^2/m)(N/V)^{2/3} \ll k_B T$. Nei plasmi, a causa del piccolo valore della massa degli elettroni, ciò avviene solo a densità molto basse o temperature molto alte.

Poisson:

$$\nabla^2 \psi(r) = -\frac{\rho(r)}{\varepsilon}, \qquad (4.34)$$

dove $\rho(r)$ è la densità di carica[10] a distanza r da q.

Per valutare $\rho(r)$ ragioniamo in questo modo. Una carica q_j portata a distanza r dalla carica centrale si trova ad avere una energia aggiuntiva (rispetto alla condizione all'infinito) pari a $q_j \psi(r)$. Supporremo quindi che il rapporto tra la probabilità che la carica si trovi in r rispetto a quella che si trovi a distanza infinita sia data semplicemente dal fattore di Boltzmann[11]:

$$P(r)/P(\infty) = \exp[-\beta q_j \psi(r)]. \qquad (4.35)$$

D'altronde, a distanza molto grande da q, il numero di cariche n_j per unità di volume deve tendere a $n_j(\infty) = N_j/V$. Allora possiamo scrivere[12]

$$n_j(r) = \frac{N_j}{V} \exp[-\beta q_j \psi(r)], \qquad (4.36)$$

per cui densità di carica totale sarà data da:

$$\rho(r) = \sum_j q_j n_j(r) = \frac{1}{V} \sum_j q_j N_j \exp[-\beta q_j \psi(r)]. \qquad (4.37)$$

Sostituendo nella 4.34 otteniamo allora l' *equazione di Poisson–Boltzmann*(PB):

$$\nabla^2 \psi(r) = -\frac{1}{\varepsilon V} \sum_j q_j N_j \exp[-\beta q_j \psi(r)]. \qquad (4.38)$$

In linea di principio, la PB è un'equazione chiusa che permette di determinare $\psi(r)$. Tuttavia, è un'equazione fortemente non lineare; inoltre, non sappiamo fino a che punto sia valida per effetto delle approssimazioni che abbiamo fatto, in particolare, l'aver trascurato le correlazioni tra le cariche che attorniano la carica centrale. Per risolverla analiticamente, dovremo pertanto cercare un metodo per linearizzarla.

---

[10] In questa sezione, dunque, con $\rho(r)$ indicheremo la densità locale di *carica* e non, come in precedenza, il numero di *particelle* per unità di volume.

[11] Come vedremo discutendo più a fondo la struttura dei fluidi, la (4.35) da una parte è un'*approssimazione* al valore corretto della probabilità per uno ione di trovarsi a distanza r dalla carica centrale, in realtà legata alla cosiddetta "funzione di distribuzione a coppie" che tiene a conto anche delle correlazioni indirette tramite altri ioni, dall'altra "recupera" lo spirito di campo medio utilizzando nel calcolo di $P(r)$ non il solo potenziale generato dalla carica centrale, ma l'*intero potenziale elettrostatico medio* dovuto anche alle altre cariche coordinate.

[12] Se consideriamo solo due tipi di cariche $q_j = \pm e$, con $N_{+e} = N_{-e} = N$ si ha:

$$\rho(r) = (Ne/V)[\exp(-\beta \psi(r)) - \exp(+\beta \psi(r))] = -(2Ne/V)\sinh[e\beta \psi(r)].$$

4.2.2 Teoria lineare di Debye–Hückel

4.2.2.1 La lunghezza di Bjerrum

Nell'affrontare un problema fisico, è spesso utile individuare una scala di lunghezza, o di tempo, o di energia che sia in qualche modo "intrinseca" al sistema considerato. Ovviamente $k_B T$ rappresenta la scala di energia caratteristica di qualunque problema termodinamico. Per un fluido di particelle cariche, una seconda scala di energia è quella delle interazioni elettrostatiche. Mettendo a confronto queste due energie tipiche, possiamo introdurre una lunghezza caratteristica ℓ_B, che diremo *lunghezza di Bjerrum*, data dalla *distanza a cui due cariche unitarie interagiscono con un energia coulombiana pari a quella termica*; ossia, imponendo $e^2/4\pi\varepsilon\ell_B = k_B T$, si ha[13]:

$$\ell_B = \frac{e^2}{4\pi\varepsilon k_B T}.\tag{4.39}$$

Se introduciamo il raggio di Bohr a_0 e l'energia di ionizzazione dell'atomo d'idrogeno $1\mathrm{Ry} = e^2/(8\pi\varepsilon_0 a_0)$ abbiamo:

$$\ell_B = \frac{2a_0}{\varepsilon_r}\frac{1\mathrm{Ry}}{k_B T}.\tag{4.40}$$

Nel caso di un plasma allora ($\varepsilon_r = 1$), ricordando che $a_0 \simeq 0.5$ Å, la lunghezza di Bjerrum in Ångstrom è pari al rapporto tra l'energia di ionizzazione e l'energia termica. A temperatura ambiente si ha $k_B T \simeq 1/40\,\mathrm{eV}$ e quindi $\ell_b \simeq 500$ Å. Per soluzioni di elettroliti in acqua ($\varepsilon_r \simeq 80$) si ha invece $\ell_b \simeq 7$ Å.

4.2.2.2 Linearizzazione dell'equazione di PB e lunghezza di Debye–Hückel

Per linearizzare la (4.38) è necessario sviluppare al primo ordine gli esponenziali del tipo $\exp(-\beta q_j \psi)$. Perché ciò sia possibile, è necessario che $q_j\psi \ll k_B T$ per tutti i tipi di carica j, ossia che l'energia cinetica delle cariche sia molto maggiore dell'energia potenziale elettrostatica; in altri termini, detta d la distanza media tra le cariche, si deve avere $q_j^2/4\pi\varepsilon d \ll k_B T$. Dato che l'ordine di grandezza delle cariche q_j è la carica elementare e, è immediato vedere che ciò coincide con l'imporre

$$d \gg \ell_B.\tag{4.41}$$

Se questa condizione è verificata, sviluppando la (4.37) al primo ordine abbiamo:

$$\rho(r) \approx \frac{1}{V}\sum_j N_j q_j (1 - \beta q_j \psi(r)) = -\frac{\psi(r)}{V k_B T}\sum_j N_j q_j^2,\tag{4.42}$$

---

[13] Notiamo che questa è anche la distanza minima di avvicinamento di due cariche unitarie che vengano "lanciate" l'una contro l'altro con energia pari a quella termica. ℓ_B è stata introdotta indipendentemente in questo modo nel contesto della teoria dei plasmi da Lev D. Landau, e perciò è anche nota come "lunghezza di Landau".

dove nell'ultima uguaglianza si è tenuto conto della condizione di neutralità di carica (4.33).

Se sostituiamo allora la forma linearizzata per la densità di carica nella equazione di Poisson–Boltzmann (4.38), otteniamo *l'equazione* (lineare) *di Debye–Hückel* (DH):

$$\nabla^2 \psi(r) - \frac{1}{\lambda_{DH}^2} \psi(r) = 0, \tag{4.43}$$

dove

$$\lambda_{DH} = \sqrt{\frac{\varepsilon V k_B T}{\sum_j N_j q_j^2}} \tag{4.44}$$

è detta lunghezza di Debye–Hückel. Se poniamo $q_j = z_j e$, dove z_j è la *valenza* (con segno) dello ione j, e $n_j = N_j/V$, λ_{DH} può anche essere scritta in termini della lunghezza di Bjerrum come:

$$\lambda_{DH} = (4\pi \ell_B \sum_j n_j z_j^2)^{-1/2}. \tag{4.45}$$

Nel caso di soluzioni saline si è soliti misurare la concentrazione c_j degli ioni in moli/l e introdurre la *forza ionica* della soluzione[14]:

$$I = \frac{1}{2} \sum_j c_j z_j^2 = 10^3 N_A \frac{1}{2} \sum_j n_j z_j^2. \tag{4.46}$$

La lunghezza di Debye–Hückel si può scrivere allora:

$$\lambda_{DH} = (8\pi \times 10^3 N_A \ell_B I)^{-1/2} \simeq 0,3 I^{-1/2} \text{ nm}. \tag{4.47}$$

Per fissare un ordine di grandezza, è sufficiente notare che per $I = 100\,\text{mM}$ si ha $\lambda_{DH} \simeq 1\,\text{nm}$ e poi dividere questo valore per $1/\sqrt{I}$.

4.2.2.3 Potenziale di Debye-Hückel e distribuzione di carica

In coordinate sferiche, l'equazione di DH diviene:

$$\frac{1}{r} \frac{d^2}{dr^2} [r\psi(r)] = \frac{1}{\lambda_{DH}^2} \psi(r), \tag{4.48}$$

che ha per soluzione generale (basta porre $u(r) = r\psi(r)$):

$$\psi(r) = \frac{A}{r} e^{-r/\lambda_{DH}} + \frac{B}{r} e^{r/\lambda_{DH}}. \tag{4.49}$$

---

[14] Notiamo che per soluzioni in acqua di elettroliti monovalenti I è pari alla concentrazione di sale aggiunto.

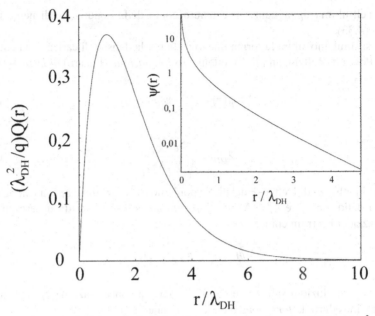

Fig. 4.6 Carica totale della "nuvola di schermo" compresa tra r ed $r + \mathrm{d}r$, $Q(r)\mathrm{d}r = 4\pi r^2 \rho(r)\mathrm{d}r$. Nell'inserto: potenziale di Debye-Hückel in scala semilogaritmica

Se vogliamo che il potenziale si annulli all'infinito, dobbiamo avere $B = 0$. La seconda condizione al contorno si ottiene imponendo che il potenziale in prossimità della carica centrale coincida con quello generato dalla carica stessa. Se la carica centrale può essere considerata puntiforme, come nel caso di un elettrone nei plasmi, si ottiene:

$$\psi(r) \xrightarrow[r \to 0]{} \frac{q}{4\pi\varepsilon r} \implies A = \frac{q}{4\pi\varepsilon} \tag{4.50}$$

e pertanto

$$\psi(r) = \frac{q}{4\pi\varepsilon r} \exp(-\kappa r), \tag{4.51}$$

dove $\kappa = 1/\lambda_{DH}$ è spesso detto *parametro di screening*. Notiamo come l'effetto della coordinazione di carica sia in definitiva quello di trasformare il potenziale di Coulomb in un potenziale "schermato", che decade esponenzialmente sulla lunghezza caratteristica λ_{DH} (e quindi è a *corto range*).

Per ricavare la densità di carica nell'intorno della carica centrale, è sufficiente ricordare che, dall'equazione di Poisson, $\rho(r) = -\varepsilon \nabla^2 \psi(r)$ e quindi, nell'approssimazione di DH:

$$\rho(r) = -\frac{\varepsilon \psi(r)}{\lambda_{DH}^2} = -\varepsilon \kappa^2 \psi(r).$$

Pertanto, per una carica puntiforme:

$$\rho(r) = \frac{q\kappa^2}{4\pi r} \exp(-\kappa r). \tag{4.52}$$

Per calcolare la carica totale coordinata a q, integriamo $\rho(r)$ a partire da 0^+ (per escludere la carica centrale), ottenendo:

$$\int_{0^+}^{\infty} \rho(r)4\pi r^2 dr = -q\kappa^2 \int_{0^+}^{\infty} r\exp(-\kappa r)dr = -q. \tag{4.53}$$

In altri termini, la "nuvola" di carica che circonda q *scherma completamente* la carica centrale; in pratica, la carica coordinata è pressoché uguale a $-q$ non appena si consideri una sfera di raggio pari a qualche λ_{DH}.

$\Diamond$ Il problema è lievemente più difficile se la carica di prova ha una dimensione *finita*. Questo è il caso ad esempio, di particelle disperse (particelle *colloidali*) cariche o di macroioni quali le proteine, che non possiamo considerare certamente come puntiformi. Consideriamo allora una particella sferica di raggio a e carica Ze. Da $\psi(r) = Ar^{-1}e^{-\kappa r}$ abbiamo $\psi(a) = Aa^{-1}e^{-\kappa a}$ e quindi:

$$\psi(r) = \psi(a)\frac{a}{r}\exp[-\kappa(r-a)].$$

Imponendo che la carica totale coordinata attorno al macroione sia $-Ze$ e ricordando che $\rho(r) = -\varepsilon\kappa^2\psi(r)$, si deve allora avere:

$$\int_a^{\infty} dr\rho(r)4\pi r^2 = -4\pi\varepsilon\kappa^2 a\psi(a)\int_a^{\infty} dr\, r\exp[-\kappa(r-a)] = -Ze.$$

Per l'integrale al primo, sostituendo $z = r - a$, si ottiene:

$$\int_a^{\infty} dr\, r\exp[-\kappa(r-a)] = \int_0^{\infty} dz(z+a)e^{-\kappa z} = -\frac{d}{d\kappa}\int_0^{\infty} dze^{-\kappa z} + a\int_0^{\infty} dze^{-\kappa z} = \frac{1}{\kappa^2} + \frac{a}{\kappa},$$

da cui si ottiene facilmente

$$\psi(a) = \frac{Ze}{4\pi\varepsilon a(1+\kappa a)}$$

e quindi:

$$\psi(r) = \frac{Ze}{4\pi\varepsilon(1+\kappa a)}\frac{e^{-\kappa(r-a)}}{r}. \tag{4.54}$$

Notiamo come, rispetto al potenziale di una carica puntiforme, il potenziale "parta" dalla superficie ($r = a$), ma soprattutto come la carica apparente sulla particella sia ridotta rispetto a Ze (la "carica nuda") di un fattore $(1+\kappa a)^{-1}$. La "carica effettiva" che dobbiamo utilizzare dipende pertanto dalla lunghezza di Debye-Hückel, e quindi dalla quantità totale di ioni presenti in soluzione. $\Diamond$

4.2.3 Potenziale efficace

Il potenziale efficace φ^{DH} sentito dalla carica centrale q, dovuto solo alle *altre* cariche, si otterrà sottraendo a $\psi(r)$ il campo generato dalla carica centrale stessa e valutando il limite per $r \to 0$:

$$\varphi^{DH} = \lim_{r\to 0}\left(\psi(r) - \frac{q}{4\pi\varepsilon r}\right) = \lim_{r\to 0}\left[\frac{q}{4\pi\varepsilon r}\left(e^{-r/\lambda_{DH}} - 1\right)\right] = -\frac{q}{4\pi\varepsilon\lambda_{DH}}. \tag{4.55}$$

Notiamo che φ^{DH} equivale al potenziale creato da una carica $-q$ che si trovi a distanza λ_{DH} da q.

Nell'approssimazione lineare di campo medio di Debye-Hückel, l'energia totale del sistema sarà allora:

$$E^{DH} = \frac{1}{2} \sum_{i=1}^{N} q_i \varphi_i^{DH} = -\frac{1}{8\pi\varepsilon\lambda_{DH}} \sum_{i=1}^{N} q_i^2. \tag{4.56}$$

Tale energia, che nella precedente equazione è ricavata sommando individualmente su tutte le N cariche presenti, può essere anche ottenuta con una "statistica per classi", sommando sui diversi *tipi* di cariche:

$$E^{DH} = -\frac{1}{8\pi\varepsilon\lambda_{DH}} \sum_j N_j q_j^2. \tag{4.57}$$

Ricordando che $\lambda_{DH} = \left(\varepsilon V k_B T / \sum_j N_j q_j^2 \right)^{1/2}$, abbiamo in definitiva:

$$E^{DH} = -\frac{V k_B T}{8\pi\lambda_{DH}^3}. \tag{4.58}$$

Notiamo che l'energia totale è negativa, e quindi il contributo complessivo delle forze di Coulomb è *attrattivo*: ciò è fisicamente dovuto al fatto che, pur avendo neutralità di carica, le cariche opposte stanno in media "più vicine" di quelle di segno uguale. Inoltre, E^{DH} dipende dalla temperatura come $T^{-1/2}$.

4.2.3.1 Autoconsistenza

Vogliamo chiederci in quale regime sia effettivamente valida l'approssimazione lineare di Debye–Hückel o, in altri termini, in quali condizioni E^{DH} sia effettivamente piccola rispetto all'energia cinetica totale delle N cariche, $E_k = 3/2 N k_B T$. Dall'espressione per E^{DH}, l'energia elettrostatica è uguale a quella cinetica quando $\lambda_{DH}^3 = g(1/12\pi)(V/N) = (1/12\pi)d^3$, dove d è la distanza media tra particelle. Scrivendo:

$$\sum_j n_j z_j^2 = \frac{N}{V} \overline{z^2} = \frac{\overline{z^2}}{d^3},$$

dove $\overline{z^2}$ è la "valenza quadratica media", si ha:

$$\lambda_{DH} = \left[\frac{d^3}{4\pi \overline{z^2} \ell_B} \right]^{1/2}$$

e pertanto

$$E^{DH} = E_k \implies d \simeq \overline{z^2} \ell_B.$$

Quindi, se $\overline{z^2}$ non è particolarmente grande, la soluzione che abbiamo trovato sarà valida quando:

$$d \gg \ell_B, \tag{4.59}$$

che è esattamente l'ipotesi che abbiamo fatto per *linearizzare* l'equazione di PB. In questo senso, la teoria di Debye–Hückel è una teoria *autoconsistente*. Chiediamoci che cosa ciò significhi in alcuni casi pratici:

- nel caso di un plasma denso, in cui la distanza media tra le cariche sia dell'ordine di 3 nm, è facile vedere che si deve avere una temperatura dell'ordine di almeno 10^4 K;
- per una sale monovalente in acqua, dove $\ell_B = 7$ Å, si deve avere una concentrazione di sale non superiore a circa 1 mM.

4.2.4 Proprietà termodinamiche

Nel derivare da E^{DH} le proprietà termodinamiche di un sistema di particelle cariche, è necessario fare una distinzione relativa agli specifici sistemi di interesse. Nel caso di gas carichi come i plasmi (almeno abbastanza diluiti) le forze Coulombiane dominano di gran lunga su ogni altro contributo d'interazione tra i componenti. Le cose però sono diverse sia per le soluzioni di elettroliti semplici, che soprattutto di macroioni. Nel primo caso, gli ioni interagiscono anche con il solvente (che fino ad ora abbiamo sostanzialmente trascurato) dando origine ad esempio a processi di idratazione, cioè di coordinazione delle molecole di solvente attorno allo ione, che possono introdurre altre e più complesse forze di interazione tra gli ioni stessi. Nel secondo caso, le notevoli dimensioni del soluto corrispondono alla presenza di considerevoli termini di volume escluso; inoltre altre forze di interazioni interparticellare, quali le forze di van der Waals o "forze di dispersione" divengono particolarmente rilevanti per macroioni di grossa dimensione.

L'energia E^{DH} costituisce cioè solo un termine addizionale (o come si dice in termodinamica, di "eccesso") all' energia interna dovuto al contributo elettrostatico, e termini di eccesso saranno anche tutte le quantità, quali l'energia libera o la pressione, che calcoleremo in quanto segue. Scriveremo quindi ad esempio $\bar{E} = \bar{E}_0 + E^{DH}$, dove, nel caso di plasmi diluiti, $\bar{E}_0$ sarà semplicemente $(3/2)Nk_BT$, l'energia cinetica del gas ideale, mentre nel caso di soluzioni conterrà in generale sia le interazioni tra ioni e solvente che altri contributi di interazione tra ione e ione. Senza dare i risultati in dettaglio, ci interessa analizzare come le varie quantità dipendono dal volume, dal numero di particelle e dalla temperatura.

Energia interna. Tenendo conto della (4.58) e della dipendenza dalla temperatura della lunghezza di Debye-Hückel, l'energia interna deve dipendere da T e V come:

$$\bar{E} = \bar{E}_0 - CV^{-1/2}T^{-1/2}N^{3/2} = \bar{E}_0 - C\left(\frac{N^3}{VT}\right)^{1/2}. \tag{4.60}$$

Energia libera. Da

$$\bar{E} = -T^2 \frac{\partial}{\partial T}\frac{F}{T},$$

ne segue che l'energia libera dev'essere della forma:

$$F = F_0 - C' \left(\frac{N^3}{VT} \right)^{1/2}. \qquad (4.61)$$

Pressione. Derivando rispetto al volume:

$$\bar{P} = -\frac{\partial F}{\partial V} = \bar{P}_0 + C'' \frac{1}{T^{1/2}} \left(\frac{N}{V} \right)^{3/2}. \qquad (4.62)$$

Quest'ultimo risultato è particolarmente interessante. Nel caso del gas di van der Waals, abbiamo visto come il contributo delle forze attrattive alla pressione sia *quadratico* nella densità. Le interazioni di carica danno invece un termine che va come $\rho^{3/2}$, che *domina* rispetto a ρ^2 per $\rho \to 0$. Ciò significa che gli effetti di interazione si faranno sentire molto prima per un gas di particelle cariche che per un gas ordinario (il gas "smetterà" molto presto di comportarsi come ideale) ed inoltre che, per densità sufficientemente basse, la pressione del sistema *sarà determinata essenzialmente dalle forze elettrostatiche*.

*4.3 Accordi sì, ma all'italiana: la struttura dei liquidi

In chiusura di questo capitolo, vogliamo dare un'occhiata un po' più approfondita ai liquidi, andando proprio a analizzare ciò che la teoria di van der Waals dimentica, ossia le correlazioni locali di densità. Purtroppo, per ragioni di spazio, sarà solo un'occhiata fugace, ma possiamo già cogliere il succo di quanto diremo con una semplice analogia. Credo che buona parte di voi concordino sul fatto che noi italiani siamo un popolo a dir poco curioso. Rispetto ad altre genti, abbiamo sicuramente una visione più sfumata del concetto di "patria": di conseguenza siamo abbastanza restii (per usare un eufemismo) a contribuire alla crescita di una comunità nazionale ordinata. Ma se si tratta di difendere la libertà e l'integrità della nostra regione, della nostra città, ancor più della piccola comunità dei nostri familiari, amici e conoscenti, allora possiamo diventare delle belve (e lo abbiamo più volte dimostrato). L'Italia è una collezione di microcosmi all'interno dei quali relazioni interpersonali e regole non scritte danno origine ad un ordinamento forte e stabile: è questa la nostra forza e la nostra debolezza. Bene, in questo senso l'Italia è un Paese "liquido": perché i liquidi adottano proprio una via di mezzo tra l'ordine prussiano dei solidi e il disordine anarchico dei gas. Cerchiamo di vedere come.

*4.3.1 La funzione di distribuzione a coppie

Per effetto delle interazioni intermolecolari, le molecole in un liquido non sono disposte "a caso" come in un gas ideale, ma presentano correlazioni di densità. Un modo efficace per descriverle è quello di introdurre quella che diremo *funzione di distribuzione a coppie* $g(r)$. Per far ciò, cominciamo a considerare una moleco-

la qualunque e valutiamo il numero di molecole $n(r)$ che si trovano in una crosta sferica di raggio r e spessore dr centrata attorno ad essa. Se le molecole fossero disposte uniformemente con una densità $\rho = N/V$, avremmo semplicemente
$n(r) = \rho dV = 4\pi r^2 \rho dr$. L'effetto delle interazioni, sarà proprio quello di rendere la
densità una funzione $\rho(r)$ della distanza dalla molecola considerata[15]. La $g(r)$ "cor-
regge" proprio l'espressione precedente per tener conto delle correlazioni di densità
indotte dalle interazioni. Scriveremo cioè:

$$n(r) = 4\pi r^2 \rho g(r) dr$$

dove $\rho = \langle \rho(r) \rangle = N/V$ è ancora il valor medio della densità. Osserviamo che la
probabilità di trovare un'altra molecola a distanza compresa tra r ed $r + dr$ dalla
molecola data vale:

$$p(r)dr = \frac{n(r)}{N} = \frac{\rho}{N} g(r)dV = g(r)\frac{dV}{V},$$

cosicché $g(r)/V$ è la densità di probabilità di trovare una seconda molecola a
distanza r dalla molecola considerata.

Per poter generalizzare quanto abbiamo appena detto, dobbiamo innanzitutto descrivere meglio la densità locale in termini delle posizioni $\mathbf{r}_i$ delle N molecole nel
fluido. A tal fine, è utile usare ancora una volta la proprietà della delta di Dirac di
essere una funzione di "sampling", scrivendo formalmente:

$$\rho(\mathbf{r}) = \sum_{i=1}^{N} \delta(\mathbf{r} - \mathbf{r}_i). \tag{4.63}$$

Infatti, se integriamo questa espressione su un volumetto centrato in $\mathbf{r}$, otteniamo
il numero di molecole in esso contenute, dato che $\delta(\mathbf{r} - \mathbf{r}_i)$ dà un contributo pari
ad uno se la molecola i si trova nel volumetto e zero altrimenti. Notiamo tuttavia
che questa espressione fornisce il valore locale della densità per una *particolare*
configurazione microscopica. Ciò che in realtà intendiamo per "densità locale" sarà
il valore $\langle \rho(\mathbf{r}) \rangle$, dove $\langle \ldots \rangle$ rappresenta la media canonica sugli stati microscopici
del sistema[16]. Ovviamente si ha:

$$\rho = \frac{1}{V} \int_V d^3 r \rho(\mathbf{r}).$$

---

[15] Se il sistema è omogeneo e isotropo, ρ è funzione solo del *modulo* di $\mathbf{r}$: generalizzeremo tra poco
questa espressione.

[16] È importante notare che $\langle \rho(\mathbf{r}) \rangle$ è comunque una quantità *microscopica*, che differisce dalla densità "a grana grossa" ottenuta integrando $\langle \rho(\mathbf{r}) \rangle$ su un volumetto macroscopicamente piccolo, ma
contenente comunque un grande numero di molecole. Per un fluido omogeneo, quest'ultima coinci-
de con la densità media ρ, mentre, in presenza ad esempio di una forza esterna come la gravità,
descrive la dipendenza dalla posizione su scala *macroscopica* della densità di un fluido non omogeneo.

Possiamo utilizzare un procedimento simile anche per definire in generale la funzione di distribuzione a coppie, ponendo:

$$g(\mathbf{r}) = \frac{V}{N(N-1)} \left\langle \sum_{i \neq j} \delta[\mathbf{r} - (\mathbf{r}_j - \mathbf{r}_i)] \right\rangle, \tag{4.64}$$

dove la somma è fatta su tutte le $N(N-1)$ coppie di molecole *distinte* i e j e $\langle \cdots \rangle$ è ancora una media fatta sulla distribuzione canonica[17]. Anche in questo caso, vediamo che la delta "conta uno" ogni qual volta troviamo due molecole i e j tali che $\mathbf{r}_j - \mathbf{r}_i = \mathbf{r}$. Per convincerci che il prefattore $V/N(N-1)$ è sensato, integriamo $g(\mathbf{r})$ su tutto il volume:

$$\frac{V}{N(N-1)} \int d^3r \left\langle \sum_{i \neq j} \delta[\mathbf{r} - (\mathbf{r}_j - \mathbf{r}_i)] \right\rangle = \frac{V}{N(N-1)} \left\langle \int d^3r \sum_{i \neq j} \delta[\mathbf{r} - (\mathbf{r}_j - \mathbf{r}_i)] \right\rangle.$$

Ma, dato che integriamo su *tutto* il volume, l'integrale è sempre uguale al numero totale di coppie $N(N-1)$ *qualunque* sia la configurazione delle molecole, quindi si ha semplicemente:

$$\int d^3r \, g(\mathbf{r}) = V,$$

che è in accordo con l'idea originaria di $g(\mathbf{r})/V$ come densità di probabilità per unità di volume. Se il liquido è, come nella maggior parte dei casi, isotropo (ossia se la sua struttura non dipende dalla direzione), $g(\mathbf{r})$ è, come nel nostro modello iniziale, una funzione del solo modulo di r, e si ha in realtà, ponendo $r_{ij} = |\mathbf{r}_j - \mathbf{r}_i|$,

$$g(r) = \frac{V}{N(N-1)} \left\langle \sum_{i \neq j} \delta(r - r_{ij}) \right\rangle. \tag{4.65}$$

In questo caso, che è quello a cui saremo maggiormente interessati, la funzione di distribuzione a coppie viene anche detta *funzione di distribuzione radiale*.

*4.3.2 Distribuzione a coppie, funzione di partizione e correlazioni

Integrando sui momenti, possiamo scrivere la media canonica nella definizione di $g(\mathbf{r})$ come:

$$\left\langle \sum_{i \neq j} \delta[\mathbf{r} - (\mathbf{r}_j - \mathbf{r}_i)] \right\rangle = \frac{1}{Z_C} \int d(N) \sum_{i \neq j} \delta(\mathbf{r} + \mathbf{r}_i - \mathbf{r}_j) e^{-\beta U(r_1, \dots r_N)},$$

---

[17] Sappiamo che, sperimentalmente, ciò equivale a vare una media nel tempo sulle configurazioni istantanee delle molecole.

dove per semplicità abbiamo posto $d(N) = d^3r_1 \cdots d^3r_N$ e

$$Z_C = \int d(N) \, e^{-\beta U(r_1, \ldots r_N)}$$

è l'integrale configurazionale.

Come possiamo semplificare l'integrale? Cominciamo a considerare Z_C. Dato che consideriamo un sistema omogeneo, cioè invariante per traslazioni, se fissiamo le coordinate di una delle molecole, ad esempio la numero 1, il potenziale è in realtà funzione solo delle $N - 1$ variabili $\mathbf{r}_2 - \mathbf{r}_1, \mathbf{r}_3 - \mathbf{r}_1, \ldots \mathbf{r}_N - \mathbf{r}_1$. Facendo allora un cambio di variabili nell'integrale:

$$\begin{cases} R = r_1 \\ r_i' = r_i - r_1 \ (2 \leq i \leq N) \end{cases}$$

otteniamo:

$$Z_C = \int d^3R \int d^3r_2' \cdots d^3r_N' e^{-\beta U(r_2', \ldots, r_N')} = V \int d(N-1) e^{-\beta U}, \qquad (4.66)$$

dove abbiamo tenuto conto che il primo integrale non è altro che il volume totale e indicato esplicitamente che il secondo dipende solo dalle posizioni di $N - 1$ molecole. Consideriamo ora la somma di $N(N-1)$ integrali che definisce $g(\mathbf{r})$ e concentriamoci su una coppia di molecole, scegliendo per comodità di notazione $i = 1$ e $j = 2$. Possiamo fare lo stesso giochetto con le coordinate $\mathbf{r}_1$, separando l'integrale che le riguarda ed ottenendo un fattore V. La funzione $\delta(\mathbf{r} + \mathbf{r}_1 - \mathbf{r}_2)$ "blocca" però il valore di $\mathbf{r}_2$: una volta scelti $\mathbf{r}$ ed $\mathbf{r}_1$, *non dobbiamo* quindi integrare su $\mathbf{r}_2$. In altri termini, questo termine della somma può essere scritto:

$$\frac{V}{Z_C} \int d(N-2) e^{-\beta U}. \qquad (4.67)$$

Dato che abbiamo $N(N-1)$ integrali identici, otteniamo allora dalla (4.65):

$$g(\mathbf{r}) = \frac{V^2}{Z_c} \int d(N-2) e^{-\beta U}, \qquad (4.68)$$

o, analogamente,

$$g(\mathbf{r}) = V \frac{\int d(N-2) e^{-\beta U}}{\int d(N-1) e^{-\beta U}},$$

che ci mostra come $g(r)$ sia di fatto il peso statistico complessivo data ad una configurazione in cui due fissate molecole distano $\mathbf{r} = \mathbf{r}_j - \mathbf{r}_i$ *mediato sulle posizioni di tutte le altre $N - 2$ molecole.*

C'è poi un semplice legame tra funzione di distribuzione a coppie e *correlazioni di densità.* Cominciamo col ricordare che cosa intendiamo con precisione dal punto di vista statistico per "correlazioni". In termini semplici, due grandezze statistiche, che indicheremo con A_j e A_k, hanno un certo grado di correlazione se le loro fluttuazioni rispetto ai valori medi sono in qualche modo "concordi". Ad esempio, quando A_j eccede rispetto a $\langle A_j \rangle$ anche A_k, almeno statisticamente, si comporta nello stesso modo, ossia mostra tendenzialmente un eccesso rispetto a $\langle A_k \rangle$. Per quantificare questo concetto un po' fumoso si introduce un *coefficiente di correlazione* come valor medio del *prodotto* delle fluttuazioni delle due variabili rispetto ai valori medi:

$$ C_{jk} \stackrel{def}{=} \langle (A_j - \langle A_j \rangle)(A_k - \langle A_k \rangle) \rangle = \langle A_j A_k \rangle - \langle A_j \rangle \langle A_k \rangle . $$

Dalla definizione, è chiaro che se gli scostamenti dalla media sono preferibilmente dello stesso segno, C_{ij} sarà una quantità positiva, mentre sarà negativa se sono tendenzialmente segno opposto: in quest'ultimo caso si si dice spesso che A_j e A_k sono *anti*correlate, ma in ogni caso ciò è sempre sintomo di un grado di correlazione tra le due variabili. Come caso limite, se $A_k \equiv A_j$ abbiamo

$$ C_{jj} = \langle (A_j - \langle A_j \rangle)^2 \rangle = \sigma_j^2 $$

ossia il massimo valore[18] del coefficiente di correlazione coincide con la varianza di A_j. Se invece che in qualche modo le fluttuazioni di A_j e A_k vanno "ciascuna per conto proprio", si avrà $C_{jk} \simeq 0$, che è ciò che intendiamo per variabili *scorrelate*. In generale, se A_j ed A_k sono due generiche rappresentanti di un insieme di variabili $\{A_i\}$, dove i è un indice che può assumere un certo numero, anche infinito, di valori, l'insieme dei coefficienti di correlazione $\{C_{jk}\}$ tra coppie di queste variabili costituisce una matrice detta *matrice di correlazione*.

Consideriamo ora una quantità fisica $A(\mathbf{r})$ che sia una funzione della posizione $\mathbf{r}$ (o del tempo t, o comunque di una variabile *continua*) e che sia una grandezza che mostra fluttuazioni: in altri termini, i valori assunti dalla grandezza in un certo punto hanno un comportamento statistico descritto da una distribuzione di probabilità. Possiamo pensare allora ad $A(\mathbf{r})$ come ad un insieme di *infinite* variabili statistiche, ciascuna delle quali descrive il comportamento della grandezza in un punto fissato, "indicizzate", anziché da un indice discreto come i, dall'indice *continuo* $\mathbf{r}$ (o meglio, dai *tre* indici continui x, y z che definiscono il punto in considerazione). Introduciamo allora un analogo del coefficiente di correlazione, definendo:

$$ C(\mathbf{r}',\mathbf{r}'') \stackrel{def}{=} \left\langle \ [A(\mathbf{r}') - \langle A(\mathbf{r}') \rangle] [A(\mathbf{r}'') - \langle A(\mathbf{r}'') \rangle] \ \right\rangle . \tag{4.69} $$

In questo caso, $C(\mathbf{r}',\mathbf{r}'')$ sarà quindi in generale una *funzione* delle due variabili continue, che è detta *funzione di correlazione* (*spaziale*, se consideriamo variabili che dipendono dalla posizione, mentre se A fosse una funzione del tempo parleremmo di funzione di correlazione *temporale*). Se il mezzo è omogeneo, quindi invariante per traslazioni (che è il caso che ci interesserà maggiormente), si avrà in realtà $C(\mathbf{r}',\mathbf{r}'') = C(\mathbf{r})$, con $\mathbf{r} = \mathbf{r}'' - \mathbf{r}'$ e, se inoltre è anche isotropo, si ha semplicemente $C(\mathbf{r}) = C(r)$, ossia la funzione di correlazione dipende solo dalla distanza tra i due punti considerati. Notiamo come, supponendo che il mezzo sia omogeneo, cosicché

---

[18] Il minimo valore, pari a $-\sigma_j^2$, si ottiene invece per $A_k \equiv -A_j$.

la distribuzione di probabilità di A e quindi i valori *medi* $\langle A \rangle$ e $\langle A^2 \rangle$ non dipendono dalla posizione $\mathbf{r}$, il valore della funzione di correlazione per $\mathbf{r} = \mathbf{r}'$, ossia di quella che è detta funzione di *autocorrelazione* della variabile in un punto $\mathbf{r}$ fissato, è pari a:

$$C(0) = \left\langle [A(\mathbf{r}) - \langle A \rangle]^2 \right\rangle = \langle A^2 \rangle - \langle A \rangle^2 = \sigma_A^2,$$

ossia $C(0)$ è ancora la varianza di A. In generale, possiamo inoltre aspettarci che correlazione tra i valori della variabile si annulli a grande distanza, assumendo quindi che $C(\mathbf{r}) \underset{|\mathbf{r}| \to \infty}{\longrightarrow} 0$[19].

Torniamo dunque al nostro problema, considerando cone grandezza statistica la densità locale. La funzione di correlazione spaziale della densità, indicata di solito in fisica statistica con la lettera "G" per la parentela con $g(\mathbf{r})$ che presto vedremo, sarà allora:

$$G(\mathbf{r}', \mathbf{r}'') = \left\langle [\rho(\mathbf{r}') - \rho][\rho(\mathbf{r}'') - \rho] \right\rangle = \langle \rho(\mathbf{r}')\rho(\mathbf{r}'') \rangle - \rho^2. \tag{4.70}$$

Sostituendo la (4.63) nella (4.70) e separando i termini con $i = j$, abbiamo:

$$G(\mathbf{r}) = \left\langle \sum_{i \neq j} \delta(\mathbf{r}' - \mathbf{r}_i)\delta(\mathbf{r}'' - \mathbf{r}_j) \right\rangle + \left\langle \sum_{i} \delta(\mathbf{r}' - \mathbf{r}_i)\delta(\mathbf{r}' - \mathbf{r}_i) \right\rangle - \rho^2.$$

Il primo termine a secondo membro è pari alla somma di $N(N-1) \simeq N^2$ integrali uguali, pari a (scegliendo ancora come esempio $i = 1$ e $j = 2$):

$$\frac{1}{Z_C} \int_V d^3 r_1 \delta(\mathbf{r}' - \mathbf{r}_1) \int_V d^3 r_2 \delta(\mathbf{r}' - \mathbf{r}_2) \int d(N-2) e^{-\beta U} = \frac{1}{V^2} g(\mathbf{r}),$$

dove l'ultima uguaglianza segue dalla (4.68). Per il secondo termine si hanno invece N integrali uguali del tipo (scegliendo $i = 1$):

$$\frac{1}{Z_C} \int_V d^3 r_1 \delta(\mathbf{r}' - \mathbf{r}_1) \delta(\mathbf{r}'' - \mathbf{r}_1) \int d(N-1) e^{-\beta U} = \frac{1}{V} \delta(\mathbf{r}' - \mathbf{r}''),$$

dove abbiamo usato la (4.66). In definitiva quindi si ha:

$$G(\mathbf{r}) = \rho \delta(\mathbf{r}) + \rho^2 [g(\mathbf{r}) - 1], \tag{4.71}$$

dove il primo contributo è un termine di autocorrelazione della densità locale.

Di particolare interesse è il legame tra $G(\mathbf{r})$ e fluttuazioni microscopiche di densità. È evidente che per parlare di fluttuazioni di densità all'interno di un volume fissato dovremmo considerare il comportamento di un sistema di volume V in cui il numero di particelle non è fissato, ossia di un sistema *aperto*, cosa che faremo in dettaglio nell'ultimo capitolo. Tuttavia, possiamo già stabilire una precisa relazione

---

[19] Nulla spinge tuttavia ad assumere che $C(r)$ decresca in modo *monotono* al crescere di r. Vi sono grandezze fisiche, come ad esempio la velocità locale di un fluido in moto turbolento, per le quali le correlazioni spaziali mostrano un andamento oscillante.

tra correlazioni e fluttuazioni medie di densità. Tenendo conto che il numero medio di molecole in V è dato da:

$$N = \int_V d^3r \rho(r)$$

e che il numero medio è ovviamente pari a $\langle N \rangle = \rho V$, abbiamo infatti:

$$\langle (N - \langle N \rangle)^2 \rangle = \left\langle \int_V d^3r' [\rho(\mathbf{r}') - \rho] \int_V d^3r'' [\rho(\mathbf{r}'') - \rho] \right\rangle = \int_V d^3r' d^3r'' G(\mathbf{r}', \mathbf{r}'').$$

Dato che per un sistema omogeneo $G(\mathbf{r}', \mathbf{r}'') = G(\mathbf{r}'' - \mathbf{r}')$, ponendo $\mathbf{R} = \mathbf{r}'$ e $\mathbf{r} = \mathbf{r}'' - \mathbf{r}'$ si ottiene allora:

$$\langle (\Delta N)^2 \rangle \equiv \langle (N - \langle N \rangle)^2 \rangle = \int_V d^3R \int_V d^3r \, G(\mathbf{r}) = V G(\mathbf{r}). \tag{4.72}$$

Abbiamo già visto nella (4.23) e rivedremo meglio nel Cap. 5 come le fluttuazioni della densità, e quindi del numero di particelle, siano direttamente connesse alla comprimibilità isoterma K_T. Più precisamente, dalla (4.23) è facile mostrare che $\langle (\Delta N)^2 \rangle = N\rho k_B T K_T$. Pertanto abbiamo anche:

$$\rho^2 k_B T K_T = \int_V G(\mathbf{r}) d^3r, \tag{4.73}$$

o, in termini della funzione di distribuzione a coppie:

$$\rho k_B T K_T = 1 + \rho \int_V h(\mathbf{r}) d^3r, \tag{4.74}$$

dove abbiamo introdotto la quantità $h(\mathbf{r}) = g(\mathbf{r}) - 1$, che rappresenta la differenza della funzione di distribuzione a coppie rispetto a quella di un gas ideale, per il quale $g(\mathbf{r})$ è identicamente uguale ad uno[20].

*4.3.3 $g(r)$ e termodinamica

Se il potenziale può essere espresso come somma di termini a coppie, ossia

$$U(N) = \frac{1}{2} \sum_{i \neq j} u(r_{ij}),$$

(dove supponiamo per semplicità che i termini a coppia siano potenziali centrali), la funzione di distribuzione permette di ottenere direttamente le grandezze termodinamiche del fluido. Cominciamo a considerare l'energia interna, che si otterrà

---

[20] Notiamo che, per la (4.71), $h(\mathbf{r})$ è proporzionale a $G(\mathbf{r})$ (a meno del termine di autocorrelazione) ed è pertanto detta spesso *funzione di correlazione totale*.

come:

$$E = \langle U(N) \rangle = \frac{1}{2Z_c} \int \mathrm{d}(N) \sum_{i \neq j} u(r_{ij}) e^{-\beta U},$$

dove abbiamo in realtà $N(N-1)$ integrali identici. Fissando l'attenzione sugli indici $\mathbf{r}_i = \mathbf{r}_1$ ed $\mathbf{r}_j = \mathbf{r}_2$, possiamo scrivere:

$$E = \frac{N(N-1)}{2Z_c} \int \mathrm{d}^3 r_1 \int \mathrm{d}^3 r_2\, u(r_{12}) \int \mathrm{d}(N-2) \exp(-\beta U)$$

e, passando nei primi due integrali alle variabili $\mathbf{R} = \mathbf{r}_1$, $\mathbf{r} = \mathbf{r}_2 - \mathbf{r}_1$,

$$E = \frac{N(N-1)}{2Z_c} V \int \mathrm{d}^3 r\, u(r) \int \mathrm{d}(N-2) \exp(-\beta U).$$

Dall'espressione (4.68) per $g(r)$ si ha quindi:

$$E = \frac{N(N-1)}{2V} \int \mathrm{d}^3 r\, u(r) g(r) \simeq \frac{\rho N}{2} \int \mathrm{d}^3 r\, u(r) g(r).$$

L'energia potenziale per particella (che viene detta energia di coesione del liquido) vale allora:

$$\frac{E}{N} = 2\pi\rho \int \mathrm{d}r\, r^2 u(r) g(r). \tag{4.75}$$

Questo risultato è semplice da comprendere se si tiene conto che ogni il numero medio di molecole a distanza compresa tra r ed $r + \mathrm{d}r$ da una molecola data è pari a $(4\pi r^2 \mathrm{d}r) g(r)$ e che ciascuna di queste interagisce con tale molecola con il potenziale $u(r)$. Integrando quindi su r e dividendo per due (per non contare due volte ciascuna molecola) si ottiene la (4.75). Con un calcolo un po' più elaborato, è possibile mostrare come da $g(r)$ si possibile derivare l'intera equazione di stato. Per la pressione si ottiene infatti:

$$P = \rho k_B T - \frac{2\pi}{3} \rho^2 \int \mathrm{d}r\, r^3 \frac{\mathrm{d}u(r)}{\mathrm{d}r} g(r). \tag{4.76}$$

La domanda cruciale è tuttavia come si possa *calcolare* $g(r)$. Cominciamo a considerare una situazione molto semplice. Il concetto di funzione di distribuzione che abbiamo introdotto si applica ovviamente a qualunque fluido in cui, rispetto ad un gas ideale, le interazioni diano origine ad una struttura locale. Se la densità ρ è bassa, possiamo pensare che la probabilità di trovare due molecole a distanza r non sia influenzata dalla presenza di altre molecole. Allora, ricordando il significato fisico della $g(r)$, è facile concludere che questa sarà data semplicemente dal fattore di Boltzmann del potenziale, ossia

$$g(r) \simeq \exp[-\beta u(r)] \tag{4.77}$$

rappresenterà la prima correzione al comportamento della funzione di distribuzione radiale rispetto al gas ideale.

Se, in analogia con l'espressione per basse densità (4.77), proviamo a scrivere *in generale* la distribuzione radiale nella forma:

$$g(r_{12}) = \exp[-\beta w(r_{12})]$$

(dove in questo caso abbiamo scritto $|\mathbf{r}_1 - \mathbf{r}_2| = r_{12}$, esplicitando per convenienza in quanto segue gli indici della coppia di particelle considerate), è facile attribuire alla quantità $w(r_{12}) = -k_B T \ln g(r_{12})$ un preciso significato fisico. Infatti, calcolando il gradiente di $w(r_{12})$ rispetto alle coordinate di una delle due particelle, ad esempio la particella 1, ed usando la definizione di $g(r)$, abbiamo:

$$\nabla_1 w(r_{12}) = -\frac{k_B T}{g(r_{12})} \nabla_1 g(r_{12}) = -\frac{\int d(N-2)[-\nabla_1 U] e^{-\beta U}}{\int d(N-2) e^{-\beta U}}.$$

Ma il termine al secondo membro non è altro che *la forza media* $\mathbf{f}(r_{12})$ *agente sulla particella 1 ottenuta tenendo 1 e 2 in posizione fissata e mediando sulle configurazioni di tutte le altre $N-2$ particelle*, ossia:

$$\langle \mathbf{f}(r_{12}) \rangle_{N-2} = -\nabla_i w(r_{12}). \tag{4.78}$$

Per questa ragione, $w(r_{12})$ è detto *potenziale della forza media*.

Al di là di questo interessante significato fisico, tuttavia, l'introduzione di $w(r_{12})$ non dà alcuna informazione aggiuntiva su $g(r)$. Di fatto, per i valori di densità elevati caratteristici dello stato liquido, un calcolo che permetta di derivare direttamente $g(r)$ non è in generale possibile neppure nel caso semplificato di potenziali a coppie. Le equazioni esatte che si possono ottenere a partire ad esempio dalla (4.68) contengono infatti una *nuova* funzione di distribuzione che dipende dalle correlazioni nelle posizioni di *tre* particelle, la quale a sua volta, per essere determinata esattamente, richiede di conoscere le correlazioni a quattro particelle, e così via: tutto ciò che si può fare è ottenere una "gerarchia" di equazioni che contengono correlazioni ad ordine sempre più alto. Da un punto di vista teorico, l'unica soluzione è quella di sviluppare delle approssimazioni che permettano di ottenere equazioni chiuse per $g(r)$. In generale queste ultime sono delle complesse equazioni integrodifferenziali che, tranne in casi particolari, non ammettono una soluzione analitica e devono quindi essere studiate numericamente. Tuttavia, la situazione è molto più promettente dal punto di vista sperimentale perché, come vedremo nel prossimo paragrafo, un'informazione indiretta ma molto dettagliata sulla funzione di distribuzione radiale può essere ottenuta attraverso quella classe di tecniche che sono in qualche modo i metodi principe per lo studio della materia condensata, ossia le tecniche di scattering.

◊ Diamo solo un idea del tipo di equazioni approssimate che si utilizzano per ottenere l'andamento teorico della funzione di distribuzione radiale. In generale, queste si basano nel separare formalmente una parte che dipenda dalle correlazioni "dirette" tra due molecole da un termine che invece derivi da correlazioni indirette tramite *altre* molecole. Il contributo diretto si introduce definendo una *funzione di correlazione diretta* $c(r_{12})$, mentre il termine indiretto si otterrà tenendo conto dell'influenza diretta della molecola 1 su una *terza* molecola, la quale a sua volta influenza la molecola 2 sia direttamente che indirettamente. Chiaramente, quest'ultimo termine dovrà essere pesato con la densità e mediato su tutte le le posizioni della molecola 3. Formalmente, quindi, questa decomposizione può essere scritta

$$h(r_{12}) = c(r_{12}) + \rho \int dr_3 c(r_{13}) h(r_{23}), \qquad (4.79)$$

che è detta *equazione di Ornstein–Zernike*, ma che in realtà, di fatto, non è altro che l'equazione che *definisce* $c(r_{12})$. Dato che la (4.79) contiene *due* funzioni incognite, $c(r)$ ed $h(r)$, per risolvere il problema è di fatto necessario trovare una seconda relazione, detta di *chiusura*, e ciò può essere fatto solo attraverso delle approssimazioni. Prima di discutere come si proceda in generale a sviluppare queste approssimazioni, osserviamo che l'integrale nella (4.79) è matematicamente una *convoluzione* tra $c(r)$ ed $h(r)$. Pertanto, ricordando come la trasformata di Fourier di un integrale di convoluzione di due funzioni $c(r)$ e $h(r)$ sia pari al prodotto $\tilde{c}(k)\tilde{h}(k)$ delle trasformate, l'equazione di Ornstein–Zernike diviene particolarmente semplice nello spazio di Fourier:

$$\tilde{h}(k) = \tilde{c}(k) + \rho \tilde{c}(k)) \tilde{h}(k), \qquad (4.80)$$

che equivale a:

$$\begin{cases} \tilde{c}(k) = \dfrac{\tilde{h}(k)}{1 + \rho \tilde{h}(k)} \\[2mm] \tilde{h}(k) = \dfrac{\tilde{c}(k)}{1 - \rho \tilde{c}(k)}. \end{cases}$$

Notiamo che nel limite di bassa densità $h(r) \simeq c(r)$: la funzione di correlazione diretta rappresenta quindi il limite per un sistema diluito di $h(r)$. D'altronde in questo limite $h(r) \simeq \exp[-\beta u(r)] - 1 \simeq -\beta u(r)$. Tutte le specifiche approssimazioni che vengono poi sviluppate si basano sull'ipotesi (quasi sempre) ragionevole che, mentre le correlazioni totali di densità possono essere a lungo range, $c(r)$ si annulli rapidamente per distanze paragonabili al range del potenziale di coppia $u(r)$, ossia che si possa scrivere:

$$c(r) \underset{r \gg \sigma}{\simeq} -\beta u(r).$$

Una chiusura semplice ed efficace, in particolare per fluidi in cui le interazioni attrattive siano a breve range e non troppo intense, è quella che si ottiene tramite l'approssimazione di Percus–Yevick. L'idea è di definire un contributo "indiretto" $g_{ind} \overset{def}{=} g(r) - c(r)$ alla funzione di distribuzione a coppie ed approssimarlo con il fattore di Boltzmann della differenza tra potenziale della forza media e potenziale reale:

$$g_{ind} \simeq e^{-\beta[w(r)-u(r)]} = g(r)e^{+\beta u(r)},$$

da cui:

$$c(r) \simeq g(r)[1 - e^{+\beta u(r)}],$$

che permette ad esempio di ottenere $c(r)$ ed $h(r)$ analiticamente dalla equazione di Ornstein–Zernike. ◇

4.3.4 Gas reali: l'espansione del viriale

Prima di occuparci più in dettaglio della struttura di un fluido denso, spendiamo qualche parola sul comportamento di un gas reale abbastanza rarefatto, valutando la correzione all'ordine più basso nella densità rispetto alla situazione del gas ideale. Nel limite di bassa densità, come abbiamo visto, la $g(r)$ diviene semplicemente $\exp(-\beta U)$: possiamo quindi calcolare, a partire dalla (4.76), la prima correzione all'equazione di stato del gas ideale. Abbiamo:

$$\frac{\beta P}{\rho} = 1 - \frac{2\pi\beta\rho}{3} \int dr\, r^3 \frac{du(r)}{dr} e^{-\beta u(r)} = 1 + \frac{2\pi\rho}{3} \int dr\, r^3 \frac{d}{dr}\left(e^{-\beta u(r)}\right).$$

Integrando per parti:

$$\frac{\beta P}{\rho} = 1 + \frac{2\pi\rho}{3}\left\{[r^3 e(-\beta u(r)]_0^\infty - 3\int dr\, r^2 \left(1 - e^{-\beta u(r)}\right)\right\}.$$

Dato che il primo termine è nullo, otteniamo:

$$P(\rho) = \rho k_B T(1 + B_2 \rho), \qquad (4.81)$$

dove:

$$B_2 = -2\pi \int_0^\infty dr\, r^2 \left(1 - e^{-\beta u(r)}\right) \qquad (4.82)$$

è detto *coefficiente del viriale*[21].

Il coefficiente del viriale consente di farsi una prima idea dell'effetto di un particolare potenziale di interazione sull'equazione di stato. Notiamo innanzitutto che B_2 è positivo o negativo a seconda che le interazioni siano rispettivamente repulsive o attrattive. Per un potenziale che sia somma di un termine attrattivo e di uno repulsivo, può quindi verificarsi una condizione (ad esempio uno specifico valore di T, se almeno uno dei due termini dipende dalla temperatura) in cui $B_2 = 0$ e quindi anche un in presenza di interazioni, il gas può comportarsi, almeno al primo ordine in ρ, come ideale.

Facciamo qualche esempio. Per un potenziale di sfere rigide quale quello dato dalla (4.8) si ottiene semplicemente:

$$B_2^{hs} = +2\pi \int_0^\sigma dr\, r^2 = \frac{2\pi\sigma^3}{3} = 4v_p, \qquad (4.83)$$

dove v_p è il volume di una particella. Notiamo che $v_p\rho$ è pari alla *frazione di volume* Φ occupata dalle molecole sul totale, per cui si può scrivere un'espansione di P in Φ come $P^{hs}(\Phi) = (k_B T/v_p)\Phi(1 - 4\Phi)$. Possiamo generalizzare questa espressione scrivendo per un potenziale qualunque:

$$P(\Phi) = \frac{k_B T}{v_p}\Phi(1 + B_2^*\phi), \qquad (4.84)$$

dove $B_2^* = B_2/v_p$ è un coefficiente del viriale adimensionale (a differenza di B_2, che ha le dimensioni di un volume). Consideriamo ora il caso del gas di van der Waals.

---

[21] Per l'esattezza, *secondo* coefficiente del viriale, perché è il secondo termine di uno sviluppo di P in potenze di ρ, detto espansione del viriale, che potremmo estendere ulteriormente.

Se nella (4.12) sviluppiamo $(1 - \rho)^{-1} \simeq 1 + \rho$, otteniamo:

$$P \simeq \rho k_B T \left[1 + \left(b - \frac{a}{k_B T} \right) \rho \right] ,$$

ossia $B_2 = b - \beta a$. Notiamo quindi che il secondo coefficiente del viriale si annulla per una temperatura, detta *temperatura* θ, pari ad $a/(k_B b)$.

*4.3.5 Scattering e struttura dei liquidi

Nel caso più semplice, una misura di scattering consiste nell'inviare su un campione una radiazione (che può essere costituita da luce visibile o raggi X, ma anche da un fascio di neutroni, elettroni, o altre particelle libere, che da un punto di vista quantistico si comportano come un'onda incidente sul campione) e nel misurare l'intensità di tale radiazione diffusa ad un certo angolo[22]. La tipica geometria di un esperimento di scattering è mostrata in Fig. 4.7, dove la radiazione incidente ha vettore d'onda $\mathbf{k}_i$ e frequenza ω_i, mentre la radiazione osservata ad un angolo θ ha vettore d'onda $\mathbf{k}_s$ ed in generale, se esistono processi in cui la radiazione cede o assorbe energia al campione[23], una frequenza diversa ω_s. Ci occuperemo in particolare di quello che viene detto scattering elastico o quasi-elastico, ossia di un processo di scattering in cui $\omega_s \simeq \omega_i$. In questo caso, poiché si ha $|\mathbf{k}_s| = |\mathbf{k}_i| \equiv k_i$, è immediato mostrare che il modulo k del vettore di scattering[24] $\mathbf{k} = \mathbf{k}_i - \mathbf{k}_s$, è direttamente legato all'angolo a cui viene misurata la radiazione diffusa da:

$$k = 2k_i \sin \left(\frac{\theta}{2} \right) , \qquad (4.85)$$

con $k_i = 2\pi/\lambda$, dove λ è la lunghezza d'onda della radiazione *nel mezzo*[25].

Il campione in esame può essere considerato come un insieme di moltissimi diffusori, o *centri di scattering* (costituiti nel caso di scattering di radiazione elettromagnetica dalle singole molecole o, nel caso di scattering di neutroni, dai nuclei degli

---

[22] Misure di scattering più elaborate comportano la determinazione dello stato di polarizzazione (o nel caso di particelle materiale, dello spin) della radiazione diffusa.

[23] Notiamo che la relazione tra $\mathbf{k}$ ed ω, o tra momento $\mathbf{p} = \hbar \mathbf{k}$ ed energia $\varepsilon = \hbar \omega$, non è la stessa per particelle materiali e radiazione elettromagnetica, ossia che si hanno diverse *relazioni di dispersione*. Mentre per le particelle si ha infatti $\omega = (\hbar/2m)|\mathbf{k}|^2$, per onde elettromagnetiche $\omega = c|\mathbf{k}|$, dove c è la velocità della luce.

[24] Per un'abitudine consolidata nella comunità di chi utilizza lo scattering di raggi X o neutroni, il vettore d'onda trasferito è spesso indicato con $\mathbf{q}$ (o con $\mathbf{Q}$), una scelta un po' infelice se si tiene conto che il vettore d'onda associato ad una radiazione elettromagnetica o materiale è di norma indicato con $\mathbf{k}$, mentre con q_i si indica in meccanica analitica e statistica una coordinata generalizzata! Per fortuna, chi si occupa di scattering di luce utilizza di solito questa seconda e più naturale notazione, a cui ci adegueremo con piacere.

[25] Ciò significa che, se ad esempio utilizziamo radiazione elettromagnetica, $\lambda = \lambda_0/n$, dove λ_0 è la lunghezza d'onda nel vuoto ed n è l'indice di rifrazione del mezzo.

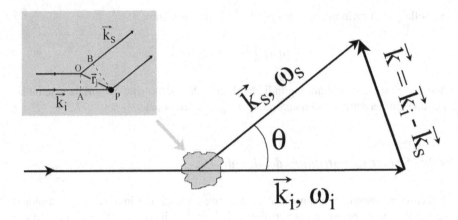

Fig. 4.7 Geometria di un esperimento di scattering. Nel riquadro in alto a sinistra è schematizzato lo sfasamento di un'onda diffusa da una particella in r_j rispetto a quella diffusa da un diffusore posto nell'origine

atomi che le compongono), ciascuno dei quali, investito dalla radiazione incidente, dà origine ad un'onda sferica diffusa. Se consideriamo allora uno specifico centro di scattering che si trovi in una posizione $\mathbf{r}_j$ rispetto ad un origine scelta arbitrariamente all'interno del campione, il campo $\mathbf{E}_j$ diffuso da j (o l'ampiezza della funzione d'onda diffusa nel caso di scattering di particelle) che incide su di un rivelatore posto a distanza $R = |\mathbf{R}|$ dal campione lungo la direzione di $\mathbf{k}_s$, individuata dal versore $\mathbf{R}/|\mathbf{R}|$, sarà proporzionale a:

$$\mathbf{E} = \mathbf{E}_0 e^{i\mathbf{k}_i \cdot \mathbf{r}_j} \frac{e^{i\mathbf{k}_s \cdot (\mathbf{R}-\mathbf{r}_j)}}{|\mathbf{R}-\mathbf{r}_j|},$$

dove il primo termine tiene conto dello sfasamento del campo $\mathbf{E}_0$ dell'onda incidente in $\mathbf{r}_j$ rispetto all'origine (segmento $\overline{AP}$ in Fig. 4.7) ed il secondo è un'onda sferica centrata in $\mathbf{r}_j$ (con $|\mathbf{R} - \mathbf{r}_j| = \overline{OB}$). Se il rivelatore è posto a grande distanza (ossia se $R \gg r_j$) possiamo approssimare:

$$|\mathbf{R} - \mathbf{r}_j| \simeq R + \frac{\mathbf{R}}{|\mathbf{R}|} \cdot \mathbf{r}_j,$$

da cui $\mathbf{k}_s \cdot (\mathbf{R} - \mathbf{r}_j) \simeq k_s R - \mathbf{k}_s \cdot \mathbf{r}_j$. Approssimando $|\mathbf{R} - \mathbf{r}_j| \simeq R$ al denominatore, il campo diffuso si può allora scrivere:

$$\mathbf{E}_j \simeq \mathbf{E}_0 e^{i(\mathbf{k}_i - \mathbf{k}_s) \cdot \mathbf{r}_j} \frac{e^{ik_s R}}{R} = \mathbf{E}_0 e^{i\mathbf{k} \cdot \mathbf{r}_j} \frac{e^{ik_s R}}{R},$$

ossia come un'onda sferica centrata nell'origine la cui ampiezza è modulata da un fattore di fase legato alla posizione del diffusore.

Il campo diffuso totale si ottiene sommando su tutte le particelle presenti nel volume di scattering,

$$\mathbf{E}_s = \mathbf{E}_0 \frac{e^{ik_sR}}{R} \sum_j e^{i\mathbf{k}\cdot\mathbf{r}_j},$$

e l'intensità[26] istantanea che giunge sul rivelatore è data da $|E_s|^2$. Se il campione è un fluido, dove i centri di scattering si muovono molto rapidamente, tale intensità fluttua molto rapidamente, e ciò che in realtà fa un rivelatore è mediare nel tempo l'intensità istantanea, il che, sappiamo, coincide in genere (ma non sempre) con il fare una media sulle configurazioni. Quindi l'intensità rivelata si scrive:

$$I_s(\mathbf{k}) = I_0 \left\langle \sum_{i,j} e^{i\mathbf{k}\cdot(\mathbf{r}_j-\mathbf{r}_i)} \right\rangle, \tag{4.86}$$

dove $I_0 = |\mathbf{E}_0|^2/R^2$. Usando la proprietà di sampling della δ di Dirac, possiamo riscrivere questa espressione come:

$$I_s(\mathbf{k}) = I_0 \int d^3r \exp(i\mathbf{k}\cdot\mathbf{r}) \left\langle \sum_{i,j} \delta[\mathbf{r}-(\mathbf{r}_j-\mathbf{r}_i)] \right\rangle.$$

Il termine nella media assomiglia molto a quello nella definizione (4.64) della funzione di distribuzione radiale, ma in questo caso si ha in più il termine con $i = j$. Osservando che $\sum_{i,j} \delta(\mathbf{r}+\mathbf{r}_i-\mathbf{r}_j) = \sum_{i\neq j} \delta(\mathbf{r}+\mathbf{r}_i-\mathbf{r}_j) + N\delta(\mathbf{r})$ e ricordando che $\left\langle \sum_{i\neq j} \delta(\mathbf{r}+\mathbf{r}_i-\mathbf{r}_j) \right\rangle = N\rho g(\mathbf{r})$ otteniamo quindi:

$$I_s(\mathbf{k}) = I_0 N \left[1 + \rho \int d^3r\, g(r) \exp(i\mathbf{k}\cdot\mathbf{r}) \right]. \tag{4.87}$$

L'intensità diffusa è dunque direttamente legata alla trasformata di Fourier spaziale della $g(\mathbf{r})$.

C'è tuttavia qualcosa di apparentemente strano nella (4.87). Per un gas ideale, dove $g(\mathbf{r}) \equiv 1$ e non esistono correlazioni spaziali tra le posizioni delle particelle, ci aspetteremmo che l'intensità totale sia semplicemente la somma delle intensità diffuse dalle singole particelle, ossia $I = NI_0$, il che corrisponde a dire che i campi diffusi si sommano in modo del tutto incoerente con fasi a caso. La (4.87) mostra invece la presenza di un termine addizionale: sfruttando le proprietà della delta di Dirac è immediato vedere che questo termine:

$$NI_0\rho \int d^3r \exp(i\mathbf{k}\cdot\mathbf{r}) = \frac{N^2}{V} I_0 \delta(\mathbf{k})$$

contribuisce solo a $\mathbf{k} = 0$ ed è invece proporzionale al *quadrato* del numero di particelle. La ragione della presenza di questo termine è che a $\theta = 0$ i campi diffu-

---

[26] Più precisamente, in ottica si tratta dell'irradianza.

si dalle singole particelle si sommano *sempre* in fase, dando origine ad un contributo *completamente coerente* che si somma alla parte del campo incidente che viene trasmessa senza essere diffusa. Riferendoci al caso di scattering elettromagnetico, è questo termine che dà di fatto origine all'indice di rifrazione del mezzo e alla parziale estinzione del fascio trasmesso[27]. Tale contributo non ha quindi nulla a che vedere con la struttura del mezzo diffondente e, dato che inoltre non può essere fisicamente distinto dal fascio trasmesso, conviene non considerarlo, sottraendolo per convenzione dall'espressione dell'intensità diffusa e scrivendo:

$$I_s(\mathbf{k}) = I_0 N \left[1 + \rho \int d^3 r\, h(\mathbf{r}) \exp(i\mathbf{k} \cdot \mathbf{r}) \right],$$

dove $h(\mathbf{r}) = g(\mathbf{r}) - 1$ è ancora una volta la funzione di correlazione totale. Con questa espressione, l'intensità diffusa da un gas ideale diviene semplicemente $I_s^{ig} = N I_0$, che non dipende da $\mathbf{k}$. È allora conveniente introdurre una grandezza adimensionale che quantifica gli effetti delle correlazioni di densità sullo scattering:

$$S(\mathbf{k}) = \frac{I_s(\mathbf{k})}{I_s^{ig}} = 1 + \rho \int d^3 r\, h(\mathbf{r}) \exp(i\mathbf{k} \cdot \mathbf{r}). \qquad (4.88)$$

A questa grandezza, fondamentale nello studio della struttura dei materiali, diamo il nome di *fattore di struttura*. Naturalmente, se il sistema è omogeneo ed isotropo (ossia $g(\mathbf{r}) = g(r)$) si ha più semplicemente

$$S(k) = 1 + 4\pi\rho \int dr\, r^2 h(r) \exp(ikr). \qquad (4.89)$$

Notiamo che in termini della funzione di correlazione della densità data dalla (4.71) si ha anche:

$$S(\mathbf{k}) = \frac{1}{\rho} \int d^3 r\, G(\mathbf{r}) \exp(i\mathbf{k} \cdot \mathbf{r}). \qquad (4.90)$$

Dalla definizione (4.88) di $S(k)$, usando la (4.74), è poi immediato ricavare un importante relazione tra comprimibilità isoterma e fattore di struttura per vettore d'onda nullo (ossia nel limite di angolo di scattering tendente a zero):

$$S(0) = \rho k_B T K_T = \frac{K_T}{K_T^{id}}, \qquad (4.91)$$

dove $K_T^{id} = (\rho k_B T)^{-1}$ è la comprimibilità isoterma di un gas ideale.

In linea di principio, quindi, a partire dal fattore di struttura determinato da esperimenti di scattering è possibile ottenere, tramite inversione, la funzione di distri-

---

[27] Più in generale, la parte immaginaria del campo diffuso a $k = 0$ contiene tutta l'informazione su quella che viene detta *sezione d'urto totale* di scattering. È questo il contenuto di un fondamentale ed utilissimo risultato che vale per scattering di qualunque natura (anche di particelle materiali) e che viene detto *teorema ottico*.

buzione radiale. Tuttavia, i metodi matematici che consentono di invertire una trasformata di Fourier sono accurati solo se si dispone di dati sperimentali relativi ad un range *molto* ampio di vettore d'onda trasferito. In pratica, quindi, è più conveniente partire da uno specifico modello di potenziale, ricavare $g(r)$ tramite uno dei procedimenti matematici cui abbiamo fatto cenno nell'ultimo paragrafo, ottenere da questa $S(k)$, ed infine *confrontare* il risultato con i dati sperimentali per verificare l'attendibilità del modello di potenziale prescelto.

Ma quali sono le caratteristiche generali dell'andamento del fattore di struttura? Soprattutto (elemento essenziale per scegliere *con quale* radiazione investigare il sistema), su quale scala di vettori d'onda trasferiti k si "sviluppa" $S(k)$? È ciò che cercheremo di analizzare, a partire da uno specifico modello, nel paragrafo che segue.

*4.3.6 Struttura di un sistema di sfere rigide

Analizzando il modello di van der Waals, abbiamo visto come sia soprattutto la presenza di interazioni attrattive a dare origine alla transizione gas/liquido. Al contrario, nel breve cenno che faremo in chiusura del capitolo, vedremo come la formazione di una fase solida sia determinata in modo molto più rilevante dagli effetti di volume escluso, ossia dalla parte *repulsiva* del potenziale. Nello stesso modo, sono gli effetti di volume escluso a determinare in modo primario la struttura di un liquido denso, ossia *lontano* dal punto critico. Vale quindi la pena di considerare, come esempio calcolo di $g(r)$ ed $S(k)$, il caso di un sistema di sfere rigide di diametro σ, ossia di un sistema di particelle interagenti tramite il semplice potenziale repulsivo dato dalla (4.8). Il vantaggio di considerare questo sistema modello, oltre a quello di poter ottenere una soluzione analitica approssimata delle equazioni integrali per $g(r)$, è che fornisce alcuni indizi importanti sui processi di cristallizzazione cui accenneremo.

In Fig. 4.8 sono mostrati la funzione di distribuzione radiale ed il fattore di struttura per un sistema di sfere rigide a tre diversi valori della frazione del volume totale occupata dalle particelle (ossia della quantità $\Phi = \rho v_p$, dove v_p è il volume di una particella), determinati utilizzando l'approssimazione di Percus–Yevick per $g(r)$. Cominciamo a considerare le funzione di distribuzione, mostrate nell'inserto. Come possiamo notare, già per $\Phi = 0,1$, ossia per un impaccamento di sfere pari a solo il 10%, $g(r)$ differisce sensibilmente dall'approssimazione per basse densità per $g(r)$:

$$g(r) \simeq e^{-\beta U(r)} = \begin{cases} 0 & r < \sigma \\ 1 & r > \sigma \end{cases}$$

poiché mostra un evidente "innalzamento" della probabilità di trovare una seconda particella a distanza r quando r è prossimo a σ. Al crescere di Φ, il comportamento di $g(r)$ comincia a mostrare un andamento oscillante con dei massimi via via de-

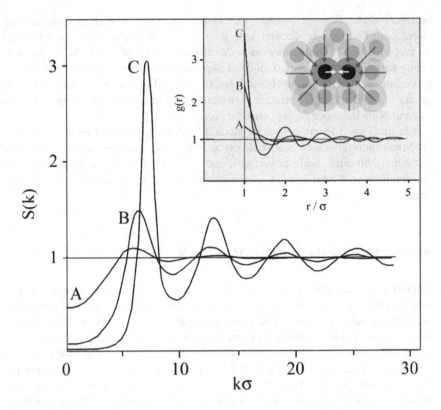

Fig. 4.8 Fattore di struttura e funzione di distribuzione radiale (inserto), in approssimazione di Percus–Yevick, per un sistema di sfere rigide a valori della frazione di volume $\Phi = 0,1$ (A), $\Phi = 0,3$ (B), $\Phi \simeq 0,5$ (C)

crescenti che corrispondono approssimativamente ad $r = \sigma, 2\sigma, 3\sigma, \ldots$[28]. Tuttavia, l'ordine locale imposto dal potenziale si annulla in ogni caso per distanze superiori a qualche σ, corrispondente, per liquidi semplici, a distanze dell'ordine del nanometro. Nel caso di un solido, al contrario, troveremmo una serie di picchi per $g(r)$ che corrispondono alle distanze dei primi, secondi, terzi vicini e così via nel reticolo cristallino, la cui ampiezza non descesce. Per queste ragioni, possiamo dire che un liquido assomiglia ad un solido se "guardato" su brevi distanze, mentre a lungo *range* la particella centrale "vede" un sistema disordinato simile ad un gas ($g(r) = 1$).

In ogni caso, possiamo notare come il massimo di $g(r)$ si abbia sempre per $r = \sigma$, ossia "a contatto". A che cosa è dovuto questo effetto, che può apparire strano, visto

---

[28] La presenza di un andamento funzionale così complesso anche per un potenziale a coppie di forma così semplice testimonia il che $g(r)$ contiene in sé tutte le correlazioni dirette ed indirette tra coppie di particelle, correlazioni che si estendono ben al di là del range del potenziale, che è rigorosamente nullo per $r > \sigma$.

che non vi è alcuna forza attrattiva che spinga le particelle a stare vicine? In realtà, il massimo di correlazione a contatto ha una semplice interpretazione fisica, che ho cercato di visualizzare nell'inserto. Come potete notare, ciascuna sfera "esclude" alle altre un volume pari a quello di una sfera di raggio 2σ, corrispondente alla regione in grigio. Se due sfere si trovano dunque a distanza $\sigma < r < 2\sigma$, nessun'altra particella può entrare nell'intercapedine tra di esse determinata dalla sovrapposizione dei due volumi esclusi. In questa condizione, tuttavia, le due sfere, che normalmente sono "bombardate" in modo isotropo in tutte le direzioni dalle altre, sono sottoposte ad uno sbilanciamento di pressione che tende a spingerle l'una contro l'altra, come se fossimo in presenza di una forza attrattiva che dà origine all'aumento di correlazione nella regione $\sigma < r < 2\sigma$.

Anche il fattore di struttura presenta un andamento oscillante, con dei picchi che risultano sempre più accentuati al crescere di Φ ed un primo massimo che corrisponde approssimativamente a $k_{max} \simeq 2\pi/\sigma$. Al crecere di k, le oscillazioni si smorzano progressivamente, fino a che, per $k\sigma \simeq 30$ si ha $S(k) \simeq 1$. Se notiamo che, per la (4.85), il massimo vettore d'onda trasferito (corrispondente ad un angolo di scattering $\theta = 180°$) è pari a $4\pi/\lambda$, ciò significa che, per ottenere un range di vettori d'onda misurabili tali da permettere di rivelare l'andamento dettagliato di $S(k)$, si deve avere $\lambda \lesssim \sigma/2$ che, per un fluido atomico o molecolare, corrisponde a lunghezze d'onda dell'ordine dell'ångström. Per questa ragione, per determinare la struttura dei liquidi semplici, si fa uso di scattering di raggi X o, preferibilmente, di neutroni "termici", ossia di energia pari a $k_B T$, con $T \simeq 300\,\mathrm{K}$[29]. Su questa scala, al contrario, le lunghezze d'onda della luce visibile corrispondono a $k \simeq 0$: quindi lo scattering di luce permette di ottenere solo la comprimibilità del fluido.

*4.3.6.1 Quando l'entropia ordina: il cristallo di sfere rigide

Abbiamo visto come la teoria di van der Waals permetta di comprendere fisicamente l'origine della transizione liquido-vapore, giustificandola a partire dalla competizione tra l'entropia, che favorisce la fase gassosa a bassa densità o alta temperatura, e forze attrattive, che inducono la condensazione a densità sufficientemente elevate e temperature inferiori a quella critica. Di converso, la motivazione fisica di fondo per cui un liquido, in opportune condizioni, solidifichi in una struttura cristallina rimane in parte uno degli aspetti meno compresi della fisica della materia.

Per mettere in evidenza quanto l'ordinamento spontaneo in una fase ordinata, caratterizzata da una simmetria traslazionale *discreta*[30], risulti difficile da comprendere teoricamente, basti dire che non vi è apparentemente nessun indizio strutturale che faccia prevedere la solidificazione di un liquido: il fattore di struttura non mostra infatti alcuna "segnatura" particolare, neppure quando il fluido è molto prossimo al-

---

[29] In queste condizioni, tenendo conto che la massa del neutrone è $m \simeq 1,67 \times 10^{-27}\,\mathrm{kg}$, si ha $\lambda = h/(2mk_B T)^{1/2} \simeq 0,2\,\mathrm{nm}$.

[30] Ossia in cui gli atomi si trovano disposti solo attorno a posizioni discrete $\mathbf{r} = n_a\mathbf{a} + n_b\mathbf{b} + n_c\mathbf{c}$, dove $\mathbf{a}, \mathbf{b}, \mathbf{c}$ sono i vettori di base del reticolo cristallino.

la cristallizzazione[31]. La ragione principale di ciò sta probabilmente nel fatto che la funzione di distribuzione radiale, che nel caso di potenziali a coppia determina molte grandezza termodinamiche di un fluido, non è in grado di fornirne *l'entropia*. La determinazione di quest'ultima, come vedremo, è davvero essenziale per comprendere i fenomeni di solidificazione.

I processi di cristallizzazione riservano del resto notevoli sorprese. Dato che il passaggio da gas a liquido richiede la presenza di forze attrattive, potremmo aspettarci che ciò sia vero "a più forte ragione" per la formazione di una fase solida ancor più compatta ma, inaspettatamente, non è così[32]. Per vederlo, torniamo a considerare un sistema di sfere rigide. Uno dei pionieri dello studio dei liquidi fu John Gamble Kirkwood, al quale si deve lo sviluppo di molti dei concetti e dei metodi di cui abbiamo fatto uso per descrivere lo stato liquido. Nel 1939, cercando di di determinare la $g(r)$ per un sistema di sfere rigide a partire dal lavoro necessario per creare una cavità in un fluido, Kirkwood notò come le equazioni ottenute non sembrassero avere alcuna soluzione al di là di un certo valore della densità ρ ben inferiore a quello corrispondente al massimo impaccamento per sfere. Con un intuizione geniale, si sentì quindi "tentato" di concludere che:

> ... *esiste una densità limite, oltre la quale una distribuzione propria di un liquido e la struttura liquida stessa non possono esistere. Al di sopra di questa densità, sono quindi possibili solo strutture con un ordine cristallino a lunga distanza.*

Kirkwood era però ben conscio che i nuovi metodi da lui utilizzati erano ancora "a rischio". Subito dopo, infatti, aggiunge che tale conclusione doveva essere tuttavia ritenuta molto incerta, perché avrebbe potuto essere solo una conseguenza delle approssimazioni fatte, senza alcun significato fisico.

Era comunque un'idea troppo prematura per i tempi, ed il problema rimase nel dimenticatoio fino al 1957, quando Bernie Alder e Tom Wainwright, mostrarono in uno dei primi studi di simulazione al computer di un sistema di sfere rigide che, al di sopra di una frazione di volume di circa il 50%, il fluido[33] si ordina *spontaneamente* sotto forma di cristallo. Il risultato di Alder e Wainwright suscitarono inizialmente forti perplessità, ma successivi studi accurati mostrarono che, al di sopra di una frazione di volume $\Phi = 0.496$, si ha equilibrio con una fase cristallina cubica a facce centrate (fcc) a frazione di volume $\Phi = 0.548$.

Come è possibile che, in assenza di forze attrattive, il sistema si ordini spontaneamente? Apparentemente, sembra che ciò comporti una *perdita* di entropia, ma in

---

[31] Esistono in realtà alcuni criteri empirici, come quello di *Hansen-Verlet*, secondo cui il freezing di un liquido ha luogo quando il massimo di $S(k)$ raggiunge un valore di circa $2, 8 - 3$. Questa regola, che può essere messa in relazione con un un altro criterio (altrettanto empirico), detto di *Lindemann*, secondo cui un solido fonde quando l'ampiezza quadratica media delle vibrazioni degli atomi raggiunge circa il 13-15% del passo reticolare, è tuttavia valido solo per una certa classe, anche se abbastanza ampia, di potenziali.

[32] Qualche dubbio potrebbe già sorgere considerando il caso dell'acqua, dove il ghiaccio è *meno* denso del liquido con cui è in equilibrio a $0°$ C.

[33] Dato che non vi sono forze attrattive, un sistema di sfere rigide ha solo una fase fluida, non vi è transizione liquido-vapore!

realtà è esattamente il contrario. Per capirlo, dobbiamo considerare più in dettaglio che cosa si intenda per "massimo impaccamento" di un sistema di sfere. La struttura che garantisce il massimo impaccamento è di fatto la struttura ordinata fcc[34] in cui le sfere occupano una frazione di volume $\Phi_{ocp} = \pi/\sqrt{18} \simeq 0,74$ (dove il pedice "ocp" sta per *ordered close packing*). Qual è invece il massimo impaccamento *disordinato* (quello che si dice *random close packing*), che sia quindi il corrispettivo di un fluido di sfere rigide? Da un punto di vista matematico è molto difficile (se non impossibile) definire questo concetto: tuttavia, da un punto di vista sperimentale, il risultato inequivocabile[35] è che se si gettano "a caso" delle sfere in un contenitore, la massima frazione di volume occupata non supera un valore $\Phi_{rcp} \simeq 0.63 - 0.64$.

Consideriamo allora un sistema di sfere con $\Phi \simeq \Phi_{rcp}$. Se queste sono in una configurazione disordinata, sono pressoché bloccate, e quindi non hanno alcuna libertà di movimento. Ciascuna sfera non ha dunque individualmente alcuna entropia traslazionale, e l'entropia del sistema è solo dovuta alle possibili diverse configurazioni che possiamo generare "riaggiustando" collettivamente *tutte* le sfere. Questa necessità di riaggiustare *cooperativamente* l'intero sistema per ottenere nuove configurazioni, riduce enormemente il numero di stati disponibili. Se consideriamo invece lo stesso sistema, ma in cui le sfere sono ordinate su un cristallo fcc, ciascuna sfera ha *ancora* un'ampia libertà di movimento (non è all'impaccamento massimo!), anche se ha dovuto "confinarsi" in una specifica cella cristallina. Deve esserci quindi un valore $\Phi \leq \Phi_{rcp}$ in cui l'entropia traslazionale che le sfere guadagnano nell'ordinarsi supera la perdita di "entropia configurazionale" dovuta al fatto che ogni sfera è confinata in una cella. Non è facile dare una forma rigorosa a questo ragionamento intuitivo, dato che come abbiamo detto è estremamente arduo determinare l'entropia di un fluido denso, ma questa è di fatto l'origine fisica dei processi di cristallizzazione, almeno per sistemi dove sono le forze di volume escluso a dominare. La cristallizzazione spontanea di un sistema di sfere rigide, che non è osservabile per i sistemi atomici o molecolari (dove le interazioni sono in genere ben più complesse), è stata ampiamente messa in luce per sistemi di particelle sferiche di dimensione colloidale, ed i valori sperimentali per le frazioni di volume delle fasi all'equilibrio sono in ottimo accordo con le previsioni teoriche. Ancora una volta, come vedete, la visione dell'entropia come "disordine" può essere pericolosa, mentre, quando questa venga interpretata come "libertà di movimento", fenomeni apparentemente inspiegabili diventano comprensibili, perlomeno qualitativamente.

---

[34] Oppure la struttura hexagonal close packed" (hcp), che differisce solo per il modo in cui si sovrappongono piani cristallini successivi, ma che è ad essa equivalente in termini di impaccamento complessivo. In realtà questo risultato, che sembra essere abbastanza intuitivo (basta pensare a come un ortolano ordina delle arance in una cassa, o al modo in cui si "impilano" usualmente le palle di cannone), costituisce la cosiddetta "congettura di Keplero", dimostrata rigorosamente solo nel 1998 da Thomas Hales, e presentata in un lavoro di circa 250 pagine!

[35] Gli esperimenti originali che portarono a questo risultato sono dovuti a John Desmond Bernal, uno dei padri fondatori della cristallografia.

5

Scale in crescendo

Oh lumaca,
scala il Monte Fuji,
ma piano, piano!
Kobayashi Issa (*haiku*)

Nel capitolo precedente, abbiamo visto come, sia nel caso dei fluidi semplici che di quelli con correlazioni di carica, le teorie di campo medio permettano di "aggirare" il complesso problema della descrizione di un sistema interagente e di ridurlo a quello di particelle indipendenti, permettendo comunque di estrarre informazioni preziose sul comportamento termodinamico. L'approssimazione essenziale dell'approccio di campo medio è di trascurare le fluttuazioni di densità: per un fluido in condizioni normali, ciò non dà origini a gravi discrepanze, dato che, come abbiamo visto discutendo la struttura dei liquidi, la densità è correlata su scale molto brevi, dell'ordine di qualche dimensione molecolari. Tuttavia, proprio la predizione della presenza di un punto critico e delle proprietà del tutto particolari di un fluido in prossimità di esso, insita nel modello di van der Waals, ci fa intuire come esista un'altra classe di sistemi, dove le fluttuazioni sono tutt'altro che trascurabili: anzi, sono proprio loro a "farla da padrone". Curiosamente, questi sistemi dominati dalle fluttuazioni sono per certi versi più semplici da descrivere, perché il loro comportamento mostra un grado di "universalità" del tutto inaspettato: in altri termini, non solo le proprietà termodinamiche non dipendono dal particolare sistema fisico considerato, ma persino fenomeni fisici che sembrano aver ben poco in comune mostrano nascoste ed inaspettate armonie.

Al cuore dell'approccio che svilupperemo per trattare i sistemi dominati da fluttuazioni sta il concetto di "self-similarità": quanto guardato su scale di lunghezza via via crescenti (come se avessimo un "microscopio ideale" del quale riduciamo progressivamente l'ingrandimento) un sistema dominato da fluttuazioni mostra una struttura che, statisticamente, non cambia. Il soggetto di cui ci occuperemo è in verità piuttosto ostico: quindi vale la pena, nella nostra scalata al "monte critico", di seguire il suggerimento di Kobayashi. Da brave lumache, cominciamo quindi ad affrontare un fenomeno fisico apparentemente molto diverso da quelli studiati nel capitolo precedente, ma che per sua natura si presta molto bene ad avvicinarci alle teorie moderne del comportamento in prossimità di un punto critico, o in generale di uno stato termodinamico dominato dalle fluttuazioni.

Piazza R.: Note di fisica statistica (con qualche accordo).
© Springer-Verlag Italia 2011

5.1 Il ferromagnetismo

5.1.1 Aspetti fenomenologici

Nel Cap. 3 abbiamo analizzato le proprietà dei materiali paramagnetici, osservando in particolare come la magnetizzazione (cioè il momento di dipolo magnetico per unità di volume) cresca a partire da un valore nullo fino ad un valore massimo di saturazione al crescere del campo applicato. Tuttavia certi materiali, che diremo *ferromagnetici*, possono presentare una magnetizzazione spontanea anche in *assenza* di un campo esterno.

Il comportamento macroscopico di un materiale ferromagnetico è piuttosto complesso. Se ad un campione che presenti una magnetizzazione iniziale nulla viene applicato un campo magnetico, M cresce secondo la curva OA in Fig. 5.1 (*curva di prima magnetizzazione*). Tuttavia, se il campo esterno B_0 viene riportato a zero, il sistema non ritraccia la stessa curva, bensì la curva AC, cosicché per $B_0 = 0$ permane una *magnetizzazione residua* M_0. Per smagnetizzare completamente il campione (punto D) è necessario applicare un *campo coercitivo* B_c. La curva sul piano (B_0, M), detta *ciclo di isteresi*, oltre ad essere una funzione a più valori, testimonia in qualche modo il fatto che il sistema ha "memoria" della sua storia precedente. Per ciascun materiale ferromagnetico esiste poi una "temperatura critica" T_c, detta *temperatura di Curie*, al di sopra della quale la magnetizzazione spontanea si annulla ed il materiale si comporta come un comune paramagnete. Alla temperatura di Curie si ha pertanto, in assenza di campo esterno, una transizione spontanea dalla fase ferromagnetica ($M_0 \neq 0$) a quella paramagnetica ($M_0 = 0$). Un particolare materiale ferromagnetico è caratterizzato dal valore di T_c e dalla *magnetizzazione di saturazione M_∞*, che è il massimo valore di M ottenibile applicando un campo B_0 molto intenso.

Tra tutti gli elementi nella tavola periodica, solo tre metalli di transizione (il ferro, il cobalto e il nickel) e due terre rare (il gadolinio e il disprosio) sono ferromagnetici. Il ferromagnetismo è quindi un fenomeno piuttosto raro tra gli elementi. La Tab. 5.1 riassume alcuni valori di T_c e M_∞ per alcuni materiali ferromagnetici comuni.

Tabella 5.1 Valori di T_c e M_∞ per alcuni materiali ferromagnetici comuni

	T_c (K)	$M_\infty (10^4 \text{Am}^{-1})$
Fe	1043	14
Co	1388	11
Ni	627	4
Gd	293	16
Dy	85	24

Il ferromagnetismo è presente comunque anche in un certo numero di leghe. Curiosamente la magnetite, Fe_3O_4, materiale magnetico noto fin dall'antichità (con $T_c = 858$ K, $M_\infty = 4 \times 10^4 \text{Am}^{-1}$) non è rigorosamente, come vedremo in seguito, un materiale ferromagnetico.

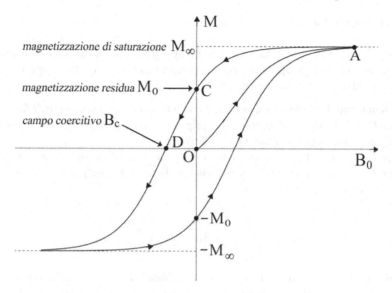

Fig. 5.1 Ciclo di isteresi

5.1.2 Domini ferromagnetici

Nel 1913 Pierre-Ernest Weiss ipotizzò che l'origine fisica dei fenomeni d'isteresi fosse da attribuirsi al fatto che la struttura microscopica di un ferromagnete sia in realtà "composita". Nel modello di Weiss, i ferromagneti vengono immaginati come formati da regioni, oggi dette *domini*[1]: ciascun dominio, piccolo su scala macroscopica (dell'ordine delle decine o centinaia di micron) ma grande su scala atomica, possiede al di sotto di T_c una magnetizzazione spontanea non nulla, ma la direzione della magnetizzazione, prima che il materiale venga magnetizzato per la prima volta, varia in modo casuale da dominio a dominio. L'applicazione di un campo esterno B_0 dà origine ad una magnetizzazione attraverso due meccanismi:

1. Per campi applicati non troppo alti, i domini diretti come B_0 tendono ad *espandersi* a spese degli altri.
2. Per campi maggiori, ha luogo anche una progressiva *rotazione* (riorientazione) di tutti i domini, che tendono ad allinearsi con il campo.

In seguito cercheremo di comprendere l'origine fisica dei domini: tuttavia, una teoria che permetta di determinarne le dimensioni, la morfologia, le variazioni dovute all'applicazione di un campo è molto complessa. Ciò che tuttavia è estremamente interessante, è che il comportamento di campioni ferromagnetici abbastanza piccoli da essere costituiti da *un solo* dominio è molto più semplice di quello dei ferromagneti macroscopici.

---

[1] In realtà nel modello originale di Weiss i "domini" sono solo costruzioni astratte: la loro visualizzazione diretta avvenne (e lo stesso termine "dominio" entrò in uso) solo molti anni dopo.

5.1.2.1 Singoli domini

In Fig. 5.2 riportiamo l'andamento della magnetizzazione di un singolo dominio in funzione del campo applicato per temperature inferiori, uguali e superiori alla temperatura di Curie. Possiamo notare che:

- il fenomeno dell'isteresi è assente (M è una funzione a un sol valore di B_0);
- per $T < T_c$, $M(B_0)$ è discontinua nell'origine e si ha una magnetizzazione residua M_0 tanto più piccola quanto più ci si avvicina a T_c;
- per $T > T_c$ si ha il tipico andamento a "tangente iperbolica" di un paramagnete;
- per $T = T_c$ la magnetizzazione presenta un flesso verticale per $B_0 = 0$, ossia la *suscettività magnetica diverge*:

$$\chi_m = \left(\frac{\partial M}{\partial B_0} \right)_0 \xrightarrow[T \to T_c]{} \infty;$$

ciò significa che vicino a T_c il sistema "risponde" con forti variazioni di magnetizzazione a piccole variazioni del campo applicato.

Analizziamo ora l'andamento della magnetizzazione residua M_0 in funzione della temperatura, ossia la curva $\lim_{B_0 \to 0^\pm} M(B_0, T) = \pm M_0(T)$, mostrato in Fig. 5.3. Osserviamo come $M_0(T) \xrightarrow[T \to 0]{} M_\infty$, mentre la magnetizzazione residua svanisce rapidamente per $T \to T_c$.

Possiamo infine cercare di disegnare un "diagramma di fase" nel piano delle variabili (T, B_0). Questo, come mostrato in Fig. 5.4, sarà un segmento $[O, T_c]$ sull'asse $B_0 = 0$, che termina a $T = T_c$. Il significato del grafico è che se il campo viene rovesciato da positivo a negativo per $T < T_c$, nell'attraversare la linea si passa in modo discontinuo da una fase in cui gli spin "puntano" prevalentemente "in su" ad una in cui gli spin sono prevalentemente diretti in senso opposto. Al di sopra di T_c il passaggio avviene invece senza discontinuità, perché sull'asse $M = 0$.

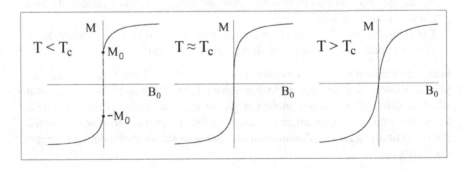

Fig. 5.2 Magnetizzazione in funzione del campo esterno per un singolo dominio

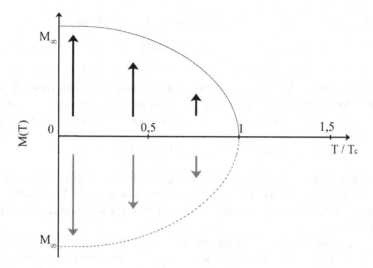

Fig. 5.3 Magnetizzazione in funzione della temperatura per un singolo dominio

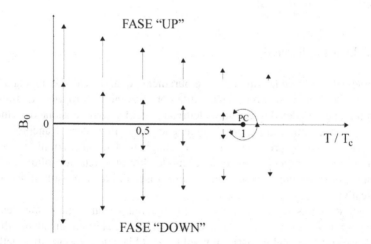

Fig. 5.4 Diagramma campo/temperatura per un singolo dominio

5.1.3 Alle radici del ferromagnetismo: le forze di scambio

5.1.3.1 Assolviamo gli innocenti (le forze di dipolo)

Ad un primo esame, potremmo pensare che la transizione alla fase ferromagnetica sia dovuta alle interazioni tra i dipoli magnetici, che avevamo trascurato nella trattazione "a singola particella" del paramagnetismo. Tuttavia, è facile rendersi conto che così non può essere, per almeno due ragioni:

- L'energia di interazione tra due dipoli μ_1, μ_2 posti a distanza r è

$$E_{dip} = \frac{\mu_0}{4\pi}\frac{\mu_1\mu_2}{r^3},$$

dove $\mu_0 = 4\pi \times 10^7$ NA^{-2} è la permeabilità magnetica del vuoto. Tenendo conto che l'ordine di grandezza dei dipoli magnetici è il magnetone di Bohr $\mu_B \simeq 10^{-23}$ Am^2 e assumendo $r \simeq 2$Å come tipica distanza reticolare, otteniamo

$$E_{dip} \simeq 10^{-24} \text{ J} \simeq 10^{-4} \div 10^{-5} \text{ eV}.$$

Ricordando che a temperatura ambiente $k_B T \simeq 1/40$ eV, vediamo come l'energia associata alle interazioni di dipolo magnetiche sia solo 1/250 dell'energia termica (in altri termini, per avere $E_{dip} \simeq k_B T$ dovremmo scendere a temperature dell'ordine di 1 K!).

- Le interazioni di dipolo sono fortemente anisotrope, al punto che tendono sì ad allineare due dipoli nello stesso senso lungo la retta che li congiunge, ma al contrario, a renderli *antiparalleli* se sono diretti perpendicolarmente alla loro congiungente. Quindi, non è neppure detto che le forze di dipolo *favoriscano* l'ordine ferromagnetico!

5.1.3.2 Le forze di scambio

L'origine del ferromagnetismo è invece puramente quantistica ed è dovuta alle *forze di scambio*, che nascono da una sottile correlazione tra proprietà di simmetria della funzione d'onda ed interazioni elettrostatiche. La comprensione di come queste interazioni determinino le proprietà magnetiche della materia è ancora parziale, perché richiede di tenere conto in modo dettagliato delle interazioni tra elettroni, che in un primo approccio allo studio di molte altre proprietà dei solidi possono al contrario essere trascurate senza che ciò impedisca di ottenere risultati fisicamente significativi.

Quanto diremo sarà quindi molto qualitativo, ma per farci una prima idea, limitiamoci proprio a considerare *solo* le interazioni tra due elettroni di valenza di atomi diversi che si trovino nelle posizioni $\mathbf{r}_1$ ed $\mathbf{r}_2$ ed abbiano le componenti s_z dello spin pari ad s_1 ed s_2, senza tenere conto del fatto che in realtà i due elettroni interagiscono ovviamente *anche* con i nuclei degli atomi cui appartengono. Sappiamo che gli elettroni, in quanto fermioni, devono avere una funzione d'onda antisimmetrica, ossia, indicando il complesso delle coordinate spaziali e di spin s dei due elettroni con "1" e "2", si deve avere

$$\psi(1,2) = -\psi(2,1).$$

Se possiamo *trascurare* le interazioni di dipolo magnetico, l'energia d'interazione tra i due elettroni non dipende da s_1 ed s_2. In questo caso, la funzione d'onda complessiva *fattorizza* in una funzione d'onda spaziale ϕ per una funzione d'onda di spin χ:

$$\psi(1,2) = \phi(\mathbf{r}_1,\mathbf{r}_2)\chi(s_1,s_2).$$

Dato che le funzioni d'onda elettroniche e di spin devono avere una simmetria determinata, abbiamo allora due sole situazioni possibili:

- ϕ é *simmetrica* e χ *antisimmetrica*:

$$\phi(\mathbf{r}_1,\mathbf{r}_2) = \phi(\mathbf{r}_2,\mathbf{r}_1) \; ; \; \chi(s_1,s_2) = -\chi(s_2,s_1);$$

- ϕ é *antisimmetrica* e χ *simmetrica*:

$$\phi(\mathbf{r}_1,\mathbf{r}_2) = -\phi(\mathbf{r}_2,\mathbf{r}_1) \; ; \; \chi(s_1,s_2) = \chi(s_2,s_1).$$

Per quanto riguarda la simmetria della funzione d'onda di spin, indicando[2] con $|\uparrow\uparrow>$, $|\downarrow\downarrow>$ gli stati con spin paralleli e $|\uparrow\downarrow>$, $|\downarrow\uparrow>$ gli stati con spin antiparalleli, possiamo in generale formare:

- uno stato antisimmetrico con spin totale $S = 0$, detto stato di *singoletto*:

$$(1/\sqrt{2})(|\uparrow\downarrow> -|\downarrow\uparrow>);$$

- tre stati simmetrici, con $S = 1$ (e $S_z = 1, -1, 0$ rispettivamente), detti stati di *tripletto*:

$$|\uparrow\uparrow>, \; |\downarrow\downarrow>, \; (1/\sqrt{2})(|\uparrow\downarrow> +|\downarrow\uparrow>).$$

Se allora χ è uno stato di tripletto, la funzione d'onda elettronica è antisimmetrica, il che implica in particolare che

$$\phi(\mathbf{r}_1,\mathbf{r}_2) = 0 \;\; \text{per} \;\; \mathbf{r}_1 = \mathbf{r}_2,$$

cioè che due elettroni con spin parallelo se ne staranno in generale "in disparte". Al contrario, due elettroni con spin antiparallelo si troveranno preferibilmente entrambi nella regione di spazio interna tra i due nuclei, quindi tendenzialmente più vicini che nel caso precedente. Ma due elettroni sono pur sempre cariche opposte, cui questa vicinanza non fa certo piacere: possiamo quindi aspettarci che lo stato con spin paralleli sia favorito per la minore repulsione elettrostatica tra i due elettroni che lo caratterizza. In altri termini, per quanto riguarda le interazioni tra elettroni, le proprietà di simmetria della funzione d'onda fanno sì che una configurazione di due elettroni con spin antiparallelo sia energeticamente sfavorita dal punto di vista elettrostatico rispetto a quella con spin paralleli.

Se tuttavia teniamo conto anche delle interazioni tra elettroni e nuclei, le cose non sono così semplici, e non è detto che le forze di scambio favoriscano lo stato di tripletto. Anzi, se consideriamo ad esempio un atomo di elio o una molecola d'idrogeno, le forze di scambio giocano un ruolo *del tutto opposto*: in questo caso, se teniamo conto solo delle interazioni tra elettroni e nuclei, la funzione d'onda elettronica nello stato fondamentale risulta simmetrica e quindi gli spin antiparalleli:

---

[2] Per i più esperti, faremo dunque uso della notazione di Dirac.

l'introduzione delle interazioni tra elettroni non modifica qualitativamente questo risultato. In altri termini, l'energia dello stato di tripletto E_t è superiore a quella di singoletto E_s. In generale, *se* si trascurano le interazioni elettrone/elettrone, si ha *sempre $E_s < E_t$*.

◇ Infatti in questo caso, dette r_1 ed r_2 le posizioni dei due elettroni ed R_1 ed R_2 le posizioni degli ioni, l'equazione agli autovalori si scrive:

$$(H_1 + H_2)\,\psi(r_1, r_2) = E\,\psi(r_1, r_2),$$

dove

$$H_i = -\frac{\hbar^2}{2m}\nabla_i^2 - \frac{e^2}{4\pi\varepsilon_0|r_i - R_1|} - \frac{e^2}{4\pi\varepsilon_0|r_i - R_2|},$$

ossia l'equazione diviene separabile e le soluzioni si possono costruire a partire da quelle per un singolo elettrone. Dette allora $\phi_0(r)$ e $\phi_1(r)$ le soluzioni corrispondenti allo stato di minima energia e al primo stato eccitato, con autovalori ε_0 ed $\varepsilon_1 > \varepsilon_0$, la funzione d'onda *simmetrica* di minima energia sarà:

$$\psi(r_1, r_2) = \phi_0(r_1)\phi_0(r_2),$$

cui corrisponde un'energia dello stato di singoletto $E_s = 2\varepsilon_0$, mentre per ottenere una funzione d'onda *anti*simmetrica (di tripletto) dobbiamo necessariamente combinare le funzioni d'onda di singolo elettrone nella forma:

$$\psi(r_1, r_2) = \phi_0(r_1)\phi_1(r_2) - \phi_0(r_2)\phi_1(r_1),$$

alla quale è associato tuttavia l'autovalore $E_t = \varepsilon_0 + \varepsilon_1 > E_s$. ◇

L'approssimazione in cui si trascurano le interazioni tra elettroni funziona discretamente se i due ioni sono vicini (è questo il caso di un legame molecolare come quello della molecola d'idrogeno), ma peggiora rapidamente quando la distanza tra di essi cresce. Quando la separazione tra i nuclei è grande, si può utilizzare la cosiddetta approssimazione di Heitler-London, che mostra come la separazione $E_s - E_t$ sia determinata da un'integrale, detto *di scambio*, il cui segno dipende esplicitamente dalla *distanza* tra i nuclei atomici. In particolare, per specifici valori della distanza internucleare, l'integrale di scambio può favorire uno stato di tripletto con spin paralleli[3].

A tutt'oggi, non esiste in effetti una teoria sufficientemente generale degli effetti delle forze di scambio, soprattutto perché oltre alla situazione che stiamo descrivendo ve ne sono altre, in cui le forze di scambio agiscono in modo "indiretto" e molto più complesso. Ad esempio, in una lega due atomi ferromagnetici possono interagire attraverso un terzo atomo *non* ferromagnetico interposto tra di essi o, nel caso dei metalli, attraverso gli elettroni *liberi* di conduzione di cui ci occuperemo nel Cap. 6. L'esistenza stessa del ferromagnetismo mostra comunque che esistono condizioni in cui lo stato di tripletto è favorito. Notiamo in ogni caso che le le forze di scambio, derivando dalle proprietà di simmetria della funzione d'onda ed in ultima analisi dal principio di Pauli, sono legate solo all'esistenza dello spin, ma non

---

[3] Tuttavia, quando si considerino solo due nuclei, si può dimostrare rigorosamente che lo stato di minima energia rimane quello di singoletto *anche* se si tiene conto delle interazioni tra elettroni: ma ciò non è più vero se si considerano *tre* o più ioni, e tenere conto in maniera adeguata delle interazioni tra elettroni diviene in questo caso un'impresa proibitiva.

al fatto che al momento angolare intrinseco sia poi associato un momento magnetico. Curiosamente, quindi, il ferromagnetismo non è dovuto a "forze magnetiche" con un analogo classico, ma ad un *interplay* tra requisiti quantistici di simmetria e forze elettrostatiche (anche se naturalmente l'esistenza dello spin, oltre a generare le forze di scambio, dà anche origine all'accoppiamento con il campo magnetico).

5.1.3.3 L'interazione di Heisenberg

Qualunque sia l'effetto finale sull'allineamento degli spin delle forze di scambio, quest'ultime sono in ogni caso dovute alla sovrapposizione tra funzioni d'onda elettroniche che si estendono su scala atomica e sono quindi necessariamente a *corto range*. Per tener conto degli effetti di scambio, possiamo limitarci a considerare solo le interazioni tra i *primi vicini*, cioè tra due spin S_i ed S_j che occupano siti adiacenti sul reticolo cristallino. Questo, come già sappiamo, è un enorme vantaggio per ciò che concerne il calcolo della funzione di partizione: se infatti ognuno degli N spin ha p primo vicini, possiamo limitarci a considerare Np termini d'interazione, anziché gli $N(N-1)/2 \simeq N^2/2$ termini che si avrebbero tenendo conto di tutte le coppie.

Ma possiamo dare una forma funzionale semplice per queste interazioni? Un modello molto semplificato, dovuto ad Heisenberg, ci può fornire indizi significativi. Consideriamo due atomi di idrogeno: quando i due nuclei sono molto lontani, ciascuno dei due elettroni può avere uno spin orientato in due modi equivalenti, o, come si suol dire, lo stato fondamentale del sistema è quattro volte *degenere*. Cosa accade se avviciniamo i due nuclei? Per effetto delle interazioni (sia tra un nucleo e l'elettrone appartenente all'altro atomo, che tra i due elettroni), l'energia dello stato di singoletto e dello stato di tripletto cominceranno ad essere lievemente diverse. Notiamo che il modulo dello spin di ciascun elettrone vale $|S_{1,2}|^2 = \frac{1}{2}(\frac{1}{2}+1) = \frac{3}{4}$. Quindi, per lo spin totale:

$$|S|^2 = |S_1|^2 + |S_2|^2 + 2S_1 \cdot S_2 = \frac{3}{2} + 2S_1 \cdot S_2.$$

Lo spin totale S ha autovalori 0 nello stato di singoletto ed 1 nello stato di tripletto, in corrispondenza dei quali, quindi, l'operatore $S_1 \cdot S_2$ avrà autovalori -3/4 e 1/4 rispettivamente. Allora l'operatore

$$H^s = 1/4(E_s + 3E_t) - (E_s - E_t)S_1 \cdot S_2$$

descrive in maniera adeguata l'interazione tra spin, dato che ha per autovalori E_s nello stato di singoletto e E_t nello stato di tripletto. Ridefinendo lo zero dell'energia, possiamo omettere il termine costante $1/4(E_s + 3E_t)$ e considerare come hamiltoniana dell'interazione tra spin

$$H^s = -JS_1 \cdot S_2 \quad \text{con } J = (E_s - E_t),$$

che risulta quindi direttamente proporzionale alla differenza tra le energie degli stati di singoletto e di tripletto. Curiosamente, questa semplice espressione per l'interazione tra due spin vicini, che diremo *interazione di Heisenberg*, ha la forma di un prodotto scalare tra gli spin, che ricorda quella caratteristica dell'interazione classica tra due dipoli, anche se la sua origine, puramente quantistica, non ha nulla a che vedere con i dipoli magnetici!

Anche se il modello su cui ci siamo basati è davvero molto semplificato, l'interazione di Heisenberg risulta particolarmente efficace per descrivere molti effetti magnetici nei materiali. Prima di tutto, permette di intuire la possibilità di diverse forme di ordinamento degli spin oltre a quello ferromagnetico, dato che $E_s - E_t$ può avere sia segno positivo che negativo. Ad esempio, come mostrato in Fig. 5.5, l'integrale di scambio, valutato da Bethe e Slater per alcuni metalli di transizione (e per una terra rara come il gadolinio) cambia di segno al crescere del rapporto tra il passo reticolare e la dimensione atomica (o, per meglio dire, il raggio della shell atomica occupata dagli orbitali $3d$).

Se $J > 0$ si ha quindi un sistema ferromagnetico, in cui spin su siti reticolari adiacenti tendono ad orientarsi parallelamente, ma se le forze di scambio sono tali da rendere $J < 0$ (ossia se l'energia dello stato di singoletto è minore di quella di tripletto), gli spin adiacenti tenderanno ad essere antiparalleli: questo è il caso degli *antiferromagneti* che, pur presentando ordine magnetico al di sotto di una data T_c, non mostrano (per la disposizione "alternata" degli spin) alcuna magnetizzazione macroscopica: esempio sono molti ossidi (specialmente di elementi ferromagnetici) quali FeO, CoO, NiO, MnO. Se tuttavia in un cristallo antiferromagnetico costituito da due tipi di ioni uno di questi presenta un momento magnetico molto maggiore dell'altro, si può avere comunque una sensibile magnetizzazione complessiva: a questo tipo di materiali, detti *ferri*magneti, appartiene ad esempio proprio la magnetite. Per riassumere con un piccolo schema unidimensionale,

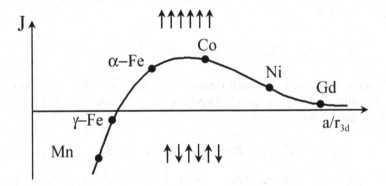

Fig. 5.5 Andamento del termine di accoppiamento J per alcuni metalli, in funzione del rapporto tra la distanza interatomica a e il raggio della shell atomica $3d$. Si noti differenza tra la ferrite (Ferro α) che è la struttura cubica a corpo centrato del ferro a temperatura ambiente, e l'austenite (Ferro γ, con struttura cubica a facce centrate), che si manifesta ad alte temperature o per aggiunta di carbonio negli acciai, la quale non ha proprietà ferromagnetiche

abbiamo:

Ferromagneti	↑↑↑↑↑↑↑↑↑↑
Antiferromagneti	↑↓↑↓ ↑↓↑↓↑↓
Ferrimagneti	↑↓↑↓↑↓↑↓↑ ↓

5.1.3.4 Innocenti sì, ma non del tutto: domini e forze di dipolo

Abbiamo visto che l'insorgenza del ferromagnetismo non può essere imputata alle forze di dipolo che, oltre ad essere di gran lunga troppo deboli, favoriscono in realtà un allineamento *antiparallelo* degli spin. Tuttavia, a differenza delle forze di scambio, le forze di dipolo sono *a lungo range*. Se allora consideriamo una regione che racchiude N spin, il numero di coppie di interazioni di dipolo è dell'ordine di N^2. Quindi, al crescere di N, il contributo *complessivo* di energia dovuto alle forze di dipolo, per quanto piccolo per ogni singola coppia, diventerà alla fine confrontabile o superiore a quello dovuto alle forze di scambio, che cresce solo come Np. Per questa ragione, le forze di dipolo sono all'origine della formazione dei domini ferromagnetici, cioè dell'esistenza di una dimensione massima per una regione di spin allineati, che riducono considerevolmente la magnetizzazione spontanea del campione rispetto a quella che si avrebbe per un sistema costituito da un singolo dominio.

L'analisi della morfologia dei domini è tuttavia estremamente complessa: da una parte, si deve tener conto del costo di energia necessario a formare una "parete" tra domini con diversa orientazione (una specie di "tensione interfacciale"), dall'altra le condizioni al contorno (cioè la superficie esterna del campione) hanno estrema importanza nel dettare la dimensione e la struttura dei domini. Non ci occuperemo dunque nei dettagli di quest'aspetto del ferromagnetismo, che tuttavia rappresenta uno dei campi d'indagine più interessanti della fisica dei materiali magnetici.

5.1.4 Il modello di Curie–Weiss

Se scriviamo il momento magnetico associato allo spin S_i come

$$\mu_i = g\mu_B S_i$$

(ricordando che con S intendiamo un vettore che ha per modulo il *numero quantico* di spin, dato che abbiamo già riassorbito $\hbar$ in μ_B), l'energia di interazione di S_i con un campo esterno B_0 sarà data da $-g\mu_B B_0 \cdot S_i$. In presenza di un campo esterno, possiamo allora assumere che l'hamiltoniana del sistema abbia la forma:

$$H = -g\mu_B B_0 \cdot \sum_{i=1}^{N} S_i - J \sum_{p.v.} S_i \cdot S_j, \qquad (5.1)$$

dove, nella seconda somma, con "*p.v.*" indichiamo che la somma va fatta solo sulle coppie (i, j) di primi vicini. La (5.1) può però essere vista formalmente come somma di contributi di singolo spin:

$$H_i = - \left[g\mu_B \mathbf{B}_0 + J \sum_{p.v.} \mathbf{S}_j \right] \cdot \mathbf{S}_i = -\mathbf{B}_i^{int} \cdot \mathbf{S}_i,$$

dove $\mathbf{B}_i^{int}$ è il campo magnetico "interno" totale a cui è sottoposto lo spin $\mathbf{S}_i$.

Adottando un approccio di campo medio, Weiss propose di sostituire ai valori effettivi degli spin $\mathbf{S}_j$ il valore medio $< \mathbf{S} >$ (che, se il sistema è spazialmente uniforme, è ovviamente uguale per tutti gli spin), trascurando in tal modo le correlazioni tra spin. Dato che S è legato alla magnetizzazione da

$$M = \frac{N}{V} g\mu_B < \mathbf{S} >,$$

ciò significa sostituire al campo magnetico interno reale (che fluttua da punto a punto) un *campo medio efficace*:

$$\mathbf{B}_{eff} = \mathbf{B}_0 + \lambda \mathbf{M} \tag{5.2}$$

$$\text{dove} : \lambda = \frac{pJ}{(g\mu_B)^2} \frac{V}{N}.$$

Il materiale ferromagnetico viene allora descritto a tutti gli effetti come un paramagnete, *ma con un campo dipendente da* $\mathbf{M}$. Scegliendo un sistema con spin 1/2, possiamo allora scrivere direttamente per il modulo del vettore magnetizzazione:

$$M = \frac{Ng\mu_B}{2V} \tanh\left(\frac{g\mu_B B_{eff}}{2k_B T} \right), \tag{5.3}$$

che tuttavia, in maniera simile a quanto abbiamo visto per il potenziale elettrostatico nella teoria di Debye–Hückel, è in realtà una soluzione implicita del problema: $\mathbf{B}_{eff}$ determina infatti $\mathbf{M}$, ma è a sua volta determinato da $\mathbf{M}$:

$$\mathbf{M} \leftrightharpoons \mathbf{B}_{eff}.$$

Dovremo quindi cercare una soluzione *autoconsistente* del problema.

Magnetizzazione in assenza di campo. Per $B_0 = 0$, ponendo $M_\infty = Ng\mu_b/2V$, possiamo scrivere:

$$\frac{M}{M_\infty} = \tanh\left(\frac{pJ}{4k_B T} \frac{M}{M_\infty} \right). \tag{5.4}$$

Possiamo discutere graficamente le soluzioni ponendo $y = M/M_\infty$ e scrivendo:

$$\begin{cases} y = (4k_B T/pJ)x \\ y = \tanh(x), \end{cases}$$

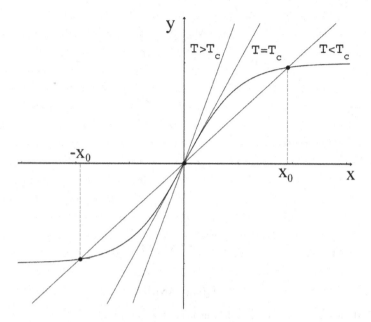

Fig. 5.6 Risoluzione grafica del modello di Weiss

ovverosia cercando le intersezioni con la curva $y = \tanh(x)$ di una retta con pendenza variabile. Dal fatto che, per x piccolo, $\tanh(x) \simeq x$, ne discende che, definendo la temperatura di Curie come $T_c \stackrel{def}{=} pJ/4k_B$, si avranno:

$$\begin{cases} 1 \text{ soluzione } (M = 0) & \text{se } T > T_c \\ 3 \text{ soluzioni } (M = 0, \pm M_0) & \text{se } T < T_c. \end{cases} \qquad (5.5)$$

Magnetizzazione in funzione del campo. Possiamo scrivere

$$\begin{cases} x = M/M_\infty \\ y = g\mu_B B_0/2k_B \end{cases}$$

e quindi:

$$x = \tanh\left(\frac{T_c}{T}x + \frac{y}{T}\right) \Rightarrow y = T\tanh^{-1}(x) - T_c x. \qquad (5.6)$$

Dalla Fig. 5.7, possiamo notare come la suscettività

$$\frac{\partial M}{\partial B} = \frac{g\mu_B M_\infty}{2k_B} \frac{\partial x}{\partial y}$$

sia negativa nell'intervallo $(-x_1, x_1)$: come vedremo, ciò corrisponde ad una regione di instabilità analoga a quella riscontrata per la transizione gas/liquido. Nell'intorno

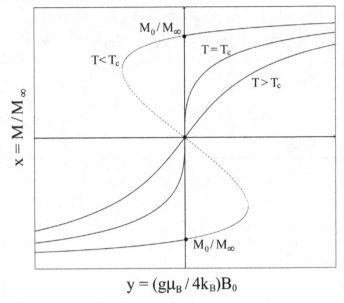

$$y = (g\mu_B / 4k_B)B_0$$

Fig. 5.7 Magnetizzazione in funzione del campo nel modello di Weiss

di T_c $(x \ll 1)$, da: $\tanh^{-1}(x) \approx x - x^3/3$, otteniamo

$$y \approx (T - T_c)x - \frac{T}{3}x^3.$$

Per $T < T_c$ dobbiamo però chiederci se tutte le soluzioni siano stati di equilibrio stabile: a tal fine, studiamo l'andamento dell'energia libera.

Energia libera. Per semplificare la notazione, scriviamo il valor medio del momento magnetico del singolo spin come $m = \langle S_z \rangle$ e poniamo $h_0 = g\mu_B B_0$. L'hamiltoniana di campo medio H^{cm} del sistema è data da:

$$H^{cm} = -\sum_{i=1}^{N} h_0 S_i - \frac{1}{2}\sum_{i=1}^{N} pJmS_i,$$

dove nel secondo termine (quello di interazione tra spin) abbiamo come sempre introdotto un fattore 1/2 per non contare due volte le coppie. L'energia interna di campo medio è allora:

$$E^{cm} = -Nh_0 m - \frac{NpJ}{2} m^2. \tag{5.7}$$

Per valutare l'entropia, osserviamo che, per spin 1/2, il valore medio del momento magnetico si può scrivere

$$m = \frac{+(1/2)\langle N_\uparrow \rangle - (1/2)\langle N_\downarrow \rangle}{N},$$

dove $\langle N_\uparrow \rangle$ ed $\langle N_\downarrow \rangle$ sono rispettivamente il numero medio di spin che puntano "in su" ed "in giù". A questa configurazione corrisponde un numero di stati $\Omega = N!/(\langle N_\uparrow \rangle! \langle N_\downarrow \rangle!)$ e quindi, usando l'approssimazione di Stirling, un entropia:

$$S \simeq k_B \left(N \ln N - \langle N_\uparrow \rangle \ln \langle N_\uparrow \rangle - \langle N_\downarrow \rangle \ln \langle N_\downarrow \rangle \right).$$

Se sostituiamo allora

$$\begin{cases} \langle N_\uparrow \rangle = \left(\frac{1}{2} + m \right) N \\ \langle N_\downarrow \rangle = \left(\frac{1}{2} - m \right) N \end{cases}$$

si ha dunque:

$$S = N k_B \left[\ln 2 - \frac{1+2m}{2} \ln(1+2m) - \frac{1-2m}{2} \ln(1-2m) \right]$$

in prossimità della temperatura di Curie ($m \ll 1$). Sviluppando i logaritmi come $\ln(1 \pm x) = \pm x - x^2/2 \pm x^3/3 - x^4/4 \ldots$ fino al secondo termine non nullo si ottiene (con un po' di attenzione...)

$$S \approx N k_B \left(\ln 2 - 2m^2 - \frac{4}{3} m^4 \right). \tag{5.8}$$

Dalle (5.7, 5.8), l'energia libera $F = E^{cm} - TS$ vicino a T_c, che come abbiamo detto gioca il ruolo di punto critico, si scrive:

$$F \approx -N \left[k_B T \ln 2 + h_0 m + \left(p \frac{J}{2} - 2k_B T \right) m^2 - \left(\frac{4 k_B T}{3} \right) m^4 \right]. \tag{5.9}$$

Analizziamo quindi l'andamento di $F(m)$ in assenza ed in presenza del campo esterno h_0. Per $h_0 = 0$ abbiamo:

$$F \approx N \left[(4k_B T/3) m^4 - (pJ/2 - 2k_B T) m^2 - k_B T \ln 2 \right].$$

Se cerchiamo allora gli estremi:

$$\frac{\partial F}{\partial m} = 0 \Rightarrow \frac{16 k_B T}{3} m^3 - (pJ - 4k_B T)m = 0.$$

Come già visto in precedenza, si hanno quindi le soluzioni:

$$m = \begin{cases} 0 & \text{per } T > T_c \\ 0, \pm m_0 = \pm \sqrt{3(T_c - T)/4T} & \text{per } T < T_c. \end{cases} \tag{5.10}$$

Per l'estremo $m = 0$ si ha:

$$\left(\frac{\partial^2 F}{\partial m^2} \right)_{m=0} = pJ - 4k_B T \begin{cases} > 0 & \text{per } T > T_c \text{ (min)} \\ < 0 & \text{per } T < T_c \text{ (max)}, \end{cases} \tag{5.11}$$

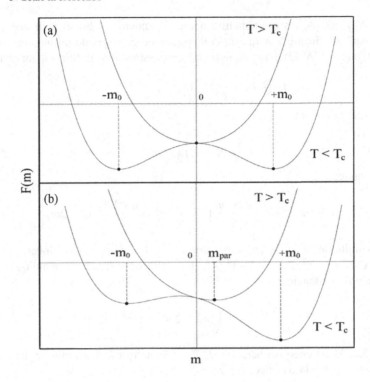

Fig. 5.8 $F(m)$ nel modello di Weiss in assenza (a) ed in presenza (b) di campo

mentre è immediato verificare che in $\pm m_0$ si ha sempre $\partial^2 F / \partial m^2 > 0$. Per $T < T_c$ ci sono quindi due minimi di F per valori finiti di $m = \pm m_0$. L'andamento di $F(m)$ è mostrato in Fig. 5.8a. La presenza di un campo h_0 corrisponde semplicemente ad aggiungere ad F un termine $-h_0 m$, o in altri termini aggiungere alla funzione mostrata nel grafico precedente una retta di pendenza $-h_0$ (si veda Fig. 5.8b). Al di sopra della temperatura di Curie questo non cambia qualitativamente l'andamento dell'energia libera: $F(m)$ diviene asimmetrica, ma si ha sempre un solo minimo (in corrispondenza di un valore *finito* di magnetizzazione m_{par}, come ci si aspetta per un paramagnete). Per $T < T_c$ invece, la "deformazione" della curva rende $F(+m_0) < F(-m_0)$ e pertanto si ha *un solo minimo assoluto*, corrispondente ad una magnetizzazione diretta lungo il verso del campo.

5.1.5 Esponenti critici

Il comportamento di un ferromagnete in prossimità della temperatura di Curie è dunque del tutto analogo a quello di un fluido vicino ad un punto critico. Utilizzando la forma dell'energia libera (5.9), chiediamoci allora se, come nel modello di van der Waals, talune quantità termodinamiche mostrino un comportamento a legge di potenza, e quali siano gli esponenti critici associati.

Magnetizzazione. In assenza di campo, l'espressione per m_0 mostra che

$$M \simeq (T_c - T)^{1/2} \Rightarrow \beta = 1/2$$

Suscettività: per $h_0 \to 0$, anche $m_0^{\pm} \to 0$: possiamo quindi trascurare il termine in m^3 e scrivere

$$m_0 \simeq \frac{h_0}{4k_B T - pJ} = \frac{h_0/4k_B}{T - T_c}$$

Per la dipendenza della suscettività magnetica dalla temperatura, abbiamo dunque:

$$\left(\frac{\partial M}{\partial B_0} \right)_0 \propto (T - T_c)^{-1}.$$

Isoterma critica. Per $T = T_c$, ossia lungo l'isoterma corrispondente alla temperatura critica, si ha $m_0^3 = 3h_0/16k_B T$. Quindi la dipendenza della magnetizzazione residua dal campo applicato è della forma:

$$M \propto B_0^{1/3}.$$

Capacità termica. Studiando i paramagneti, abbiamo visto che, in presenza di campo, la magnetizzazione introduce un ulteriore contributo, oltre a quello vibrazionale, alla calore specifico. Per un ferromagnete al di sotto di T_c, cioè in presenza di una magnetizzazione finita anche in assenza di campo, si ha:

$$C_V^M = \frac{\partial E^{cm}}{\partial T} = \left(\frac{\partial E^{MF}}{\partial m} \right) \left(\frac{\partial m}{\partial T} \right).$$

Poiché in assenza di campo $E^{cm} \propto m^2$:

$$C_V^M = Am\frac{\partial m}{\partial T} = A(T - T_c)^{1/2}(T - T_c)^{-1/2} = A,$$

dove A è una costante. Questo termini è ovviamente presente solo per $T < T_c$, ossia quando si ha una magnetizzazione finita. Ciò significa che la capacità termica ed il calore specifico mostrano nel modello di Weiss una *discontinuità finita* alla temperatura critica (ma non divergono).

5.2 Passaggi e paesaggi critici

Esistono quindi forti analogie tra il comportamento di un fluido vicino ad un punto critico e quello di un ferromagnete in prossimità della temperatura di Curie. Ciò ci spinge a chiederci se queste analogie siano solo occasionali, oppure se riflettano un contenuto fisico più profondo. La domanda che ci porremo è che cosa accomuni tutte quelle situazioni fisiche che passano sotto il nome di *fenomeni critici*, e soprattutto se si possa sviluppare un modello generale che le descriva. Lo faremo utilizzando come linea guida il ferromagnetismo, un fenomeno più semplice in termini di diagramma di fase del passaggio di fase tra liquido e vapore, cercando in primo luogo di comprendere meglio la natura della transizione di fase ferromagnetica.

5.2.1 Rottura spontanea di simmetria

Il passaggio dalla fase ferromagnetica (F) a quella paramagnetica (P) è una transizione da un sistema *ordinato* ad uno *disordinato*. La grandezza che quantifica il grado di ordine del sistema è la magnetizzazione che, in assenza di campo, è diversa da zero in fase F e nullo in fase P e viene pertanto detta *parametro d'ordine* del sistema. È anche comune riferirsi alla fase disordinata come alla fase *simmetrica*, riferendosi al fatto che, non essendoci alcuna direzione privilegiata (quella di **M**), il sistema è completamente invariante rispetto alle rotazioni. Se invece un ferromagnete viene raffreddato al di sotto di T_c, **M** assume spontaneamente un valore finito lungo una direzione casuale (in assenza di campo) che "rompe" la simmetria del sistema rispetto alle rotazioni. In questo senso, il sistema diviene "meno simmetrico": si parla allora della transizione $P - F$ come di una *rottura spontanea di simmetria*. L'aspetto caratteristico della "rottura di simmetria" nella transizione $P - F$ è quindi quello di passare da una situazione in cui c'è un solo stato di minima energia con magnetizzazione nulla, ad un'altra in cui ci sono più stati di minima energia equivalenti, tutti caratterizzati da $|\mathbf{M}| = \pm M_0$, ma lungo diverse direzioni: è sufficiente l'applicazione di un campo esterno infinitesimo perché il sistema "scelga" di allineare **M** nella direzione del campo, cosicché viene ad essere individuato un asse di simmetria preferenziale.

Questi concetti trovano un parallelismo stretto nel caso dei fluidi. Anche qui, al di sotto del punto critico il sistema è più ordinato e meno simmetrico, nel senso che è possibile distinguere la fase liquida da quella gassosa. Il ruolo del parametro d'ordine sarà giocato in questo dalla differenza di densità ($\rho_l - \rho_g$) tra la fase liquida e quella gassosa, che è ovviamente nulla in fase omogenea ed assume spontaneamente un valore finito al di sotto della temperatura critica. Un po' più delicato è individuare l'analogo del campo esterno B_0. Se tuttavia confrontiamo il diagramma di fase sul piano (P, T) per la transizione liquido/vapore (Fig. 4.4b) con quello campo/temperatura per i ferromagneti (Fig. 5.4), possiamo notare una forte analogia: entrambe sono linee che terminano al punto critico e, al di sotto di questo, separano le due fasi. La differenza principale è che, mentre nel caso dei ferromagneti il punto critico si ha per campo $B_0 = 0$, nel caso dei fluidi si ha un valore finito $P = P_c$ per la pressione critica. Per un fluido, risulta quindi naturale assumere come grandezza corrispondente al campo esterno la *differenza* di pressione $P - P_c$ rispetto a quella critica.

Il fatto che, variando un parametro, un sistema passi spontaneamente da una condizione in cui c'è un solo minimo stabile per l'energia ad una con più minimi equivalenti avviene anche in sistemi meccanici semplici, come illustrato nell'esempio che segue.

◊ **Rottura spontanea di simmetria in un sistema meccanico.** Consideriamo una molla di costante elastica k e lunghezza a riposo R fissata ad un punto A in un piano verticale. Alla molla è collegata una massa m vincolata a muoversi su di un anello di raggio R che ha per estremo superiore il punto di ancoraggio della molla (vi veda la Fig. 5.9). Detto allora ϑ l'angolo che la molla forma con la verticale, l'energia potenziale totale $E(\vartheta)$ è data dalla somma di due contributi:

- energia potenziale della forza peso: $mg \cdot \overline{BC} = 2mgR \sin^2 \vartheta$;
- energia potenziale elastica: $(k/2)x^2 = (kR^2/2)(2\cos\vartheta - 1)^2$.

Cerchiamo gli estremi di $E(\vartheta)$. Da

$$\frac{dE}{d\vartheta} = 2R[2(mg - kR)\cos\vartheta + kR]\sin\vartheta = 0,$$

tenendo conto che si deve avere $\cos\vartheta \le 1$, otteniamo:

$$\begin{cases} \vartheta = 0 & \text{(sempre)} \\ \cos\vartheta = \dfrac{kR}{2(kR - mg)} & \text{(se } kR > 2mg). \end{cases}$$

Se $kR/2mg > 1$ ci sono allora, oltre a $\vartheta = 0$, *due* angoli simmetrici $\pm\vartheta_0$ per cui l'energia ha un estremo[4]. Calcolando $d^2E(\vartheta)/d\vartheta^2$ è facile vedere che per questi due valori l'energia ha in effetti un *minimo* (al contrario, $\vartheta = 0$ è un minimo per $kR/2mg < 1$, mentre è un massimo per $kR/2mg > 1$).

È interessante analizzare l'andamento dell'energia per $2mg \simeq kR$, che corrisponde a piccoli valori di ϑ_0. Si ha:

$$E(\vartheta) = 2mgR \left(\vartheta - \frac{\vartheta^3}{6} + \dots \right)^2 + \frac{kR^2}{2} \left(1 - \vartheta^2 + \dots \right)^2$$

che, fermandoci al quart'ordine in ϑ dà:

$$E(\vartheta) \simeq \frac{kR^2}{2} + R(2mg - kR)\vartheta^2 + R\frac{3kR - 4mg}{6}\vartheta^4.$$

Notiamo che, per $2mg \simeq kR$, il termine di quarto grado è sempre positivo, mentre quello di secondo grado cambia di segno proprio per $2mg = kR$. ◊

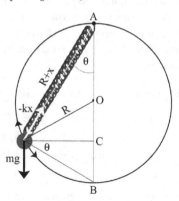

Fig. 5.9 Rottura di simmetria in un modello meccanico

---

[4] Notiamo anche che, ovviamente, il massimo valore di ϑ per $kR \gg mg$ è di $60°$.

5.2.2 Punti critici e universalità

Sia la teoria di van der Waals che il modello di Curie-Weiss prevedono che, in prossimità del punto critico, molte grandezze comportino come leggi di potenza in funzione della differenza $|T - T_c|$. Di fatto, ciò è quanto si osserva negli esperimenti, ma è il caso a questo punto di discutere un po' più a fondo il quadro dei risultati sperimentali, mettendo a confronto il comportamento di grandezza termodinamiche "omologhe" tra fluidi e magneti attraverso la tabella che segue, dove facciamo uso dei simboli usualmente adottati per gli esponenti critici delle varie grandezze e, tenendo conto dell'analogia tra P e B_0, identifichiamo per i fluidi la suscettività con la comprimibilità isoterma.

	Magneti	Fluidi
Parametro d'ordine:	$M_0(T) \propto (T - T_c)^{\beta_m}$	$\rho_L - \rho_G \propto (T - T_c)^{\beta_f}$
Suscettività:	$\chi_M \propto (T - T_c)^{-\gamma_m}$	$K_T \propto (T - T_c)^{-\gamma_f}$
Calore specifico:	$c_V \propto (T - T_c)^{-\alpha_m}$	$c_V \propto (T - T_c)^{-\alpha_f}$
Isoterma critica:	$M(B_0) \propto B_0^{1/\delta_m}$	$\rho(P) \propto P^{1/\delta_f}$

Fatto molto interessante è che, sperimentalmente, il valore degli esponenti critici *non dipende* dal particolare fluido o materiale magnetico considerato. Ancor più sorprendente è che esponenti relativi a grandezze omologhe risultano *uguali* per la transizione ferromagnetica e quella liquido/vapore, ossia:

$$\beta_m = \beta_f; \ \gamma_m = \gamma_f; \ \alpha_m = \alpha_f; \ \delta_m = \delta_f,$$

cosicché possiamo tralasciare da ora in poi di specificare il pedice m o f. Questa singolare "coincidenza" ci porta a considerare il comportamento di un sistema in prossimità di un punto critico come *universale*. Riguardando quanto ottenuto nei paragrafi 4.1.7 e 5.1.5, possiamo notare come ciò sia vero anche per i modelli di van der Waals e Weiss. Ciò che ci lascia perplessi, tuttavia, è che gli esponenti critici ottenuti dalle due teorie di campo medio (CM), pur coincidendo tra loro per grandezze omologhe, sono sensibilmente diversi da quelli sperimentali (SP), come riassunto nella tabella che segue:

	Esponente	CM	SP
Parametro d'ordine:	β	1/2	$\approx 1/3$
Suscettività:	γ	1	$\approx 5/4$
Calore specifico:	α	0 (discontinuità)	$\approx 1/10$
Isoterma critica:	δ	3	≈ 5

Per comprendere le ragioni di queste discrepanze, cercheremo di sviluppare una teoria generale di campo medio, per poi chiederci quali siano i suoi limiti intrinseci. Prima però vogliamo far vedere come il concetto di comportamento critico abbia un ambito di applicazione molto più ampio di quanto abbiamo finora discusso.

5.2.3 Altre criticità

Cominciamo con una precisazione. Seguendo uno schema di classificazione originariamente dovuto ad Ehrenfest, le transizioni di fase nei materiali sono genericamente suddivise in due ampie categorie. Le transizioni del *I ordine* sono quelle che presentano un calore latente: durante una passaggio di stato di questo tipo, il sistema assorbe o rilascia una quantità finita di calore, mentre la temperatura rimane costante. L'ebollizione di un liquido o la condensazione di un gas descritte dalla teoria di van der Waals sono esempi di transizioni di fase del I ordine, e così lo sono i processi di cristallizzazione e fusione, o di sublimazione da solido a gas. A differenza di questi ultimi esempi, tuttavia, sia la transizione liquido/vapore che quella da para- a ferro-magnete *terminano* in un punto critico. Abbiamo visto come il comportamento in prossimità quest'ultimo sia molto diverso: non vi sono "salti" nelle grandezze termodinamiche, ma piuttosto una transizione continua caratterizzata dalla divergenza a legge di potenza di molte grandezze e, come vedremo, dalla presenza di fluttuazioni e correlazioni sempre più intense ed estese di quello che abbiamo chiamato "parametro d'ordine". Queste transizioni "continue" sono dette del *II ordine*, ed è di esse che ci occuperemo. Facciamo allora un breve quadro di altre situazioni fisiche in cui si manifesta un comportamento critico.

Miscele liquide. Vi sono liquidi come acqua ed alcol che, almeno in condizioni normali, sono completamente miscibili in tutte le proporzioni, mentre altri fluidi, come olio ed acqua, sembrano del tutto immiscibili. In realtà, la situazione è un po' più complessa, ed esistono coppie di liquidi che sono miscibili sono in alcune condizioni, mentre in altre si separano in due fasi distinte. Qualitativamente, la spiegazione è piuttosto semplice. Consideriamo due liquidi A e B e supponiamo che due molecole dello stesso tipo interagiscano con energie (attrattive) di coppia $-\varepsilon_{AA}$ ed $-\varepsilon_{BB}$, mentre due molecole di diverso tipo abbiano un'interazione $-\varepsilon_{AB}$. Se $2\varepsilon_{AB} < \varepsilon_{AA} + \varepsilon_{BB}$, ci aspettiamo che sia energeticamente favorevole uno stato in cui i due liquidi sono separati. Ma, per valutare l'energia libera, dobbiamo considerare anche l'*entropia di mixing* (2.37), che favorisce al contrario una situazione in cui i due liquidi si miscelano. Dato che quest'ultima entra in F attraverso il termine $-TS$, al crescere della temperatura lo stato "miscelato" sarà favorito. Il diagramma di fase di queste miscele ha quindi la forma qualitativa mostrata nel pannello a sinistra in Fig. 5.10. Come possiamo notate, il diagramma presenta una curva di coesistenza (detta anche di *consoluzione*), all'interno della quale una miscela a concentrazione c si separa in due fasi con concentrazioni c_1 e c_2. Il massimo della curva di consoluzione è a tutti gli effetti un punto critico come quello della transizione liquido/vapore[5].

$\diamond$ Esistono in realtà anche situazioni in cui due liquidi sono miscibili a bassa temperatura e diventano invece parzialmente miscibili al *crescere* di T. La ragione di questo comportamento più complesso è che anche le energie di interazione possono in taluni casi dipendere dalla temperatura

---

[5] L'argomento che abbiamo usato ci mostra che, in linea di principio, *tutte* le coppie di liquidi (compresi acqua ed olio) devono diventare miscibili per temperature sufficientemente alte. Se ciò spesso non si osserva, è solo perché la temperatura critica di smiscelamento è superiore a quella di ebollizione della soluzione.

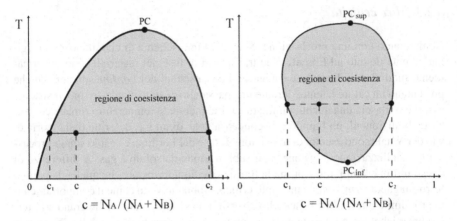

Fig. 5.10 A sinistra: diagramma di fase di una miscela liquida quale esano (A) + nitrobenzene (B). Il pannello a destra mostra il caso più complesso di una miscela (nel caso specifico acqua + nicotina) che mostra *due* punti critici di consoluzione, PC_{inf} e PC_{sup}, di modo che la curva di coesistenza forma un *loop* chiuso

(ad esempio, nel caso di miscele acquose, perché la forza dei legami idrogeno dipende da T), cosicché il termine ε_{AB} può ridursi rispetto a ε_{AA} ed ε_{BB} al crescere di T, favorendo la smiscelazione. In ogni caso, per T sufficientemente alta, il termine entropico diventa dominante ed i due liquidi devono tornare ad essere miscibili. Come mostrato nel pannello a destra della Fig. 5.10, la curva di coesistenza in questo caso si chiude su se stessa, formando quello che si dice un *closed-loop*, e si hanno *due* punti critici, uno inferiore ed uno superiore. ◊

Leghe. Transizioni continue ordine/disordine continue si verificano spesso anche nelle leghe metalliche. Ad esempio, la lega CuZn forma a temperatura molto bassa un reticolo cubico semplice ben ordinato, con ad esempio gli atomi di zinco ai vertici e quelli di rame al centro delle celle (ovviamente, quali siano i "centri" e quali i "vertici" dipende da come scegliamo di costruire il reticolo). Al crescere della temperatura, tuttavia, cresce la probabilità che gi atomi dei due metalli si scambino, cosicché vi sarà in media una certa concentrazione c_{Zn} di Zn posizionata nei centri delle celle. Al di sopra di un valore critico di temperatura, le concentrazioni c_{Zn} e c_{Cu} diventano mediamente uguali: in queste condizioni, cambia la simmetria del reticolo, che diviene cubico a corpo centrato (bcc). Per questo tipo di transizione del II ordine, che è in realtà quello per il quale Landau sviluppò la teoria descritta nella prossima sezione, il parametro d'ordine è dato dalla differenza $c_{Cu} - c_{Zn}$.

Superfluidità e superconduttività. Nel Cap. 6 ci occuperemo brevemente del fenomeno della superfluidità, cioè del fatto che l'elio, a temperature molto basse, diviene un liquido con proprietà del tutto eccezionali, quali quella di non opporre più alcuna resistenza al flusso o di condurre il calore in modo fenomenale. Come vedremo, molti degli aspetti fenomenologici dell'elio superfluido portano a concludere che il "punto λ", determinato dalla temperatura a cui l'He diviene superfluido per una data pressione, sia a tutti gli effetti un punto critico. Un secondo fenomeno fisico di estrema importanza è quello della superconduttività, per il quale un metallo diviene a temperature molto basse un perfetto conduttore di corrente. Anche se non avremo né il tempo, né soprattutto gli strumenti necessari per occuparcene, vi basti sapere che anche la transizione allo stato superconduttivo può essere considerata un fenomeno critico (per certi versi più semplice di quelli di cui ci occuperemo, perché descrivibile in modo soddisfacente con modelli di campo medio). Sia nel caso della superfluidità che in quello della superconduttività, il parametro d'ordine è tuttavia una grandezza molto più complessa, perché ha a che fare con l'ampiezza delle funzioni d'onda di particolari "stati" che si creano solo al di sotto della temperatura critica.

Dai polimeri al Big Bang. In realtà, il meccanismo concettuale sviluppato per l'interpretazione del comportamento critico, ed in particolare i metodi teorici del "gruppo di rinormalizzazione" cui faremo cenno in chiusura, hanno avuto un impatto enorme su tutta la fisica statistica. Di massimo interesse per la ricerca e la tecnologia contemporanea sono ad esempio i sistemi polimerici, costituenti di base non solo delle materie plastiche e degli elastomeri, ma anche di tutti i sistemi viventi (basti pensare agli acidi nucleici e alle proteine). Da un punto di vista fisico, un polimero è in primo luogo una lunga catena molecolare, la quale assume in soluzione strutture molto complesse che vanno da una dispersione di "gomitoli" strettamente aggrovigliati[6] a reti fortemente interconnesse. La descrizione della struttura e della dinamica delle soluzioni polimeriche ha una lunga tradizione, anzi costituisce una branca a sé stante della fisica–chimica. Nell'ultimo trentennio, tuttavia, è stato sviluppato un approccio totalmente nuovo basato su concetti mutuati dai fenomeni critici. In parole molto semplici, quando il numero N di unità base (i monomeri) che compongono la catena diviene molto grande, le proprietà di una soluzione polimerica diventano universali, ossia del tutto indipendenti dal particolare polimero considerato, e molte grandezze mostrano comportamenti a legge di potenza del tutto simili a quelli riscontrati vicino ad un punto critico[7]. Questa nuova visione dei sistemi macromolecolari ha permesso di ottenere risultati concettuali ed applicativi di grande rilievo.

Tuttavia, non è solo la meccanica statistica, ma *tutta* la fisica, compresa quella delle alte (anzi, altissime) energie ad aver beneficiato della comprensione del comportamento critico. La stessa natura delle interazioni fondamentali e soprattutto il modo in cui, nelle fasi iniziali dell'evoluzione cosmica, queste sono venute a dettagliarsi a partire da un unico presunto "campo unificato" sono oggi visti dai fisici teorici come un processo di transizione di fase che presenta forti analogie con quelli di nucleazione cui abbiamo accennato. Naturalmente non ho il modo né certamente la competenza adeguata per dirvi di più, ma tanto vi basti per comprendere quanto lo studio dei fenomeni critici sia vicino alle origini stesse di tutto quanto ci circonda.

---

[6] La cui descrizione è fortemente affine a quella di un *random walk* (vedi Appendice D).

[7] In questa analogia, N^{-1} gioca lo stesso ruolo della distanza in temperatura dal punto critico.

5.2.4 Modello generale di Landau

L'origine della discrepanza tra i valori sperimentali degli esponenti critici e quelli predetti dalle teorie di van der Waals e Weiss sta nel fatto che quest'ultime, sostituendo al valore locale effettivo del parametro d'ordine il suo valore medio, trascurano del tutto l'esistenza di *correlazioni*, ossia di *fluttuazioni locali*. Questa assunzione è infatti palesemente inconsistente: le stesse teorie di campo medio predicono infatti che in prossimità del punto critico le fluttuazioni divengano estremamente rilevanti. Ad esempio, le fluttuazioni spontanee di densità in un fluido, in quanto proporzionali alla comprimibilità, *divergono* avvicinandosi al punto critico!

Per capire che effetto abbiano le fluttuazioni, cercheremo di sviluppare una "teoria generale" di campo medio della loro esistenza, almeno quando quest'ultime non sono troppo grandi. A tal fine, introduciamo un parametro d'ordine locale $m(\mathbf{r})$, che possa variare da punto a punto, ed un campo h "coniugato" al parametro d'ordine attraverso un termine di energia $-hm$. La strategia che seguiremo, dovuta a L. D. Landau, è quella di sviluppare la densità di energia libera (cioè l'energia libera per unità di volume) $f(m(\mathbf{r}), T)$ in serie di potenze del parametro d'ordine locale, con coefficienti che dipendono dalla temperatura in modo tale da "riprodurre" il comportamento critico, L'energia libera totale del sistema si scriverà allora[8]:

$$F = \int \mathrm{d}^3 r f(m(\mathbf{r}), T).$$

Facciamo alcune considerazioni preliminari.

- Se vogliamo che f non dipenda dal *segno* del parametro d'ordine, *lo sviluppo in serie di m potrà contenere solo potenze pari.*
- Includere le fluttuazioni significa tenere conto del fatto che f dipenderà non solo da $m(\mathbf{r})$, ma anche dalle variazioni di m tra punti vicini, cioè dal *gradiente* di $m(\mathbf{r})$. In altri termini, creare variazioni da punto a punto di m è in qualche modo come creare un' "interfaccia" (anche se "diffusa") tra mezzi diversi, che costa in termini di energia libera. Nello sviluppo di $f(m)$ dovranno comparire quindi anche termini in $\nabla m(\mathbf{r})$.
- Se poi vogliamo che f non dipenda dalla *direzione* in cui varia m, cioè che il sistema sia isotropo, lo sviluppo potrà contenere solo termini *scalari* che dipendono da ∇m. Il più semplice scalare che possiamo formare è ovviamente $\nabla m \cdot \nabla m \equiv (\nabla m)^2$. Un termine di energia di questo tipo, proporzionale al quadrato delle derivate prime, è sostanzialmente un termine di energia *elastica* dovuta alla "tensione" delle interfacce che creiamo.

Ricordando che sia nel modello di van der Waals che in quello di Weiss è necessario tener conto di termini fino ad almeno m^4, ipotizziamo dunque di poter considerare, in assenza di campo esterno h, una densità di energia libera della forma:

$$f(m, T) = f_0(T) - hm + \alpha(T)m^2 + \frac{\beta(T)}{2}m^4 + \gamma(T)(\nabla m)^2, \qquad (5.12)$$

---

[8] In termini matematici, ciò significa che F, per una data temperatura, è un *funzionale* di $m(\mathbf{r})$.

dove $f_0(T)$ è un termine "regolare" di energia libera che non dipende da m. Per stabilire la dipendenza dalla temperatura dei coefficienti, facciamo in modo che, in assenza di campo e trascurando del tutto le fluttuazioni (ossia $m(\mathbf{r}) = \bar{m}$, indipendente da $\mathbf{r}$, e $\gamma = 0$), si ritrovino i risultati delle teorie di campo medio[9]. L'energia libera totale in questo caso è data da:

$$F(\bar{m}, T) = V \left(f_0(T) + \alpha(T)\bar{m}^2 + \frac{\beta(T)}{2}\bar{m}^4 \right),$$

che ha per estremi:

$$\frac{\partial F}{\partial \bar{m}} = 0 \Rightarrow 2\alpha\bar{m} + 2\beta\bar{m}^3 = 0 \Rightarrow \bar{m} = \left(0, \pm\sqrt{-\frac{\alpha}{\beta}} \right).$$

Per consistenza con le teorie di campo medio, vogliamo che per $T > T_c$ l'unica soluzione reale sia $\bar{m} = 0$, mentre per $T < T_c$ cerchiamo soluzioni non nulle reali. Inoltre sappiamo che, in campo medio, $\bar{m} \propto \sqrt{(T_c - T)}$ per $T < T_c$. Se allora sviluppiamo in serie $\alpha(T)$ e $\beta(T)$ attorno a $T = T_c$:

$$\begin{cases} \alpha(T) = \alpha_0 + a_0(T - T_c) + \dots \\ \beta(T) = \beta_0 + b_0(T - T_c) + \dots, \end{cases}$$

è facile vedere che il modo più semplice per soddisfare queste condizioni è porre per i termini di ordine zero $\alpha_0 = 0$ e $\beta_0 > 0$ mentre, per i termini del primo ordine, $a_0 > 0$ e $b_0 = 0$. La densità di energia libera, in assenza di fluttuazioni del parametro d'ordine, deve allora avere la forma:

$$f(\bar{m}, T) = f_0(T) + a_0(T - T_c)\bar{m}^2 + \frac{\beta_0}{2}\bar{m}^4. \tag{5.13}$$

5.2.4.1 Lunghezza di correlazione

Abbiamo visto in diverse occasioni che individuare in un problema fisico una "scala caratteristica" è spesso molto utile per "farsi un'idea" del comportamento del sistema considerato. Osserviamo che nella (5.12) la quantità:

$$\xi = \sqrt{\frac{\gamma}{\alpha}}$$

ha le *dimensioni di una lunghezza*. Che significato ha? Se le fluttuazioni del parametro d'ordine "contano" dal punto di vista energetico, il termine $\gamma(\nabla m)^2$ deve essere confrontabile con αm^2. Chiamando allora d la distanza su cui m varia

---

[9] Per semplicità di notazione, scriveremo $\bar{m}$, anziché $\langle m \rangle$, per il valor medio di m.

apprezzabilmente, ∇m sarà dell'ordine di m/d. Se allora vogliamo:

$$\gamma \left(\frac{m}{d} \right)^2 \sim \alpha m^2 \Rightarrow d \sim \xi,$$

ossia ξ è la lunghezza su cui tipicamente ci aspettiamo "fluttuazioni correlate" di m. Diremo allora ξ *lunghezza di correlazione*. Notiamo che, poiché $\alpha = a_0(T - T_c)$, nel modello di Landau *la lunghezza di correlazione diverge avvicinandosi al punto critico come* $(T - T_c)^{-1/2}$.

5.2.4.2 Funzione di correlazione

Vogliamo però trovare un modo per quantificare in maniera più adeguata la correlazione che esiste tra il valore del parametro d'ordine in un punto $\mathbf{r}$ e quello in un punto $\mathbf{r}'$. Per chi non avesse seguito la discussione sulla struttura microscopica dei fluidi fatta nel Cap. 4, ricordiamo solo che, pensando al valore $m(\mathbf{r})$ in ciascun punto $\mathbf{r}$ come ad una variabile casuale, il grado di correlazione tra i valori del parametro d'ordine in punti distinti può essere descritto attraverso una *funzione di correlazione spaziale*:

$$G(\mathbf{r}, \mathbf{r}') = \langle m(\mathbf{r}) m(\mathbf{r}') \rangle - \langle m(\mathbf{r}) \rangle \langle m(\mathbf{r}') \rangle.$$

Se il sistema è omogeneo e isotropo, il valor medio della magnetizzazione non dipende dalla posizione, quindi $\langle m(\mathbf{r}) \rangle = \langle m(\mathbf{r}') \rangle = \bar{m}$, ed inoltre la funzione di correlazione è in realtà funzione solo di $|\mathbf{r} - \mathbf{r}'| = r$. Pertanto, "traslando" tutto di $\mathbf{r}'$, possiamo scrivere:

$$G(r) = \langle m(0) m(r) \rangle - \bar{m}^2. \tag{5.14}$$

Se le correlazioni si estendono solo per una lunghezza finita, $m(r)$ ed $m(0)$ diverranno per $r \to \infty$ *variabili indipendenti* e quindi si avrà:

$$\langle m(0) m(r) \rangle \xrightarrow[r \to \infty]{} \langle m(0) \rangle \langle m(r) \rangle = \bar{m}^2 \implies \lim_{r \to \infty} G(r) = 0,$$

mentre:

$$\lim_{r \to 0} G(r) = \langle m^2 \rangle - \bar{m}^2 = \sigma_m^2.$$

5.2.4.3 Fattore di struttura

In maniera analoga a quanto fatto nello studio dei liquidi, definiamo il *fattore di struttura* $S(k)$ come una grandezza proporzionale alla trasformata di Fourier della funzione di correlazione, scrivendo:

$$S(k) = \frac{1}{m_0} \int d^3 r \, G(r) \exp(i\mathbf{k} \cdot \mathbf{r}), \tag{5.15}$$

dove m_0 è un fattore a cui si richiede solo di avere le dimensioni di m. Nel caso dei liquidi, m_0 può essere semplicemente la densità media ρ, come nella (4.90). Per i ferromagneti dove, al di sopra di T_c, $\bar{m} = 0$, si può ad esempio usare la magnetizzazione di saturazione[10]. La $G(r)$ si scrive allora in funzione del fattore di struttura come:

$$G(r) = \frac{m_0}{(2\pi)^3} \int d^3 q \, S(k) \exp(-i\mathbf{k} \cdot \mathbf{r}). \qquad (5.16)$$

Scrivendo:

$$\langle m(\mathbf{r}_1) m(\mathbf{r}_2) \rangle - \bar{m}^2 = \langle [m(\mathbf{r}_1) - \bar{m}][m(\mathbf{r}_2) - \bar{m}] \rangle$$

non è difficile dimostrare che[11]:

$$S(k) = \frac{V}{m_0} < |\delta m_k|^2 > \qquad (5.17)$$

dove:

$$< |\delta m_k|^2 > = < \left| \frac{1}{V} \int d^3 r \, [m(r) - \bar{m}] e^{i\mathbf{k} \cdot \mathbf{r}} \right|^2 > \qquad (5.18)$$

è *il modulo quadro della componente di vettore d'onda k delle fluttuazioni di m rispetto alla media*. L'espressione (5.17) ci fornisce una "immagine fisica" del fattore di struttura. In sostanza:

- per analizzare le correlazioni spaziali tra i valori di una grandezza locale come $m(r)$, descriviamo le sue fluttuazioni spaziali come sovrapposizione di "modi oscillatori" di vettore d'onda k;
- il fattore di struttura "sonda", per uno specifico valore di k, l'ampiezza quadratica media delle fluttuazioni che hanno lunghezza d'onda $\lambda = 2\pi/k$;
- la funzione di correlazione spaziale non è altro che la trasformata di Fourier del fattore di struttura.

Questo schema generale di decomposizione in "modi k", analisi di $S(k)$ e "ricostruzione" di $G(r)$ è alla base, come nel caso dei liquidi, dello studio di un sistema prossimo al punto critico per mezzo di tecniche di scattering.

5.2.4.4 Forma della funzione di correlazione

Vicino alla temperatura critica, le fluttuazioni del parametro d'ordine crescono a dismisura, pertanto la teoria di campo medio non funziona. Proviamo però a vedere che cosa succede se ci limitiamo a considerare fluttuazioni *non troppo grandi rispetto a $\bar{m}$* (ossia se non ci avviciniamo troppo al punto critico). Supponiamo per semplicità di essere in fase omogenea (al di sopra del punto critico) di modo che

---

[10] Notiamo che il fattore di struttura così definito ha dimensioni $[S(q)] = [m][l]^3$, ed è quindi adimensionale nel caso dei fluidi.

[11] In modo simile a quanto fatto discutendo la funzione di distribuzione a coppie nei liquidi, basta passare alle variabili $\mathbf{R} = \mathbf{r}_1$ ed $\mathbf{r} = \mathbf{r}_2 - \mathbf{r}_1$ e notare che l'integrale su $\mathbf{R}$ dà solo un contributo pari a V.

$\bar{m} = 0$: se anche il valore locale $m(r) \approx 0$, si può mostrare che l'energia libera totale può essere scritta come:

$$F(m) - F(0) = V \sum_{k=0}^{\infty} (\alpha + \gamma k^2)|m_k|^2 \qquad (5.19)$$

dove m_k è la *componente di Fourier di vettore d'onda k* nello sviluppo di Fourier del parametro d'ordine locale, che scriviamo:

$$m(r) = \sum_k m_k e^{-ikr}. \qquad (5.20)$$

◊ Per $m \simeq \bar{m} = 0$ possiamo infatti scrivere:

$$f(m) \approx f(0) + \left(\frac{df}{dm}\right)_0 m + \frac{1}{2}\left(\frac{d^2f}{dm^2}\right)_0 m^2 + \gamma(\nabla m)^2.$$

Ma, ricordando che $f(0)$ è un minimo,

$$\begin{cases} \dfrac{df}{dm} = 0 \\ \dfrac{d^2f}{dm^2} = 2\alpha, \end{cases}$$

quindi possiamo scrivere:

$$f(m) - f(0) \approx \alpha m^2 + \gamma(\nabla m)^2.$$

Sviluppando ora in serie di Fourier $m(r)$ come nella (5.20), si ha:

$$m^2 = \sum_{k,k'} m_k m_{k'}^* e^{-i(k-k')r}$$

$$(\nabla m)^2 = \sum_{k,k'} kk' m_k m_{k'}^* e^{-i(k-k')r}.$$

Se ora calcoliamo l'energia libera totale, l'integrale

$$\int e^{-i(k-k')r} d^3r$$

dà un contributo $V\delta(k-k')$ (dove qui δ è ovviamente la delta di Dirac) e otteniamo:

$$F(m) - F(0) = V\sum_{k=0}^{\infty}(\alpha + \gamma k^2)|m_k|^2. \quad ◊$$

Ricordiamo ora che la distribuzione di probabilità $P(y)$ per una generica variabile interna Y è legata all'energia libera $F(y)$ che si ottiene fissando per Y il valore $Y = y$. Applicando ad m la (3.10) abbiamo dunque, in fase omogenea:

$$P(m) = \exp\left(-\frac{F(m) - F(0)}{k_B T}\right). \qquad (5.21)$$

Se allora sostituiamo l'espressione (5.19) per $F(m) - F(0)$ possiamo scrivere

$$P(m) = \prod_k P(m_k),$$

dove:

$$P(m_k) = \exp\left(-V \frac{(\alpha + \gamma k^2)|m_k|^2}{k_B T}\right). \tag{5.22}$$

In altri termini, la probabilità che il parametro d'ordine abbia valore m si può scrivere come il prodotto delle probabilità per le componenti di Fourier delle fluttuazioni (che quindi si comportano come variabili indipendenti); ogni componente di Fourier ha una distribuzione *gaussiana* di varianza:

$$\sigma_{m_k}^2 = \langle|m(k)|^2\rangle = \frac{k_B T}{2V(\alpha + \gamma k^2)} = \frac{k_B T}{2V[a_0(T - T_c) + \gamma k^2]}, \tag{5.23}$$

che *diverge* per tutti i k (ossia per tutte le lunghezza d'onda $\lambda = 2\pi/k$) come $(T - T_c)^{-1}$. Se introduciamo allora la lunghezza di correlazione $\xi = (\gamma/\alpha)^{1/2}$, possiamo scrivere:

$$\langle|m(k)|^2\rangle = \frac{k_B T}{2V\gamma} \frac{\xi^2}{1 + k^2\xi^2}.$$

Ricordando la (5.17) ed osservando che, per $\bar{m} = 0$, $\langle|\delta m_k|^2\rangle = \langle|m(k)|^2\rangle$, in prossimità del punto critico si ha dunque:

$$S(k) = \frac{k_B T}{2m_0\gamma} \frac{\xi^2}{1 + k^2\xi^2}, \tag{5.24}$$

che è detto *fattore di struttura di Ornstein–Zernike*. In prossimità del punto critico, la funzione di correlazione è allora:

$$G(r) = \frac{k_B T}{4\pi^2\gamma}\xi^2 \int dk\, k^2 \frac{e^{-ikr}}{1 + k^2\xi^2}.$$

che risulta essere.

$$G(r) = \frac{k_B T\xi^2}{8\pi\gamma} \frac{e^{-r/\xi}}{r}. \tag{5.25}$$

L'espressione (5.25) rende chiaro il significato fisico di ξ: vicino al punto critico le fluttuazioni del parametro d'ordine sono correlate secondo una funzione di correlazione che decade esponenzialmente[12] su una distanza dell'ordine di ξ. Come abbiamo visto, la lunghezza di correlazione diverge avvicinandosi al punto critico come $(T - T_c)^{-\nu}$ dove, nella teoria di Landau, $\nu = 1/2$. È possibile confrontare la teoria di Landau con i dati sperimentali misurando il fattore di struttura con tecniche di scattering e risalendo alla funzione di correlazione. Se non ci si avvicina veramente molto al punto critico, l'andamento sperimentale di $G(r)$ è simile a quello

---

[12] Si noti la somiglianza tra $G(r)$ e l'andamento del potenziale e della distribuzione di carica nella teoria di Debye–Hückel, dove λ_{DH} gioca un ruolo simile a ξ.

previsto dalla (5.25). Si osserva infatti che:

$$G(r) \sim \frac{1}{r^{1-\eta}} e^{-r/\xi}, \tag{5.26}$$

dove η è un esponente correttivo molto piccolo ($\eta \simeq 0.04$) e difficile da misurarsi. Tuttavia l'esponente con cui ξ diverge è ancora una volta *diverso* da quello teorico: si ha infatti $\nu_{sp} \simeq 0.63$ (che è circa uguale a $\gamma_{sp}/2$).

Riassumendo, la teoria di Landau ci consente di quantificare l'andamento e la crescita delle correlazioni in prossimità del punto critico. Come teoria di campo medio "locale", tuttavia, è un modello che vale per fluttuazioni ancora abbastanza piccole e non predice in modo quantitativamente corretto la divergenza della lunghezza di correlazione.

5.3 Oltre il campo medio (cenni)

5.3.1 Modello di Ising

Per scoprire da dove abbiano origine le discrepanze tra teorie di campo medio e risultati sperimentali, analizziamo un modello teorico particolarmente semplice, che è tuttavia di gran lunga il modello teorico più citato della meccanica statistica: il modello di Ising. Proposto come tesi di dottorato da Wilhelm Lenz al suo studente Ernst Ising, il modello si basa su una forma estremamente approssimata dell'hamiltoniana di Heisenberg:

$$H = -h \sum_i s_i - J \sum_{pv} s_i s_j, \tag{5.27}$$

dove gli spin sono considerati grandezze *scalari* che possono assumere solo i valori $s = +1$ (spin in "su") o $s = -1$ (spin in "giù"). Come vedremo, l'aspetto più interessante del modello di Ising è che le soluzioni e la stessa esistenza di una transizione ad una fase ordinata *dipendono dalla dimensione D dello spazio considerato*. Questo risultato è in totale contraddizione con la soluzione della teoria di campo medio, dove gli esponenti critici non dipendono da D.

Sistema unidimensionale. Consideriamo un sistema di N spin su una retta. È facile mostrare, con un semplice argomento dovuto a Landau, che in una dimensione non è possibile avere un minimo di energia libera che corrisponda ad una fase ordinata. Supponiamo infatti che gli spin siano inizialmente tutti rivolti verso l'alto (o verso il basso): questa situazione corrisponde ovviamente ad un minimo dell'energia E: tuttavia, dato che c'è un solo stato di questo tipo, anche l'entropia S è minima, e pertanto non possiamo affermare che $F = E - TS$ non possa decrescere operando qualche "inversione" di spin. Proviamo allora vedere che cosa succede se rovesciamo tutti gli spin a partire da una certa posizione:

$$\uparrow\uparrow\uparrow\uparrow\uparrow\uparrow\uparrow\uparrow\uparrow \Longrightarrow \uparrow\uparrow\uparrow \mid \downarrow\downarrow\downarrow\downarrow\downarrow\downarrow$$

In | abbiamo allora una "parete" che separa i due gruppi di spin. Rispetto alla situazione completamente ordinata, E cresce di $\Delta E = 2J$. Per quanto riguarda l'entropia, osserviamo che possiamo mettere la parete in $N - 1$ posizioni diverse. Quindi S varia di $\Delta S = +k_B \ln(N - 1)$. Per l'energia libera si ha allora che, per ogni valore di T:

$$\Delta F = 2J - k_B T \ln(N - 1) \underset{N \to \infty}{\Longrightarrow} \Delta F < 0,$$

ossia, nel limite termodinamico, creare una parete *riduce* l'energia libera e pertanto questa configurazione sarà favorita rispetto a quella completamente ordinata. Ma a questo punto possiamo introdurre una *seconda* parete, che ridurrà ulteriormente F, poi una terza ... e così via. Quindi lo stato di minima energia libera è sempre quello *completamente disordinato*. Il risultato che abbiamo ottenuto è un caso particolare di un teorema generale per cui *non esistono transizioni di fase in una dimensione*.

Modello di Ising in più dimensioni. In due dimensioni l'argomento precedente non è più valido. Il modello di Ising fu però risolto *esattamente*, con un vero e proprio *tour de force* matematico, da Larry Onsager. In questo caso si ottiene effettivamente una transizione di fase con una temperatura critica, ma gli esponenti critici sono molto diversi da quelli previsti dalla teoria di campo medio (per il calore specifico, tuttavia, non si ha una divergenza secondo una legge di potenza, ma solo logaritmica). Non è stato finora possibile trovare una soluzione esatta del modello di Ising in tre dimensioni, ma è possibile calcolare dei valori approssimati per mezzo di simulazioni numeriche. Curiosamente, per tutti i valori di $D \geq 4$ si può dimostrare che gli esponenti *coincidono con quelli di campo medio* (i risultati sono riassunti nella tabella seguente).

D	α	β	γ	δ	Commenti
1	–	–	–	–	nessuna transizione
2	0 (log.)	0.125	1.75	15	esatto (Onsager)
3	0.11	0.31	1.245	5	simulazione numerica
≥ 4	0 (disc.)	0.5	1	3	esatto

Oltre a quanto osservato per $D \geq 4$, osserviamo come gli esponenti si avvicinino progressivamente a quelli di campo medio al crescere del numero di dimensioni dello spazio. La cosa più notevole di questi risultati è tuttavia il fatto che un modello "brutalmente semplificato" come quello di Ising dia in tre dimensioni esponenti critici che *coincidono* con quelli osservati sperimentalmente per sistemi che vanno dai fluidi, ai magneti, alle miscele liquide, alle leghe.

5.3.2 Relazioni di scaling

Le osservazioni che abbiamo fatto sul modello di Ising spinsero Ben Widom e Michael Fisher a cercare di giustificare l'universalità del comportamento critico a partire da una semplice assunzione, che possiamo esprimere semplicemente dicendo che in prossimità di un punto critico *l'unica scala di lunghezza "rilevante" è la lunghezza di correlazione* ξ. In altri termini, dato che ξ diverge avvicinandosi al punto critico, tutti gli aspetti strutturali su piccola scala (le cui scale spaziali caratteristiche sono fissate delle forze intermolecolari a breve range) non hanno alcun peso nel determinare il comportamento critico. A partire da ciò ed applicando in modo attento una semplice analisi dimensionale, è possibile dedurre alcune importanti "relazioni di scala" (in inglese *scaling*) che connettono tra di loro gli esponenti critici. Vediamo come.

Densità di energia libera. In uno spazio a D dimensioni, le dimensioni della densità di energia libera f, ossia dell'energia libera per unità di volume, sono $[f] = [\text{energia}][l]^{-D}$. La scala caratteristica di energia è $k_B T$ mentre, come abbiamo detto, l'*unica* scala di lunghezza rilevante è ξ. Allora si deve avere $f \propto \xi^{-D}$. Ma vicino al punto critico, definendo come nel Cap. 4.1.7 una temperatura "ridotta" $\varepsilon = (T - T_c)/T_c$, si ha $\xi \propto |\varepsilon|^{-\nu}$, da cui:

$$f \propto |\varepsilon|^{+\nu D},$$

a meno di un termine additivo che non dipende da ε (il termine "regolare" f_0 nel modello di Landau).

Capacità termica e calore specifico. Poiché $C_V = T^2 \left(\partial^2 F / \partial T^2\right)$ il calore specifico, che è una capacità termica per unità di massa o volume sarà proporzionale a[13]

$$c_V \propto \frac{\partial^2 f}{\partial \varepsilon^2}.$$

Ma per avere $c_V \propto |\varepsilon|^{-\alpha}$, dev'essere $f \propto |\varepsilon|^{2-\alpha}$. Uguagliando quest'andamento per f a quello ottenuto in precedenza, otteniamo la relazione di scaling:

$$\nu D = 2 - \alpha.$$

Notiamo che in tre dimensioni, dove $\alpha \simeq 0$, ciò implica $\nu \simeq 2/3$, che è prossimo a quanto osservato sperimentalmente[14].

Funzione di correlazione e parametro d'ordine. Se generalizziamo l'espressione (5.26) ad un numero qualunque di dimensioni, possiamo scrivere:

$$G(r) = \frac{1}{r^{2-D+\eta}} g(r/\xi).$$

Quindi si deve avere: $G(r) \propto \xi^{2-D-\eta}$, da cui $G(r) \propto |\varepsilon|^{\nu(D+\eta-2)}$. Poiché le dimensioni di $G(r)$ sono $[G] = [m]^2$, per il parametro d'ordine si deve pertanto avere $m \propto |\varepsilon|^{\frac{\nu}{2}(D+\eta-2)}$. D'altronde, sappiamo che $m \propto |\varepsilon|^\beta$. Uguagliando gli esponenti di

---

[13] Ovviamente, derivare rispetto a T è equivalente a derivare rispetto a $T - T_c$.

[14] Tuttavia, il fatto che α non sia *esattamente* nullo ha un'importante conseguenza: f dipende da ε secondo un esponente che non è intero, e pertanto *non è analitica* in $T - T_c$, a differenza di quanto supposto nello sviluppo di Landau.

queste due espressioni otteniamo:

$$\beta = \frac{v(D+\eta-2)}{2}. \tag{5.28}$$

Per $D = 3$, poiché $\eta \simeq 0$, si ottiene direttamente $\beta \simeq v/2 \simeq 1/3$.

Campo esterno. Dato che dimensionalmente $[hm] \propto [f]$, si deve avere

$$h \propto \xi^{-D-(2-D-\eta)/2} = \xi^{-(2+D-\eta)/2} \propto |\varepsilon|^{v(2+D-\eta)/2} \propto m^{v(2+D-\eta)/2\beta}.$$

Pertanto si ha la relazione:

$$\beta\delta = \frac{v}{2}(2+D-\eta),$$

ossia, per $D = 3$, $\delta \simeq 5$, di nuovo in accordo con i dati sperimentali.

$\Diamond$ In realtà, le relazioni di scaling possono essere ottenute in modo molto più generale. Da un punto di vista formale, l'ipotesi di universalità del comportamento critico può essere formulata in modo adeguato considerando due sistemi A e B le cui equazioni di stato (ossia il parametro d'ordine come in funzione di ε e del campo applicato h) siano rispettivamente $m_A(\varepsilon,h)$ ed $m_B(\varepsilon,h)$ e chiedendo che, "riscalando" opportunamente ε ed h, tali equazioni *vengano a coincidere* a meno di un fattore di proporzionalità. Supporremo cioè che, per opportuni valori dei "fattori di scala" $\lambda_m, \lambda_\varepsilon, \lambda_h$:

$$m_B(\varepsilon,h) = \lambda_m m_A(\lambda_\varepsilon\varepsilon, \lambda_h h).$$

Ovviamente, possiamo applicare questa condizione anche al caso in cui A e B siano lo *stesso* sistema, scrivendo:

$$m(\varepsilon,h) = \lambda_m m(\lambda_\varepsilon\varepsilon, \lambda_h h).$$

Possiamo rileggere quest'ultima espressione dicendo che un sistema, in prossimità di un punto critico, deve avere la proprietà di *invarianza di scala*. In altri termini, purché λ_ε e $\lambda_h h$ vengano scelti adeguatamente, la sua equazione di stato e quindi tutte le sue proprietà fisiche devono essere invarianti, a meno di un fattore di scala, per una trasformazione che porti $\varepsilon \to \lambda_\varepsilon\varepsilon$ ed $h \to \lambda_h h$.

La cosa più interessante è che, tenendo conto del comportamento critico del parametro d'ordine, è in realtà sufficiente *un solo* fattore di scala per determinare gli altri due. Infatti, consideriamo dapprima il caso $h = 0$ ed $\varepsilon < 0$ (ossia $T < T_c$), in cui sappiamo che si ha $m \propto |\varepsilon|^\beta$. Abbiamo:

$$\lambda_m m(\lambda_\varepsilon\varepsilon, 0) = m(\varepsilon, 0) \propto |\varepsilon|^\beta.$$

Se *fissiamo* allora $\lambda_\varepsilon = \varepsilon^{-1}$, cosicché $m(1,0)$ è una costante, otteniamo $\lambda_m \propto |\varepsilon|^\beta$: quindi possiamo scegliere $\lambda_m = \lambda_\varepsilon^{-\beta}$. Possiamo fare un ragionamento simile considerando l'isoterma critica ($\varepsilon = 0$), lungo cui $m \propto h^{1/\delta}$, ottenendo $\lambda_m = \lambda_h^{-1/\delta}$. Quindi, chiamando per semplicità $\lambda = \lambda_\varepsilon$:

$$m(\lambda\varepsilon, \lambda^{\beta\delta}h) = \lambda^\beta m(\varepsilon, h),$$

ossia m è una *funzione omogenea* (generalizzata) di ε ed h. Dato che il parametro d'ordine è la derivata rispetto ad h di f, anche quest'ultima si potrà scrivere come un termine "regolare" indipendente da m, più una funzione omogenea dello stesso tipo: $f(\lambda\varepsilon, \lambda^{\beta\delta}h) = \lambda^n f(\varepsilon, h)$. Con un ragionamento identico a quello fatto in precedenza per ricavare la relazione di scaling del calore specifico, è facile mostrare che si deve avere $n = 2 - \alpha$, ottenendo in tal modo:

$$f(\lambda \varepsilon, \lambda^{\beta\delta} h) = \lambda^{2-\alpha} f(\varepsilon, h),$$

da cui discendono tutte le precedenti relazioni di scaling. $\Diamond$

5.3.3 Trasformazioni a blocchi e rinormalizzazione

Il concetto di scaling è alla base dei metodi basati sul concetto di "rinormalizzazione" delle interazioni, sviluppati originariamente da Leo Kadanoff e portati a compimento da Kennet Wilson, che hanno fornito una teoria esauriente dei fenomeni critici ed una spiegazione dell'universalità degli esponenti critici. L'idea è quella di tener conto del fatto che le proprietà critiche del sistema sono determinate solo dalle fluttuazioni su *grandi* distanze per "sostituire" al sistema reale un sistema equivalente con un passo reticolare allargato.

Consideriamo ad esempio il sistema bidimensionale di spin mostrato in Fig. 5.11 e pensiamo di sostituire ad blocco di $r \times r$ spin s_i con un singolo spin, che ha per valore $\sum s_i$, aumentando così il passo reticolare da $a \to a' = ra$ (nella figura, $r = 3$). L'idea di Kadanoff è che compiere questa trasformazione corrisponda semplicemente a variare la distanza in temperatura ε dal punto critico ed eventualmente il campo h, se questo è presente. Per semplicità, consideriamo solo il caso in cui $h = 0$. Ciò che vorremmo fare è trovare la legge di trasformazione

$$\varepsilon_a \to \varepsilon_{a'} = T(\varepsilon_a)$$

che lega la nuova temperatura ridotta a quella di partenza. Se nel sistema originario la lunghezza di correlazione, misurata in unità del passo reticolare, era $\xi_a = \xi/a$, ora è divenuta $\xi_{a'} = \xi/ra$, ossia si è ridotta di un fattore r: quindi, in effetti, la tra-

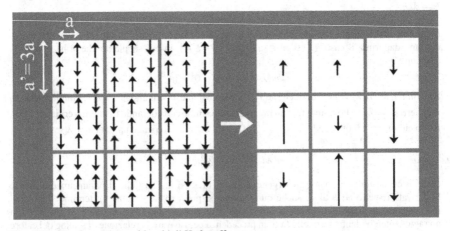

Fig. 5.11 Trasformazione a blocchi di Kadanoff

sformazione *aumenta* la distanza dal punto critico. Tuttavia, se siamo *esattamente* al punto critico ($\varepsilon = 0$), questo non è più vero: la lunghezza di correlazione è infinita, quindi tale deve rimanere nella trasformazione. Ciò significa che si deve avere $T(0) = 0$. Per piccoli valori di ε, ipotizzando che la trasformazione sia continua, avremo allora al primo ordine:

$$T(\varepsilon) = \kappa_r \varepsilon,$$

dove il parametro della trasformazione dipenderà in generale da r. Da ciò si ottiene facilmente che ξ deve trasformarsi secondo $\xi(\kappa_r^{-1}\varepsilon) = r\xi(\varepsilon)$.

Se ε è piccolo e quindi la lunghezza di correlazione molto grande, possiamo a questo punto *ripetere* la trasformazione a blocchi per n volte, ottenendo:

$$\xi(\kappa_r^{-n}\varepsilon) = r^n \xi(\varepsilon).$$

Posto $\lambda = \kappa_r^{-n}$, questa espressione ha esattamente la forma di una relazione di scaling, e la dipendenza corretta di ξ dalla temperatura ridotta si ha identificando $r^n = \lambda^{-\nu}$. Ciò porta a connettere l'esponente critico ν con il parametro κ_r della trasformazione attraverso la *relazione di Kadanoff*:

$$\nu = \left(\frac{\ln \kappa_r}{\ln r}\right)^{-1}.$$

Il grande vantaggio è che, ogni volta che operiamo la trasformazione a blocchi, il numero di gradi di libertà del sistema si riduce di un fattore $r \times r$: quindi possiamo aspettarci che, ad esempio, per n sufficientemente grande il calcolo della funzione di partizione del sistema si semplifichi notevolmente. Naturalmente, il vero problema sta nel determinare κ_r, cosa per nulla facile in generale. Il problema fu brillantemente risolto nel 1971 da Kenneth Wilson che, a partire dallo schema concettuale introdotto da Kadanoff, ideò un metodo per scrivere esplicitamente le equazioni di trasformazione, detto del *gruppo di rinormalizzazione*(RG)[15].

$\Diamond$ Senza entrare nei dettagli del procedimento generale seguito da Wilson, possiamo comunque vedere come questo si applichi al caso molto semplice del modello di Ising unidimensionale, costituito da N spin che interagiscono con una costante di accoppiamento J. Tenendo conto che gli spin possono assumere solo i valori ± 1 e che l'interazione è solo con i primi vicini possiamo scrivere la funzione di partizione in assenza di campo come:

$$Z(K,N) = \sum_{\{s_i\}=\pm 1} e^{K(s_1 s_2 + s_2 s_3 + \cdots + s_{N-1} s_N)},$$

dove abbiamo posto per comodità di notazione $K = \beta J$. Come nelle trasformazioni di Kadanoff, blocchi, l'idea è quella di ridurre il numero di gradi di libertà del problema mediando su un blocco finito di spin. Separiamo allora $Z(K,N)$ nel prodotto di fattori contenenti ciascuno uno spin di

---

[15] Il termine "rinormalizzazione" deriva dalla forte affinità di questo metodo con alcune tecniche usate nella fisica delle particelle elementari, che evitano della divergenza di talune quantità fisiche nei calcoli teorici. Algebricamente, le trasformazioni RG formano poi un gruppo (o, per la precisione, un semigruppo).

indice pari ed i due adiacenti:

$$Z(K,N) = \sum_{\{s_i\}=\pm 1} e^{K(s_1 s_2 + s_2 s_3)} e^{K(s_4 s_4 + s_4 s_5)} \ldots$$

A questo punto però, è facile fare le somme su tutti gli indici pari, ottenendo:

$$Z(K,N) = \sum_{s_1,s_3,\ldots=\pm 1} \left[e^{K(s_1+s_3)} + e^{-K(s_1+s_3)} \right] \left[e^{K(s_3+s_5)} + e^{-K(s_3+s_5)} \right] \ldots,$$

ossia una somma di soli $N/2$ termini, ciascuno dei quali della forma:

$$e^{K(s+s')} + e^{-K(s+s')} = 2\cosh[K(s+s')].$$

Lo scopo che ci prefiggiamo è di riscrivere la funzione di partizione come se fosse ancora quella di un modello di Ising, ma con solo $N/2$ spin. Naturalmente, la costante di accoppiamento non potrà essere *la stessa* del sistema originario: cerchiamo allora di vedere se sia possibile trovare una nuova costante di accoppiamento K' tale che:

$$2\cosh[K(s+s')] = g(K)e^{K'},$$

dove $g(K)$ è un opportuno fattore moltiplicativo che in generale dipende da K. Infatti, se ciò è possibile, è facile vedere che si ottiene:

$$Z(K,N) = \sum_{s_1,s_3,\ldots=\pm 1} g(K)^{N/2} e^{K'(s_1 s_3 + s_3 s_5 + \cdots)} = g(K)^{N/2} Z(K',N/2),$$

che fornisce una relazione tra la nuova funzione di partizione per N spin, che ha ancora la forma del modello di Ising, e quella originaria. Per determinare K' e $g(K)$, osserviamo che, nel valutare la precedente relazione, vi sono solo due possibilità:

$$\begin{cases} s = s' = \pm 1 & \Longrightarrow 2\cosh(2K) = g(K)e^{K'} \\ s = -s' = \pm 1 & \Longrightarrow g(K) = 2e^{-K'}. \end{cases}$$

Questo sistema può essere risolto facilmente, ottenendo:

$$\begin{cases} K' = \dfrac{1}{2}\ln[\cosh(2K)] \\ g(K) = 2\sqrt{\cosh(2K)}. \end{cases} \tag{5.29}$$

Che cosa accade se *iteriamo* questa trasformazione? Poiché per ogni $x > 0$ si ha $\ln(\cosh x) < x$ (provate a vederlo tracciando un grafico), dalla prima equazione si ha $K' < K$: quindi K *diminuisce* iterazione dopo iterazione, avvicinandosi progressivamente al valore $K' = 0$. In questo limite, l'uguaglianza $K' = K$ è verificata ed ulteriori iterazioni non hanno più alcun effetto, ossia il valore $K = 0$ un *punto fisso* della trasformazione verso cui convergono le iterazioni. Ma, per J finito, $K = 0$ corrisponde a $T = \infty$, ossia ad una condizione in cui la lunghezza di correlazione è *nulla* e il sistema *completamente disordinato*. Ritroviamo così formalmente il risultato che avevamo ottenuto in modo intuitivo nel paragrafo precedente: il modello di Ising unidimensionale non ammette alcuna fase ferromagnetica. Dalla seconda equazione, è facile trovare una relazione ricorsiva per la densità di energia libera $f(K) = -k_B T/N \ln Z(K,N)$ (provate a ricavarla):

$$f(K') = 2f(K) + \frac{\beta}{2} \ln \left[2\sqrt{\cosh(2K)} \right]. \quad \Diamond$$

Naturalmente, la determinazione e la risoluzione delle equazioni del gruppo di rinormalizzazione per sistemi più interessanti è molto più complessa e comporta l'uso di tecniche matematiche sofisticate. Per risolvere il modello di Ising in tre dimensioni, ad esempio, Wilson partì originariamente dalla soluzione in $D = 4$, che è quella di campo medio, estendendola poi in modo perturbativo ad un numero *non intero* $4 - \varepsilon$ di dimensioni, per poi far tendere $\varepsilon \to 1$. Possiamo comunque riassumere alcuni aspetti del procedimento, che è una generalizzazione di quello che abbiamo utilizzato nel nostro semplice esempio.

1. Si raggruppa un certo numero di gradi di libertà, introducendo un nuovo parametro d'ordine locale che sia la somma di quelli originari e ridefinendo il "passo" del reticolo[16].
2. Si riscrive la funzione di partizione in termini delle nuove variabili, introducendo delle interazioni "effettive" che permettono di riesprimere Z nella forma originaria, ma con parametri modificati. Ciò significa che il sistema riscalato viene descritto da una nuova hamiltoniana $H' = T(H)$.
3. Se l'hamiltoniana del sistema originario dipende da un certo numero di parametri di accoppiamento, $H = H(\lambda_1, \cdots, \lambda_k)$, iterando la trasformazione taluni di questi, detti "irrilevanti", scompaiono, mentre i rimanenti convergono a valori invarianti nella trasformazione: le trasformazioni RG portano cioè di norma ad uno o pochi *punti fissi* per cui $T(H) = H$.
4. Cosa fondamentale, tali punti fissi dipendono essenzialmente *solo* dalla dimensione dello spazio e dalla natura matematica del parametro d'ordine, ossia dal fatto che quest'ultimo sia uno scalare, un vettore, o una grandezza più complessa (come ad esempio l'ampiezza di una funzione d'onda). In tal modo, l'insieme di tutti i fenomeni in cui si manifesta un comportamento critico viene suddiviso in poche *classi di universalità* definite dal punto fisso di convergenza delle trasformazioni RG. Ad esempio, il ferromagnetismo in sistemi in cui il parametro d'ordine può essere ritenuto uno scalare, la transizione liquido/vapore ed i processi di separazione nelle soluzioni appartengono alla stessa classe di universalità del modello di Ising in 3D, mentre un modello costituito da spin rappresentati da *vettori* che interagiscono con un'hamiltoniana di Heisenberg, o la transizione alla superfluidità nell'elio liquido, appartengono a classi diverse.

Questi stupefacenti risultati danno ragione del carattere universale del comportamento critico e sono alla base dell'estensione dei metodi del gruppo di rinormaliz-

---

[16] Il metodo che stiamo delineando è quindi adatto ad un sistema "reticolare". Per un sistema continuo come un fluido, si opera in realtà in modo diverso, scomponendo il parametro d'ordine in componenti di Fourier e "tracciando via" progressivamente per integrazione le componenti a lunghezza d'onda più corta (ciò equivale al "riscalamento" del passo reticolare nello spazio reale).

zazione a fenomeni fisici del tutto diversi, quali il moto turbolento di un fluido, l'approccio al caos nei sistemi dinamici (si veda il Cap. 2), o addirittura l'origine delle interazioni fondamentali per rottura spontanea di simmetria a partire da un campo unificato originario, caratteristico delle condizioni iniziali di altissima energia (ossia temperatura) dell'Universo. La risoluzione del problema del comportamento critico costituisce dunque uno dei più importanti risultati raggiunti dalla fisica statistica nel secolo scorso[17].

---

[17] Per questa ragioni Kenneth Wilson, e solo lui, fu insignito nel 1982 del Premio Nobel.per la fisica: non è un mistero che alcuni degli altri protagonisti di questo sviluppo concettuale ci rimasero (probabilmente con buone ragioni) piuttosto maluccio...

6

Indistinguibili armonie

Giunti alla spiaggia, ci imbattiamo in una folla di
bagnanti equipaggiati con sdraio pieghevoli ed ombrelloni
parasole, cellulari multifunzione e cruciverba facilitati,
impianti stereo e racchette da badminton: un'orda vociante
densamente raccolta, grazie al cielo, entro qualche decina
di metri dalla passerella che facilita l'accesso a questa
plaga, luogo un tempo di recondite ed incantate armonie.
Giulia mi chiede: "Papà, perché non ci fermiamo qui,
senza doverci sobbarcare la solita scarpinata sotto il
solleone alla ricerca di lidi liberi e tranquilli?"
Risoluto, rispondo: "Perché non possiamo ridurci allo
stato di bosoni. Non dimenticarlo mai, figlia mia".

(memorie dell'autore)

In questo capitolo finale, cercheremo di mostrare alcune delle conseguenze più interessanti, dal punto di vista del comportamento termodinamico, della natura quantistica delle particelle elementari. In particolare, scopriremo come l'indistinguibilità porti ad effetti *macroscopici* del tutto imprevedibili in una trattazione classica: in altre parole, vedremo come il misterioso mondo della meccanica quantistica non si limiti a rimanere confinato a livello microscopico, ma si manifesti anche attraverso fenomeni osservabili su scale di dimensioni che siamo soliti ritenere "classiche". In questo senso, un ruolo essenziale sarà giocato dal diverso "carattere" dei due tipi fondamentali di particelle elementari: i fermioni, che potremmo qualificare come soggetti d'indole britannica, particolarmente gelosi della propria *privacy*, ed i bosoni, personaggi al contrario portati a socializzare, in alcuni casi in modo estremo. Il protagonista principale del capitolo sarà tuttavia il potenziale chimico: scopriremo come la comprensione del ruolo giocato da questa grandezza per un sistema in cui il numero di particelle non è più fissato permetta di affrontare in modo semplice ed elegante anche molti problemi puramente classici. Cominciamo quindi ad occuparci della descrizione statistica di un sistema aperto.

6.1 Sistemi aperti

6.1.1 La distribuzione gran-canonica (GC)

Dopo aver affrontato la situazione di un sistema chiuso, sia a volume che a pressione costante, generalizzare ad un sistema aperto le "regole di calcolo" che abbiamo stabilito è quasi un'operazione di routine. Supporremo che il numero N di

Piazza R.: Note di fisica statistica (con qualche accordo).
© Springer-Verlag Italia 2011

particelle del sistema S sia sempre molto minore del numero di particelle del serbatoio R con cui S è in equilibrio sia termico che per quanto riguarda lo scambio di massa. Per derivare la probabilità P_i che S si trovi in uno stato i, caratterizzato da un'energia E_i e da un numero di particelle N_i, ragioniamo in modo del tutto analogo a quanto fatto per derivare la distribuzione canonica. Detta ancora $E_r = E_t - E_i$ l'energia del serbatoio e $N_r = N_t - N_i$ il numero di particelle che lo compongono, P_i sarà proporzionale a $\Omega_r(E_r, N_r)$, dove questa volta il numero di stati accessibili per R dipenderà anche da N_r. In termini dell'entropia S_r del serbatoio si ha allora: $P_i \propto \exp[S_r(E_r, N_r)/k_B T]$. Per $E_i \ll E_t$ e $N_i \ll N_t$ abbiamo al primo ordine:

$$S_r(E_r, N_r) \simeq S_r(E_t, N_t) + \frac{\partial S_r}{\partial E_i} E_i + \frac{\partial S_r}{\partial N_i} N_i = S_r(E_t, N_t) - \frac{\partial S_r}{\partial E_r} E_i - \frac{\partial S_r}{\partial N_r} N_i.$$

Sappiamo che $\partial S_r / \partial E_r = 1/T$. Vedremo in quanto segue che, ponendo

$$\mu = -T \frac{\partial S_r}{\partial N_r},$$

questa quantità viene a coincidere con il potenziale chimico del serbatoio. Abbiamo dunque:

$$P_i = \frac{1}{\mathscr{Z}} \exp\left[-\beta(E_i - \mu N_i)\right], \qquad (6.1)$$

dove con $\mathscr{Z}$ corsivo abbiamo indicato la *funzione di partizione gran–canonica* (o "funzione di gran–partizione"):

$$\mathscr{Z} = \sum_i \exp\left[-\beta(E_i - \mu N_i)\right], \qquad (6.2)$$

che in generale sarà una funzione della temperatura, del potenziale chimico, del volume, ed eventualmente di altri parametri esterni.

Ad un fissato valore N del numero di particelle del sistema corrisponderanno in generale molti microstati $\{i\}$ per cui $N_i = N$. Allora la probabilità che il numero di particelle del sistema sia pari ad N sarà:

$$P(N) = \sum_{i:N_i=N} P_i = \frac{1}{\mathscr{Z}} e^{\beta \mu N} \sum_{i:N_i=N} e^{-\beta E_i}.$$

Ma la somma che rimane al secondo membro non è altro che la funzione di partizione *canonica* $Z(N)$ per un sistema con N particelle. Quindi:

$$P(N, \mu) = \frac{1}{\mathscr{Z}} e^{\beta \mu N} Z(N) = \frac{1}{\mathscr{Z}} e^{-\beta[F(N,T) - \mu N]}, \qquad (6.3)$$

dove $F(N, T)$ è l'energia libera che ha il sistema quando il numero di particelle è fissato ad N.

In maniera analoga, è facile stabilire un nesso tra $\mathscr{Z}$ e le $Z(N)$. Sommando prima su tutti gli stati con $N_i = N$ e poi su N, abbiamo infatti:

$$\mathscr{Z}(\beta, V, \mu) = \sum_{N=0}^{\infty} \left(\sum_{i:N_i=N} \exp\left[-\beta(E_i - \mu N_i)\right] \right)$$

ossia, ponendo per definizione $Z(\beta, V, 0) \equiv 1$:

$$\mathscr{Z}(\beta, V, \mu) = \sum_{N=0}^{\infty} Z(\beta, V, N) \varphi^N, \tag{6.4}$$

dove abbiamo introdotto la *fugacità*:

$$\varphi = e^{\beta \mu}. \tag{6.5}$$

Infine, per il valor medio di una qualunque grandezza Y possiamo scrivere:

$$\langle Y \rangle = \frac{1}{\mathscr{Z}} \sum_{N=0}^{\infty} \varphi^N \sum_{i:N_i=N} y_i \exp(-\beta E_i),$$

ossia:

$$\langle Y \rangle = \frac{1}{\mathscr{Z}} \sum_{N=0}^{\infty} \varphi^N Z_N \langle Y \rangle_N, \tag{6.6}$$

dove $\langle Y \rangle_N$ è la media canonica di Y.

Per un sistema macroscopico, trattando come variabili continue sia il numero di particelle che l'energia degli stati, scriveremo:

$$\mathscr{Z} = \int_0^\infty dN \int_{E_0}^\infty dE \rho(E,N) e^{-\beta(E-\mu N)} = \int_0^\infty dN \varphi^N \int_{E_0}^\infty dE \rho(E,N) e^{-\beta E}, \tag{6.7}$$

dove ρ è la densità di stati, mentre l'estremo inferiore nell'integrale su E ci ricorda che ogni sistema quantistico ha valori dell'energia limitati inferiormente da un livello fondamentale E_0 (*ground state*).

6.1.2 Il gran-potenziale

Cerchiamo anche per la distribuzione gran canonica un potenziale termodinamico che sia minimo in condizioni di equilibrio a V e μ fissati, definendo:

$$J = -k_B T \ln \mathscr{Z}, \tag{6.8}$$

che diremo *gran-potenziale*[1]. In modo analogo a quanto fatto per l'energia libera F, mostriamo come tutte le grandezze termodinamiche siano esprimibili in funzione di

---

[1] In molti testi, per il gran-potenziale viene sfortunatamente utilizzato il simbolo Ω: non seguiremo questa convenzione per non creare confusione con la nostra definizione del numero di stati accessibili.

J, considerando in particolare il legame tra J, il numero medio di particelle e le sue fluttuazioni.

Numero medio di particelle.

$$\langle N \rangle = \sum_i N_i P_i = \frac{1}{\mathscr{Z}} \sum_i N_i e^{-\beta(E_i - \mu N_i)} = \frac{1}{\beta \mathscr{Z}} \frac{\partial \mathscr{Z}}{\partial \mu} = \frac{1}{\beta} \frac{\partial \ln \mathscr{Z}}{\partial \mu},$$

ossia:

$$\langle N \rangle = -\frac{\partial J}{\partial \mu}. \tag{6.9}$$

Fluttuazioni di numero. Per le fluttuazioni del numero di particelle si ha

$$\langle (\Delta N)^2 \rangle = \frac{1}{\mathscr{Z}} \sum_i N_i^2 e^{-\beta(E_i - \mu N_i)} - \frac{1}{(\beta \mathscr{Z})^2} \left(\frac{\partial \mathscr{Z}}{\partial \mu} \right)^2 = \frac{1}{\beta^2 \mathscr{Z}} \frac{\partial^2 Z}{\partial \mu^2} - \frac{1}{(\beta \mathscr{Z})^2} \left(\frac{\partial \mathscr{Z}}{\partial \mu} \right)^2,$$

da cui:

$$\langle (\Delta N)^2 \rangle = \frac{1}{\beta^2} \frac{\partial}{\partial \mu} \left(\frac{1}{\mathscr{Z}} \frac{\partial \mathscr{Z}}{\partial \mu} \right) = \frac{1}{\beta^2} \frac{\partial^2 \ln \mathscr{Z}}{\partial \mu^2},$$

ossia:

$$\langle (\Delta N)^2 \rangle = -k_B T \frac{\partial^2 J}{\partial \mu^2}. \tag{6.10}$$

Grandezze termodinamiche. Scrivendo l'entropia del sistema come:

$$S = -k_B \sum_i P_i \ln P_i = -\frac{k_B}{\mathscr{Z}} \sum_i e^{-\beta(E_i - \mu N_i)} \left[-\beta(E_i - \mu N_i) - \ln \mathscr{Z} \right]$$

abbiamo:

$$S = \frac{1}{T \mathscr{Z}} \sum_i (E_i - \mu N_i) e^{-\beta(E_i - \mu N_i)} + k_B \ln \mathscr{Z} = \frac{1}{T} (\langle E \rangle - \mu \langle N \rangle - \langle J \rangle),$$

ossia:

$$J = \langle E \rangle - \mu \langle N \rangle - T \langle S \rangle = \langle F \rangle - \mu \langle N \rangle. \tag{6.11}$$

Il legame tra il gran-potenziale e le grandezze termodinamiche del sistema diviene particolarmente semplice se consideriamo un sistema, in cui l'unico parametro estensivo da cui J dipende è il volume (ad esempio un fluido semplice, ma *non* una miscela di fluidi). Sfrutteremo l'omogeneità di J in modo del tutto analogo a quanto fatto per ricavare la proporzionalità tra entalpia libera e potenziale chimico. Supponiamo di variare il volume del sistema da $V \to \alpha V$ mantenendo T e μ costanti. Allora, poiché J è estensivo:

$$J(T, \mu, \alpha V) = \alpha J(T, \mu, V) \Rightarrow \frac{\partial J(T, \mu, \alpha V)}{\partial \alpha V} = \frac{\partial J(T, \mu, V)}{\partial V},$$

ossia:

$$P(T,\mu,\alpha V) = P(T,\mu,V).$$

Poiché questa uguaglianza vale per ogni α, ne segue che in realtà P dipende da T e μ, ma *non* da V. Quindi la derivata di J rispetto a V è costante e si ha semplicemente:

$$J = -P(T,\mu)V. \tag{6.12}$$

In altri termini, per un sistema in cui non siano presenti effetti di superficie o campi esterni elettrici o magnetici, il gran-potenziale fornisce direttamente l'*equazione di stato* del sistema. Notiamo tuttavia come la pressione nella (6.12) sia valutata a *potenziale chimico* (non a *numero di particelle*) costante: trascurare questa differenza può essere fuorviante in molte situazioni.

6.1.3 Il limite termodinamico: equivalenza delle descrizioni

Quando abbiamo analizzato la distribuzione canonica, abbiamo visto che essa descrive non solo un sistema in equilibrio con un termostato, ma anche un sistema in cui l'energia media è fissata. Analogamente, è facile vedere che la distribuzione gran–canonica descrive anche un sistema in cui sia $\langle E \rangle$ che $\langle N \rangle$ *sono fissati*[2]. In questo caso, β e μ sono determinati dalle condizioni[3]:

$$\frac{1}{\beta}\frac{\partial \ln \mathscr{Z}}{\partial \mu} = \langle N \rangle \; ; \; \frac{\partial \ln \mathscr{Z}}{\partial \beta} = \langle E \rangle - \mu \langle N \rangle.$$

Se ora consideriamo il caso di un sistema macroscopico con $\langle N \rangle \to \infty$, ossia quello che consideriamo il *limite termodinamico*, sia le fluttuazioni di energia che quelle del numero di particelle divengono tuttavia trascurabili: possiamo quindi considerare in pratica le medie come valori "esatti". Pertanto, in questo limite, la distribuzione canonica descrive anche un sistema ad energia fissata (specificare "media" non serve più), e la gran–canonica un sistema ad energia e numero di particelle fissati. In altre parole, nel limite termodinamico *le descrizioni microcanonica, canonica e gran canonica sono equivalenti*. Il che in pratica significa che, per "fare i conti" dei *valori medi* delle grandezza termodinamiche, possiamo scegliere quella che ci è più comoda. Sottolineiamo che tuttavia questo *non vale* per il calcolo delle fluttuazioni, né tanto meno per l'evoluzione di un sistema fuori equilibrio.

---

[2] Come abbiamo visto, nel derivare il massimo dell'entropia statistica $S = -k_B \sum P_i \ln P_i$ ogni vincolo sul valor medio di una grandezza introduce un "fattore di Boltzmann" dato dal prodotto della grandezza per il moltiplicatore di Lagrange associato al vincolo.

[3] È ovviamente ancora necessario che β risulti positivo. In seguito vedremo che, almeno per sistemi di bosoni, anche μ può non essere fisicamente accettabile.

6.2 Superfici e adsorbimento

Come primo esempio dell'uso della distribuzione gran–canonica, consideriamo un volume V di gas monoatomico in contatto con un substrato solido, il quale presenti un certo numero N_s di siti sui quali possono essere *adsorbiti* (cioè ai quali possono venire "legati") gli atomi del gas. Supponiamo che su ciascun sito possa essere adsorbito al più *un solo* atomo e che l'atomo si leghi al sito con un'energia $-\varepsilon_0$. Consideriamo allora come sistema l'insieme degli atomi adsorbiti: questo può scambiare particelle con il "serbatoio" degli atomi liberi, che fissa la temperatura ed il potenziale chimico di equilibrio.

Se ipotizziamo che ciascun sito s sia *indipendente*, ossia che la probabilità per un atomo di essere adsorbito su s non dipenda dalla presenza di altri atomi già adsorbiti sui siti adiacenti, la funzione di partizione GC fattorizza come $\mathscr{Z} = \zeta^{N_s}$. Dato che ciascun sito ha solo due stati, di energia $\varepsilon = 0$ ed $\varepsilon = -\varepsilon_0$, e che il numero di atomi in un sito assume solo i valori $(0, 1)$, si ha:

$$\mathscr{Z} = \left[1 + e^{\beta(\varepsilon_0 + \mu)}\right]^{N_s} \Longrightarrow J = -k_B T N_s \ln\left[1 + e^{\beta(\varepsilon_0 + \mu)}\right]. \qquad (6.13)$$

Il numero medio di atomi adsorbiti è allora

$$\langle N \rangle_a = -\frac{\partial J}{\partial \mu} = \frac{N_s}{1 + e^{-\beta(\varepsilon_0 + \mu)}},$$

da cui la frazione di atomi adsorbiti sul numero di siti disponibili è pari a:

$$f = \frac{\langle N \rangle_a}{N_s} = \frac{1}{1 + e^{-\beta(\varepsilon_0 + \mu)}} \qquad (6.14)$$

e l'energia totale di legame sarà: $\langle E \rangle_a = -\langle N \rangle_a \varepsilon_0$.

Passiamo allora al limite termodinamico, dove possiamo trascurare le fluttuazioni (per cui scriveremo semplicemente N_a al posto di $\langle N \rangle_a$) e le descrizioni canonica e GC coincidono. Usando la distribuzione canonica, abbiamo visto che per un gas ideale, assumendo per semplicità spin $s = 0$,

$$\mu = -k_B T \ln \frac{V}{N\Lambda^3}.$$

Sostituendo dall'equazione di stato $V/N = k_B T/P$, abbiamo:

$$\exp\left(\frac{\mu}{k_B T}\right) = \frac{\Lambda^3}{k_B T} P. \qquad (6.15)$$

Dunque la frazione di atomi adsorbiti si può scrivere:

$$f = \frac{P}{P + P_0(T)}, \qquad (6.16)$$

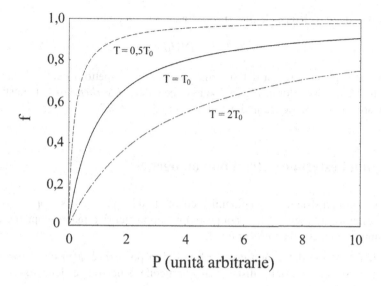

Fig. 6.1 Isoterme di Langmuir per tre valori di temperatura

con:

$$P_0(T) = \frac{k_B T}{\Lambda^3} e^{-\varepsilon_0/k_B T}.$$

Per valore di T abbiamo allora un'"isoterma di adsorbimento" che dà la frazione di siti occupati in funzione della pressione del gas, detta *isoterma di Langmuir* (si veda la Fig. 6.1). Per basse pressioni ($P \ll P_0(T)$) si ha una crescita lineare della frazione adsorbita, $f \simeq P/P_0(T)$, mentre per $P \gg P_0(T)$ pressoché tutti i siti vengono occupati e la superficie adsorbente viene saturata.

6.2.1 Capacità termica

È interessante vedere come la presenza di una superficie adsorbente modifichi la capacità termica di un gas ideale. L'energia totale del gas libero più quello adsorbito vale:

$$\frac{3}{2} k_B T N_g - \varepsilon_0 N_a,$$

dove $N_g = N - N_a$ è il numero di atomi liberi. Nel calcolare C_V dobbiamo tenere conto che sia N_a che N_g dipendono dalla temperatura. Poiché ad N costante si ha ovviamente $dN_g/dT = -dN_a/dT$, otteniamo:

$$C_V = \frac{3}{2} k_B N_g + \left(\frac{3}{2} k_B T + \varepsilon_0 \right) \frac{dN_g}{dT}. \tag{6.17}$$

Dall'espressione (6.16) per le isoterme di Langmuir abbiamo

$$dN_g/dT = -dN_a/dT > 0,$$

pertanto la capacità termica del sistema è *aumentata* rispetto a quella di un gas ideale formato da N_g atomi. Il gas cioè assorbe calore *desorbendosi* dal substrato. Riscaldare una superficie è quindi un modo per "degassarla".

6.3 Campi esterni e sistemi non omogenei

Consideriamo un sistema termodinamico costituito da N particelle sottoposte ad un *campo esterno* (ad esempio la forza peso, un campo elettrico macroscopico e così via). Supporremo che il campo di forze:

- sia indipendente dal tempo e derivabile da un potenziale $\phi(\mathbf{r})$ che *varia lentamente* sulla scala della distanza tra particelle e del range delle interazioni interparticellari;
- *non modifichi* apprezzabilmente le interazioni tra particelle (ciò non sarebbe vero se considerassimo ad esempio molecole fortemente polarizzabili sottoposte ad un campo elettrico);

La prima ipotesi ci consente di suddividere il sistema in sottosistemi δS, di volume δV centrato attorno ad un punto $\mathbf{r}_0$, sufficientemente piccoli perché all'interno di essi il potenziale assuma un valore pressoché costante $\phi(\mathbf{r}_0)$. Consideriamo allora uno stato i del sottosistema caratterizzato, in assenza di campo, da un'energia E_i e da un numero di particelle N_i. In presenza del campo esterno, dato che ciascuna di queste particelle si accoppia con il campo con un'energia $\phi(\mathbf{r})$, l'energia dello stato i del sottosistema cambierà da:

$$E_i \longrightarrow E_i' = E_i + N\phi(\mathbf{r}).$$

Le energie dei microstati vengono dunque a dipendere dalla posizione del sottosistema. La probabilità di trovarsi in un microstato i viene quindi a dipendere dalla posizione secondo:

$$P_i(\mathbf{r}) = \frac{1}{\mathscr{L}(\mathbf{r})} \exp\left[-\beta(E_i + N_i\phi(\mathbf{r}) - \mu N_i)\right],$$

dove:

$$\mathscr{L}(\mathbf{r}) = \sum_i \exp\left[-\beta(E_i + N_i\phi(\mathbf{r}) - \mu N_i)\right].$$

Notiamo che le espressioni precedenti possono essere riguardate come probabilità e funzione di partizione gran–canoniche $P_i[\beta, \mu(\mathbf{r})]$, $\mathscr{L}[\beta, \mu(\mathbf{r})]$ per il sistema in *assenza* di campo ma soggetto ad un *potenziale chimico locale*:

$$\mu(\mathbf{r}) \equiv \mu - \phi(\mathbf{r}). \tag{6.18}$$

Naturalmente, l'equilibrio tra i vari sottosistemi impone che in ogni punto del sistema sia costante il *vero* potenziale chimico μ, ossia si deve avere:

$$\mu(\mathbf{r}) + \phi(\mathbf{r}) = \mu = \text{cost.} \tag{6.19}$$

Quali sono il significato e l'utilità di questo potenziale chimico "locale"? Per capirlo, consideriamo un sistema macroscopico, in modo tale da poter usare indifferentemente la descrizione gran–canonica o quella canonica. Nella descrizione canonica pensiamo a $\mu(\mathbf{r})$ come funzione di (V, T, N), o equivalentemente di $(V, T, \rho = N/V)$. Allora è evidente come $\mu(\mathbf{r})$ dipenda da $\mathbf{r}$ solo perché *la densità* dipende dalla posizione (all'equilibrio, la temperatura deve essere la stessa ovunque!). Quindi possiamo scrivere:

$$\mu(\mathbf{r}) = \mu[\rho(\mathbf{r})].$$

In altri termini, pensiamo al sistema come se fosse in assenza di campo, ma con una densità *che dipende dalla posizione* per effetto dell'azione del campo stesso. Allora, come vedremo, la condizione di equilibrio locale (6.19) ci permette di fatto di ricostruire il "profilo di densità" $\rho(\mathbf{r})$. Analogamente, se descriviamo il sistema con la distribuzione $P - T$, dove $\mu = \mu(T, N, P)$, possiamo pensare a $\mu(\mathbf{r})$ come $\mu[P(\mathbf{r})]$ e determinare con la (6.19) il profilo di pressione $P(\mathbf{r})$.

6.3.1 La legge barometrica

Come applicazione, vogliamo determinare la distribuzione di pressione e densità con la quota di una colonna di gas ideale, mantenuta alla temperatura T, in presenza della forza peso $\mathbf{F} = -mg\hat{\mathbf{k}}$, cui è associato il potenziale $\phi = mgz$. Utilizzando il legame tra potenziale chimico e pressione dato dalla (6.15), possiamo scrivere la (6.19) come:

$$k_B T \left[\ln P(z) + \ln \frac{\lambda(T)}{k_B T} \right] + mgz = \mu.$$

Derivando rispetto a z si ha:

$$\frac{k_B T}{P} \frac{dP(z)}{dz} = -mg,$$

che ha per soluzione:

$$P(z) = P(0) \exp\left(-\frac{z}{\ell_g} \right), \tag{6.20}$$

dove la lunghezza:

$$\ell_g = \frac{k_B T}{mg} = \frac{RT}{M_w g}, \tag{6.21}$$

con $R = \mathcal{N}_A k_B = 8,314 \ \text{Jmol}^{-1}\text{K}^{-1}$ e M_w peso molecolare del gas considerato, è detta *lunghezza gravitazionale*.

*6.4 Ancora sui liquidi: fluttuazioni e struttura

In questo paragrafo, analizzando con la distribuzione gran canonica le fluttuazioni locali di densità in un fluido, vogliamo ricavare esplicitamente l'espressione (4.91) che abbiamo usato nel Cap. 4 per discutere il legame tra fattore di struttura e comprimibilità. Ricordiamo che dalla (4.67) si ha:

$$\left\langle \sum_{i\neq j} \delta[\mathbf{r} - (\mathbf{r}_j - \mathbf{r}_i)] \right\rangle = \frac{VN(N-1)}{Z_C} \int \mathrm{d}(N-2)\,\mathrm{e}^{-\beta U},$$

dove $\langle \ldots \rangle_N$ indica che stiamo facendo una media *canonica* a numero di particelle fissato N. Quindi dalla (6.6), tenendo conto che

$$\frac{Z}{Z_C} = \frac{1}{N!\Lambda^{3N}}, \tag{6.22}$$

otteniamo per la media *gran* canonica:

$$\left\langle \sum_{i\neq j} \delta[\mathbf{r} - (\mathbf{r}_j - \mathbf{r}_i)] \right\rangle = \frac{1}{\mathscr{Z}} \sum_N \varphi^N \frac{VN(N-1)}{N!\Lambda^{3N}} \int \mathrm{d}(N-2)\,\mathrm{e}^{-\beta U}. \tag{6.23}$$

In analogia con la (4.65) e approssimando $N(N-1) \simeq N^2$, possiamo allora porre nel gran canonico:

$$g(\mathbf{r}) = \frac{1}{\rho^2 V} \left\langle \sum_{i\neq j} \delta[\mathbf{r} - (\mathbf{r}_j - \mathbf{r}_i)] \right\rangle = \frac{1}{\rho^2 \mathscr{Z}} \sum_N \varphi^N \frac{VN(N-1)}{N!\Lambda^{3N}} \int \mathrm{d}(N-2)\,\mathrm{e}^{-\beta U}. \tag{6.24}$$

Se allora teniamo conto dell'espressione (4.66) per l'integrale configurazionale e della (6.22), abbiamo:

$$\int_V \mathrm{d}^3 r g(\mathbf{r}) = \frac{1}{\rho^2 V \mathscr{Z}} \sum_N N(N-1)\varphi^N \frac{Z_C}{N!\Lambda^{3N}} = \frac{1}{\rho^2 V \mathscr{Z}} \sum_N N(N-1)\varphi^N Z_N, \tag{6.25}$$

ossia si ha semplicemente:

$$\int_V \mathrm{d}^3 r g(\mathbf{r}) = \frac{1}{\rho^2 V} \langle N(N-1) \rangle = \frac{1}{\rho \langle N \rangle} \langle N(N-1) \rangle.$$

Scrivendo ora:

$$\langle N(N-1) \rangle = \langle (\Delta N)^2 \rangle + \langle N \rangle^2 - \langle N \rangle$$

(dove come sempre $\langle (\Delta N)^2 \rangle = \langle N^2 \rangle - \langle N \rangle^2$), otteniamo

$$\rho \int_V \mathrm{d}^3 r g(\mathbf{r}) = \frac{\langle (\Delta N)^2 \rangle}{\langle N \rangle} + \langle N \rangle - 1$$

e, tenendo conto che le fluttuazioni sono legate alla comprimibilità isoterma da $\langle (\Delta N)^2 \rangle = N\rho k_B T K_T$, si ha in definitiva per il valore a vettor d'onda nullo del fattore di struttura:

$$S(0) = \rho \int_V [g(\mathbf{r}) - 1] \mathrm{d}^3 r + 1 = \rho k_B T K_T, \qquad (6.26)$$

che è equivalente alla (4.91).

6.5 Contare l'indistinguibile: le statistiche quantistiche

La distribuzione gran–canonica si presta in modo particolarmente efficiente a studiare sistemi di particelle identiche ed indistinguibili descrivendoli in termini di *numeri di occupazione*. Indicando con λ i valori distinti dell'energia per gli stati di *singola particella* e chiamando N_λ il numero di particelle che sono nello stato di energia ε_λ, possiamo infatti descrivere ogni stato i dell'*intero* sistema scrivendo il numero di particelle e l'energia come:

$$\begin{cases} N_i = \sum_\lambda N_\lambda \\ E_i = \sum_\lambda \varepsilon_\lambda N_\lambda. \end{cases} \qquad (6.27)$$

La somma sugli stati che compare nella funzione di partizione gran canonica può allora essere fatta "contando per classi", cioè sommando prima su tutti gli stati costituiti solo da particelle che hanno *prefissati* valori per i numeri di occupazione, e poi sommando su tutti i possibili valori dei numeri di occupazione. Per un *fissato* insieme di valori $\{N_1, N_2, \ldots, N_s\}$ (dove s è il numero totale di autostati dell'energia di singola particella), il fattore di Boltzmann gran–canonico è dato da:

$$\exp[-\beta(E_i - \mu N_i)] = \exp[-\beta N_1(\varepsilon_1 - \mu) - \beta N_2(\varepsilon_2 - \mu) \ldots - \beta N_s(\varepsilon_s - \mu)],$$

per cui la funzione di partizione GC si scrive:

$$\mathscr{Z} = \sum_{N_1} \cdots \sum_{N_\lambda} \cdots \sum_{N_s} e^{-\beta N_1(\varepsilon_1 - \mu)} e^{-\beta N_2(\varepsilon_2 - \mu)} \ldots e^{-\beta N_s(\varepsilon_s - \mu)}.$$

Ma questa espressione può essere riscritta formalmente come[4]:

$$\mathscr{Z}(\beta, V\mu) = \prod_\lambda \mathscr{Z}_\lambda(\beta, V\mu), \qquad (6.28)$$

dove:

$$\mathscr{Z}_\lambda(\beta, V\mu) = \sum_N \exp[-\beta N(\varepsilon_\lambda - \mu)]. \qquad (6.29)$$

---

[4] Notiamo che la dipendenza da λ è solo nel valore dell'energia di singola particella.

La $\mathscr{Z}$ fattorizza dunque in funzioni di partizione *indipendenti* $\mathscr{Z}_\lambda$, che non sono altro che le funzioni di partizione per il sottosistema di particelle che si trovano in uno stato di energia ε_λ. Possiamo riassumere questo importante risultato affermando che cl sistema può essere pensato come costituito da sottosistemi indipendenti, a patto che questi siano costituiti da *tutte e sole quelle particelle che si trovano in un particolare stato di particella singola*.

Naturalmente, dato che il numero di particelle in un certo stato di energia può variare, questi sottosistemi devono essere pensati come *aperti*[5]: il loro equilibrio è caratterizzato dal fatto che μ deve avere lo *stesso valore* per tutti i sottosistemi. Riscrivendo poi la (6.29) come

$$\mathscr{Z}_\lambda = \sum_N \left[e^{-\beta(\varepsilon_\lambda - \mu)} \right]^N = \sum_N \left(\varphi\, e^{-\beta\varepsilon_\lambda} \right)^N,$$

ci si rende conto che $\mathscr{Z}_\lambda$ è al più (se i numeri di occupazioni possono assumere qualunque valore positivo) una *serie di potenze*, facilmente sommabile se converge. Sfrutteremo tra poco questa proprietà. Nel frattempo osserviamo che, usando la decomposizione (6.28), si ottiene immediatamente:

- gran-potenziale: $J = \sum_\lambda J_\lambda$, con $J_\lambda = -k_B T \ln \mathscr{Z}_\lambda$;
- numero medio di particelle: $\langle N \rangle = \sum_\lambda \langle N \rangle_\lambda$, con $\langle N \rangle_\lambda = \partial J_\lambda / \partial \mu$;
- energia media: $E = \sum_\lambda \langle N \rangle_\lambda \varepsilon_\lambda$.

6.5.1 La statistica di Fermi–Dirac

Per un sistema di fermioni, i numeri di occupazione $\{N_\lambda\}$ possono assumere solo i valori 0 o 1. Quindi si ha:

$$\mathscr{Z}_\lambda^F = 1 + \exp[-\beta(\varepsilon_\lambda - \mu)]. \tag{6.30}$$

Il numero medio di occupazione dello stato $\{\lambda\}$ vale dunque:

$$\langle N \rangle_\lambda^F = \frac{1}{\beta} \frac{\partial \ln \mathscr{Z}_\lambda^F}{\partial \mu} = \frac{e^{-\beta(\varepsilon_\lambda - \mu)}}{1 + e^{-\beta(\varepsilon_\lambda - \mu)}},$$

ossia:

$$\langle N \rangle_\lambda^F = \frac{1}{\exp[\beta(\varepsilon_\lambda - \mu)] + 1}. \tag{6.31}$$

Questo andamento di $\langle N \rangle_\lambda^F$ con l'energia dello stato ed il potenziale chimico è detto *statistica di Fermi–Dirac*. Notiamo che $\mathscr{Z}_\lambda^F$ può essere direttamente espressa in

---

[5] Per questa ragione il "trucco" non funziona utilizzando la distribuzione canonica!

termini del numero medio di occupazione come:

$$\mathscr{Z}_\lambda^F = \frac{1}{1 - \langle N \rangle_\lambda^F} \qquad (6.32)$$

e pertanto tutte le proprietà possono essere calcolate a partire da $\langle N \rangle_\lambda^F$.

6.5.2 La statistica di Bose–Einstein

In questo caso la (6.29) è effettivamente una serie geometrica. Perché questa converga sarà quindi necessario che, per ogni λ, $\exp[\beta(\varepsilon_\lambda - \mu)] < 1$. Pertanto si deve avere $\mu < \varepsilon_\lambda$ per ogni λ: quindi, in particolare, per lo stato fondamentale (ground state) di singola particella di energia ε_0:

$$\mu < \varepsilon_0. \qquad (6.33)$$

Per uno stato fondamentale legato ($\varepsilon_0 < 0$) si dovrà avere quindi $\mu < 0$. Se la condizione (6.33) è verificata si ha allora:

$$\mathscr{Z}_\lambda^B = \frac{1}{1 - \exp[-\beta(\varepsilon_\lambda - \mu)]}. \qquad (6.34)$$

Operando come nel caso dei fermioni, si ottiene per il numero medio di occupazione:

$$\langle N \rangle_\lambda^B = \frac{1}{\exp[\beta(\varepsilon_\lambda - \mu)] - 1}, \qquad (6.35)$$

che diremo *statistica di Bose–Einstein*. Il legame tra $\langle N \rangle_\lambda^B$ e la funzione di gran–partizione dello stato λ si scrive:

$$\mathscr{Z}_\lambda^B = (1 + \langle N \rangle_\lambda^B). \qquad (6.36)$$

6.5.3 Il limite classico

Consideriamo la situazione in cui tutti i numeri medi di occupazione sono molto piccoli. Si deve avere allora $\langle N \rangle_\lambda \ll 1$, ossia: $\exp[\beta(\varepsilon_\lambda - \mu)] \gg 1$ per ogni λ. In questo limite, otteniamo $\langle N \rangle_\lambda^F = \langle N \rangle_\lambda^B = \langle N \rangle_\lambda^{MB}$, dove:

$$\langle N \rangle_\lambda^{MB} = \exp[-\beta(\varepsilon_\lambda - \mu)] \qquad (6.37)$$

è la statistica classica di Maxwell–Boltzmann, per la quale si avrà la funzione di partizione:

$$\mathscr{Z}_\lambda^{MB} = 1 + \exp[-\beta(\varepsilon_\lambda - \mu)]. \qquad (6.38)$$

Poiché $e^{-\beta(\varepsilon_\lambda - \mu)} \ll 1$, approssimando

$$\ln\left[1 + e^{-\beta(\varepsilon_\lambda - \mu)}\right] \simeq e^{-\beta(\varepsilon_\lambda - \mu)}$$

si ottiene per la funzione di gran–partizione totale:

$$\ln \mathscr{Z}^{MB} = \sum_\lambda \ln \mathscr{Z}_\lambda^{MB} = e^{\beta\mu} \sum_\lambda e^{-\beta\varepsilon_\lambda},$$

ossia:

$$\mathscr{Z}^{MB}(\beta,\mu,V) = \exp\left(\varphi z(\beta,V)\right), \qquad (6.39)$$

dove $z(\beta,V)$ è la funzione di partizione *canonica* di singola particella e φ la fugacità. Sviluppando in serie l'esponenziale nella (6.39) possiamo scrivere:

$$\mathscr{Z}^{MB}(\beta,\mu,V) = \sum_N \varphi^N \frac{[z(\beta,V)]^N}{N!}.$$

Ma poiché abbiamo visto che $\mathscr{Z}$ può essere sviluppata in termini della fugacità come $\mathscr{Z} = \sum_N Z(\beta,V,N)\varphi^N$, dove $Z(\beta,V,N)$ è la funzione di partizione canonica del *sistema*, identificando i coefficienti abbiamo

$$Z(\beta,V,N) = \frac{1}{N!}[z(\beta,V)]^N, \qquad (6.40)$$

che è la fattorizzazione già ottenuta in precedenza.

6.5.4 I gas debolmente degeneri

Un gas che non soddisfa le condizioni per applicare l'approssimazione di Maxwell-Boltzmann si dice *degenere*. In questo paragrafo vogliamo derivare l'equazione di stato di un gas che sia debolmente degenere, ossia un gas che cominci a "sentire" gli effetti dell'indistinguibilità quantistica delle particelle, da cui trarremo un'immagine fisica di quanto avviene se numero di particelle non è del tutto trascurabile rispetto al numero di stati disponibili.

Scriviamo allora in generale il gran-potenziale per un sistema di fermioni o bosoni come:

$$J = \mp k_B T \sum_\lambda \ln\left[1 \pm e^{-\beta(\varepsilon_\lambda - \mu)}\right],$$

dove il segno superiore si riferisce alla statistica di Fermi–Dirac e quello inferiore a quella di Bose–Einstein. Sviluppiamo allora al II ordine nella quantità $e^{-\beta(\varepsilon_\lambda - \mu)}$, che sarà piccola ma non più del tutto trascurabile:

$$J \simeq -k_B T \sum_\lambda \exp[-\beta(\varepsilon_\lambda - \mu)] \pm \frac{k_B T}{2} \sum_\lambda \exp[-2\beta(\varepsilon_\lambda - \mu)] = J^{MB} + \delta J,$$

dove quindi il termine δJ è il primo termine di correzione rispetto al gran–potenziale del gas classico. Per un sistema macroscopico, ossia sufficientemente grande da avere livelli di energia di singola particella descrivibili in modo continuo per mezzo della densità di stati $\rho(\varepsilon)$, possiamo scivere:

$$\delta J = \pm \frac{k_B T}{2} e^{2\beta\mu} \int d\varepsilon\, \rho(\varepsilon) e^{-2\beta\varepsilon}.$$

Ponendo $\varepsilon' = 2\varepsilon$ e ricordando che, per una particella libera, $\rho(\varepsilon) = A\varepsilon^{1/2}$:

$$\delta J = \pm \frac{k_B T}{4\sqrt{2}} e^{2\beta\mu} \int d\varepsilon'\, \rho(\varepsilon') e^{-\beta\varepsilon'}.$$

Ma, nella descrizione continua,

$$J^{MB} = -k_B T e^{\beta\mu} \int d\varepsilon\, \rho(\varepsilon) e^{-\beta\varepsilon}$$

e pertanto si ha semplicemente:

$$\delta J = \mp \frac{1}{4\sqrt{2}} e^{\beta\mu} J^{MB}. \tag{6.41}$$

Per ottenere l'equazione di stato di un sistema con un numero N fissato di particelle, dobbiamo passare alla descrizione canonica, sfruttando l'equivalenza delle descrizioni nel limite termodinamico. In questo contesto, l'equivalenza consisterà nel fatto che *la variazione di F rispetto all'energia libera del gas di MB dovrà essere uguale a quella del gran-potenziale rispetto a J^{MB}* (a patto di fissare opportunamente le variabili corrispondenti), ossia:

$$(\delta F)_{N,T,V} = (\delta J)_{\mu,T,V}.$$

Poiché $J = -PV$, nel canonico possiamo scrivere $J^{MB} = -Nk_B T$. Quindi:

$$(\delta F)_{N,T,V} = \mp \frac{1}{4\sqrt{2}} e^{\beta\mu} J^{MB} = \pm \frac{1}{4\sqrt{2}} N K_B T e^{\beta\mu}.$$

Usando per l'espressione del potenziale chimico il gas di MB, $\mu = k_B T \ln(N\Lambda^3/V)$, otteniamo per l'energia libera totale:

$$F = F^{MB} + \delta F = F^{MB} \pm \frac{k_B T N^2 \Lambda^3}{4\sqrt{2}V} \tag{6.42}$$

e quindi *l'equazione di stato per gas debolmente degeneri*:

$$P = \frac{Nk_B T}{V} \left(1 \pm \frac{N\Lambda^3}{4\sqrt{2}V}\right). \tag{6.43}$$

Osserviamo in primo luogo come la prima correzione al gas classico ideale sia proporzionale a $(\Lambda/d)^3$, dove, come sempre, $d = (N/V)^{1/3}$ è la distanza media tra le molecole. Quindi un gas può essere trattato classicamente quando la distanza media tra le particelle è molto maggiore della lunghezza d'onda termica:

$$d \gg \Lambda,$$

che è una riformulazione "geometrica" della condizione precedentemente vista da un punto di vista energetico. Intuitivamente, ciò significa che la probabilità che i pacchetti d'onda di particelle distinte si sovrappongono è molto bassa e pertanto non ci sono effetti d'"interferenza quantistica". Notiamo inoltre che per i fermioni $P > P^{MB}$, mentre il contrario avviene per i bosoni. Anche in assenza di forze "reali" tra le particelle, per i fermioni gli effetti derivanti del principio di esclusione si manifestano quindi come forze repulsive effettive, mentre i bosoni in qualche modo si attraggono.

*6.6 Britannici bosoni e teutonici fermioni

Prima di occuparci in dettaglio dei gas di fermioni e bosoni, vogliamo mostrare come sia possibile giungere ad un'espressione generale per la distribuzione di probabilità per un sistema di particelle libere indistinguibili seguendo un approccio alternativo basato semplicemente sulle proprietà di simmetria della funzione d'onda, che ci permetterà fornire una giustificare fisica alle strane "forze effettive" che abbiamo incontrato nel paragrafo precedente. Come abbiamo visto nel Cap. 3, la funzione d'onda di un sistema di più particelle identiche deve essere completamente antisimmetrica nel caso dei fermioni e simmetrica nel caso dei bosoni. Conseguenza immediata per quanto riguarda i fermioni, di cui abbiamo fatto uso in più occasioni, è che un particolare stato quantistico può essere occupato da al più una particella. Per i bosoni, al contrario, non vi è nessuna prescrizione particolarmente stringente: tuttavia, le proprietà di simmetria della funzione d'onda hanno comunque una conseguenza importante e piuttosto inaspettata.

Cominciamo a fare qualche riflessione generale. Classicamente, visualizziamo un gas ideale come un sistema molto diluito di particelle indipendenti, in cui l'equilibrio termico è tuttavia garantito dagli urti. Di fatto quindi le particelle *interagiscono,* perché per parlare di "urti" è necessario che le particelle scambino momento ed energia, ossia che vi siano forze che agiscono tra di esse, fossero anche solo quelle tra due palle da biliardo. Ciò che in realtà intendiamo è che il *range* di queste forze è molto breve rispetto alla distanza media tra le particelle, cosicché queste si muovono per la maggior parte del tempo liberamente, senza subire influenze esterne. Inoltre, supponiamo che la densità sia sufficientemente bassa perché le collisioni tra particelle siano solo binarie: quindi non vi sono, o sono estremamente rari, gruppi di tre o più particelle che interagiscono contemporaneamente, che è proprio ciò che genera le correlazioni di densità in un gas reale o addirittura in un liquido. L'equazione di Boltzmann discussa in Appendice C mostra che, per un sistema con queste caratteristiche, la distribuzione dell'energia degli stati all'equilibrio è quella di Maxwell-Boltzmann.

Nel caso di un gas quantistico, sappiamo che uno stato di singola particella è completamente caratterizzato dal suo vettore d'onda **k** e dalla direzione dello spin (l'energia dello stato, in particolare, dipende solo dal modulo di **k**): "cambiare stato" significa dunque cambiare vettore d'onda[6], ossia momento, che è proprio ciò che avviene in un processo d'urto. Nello spirito di quanto fatto da Boltzmann, dovrebbe quindi essere possibile trarre qualche informazione sulla distribuzione di probabilità degli stati analizzando in maniera dettagliata gli scambi cha hanno luogo nei processi d'urto ed imponendo che tali scambi siano adeguatamente bilanciati, in modo da trovare una condizione stazionaria. Conviene quindi analizzare un po' più in dettaglio i processi d'urto o, come diremo, di *scattering* tra particelle identiche.

*6.6.1 Urti tra particelle identiche

In meccanica quantistica, lo studio dei processi d'urto consiste nel risolvere l'equazione di Schrödinger per una particella, descritta ad esempio come un'onda piana[7] con un vettore d'onda iniziale **k** ed una specifica direzione dello spin, che incide su un centro di scattering, e nel determinare l'ampiezza di probabilità che questa venga deviata lungo una certa direzione, che può dipendere anche dall'orientazione relativa dello spin della particella incidente e di quella che opera come bersaglio.

◇ Richiamiamo prima in modo molto succinto e semplificato[8] alcuni aspetti generali dei processi di scattering. Se scriviamo la funzione d'onda della incidente come un'onda piana che propaga lungo z (ossia caratterizzata da un vettore d'onda $(0,0,k)$, $\psi_i = e^{ikz}$), una volta che che la particella si è allontanata molto dal bersaglio la funzione d'onda diffusa ha come forma asintotica:

$$\psi_s(\mathbf{r}, \mathbf{k}, \mathbf{k}') \xrightarrow[r \to \infty]{} A \left[e^{ikz} + f(\mathbf{k}, \mathbf{k}') \frac{e^{ikr}}{r} \right]. \tag{6.44}$$

Il primo termine nella (6.44) rappresenta l'onda trasmessa senza diffusione, di cui non ci occuperemo in seguito[9], mentre il secondo rappresenta un'onda sferica centrata sul bersaglio, la cui ampiezza è modulato dall'*ampiezza di scattering* $f(\mathbf{k}, \mathbf{k}')$, che dipende dal vettore d'onda incidente e da quello diffuso. Quest'ultima, che è una quantità complessa, può essere espressa anche come $f(\Omega)$ in termini dell'angolo solido Ω tra la direzione incidente e quella di scattering[10], Il modulo

---

[6] Ed eventualmente direzione dello spin, se le forze tra le particelle dipendono anche dall'orientazione relativa degli spin delle due particelle.

[7] Un'onda piana, tuttavia, non è spazialmente localizzata. Per ottenere una descrizione che presenti analogie con un urto classico, è quindi più opportuno descrivere la particella come un "pacchetto d'onda" con un certo allargamento della distribuzione dei valori del momento (che dà origine ad una densità di probabilità sostanzialmente localizzata in un volume finito), la cui velocità di gruppo coincide con quella di una particella classica.

[8] Assumeremo in particolare che il processo di scattering sia elastico e che la particella interagisca con il bersaglio tramite un potenziale centrale, trascurando inoltre per il momento gli effetti di spin.

[9] In realtà, ad angolo nullo (e *solo* ad angolo nullo) il termini trasmesso e quello diffuso *interferiscono*, in modo simile a quanto visto discutendo il fattore di struttura dei liquidi, fatto che però non riguarda il problema che stiamo affrontando.

[10] Per maggiori dettagli sul concetto di sezione d'urto, si veda l'Appendice C.

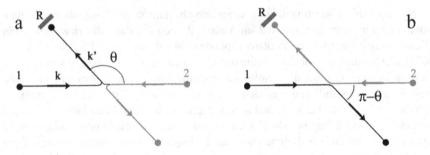

Fig. 6.2 Processo di urto tra due particelle identiche nel sistema di riferimento del centro di massa

al quadrato di $f(\Omega)$ dà la sezione d'urto differenziale di scattering:

$$\sigma(\Omega) = |f(\Omega)|^2.$$

In un esperimento condotto con un fascio di particelle, $\sigma(\Omega)d\Omega$ è pari al numero di particelle diffuse per unità di flusso incidente e di particelle bersaglio entro un angolo solido $d\Omega$ attorno ad Ω: pertanto, in un *singolo* evento di scattering, $\sigma(\Omega) = \sigma(\mathbf{k}, \mathbf{k}')$ è direttamente proporzionale alla probabilità di transizione della particella dallo stato $\mathbf{k}$ allo stato $\mathbf{k}'$.

L'estensione all'urto tra due particelle entrambe in moto si fa in maniera analoga del tutto analoga al caso classico. Tuttavia, in un processo di scattering, l'indistinguibilità quantistica introduce un aspetto che rende i processi d'urto tra particelle identiche alquanto diversi da quelli classici. Per discutere il problema, è conveniente porsi nel sistema di riferimento del centro di massa, nel quale quindi le particelle hanno inizialmente quantità di moto uguali e opposte $\mathbf{p}$ e $-\mathbf{p}$, con $p = \hbar k$, e gli angoli di deviazione dalla direzione di propagazione originaria sono uguali (si veda la Fig. 6.2). Per particelle "classiche", i processi a e b, in cui il il rivelatore R viene colpito rispettivamente dalla particella 1 o dalla 2, sono ben distinti. Ma se le particelle sono identiche ed hanno lo *stesso* valore dello spin (cosicchè a particelle con lo stesso vettore d'onda corrisponde effettivamente lo stesso stato[11]), ciò non è più vero: possiamo solo dire che R rivela una particella che ha vettore d'onda $\mathbf{k}'$, ma non *quale* sia. Notiamo che il processo b corrisponde al processo a, in cui le due particelle sono semplicemente *scambiate* tra loro, ossia possiamo scrivere:

$$\psi_s^b(\mathbf{r}, \mathbf{k}, \mathbf{k}') = \hat{P}_{12}\,\psi_a^s(\mathbf{r}, \mathbf{k}, \mathbf{k}'),$$

dove l' "operatore di scambio" $\hat{P}_{12}$ agisce su $\psi_a^s(\mathbf{r}, \mathbf{k}, \mathbf{k}')$ proprio scambiando gli indici di particella. Questo "sommarsi" di processi classicamente distinti è quindi sostanzialmente legato alla richiesta per la funzione d'onda diffusa totale ψ_s di essere completamente simmetrica o antisimmetrica, ossia dobbiamo scrivere:

$$\psi_s(\mathbf{r}, \mathbf{k}, \mathbf{k}') = \psi_a^s(\mathbf{r}, \mathbf{k}, \mathbf{k}') \pm \psi_s^b(\mathbf{r}, \mathbf{k}, \mathbf{k}'),$$

dove il segno superiore si riferisce ai bosoni e quello inferiore ai fermioni.

Notiamo tuttavia che scambiare gli indici di particella corrisponde semplicemente a cambiare segno al vettore posizione relativa $\mathbf{r} = \mathbf{r}_1 - \mathbf{r}_2$ che congiunge le due particelle. Inoltre, dato che nel sistema del centro di massa la direzione di $\mathbf{k}'$ coincide con quella di $\mathbf{r}$, come evidente dalla Fig. 6.2, ciò significa semplicemente scambiare $\mathbf{k}' \to -\mathbf{k}'$. Trascurando quindi i termini trasmessi

---

[11] Per dei fermioni, ci riferiamo quindi, più rigorosamente, al caso in cui le due particelle, sono in uno stato di *tripletto*.

senza diffusione e concentrandoci solo sull'onda diffusa, possiamo pertanto scrivere:

$$\psi_s(\mathbf{r}, \mathbf{k}, \mathbf{k}') = A\left[f(\mathbf{k}, \mathbf{k}') \pm f(\mathbf{k}, -\mathbf{k}')\right] \frac{e^{ikr}}{r}. \tag{6.45}$$

La sezione d'urto differenziale è allora data da:

$$\sigma(\mathbf{k}, \mathbf{k}') = \left|f(\mathbf{k}, \mathbf{k}') \pm f(\mathbf{k}, -\mathbf{k}')\right|^2. \tag{6.46}$$

mentre se le due particelle fossero state *distinguibili*, avremmo ottenuto come sezione d'urto totale semplicemente la somma delle sezioni d'urto complessiva relativa ai due processi:

$$\sigma^D(\mathbf{k}, \mathbf{k}') = |f(\mathbf{k}, \mathbf{k}')|^2 + |f(\mathbf{k}, -\mathbf{k}')|^2.$$

La differenza fondamentale è quindi che nella (6.46) le ampiezze di scattering *interferiscono*, dando origine ad una sezione d'urto totale che differisce da quella classica. Dalla Fig. 6.2 possiamo poi notare che, in termini degli angoli di scattering, scambiare $\mathbf{k} \to -\mathbf{k}$ corrisponde semplicemente a considerare un processo di scattering relativo all'angolo supplementare $\pi - \theta$, dove θ indica l'angolo di diffusione nel piano di scattering[12] che contiene $\mathbf{k}$ e $\mathbf{k}'$. Possiamo quindi scrivere allora, distinguendo esplicitamente il caso di bosoni e fermioni:

$$\sigma^B(\theta) = |f(\theta) + f(\pi - \theta)|^2$$
$$\sigma^F(\theta) = |f(\theta) - f(\pi - \theta)|^2$$
$$\sigma^D(\theta) = |f(\theta)|^2 + |f(\pi - \theta)|^2.$$

Notiamo che, nel caso particolare in cui l'angolo di scattering (nel sistema di riferimento del centro di massa) è di $\pi/2$:

$$\sigma^B(\theta) = 2\sigma^D(\theta)$$
$$\sigma^F(\theta) = 0,$$

ossia la sezione d'urto per i bosoni è *doppia* rispetto al caso indistinguibile, mentre nel caso dei fermioni (nello stato di tripletto) lo scattering a $\theta = 90°$ è *nullo*. ◇

L'interferenza delle ampiezze di scattering per particelle indistinguibili sta alla radice della diversa statistica di occupazione degli stati per fermioni e bosoni. Cominciamo ad occuparci proprio di quest'ultimi, considerando due bosoni 1 e 2 che subiscano *due eventi indipendenti* di scattering con altre particelle "bersaglio". Supponiamo che, per effetto del processo di scattering, la prima particella venga a trovarsi nello stato finale f, caratterizzato da un certo valore $\mathbf{k}$ del momento ed s dello spin, mentre diremo f' lo stato finale della seconda particella[13]. Per quanto segue, è comodo far uso della notazione di Dirac, indicando con $\langle f|1\rangle$ ed $\langle f'|2\rangle$ le ampiezze di probabilità di questi due eventi, che saranno proporzionali alle ampiezze di scattering per ciascuno dei due processi.

Per particelle distinguibili, la probabilità[14] relativa al verificarsi *simultaneo* di entrambi gli eventi (che corrisponde ad esempio a rivelare la particella 1 nella

---

[12] Nel caso di potenziali centrali, l'angolo ϕ nel piano perpendicolare a quello di scattering non gioca alcun ruolo.

[13] Per essere più rigorosi, supporremo anche che i vettori d'onda relativi agli stati finali siano abbastanza vicini, in modo che l'ampiezza di scattering vari con continuità quando si prenda il limite $f' \to f$.

[14] Per l'esattezza, questa è una *densità* di probabilità.

direzione di **k** e la particella 2 nella direzione di **k**') è pari a:

$$| \langle f|1 \rangle |^2 | \langle f'|2 \rangle |^2.$$

Se tuttavia vogliamo considerare la probabilità complessiva che una *generica* particella venga rivelata nello stato f ed un'altra nello stato f', dobbiamo anche considerare il doppio processo di scattering in cui $1 \to f'$ e $2 \to f$. La probabilità complessiva che avvenga dunque *l'uno o l'altro* di questi eventi (che classicamente sono mutualmente esclusivi) è:

$$P^D_{1,2 \to f,f'} = | \langle f|1 \rangle |^2 | \langle f'|2 \rangle |^2 + | \langle f|2 \rangle |^2 | \langle f'|1 \rangle |^2.$$

Nel caso in cui gli stati finali *coincidano*, ossia $f = f'$, abbiamo dunque.

$$P^D_{1,2 \to f} = 2| \langle f|1 \rangle |^2 | \langle f|2 \rangle |^2.$$

Consideriamo ora due bosoni indistinguibili. In questo caso, il processo in cui $2 \to f$ e $1 \to f'$ non può più essere distinto da quello in cui $1 \to f$ e $2 \to f'$: l'unica cosa che possiamo fare è dare un'ampiezza *complessiva* che si ottiene, per quanto abbiamo visto, come somma delle ampiezze per queste due possibilità, $\langle f|1 \rangle \langle f'|2 \rangle + \langle f|2 \rangle \langle f'|1 \rangle$, per cui:

$$P^B_{1,2 \to f,f'} = | \langle f|1 \rangle \langle f'|2 \rangle + \langle f|2 \rangle \langle f'|1 \rangle |^2.$$

Se allora $f = f'$ otteniamo:

$$P^B_{1,2 \to f} = |2 \langle f|1 \rangle \langle f|2 \rangle |^2 = 2P^D_{1,2 \to f},$$

ossia una probabilità *doppia* che nel caso distinguibile.

Nel caso dello scattering di *tre* particelle distinguibili $(1,2,3)$ negli stati finali (f,f',f''), procedendo in modo del tutto analogo, dovremo sommare le probabilità di tutti i processi che si ottengono permutando gli indici di particella, ossia:

$$P^D_{1,2,3 \to f,f',f''} = \sum_{P(1,2,3)} | \langle f|1 \rangle |^2 | \langle f'|2 \rangle |^2 | \langle f''|3 \rangle |^2,$$

mentre nel caso di bosoni indistinguibili si avrà:

$$P^B_{1,2,3 \to f,f',f''} = \sum_{P(1,2,3)} | \langle f|1 \rangle \langle f'|2 \rangle \langle f''|3 \rangle |^2.$$

Quindi, se $f'' = f' = f$, otteniamo:

$$P^D_{1,2,3 \to f} = 3!| \langle f|1 \rangle |^2 | \langle f|2 \rangle |^2 | \langle f'|3 \rangle |^2,$$

mentre:

$$P^B_{1,2,3 \to f} = |3!(\langle f|1 \rangle \langle f|2 \rangle \langle f'|3 \rangle |^2 = 3! P^D_{1,2,3 \to f}.$$

Possiamo quindi generalizzare facilmente questi risultati, scrivendo che nel caso di N processi simultanei che comportino la transizione ad uno stesso stato finale f, la probabilità per complessiva per dei bosoni è legata a quella per particelle classiche distinguibili da:

$$P^B_{N \to f} = N! P^D_{N \to f}. \tag{6.47}$$

Introducendo la probabilità condizionata $P(N+1|N)$ che una particella passi nel generico stato f, se vi sono già N particelle che si trovano in tale stato, possiamo scrivere per i due casi che abbiamo considerato:

$$\begin{cases} P^D_{N+1 \to f} = P^D(N+1|N) P^D_{N \to f} \\ P^B_{N+1 \to f} = P^B(N+1|N) P^B_{N \to f}. \end{cases}$$

Facendo uso della (6.47), otteniamo:

$$P^B(N+1|N) = (1+N) P^D(N+1|N). \tag{6.48}$$

Possiamo quindi rileggere i risultati che abbiamo ottenuto in questo modo: *se vi sono già N bosoni in uno stato, la probabilità che un'altra particella si aggiunga ad esse è incrementata di un fattore* $(1+N)$ *rispetto a quanto avverrebbe per particelle distinguibili*. L'indistinguibilità comporta pertanto che un bosone tenda a disporsi più facilmente in quegli stati in cui sono già presenti altri bosoni, con entusiasmo tanto maggiore quanto più numerosa è la "famiglia" a cui si associa.

Che cosa possiamo dire per dei *fermioni*? In questo caso, se uno stato non è occupato, la probabilità di aggiungervi un'altra particella deve coincidere con quella che si avrebbe nel caso distinguibile, mentre se lo stato è già occupato, deve essere rigorosamente nulla. Dato che N può valere solo 0 o 1, possiamo formalmente riscrivere questa condizione come:

$$P^F(N+1|N) = (1-N) P^D(N+1|N). \tag{6.49}$$

Come ho anticipato, gli argomenti che abbiamo utilizzato sono molto semplificati, o per meglio dire un po' grossolani: tuttavia, risultati del tutto analoghi si ottengono rigorosamente facendo uso di quelle tecniche più avanzate che passano sotto il nome di "seconda quantizzazione". Come vedremo nel paragrafo che segue, comunque, queste due semplici "regolette" consentono di ottenere la forma generale della distribuzione di probabilità per un sistema di bosoni o di fermioni non interagenti.

*6.6.2 Il principio del bilancio dettagliato

Consideriamo un sistema di particelle all'equilibrio termico: anche in queste condizioni vi sarà un continuo scambio di particelle tra i vari livelli energetici, senza che ciò vari tuttavia le popolazioni dei singoli stati. La situazione è in qualche modo analoga a quella di una reazione chimica in cui, anche all'equilibrio, si ha una continua trasformazione di reagenti R in prodotti P e viceversa, in modo tale però che la reazione $R \to P$ e la reazione inversa $P \to R$ siano *bilanciate*, così da mantenere costanti le concentrazioni di R e P. Possiamo utilizzare questa analogia scrivendo che per ogni coppia di livelli energetici $1,2$ di energia $\varepsilon_1, \varepsilon_2$ si deve avere che il numero di "conversioni" per unità di tempo da 1 a 2 deve essere uguale a quello da 2 a 1. Dato che il numero di particelle che passa da $1 \to 2$ è ovviamente proporzionale al numero di particelle N_1 che si trovano nello stato 1 (ossia alla "concentrazione dei reagenti"), e che lo stesso vale, con i ruoli scambiati, per il passaggio $2 \to 1$, possiamo scrivere pertanto:

$$N_1 R_{1 \to 2} = N_2 R_{2 \to 1}, \tag{6.50}$$

dove $R_{1 \to 2}$ ed $R_{2 \to 1}$ sono i tassi di reazione (*reaction rates*), ossia le probabilità di transizione per unità di tempo e di "reagenti". I tassi di reazione sono pertanto legati da:

$$\frac{R_{1 \to 2}}{R_{2 \to 1}} = \frac{N_2}{N_1}, \tag{6.51}$$

che diremo *principio del bilancio dettagliato*. Cominciamo a considerare delle particelle classiche distinguibili. In questo caso, sappiamo che all'equilibrio il numero di particelle N_i^D in uno stato di energia ε_i è proporzionale al fattore di Boltzmann $\exp(-\beta \varepsilon_i)$. Pertanto si ha:

$$\frac{R_{1 \to 2}^D}{R_{2 \to 1}^D} = e^{-\beta(\varepsilon_2 - \varepsilon_1)}. \tag{6.52}$$

Vediamo ora come questo risultato si modifichi per particelle indistinguibili.

Bosoni. Abbiamo visto come per i bosoni le probabilità di transizione siano incrementate di un fattore $(1 + N^B)$, dove N^B è il numero di particelle nello stato *finale*, per cui possiamo scrivere:

$$R_{1 \to 2}^B = (1 + N_2^B) R_{1 \to 2}^D \; ; \; R_{2 \to 1}^B = (1 + N_1^B) R_{2 \to 1}^D.$$

La (6.51) diviene allora:

$$N_1^B (1 + N_2^B) R_{1 \to 2}^D = N_2^B (1 + N_1^B) R_{2 \to 1}^D,$$

ossia:

$$\frac{N_2^B (1 + N_1^B)}{N_1^B (1 + N_2^B)} = \frac{R_{1 \to 2}^D}{R_{2 \to 1}^D} = \frac{e^{\beta \varepsilon_1}}{e^{\beta \varepsilon_2}}.$$

L'ultima espressione può essere riscritta:

$$\frac{N_1^B}{1 + N_1^B} e^{\beta \varepsilon_1} = \frac{N_2^B}{1 + N_2^B} e^{\beta \varepsilon_2}.$$

Dato che questo deve valere per ogni coppia di livelli, ciò è possibile solo se, per ogni livello energetico ε_λ di particella singola:

$$\frac{N_\lambda^B}{1 + N_\lambda^B} e^{\beta \varepsilon_\lambda} = C,$$

dove C è una costante. Risolvendo la precedente equazione rispetto a N_λ^B, si ottiene con semplici passaggi la forma generale della distribuzione di probabilità per un sistema di bosoni non interagenti:

$$N_\lambda^B = \frac{1}{Ce^{\beta\varepsilon_\lambda} - 1}. \qquad (6.53)$$

Confrontando questa espressione con la (6.35) vediamo che N_λ^B deve essere interpretato in realtà come il numero *medio* di bosoni nello stato λ, e che inoltre si deve avere $C = \exp(-\beta\mu) = \varphi^{-1}$.

Fermioni. Nel caso di fermioni, avremo invece:

$$R_{1\to2}^F = (1 - N_2^F)R_{1\to2}^D \; ; \; R_{2\to1}^F = (1 - N_1^F)R_{2\to1}^D,$$

mentre la (6.51) diviene in questo caso:

$$N_1^F(1 - N_2^F)R_{1\to2}^D = N_2^F(1 - N_1^F)R_{2\to1}^D.$$

Operando come in precedenza, si ottiene facilmente:

$$N_\lambda^F = \frac{1}{Ce^{\beta\varepsilon_\lambda} + 1}. \qquad (6.54)$$

Confrontando il risultato con la (6.31), vediamo che in realtà si deve intendere $N_\lambda^F \equiv \langle N \rangle_\lambda^F$ e che, anche in questo caso, C è il reciproco della fugacità.

6.7 Il gas di Fermi

6.7.1 Fattore di Fermi

Consideriamo un sistema *macroscopico* di fermioni indipendenti in un volume V, così da poter trattare in modo continuo la distribuzione dei livelli di energia di singola particella e da poter trascurare le fluttuazioni delle grandezze termodinamiche rispetto ai valori medi, valutati usando indifferentemente la descrizione gran–canonica o canonica. Per il numero di particelle in uno stato di energia ε scriveremo allora:

$$N^F(\varepsilon, T, \mu) = \frac{1}{\exp[\beta(\varepsilon - \mu)] + 1}, \qquad (6.55)$$

che diremo *fattore di Fermi*. L'andamento con l'energia di $N^F(\varepsilon, T, \mu)$, mostrato in Fig. 6.3, è molto diverso dal semplice decadimento esponenziale $N^{MB}(\varepsilon) = N(\varepsilon_0)\exp(-\beta\varepsilon)$ del fattore di Boltzmann per un gas classico: $N^F(\varepsilon)$, che è simmetrica rispetto al punto $P = (\mu, 1/2))$, si mantiene infatti pressoché costante fino a valori di ε che differiscono di qualche $k_B T$ da μ, per poi precipitare rapidamente a

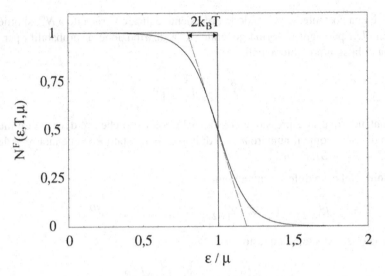

Fig. 6.3 Fattore di Fermi a $T = 0^+$ e a temperatura finita (le energie sono riscalate al potenziale chimico, che *dipende* da T)

zero[15]. In particolare, poiché

$$\lim_{T \to 0} \exp\left(\frac{\varepsilon - \mu}{k_B T}\right) = \begin{cases} 0 & \text{se } \varepsilon < \mu \\ +\infty & \text{se } \varepsilon > \mu, \end{cases}$$

per $T \to 0$ il fattore di Fermi diventa una curva "a gradino":

$$N^F(\varepsilon, 0^+, \mu_0) = \begin{cases} 1 & \text{per } \varepsilon < \mu_0 \\ 0 & \text{per } \varepsilon > \mu_0, \end{cases} \tag{6.56}$$

dove μ_0 è il potenziale chimico per temperatura $T \to 0^+$, che da ora in poi chiameremo anche *energia di Fermi* ε_F. Osserviamo poi che, per $\varepsilon = 0$,

$$N^F(0, T, \mu) = [1 + \exp(-\mu/k_B T)]^{-1} \underset{k_B T \ll \mu}{\simeq} 1 - \exp(-\mu/k_B T).$$

Per analizzare meglio il significato di μ e determinarne l'andamento con la temperatura, passiamo allora ad una descrizione canonica in cui supponiamo che il numero totale di particelle N sia fissato. In termini del fattore di Fermi, possiamo scrivere il numero totale di particelle come:

$$N = \int_{\varepsilon_0}^{\infty} d\varepsilon \rho(\varepsilon) N^F(\varepsilon, T, \mu), \tag{6.57}$$

---

[15] La retta tangente a $N^F(\varepsilon)$ in P, che ha pendenza $-\beta/4$, interseca la retta $N^F = 1$ e l'asse delle ascisse per $\varepsilon = \mu \pm 2k_B T$. Quindi la curva passa da 1 a 0 in un intervallo di larghezza $\simeq 4k_B T$.

che, per N fissato, determina implicitamente il potenziale chimico μ. Nel caso specifico di fermioni *liberi*, la densità di stati è data da:

$$\rho(\varepsilon) = AV\varepsilon^{1/2},$$

dove, nel caso di un gas di elettroni liberi con spin $s = 1/2$ che ci interesserà in modo particolare,

$$A = \frac{1}{2\pi^2}\left(\frac{2m}{\hbar^2}\right)^{3/2}.$$

Inoltre, per un volume macroscopico, lo stato fondamentale di una particella libera ha energia $\varepsilon_0 \simeq 0$, e pertanto la (6.57) diviene:

$$N = AV \int_0^\infty d\varepsilon \, \frac{\varepsilon^{1/2}}{\exp[\beta(\varepsilon - \mu)] + 1}. \tag{6.58}$$

6.7.2 Comportamento nel limite di temperatura nulla

Se la temperatura è così bassa da poter approssimare il fattore di Fermi con la (6.56), per il numero di particelle si ha semplicemente:

$$N = \int_0^{\varepsilon_F} d\varepsilon \, \rho(\varepsilon) = AV \int_0^{\varepsilon_F} d\varepsilon \, \varepsilon^{1/2},$$

ossia N *coincide con il numero di stati con energia inferiore ad* ε_F: questo perché, a causa del principio di esclusione, ogni volta che aggiungiamo una particella al sistema siamo costretti a metterla nel primo stato di energia libero. Integrando la precedente espressione e sostituendo A (nel caso di particelle con $s = 1/2$), possiamo ricavare l'energia di Fermi:

$$\varepsilon_F = \frac{\hbar^2}{2m}\left(3\pi^2\frac{N}{V}\right)^{2/3}. \tag{6.59}$$

Vediamo allora che ε_f può essere scritta nella forma $\varepsilon_F = \hbar^2 k_F^2/2m$, dove abbiamo introdotto il *vettore d'onda di Fermi*:

$$k_F = \left(3\pi^2\frac{N}{V}\right)^{1/3}. \tag{6.60}$$

Gli stati occupati sono allora tutti e solo quelli con vettori d'onda **k** che giacciono all'interno di una sfera di raggio k_F dello spazio reciproco. È conveniente definire anche una *temperatura di Fermi*:

$$T_F = \frac{\varepsilon_F}{k_B}. \tag{6.61}$$

Dalle considerazioni precedenti, risulta infatti evidente come l'approssimazione di temperatura nulla sarà valida per $T \ll T_F$: come vedremo, per il gas di fermioni di maggior interesse applicativo, gli elettroni di conduzione in un metallo, la temperatura di Fermi è in realtà molto elevata.

6.7.3 Gran-potenziale

Prima di analizzare le proprietà termiche a temperatura finita, vogliamo mostrare come sia possibile derivare direttamente un'espressione per il gran-potenziale del gas di Fermi valida *per ogni* valore di T. Scrivendo infatti:

$$J = -k_B T \int_0^\infty d\varepsilon \, \rho(\varepsilon) \ln[\mathscr{Z}^F(\varepsilon)] = AV k_B T \int_0^\infty d\varepsilon \, \varepsilon^{1/2} \ln[1 - N^F(\varepsilon)]$$

ed integrando per parti, abbiamo:

$$J = AV k_B T \left\{ \left[-\frac{2}{3} \varepsilon^{3/2} \ln[1 + e^{-\beta(\varepsilon - \mu)}] \right]_0^\infty - \frac{2}{3} \int_0^\infty d\varepsilon \, \frac{\varepsilon^{3/2}}{e^{\beta(\varepsilon - \mu)} + 1} \right\}.$$

È facile vedere che il termine integrato si annulla sia per $\varepsilon \to 0$ che per $\varepsilon \to \infty$, mentre il secondo termine non è altro che $-2/3E$, dove E è l'energia media del sistema[16]. Si ha quindi

$$J = -\frac{2}{3}E. \tag{6.62}$$

Notiamo che ciò significa che per il gas di Fermi, come per il gas di Maxwell–Boltzmann, vale una forma generale dell'equazione di stato espressa in termini dell'energia interna:

$$PV = \frac{2}{3}E. \tag{6.63}$$

L'equazione (6.63), che poi vedremo valere anche per il gas di Bose, è sostanzialmente una conseguenza della legge di dispersione per l'energia di singola particella, che è della forma $\varepsilon \propto k^2$.

6.7.4 Andamento qualitativo di μ con la temperatura

L'integrale che compare nella (6.58) non è calcolabile analiticamente, ma ci permette di farci un'idea qualitativa del comportamento di μ con la temperatura (si veda la Fig. 6.4).

- Per $T = 0^+$, l'integrale è semplicemente l'area sotto la curva $AV\varepsilon^{1/2}$ fino a $\varepsilon = \varepsilon_F$, potenziale chimico a temperatura nulla.

---

[16] Quando non sussistano ambiguità, tralasceremo da ora in poi di indicare con il simbolo $\langle \cdots \rangle$ i valori medi.

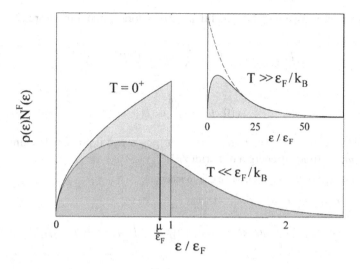

Fig. 6.4 Andamento dell'integrando nella (6.58) a $T = 0^+$ e al crescere di T (la freccia verticale indica la posizione di $\mu(T)$). L'inserto mostra l'andamento per $T \gg \varepsilon_F/k_B$, quando μ è negativo

- Quando T cresce, il fattore di Fermi comincia ad allargarsi attorno al nuovo valore $\mu(T)$ del potenziale chimico. Se si avesse $\mu(T) = \varepsilon_F$, dato che $\varepsilon^{1/2}$ è una funzione monotona crescente, l'area sotto la curva crescerebbe (si "guadagna" di più alla destra di ε_F di quanto si "perda" a sinistra): dato che l'area sotto la curva dev'essere però costante e pari a N, si deve avere $\mu(T) < \varepsilon_F$, ossia il potenziale chimico deve *diminuire*.

- Ad alte temperature ($k_B T \gg \varepsilon_F$) il potenziale chimico diventa *negativo* e l'integrale diviene in pratica l'area sotto la curva esponenziale $N(0)\exp(-\beta\varepsilon)$, ossia la distribuzione di Maxwell–Boltzmann.

6.7.5 Approssimazione per basse temperature ($T \ll T_F$)

Per poter valutare proprietà termiche quali ad esempio il calore specifico o l'andamento della pressione con la temperatura, dobbiamo estendere l'analisi quantitativa del gas di Fermi a temperature finite. Cercheremo allora di derivare un'approssimazione per basse temperature, sfruttando il fatto che, dall'andamento del fattore di Fermi, solo gli stati con energia prossima a μ vedono il loro numero di occupazione modificato in modo rilevante rispetto alla situazione per $T = 0^+$. L'analisi, dovuta a Sommerfeld, si basa sul fatto che, come abbiamo visto, ogni grandezza fisica d'interesse $g(T,\mu)$ si scrive in generale come un integrale sugli stati di energia di singola particella:

$$g(T, \mu) = \int_0^\infty d\varepsilon N^F(\varepsilon, T, \mu) f(\varepsilon), \qquad (6.64)$$

dove f è una funzione regolare (analitica) di ε. Allora si può dimostrare che:

$$g(T, \mu) = g(0, \mu) + \frac{\pi^2}{6}(k_B T)^2 f'(\mu) + O(T^4), \qquad (6.65)$$

dove

$$g(0, \mu) = \int_0^\mu d\varepsilon f(\varepsilon)$$

è il valore di g per $T = 0^+$, $f'(\mu) = (df/d\varepsilon)_{\varepsilon=\mu}$ e μ è il potenziale chimico *alla temperatura* T (non all'energia di Fermi ε_F!)

$\Diamond$ Per dimostrare la (6.65) procediamo in questo modo:

Posto $\delta g(T, \mu) = g(T, \mu) - g(0^+, \mu)$ si ha:

$$\delta g(T, \mu) = \int_0^\mu d\varepsilon \, [N^F(\varepsilon, T, \mu) - 1] f(\varepsilon) + \int_\mu^\infty d\varepsilon N^F(\varepsilon, T, \mu) f(\varepsilon),$$

ossia:

$$\delta g(T, \mu) = -\int_0^\mu d\varepsilon \, \frac{1}{e^{-\beta(\varepsilon-\mu)} + 1} f(\varepsilon) + \int_\mu^\infty d\varepsilon \, \frac{1}{e^{\beta(\varepsilon-\mu)} + 1} f(\varepsilon).$$

Dato che $k_B T \ll \mu$, il primo integrando si annulla molto rapidamente per $\varepsilon \to 0$. Possiamo allora sostituire nel limite inferiore $-\infty$ al posto di 0. Ponendo $x = \beta\varepsilon - \mu$ nel I integrale e $x = -\beta\varepsilon - \mu$ nel secondo integrale, otteniamo:

$$\delta g(T, \mu) = k_B T \int_{+\infty}^0 dx \, \frac{1}{e^x + 1} f(\mu - k_B T x) + k_B T \int_0^{+\infty} dx \, \frac{1}{e^x + 1} f(\mu + k_B T x),$$

ossia:

$$\delta g(T, \mu) = k_B T \int_0^{+\infty} dx \, \frac{f(\mu + k_B T x) - f(\mu - k_B T x)}{e^x + 1}.$$

Sviluppiamo ora la precedente per $\varepsilon \simeq \mu$, ossia $k_B T x$ piccolo:

$$f(\mu \pm k_B T x) \simeq f(\mu) \pm f'(\mu) k_B T x + \frac{f''(\mu)}{2}(k_B T x)^2.$$

Quindi:

$$f(\mu + k_B T x) - f(\mu - k_B T x) \simeq 2 k_B T x f'(\mu) + O(T^3)$$

e in definitiva:

$$\delta g(T, \mu) = 2(k_B T)^2 f'(\mu) \int_0^\infty dx \, \frac{x}{e^x + 1} + O(T^4).$$

L'integrale che compare nell'espressione precedente è semplicemente legato alla funzione $\Gamma(x)$ e alla funzione $\zeta(x)$ di Riemann da (si veda l'Appendice A):

$$\int_0^\infty dx \, \frac{x}{e^x + 1} = \frac{1}{2} \Gamma(2) \zeta(2) = \frac{\pi^2}{12}.$$

Sostituendo nell'espressione precedente, si ottiene lo sviluppo di Sommerfeld. $\Diamond$

Utilizzando la (6.65), possiamo ricavare l'andamento per basse temperature del potenziale chimico e dell'energia. Come vedremo, questo risultato permette anche di capire che cosa si debba davvero intendere per "basse" temperature.

Potenziale chimico. Se consideriamo come grandezza g il numero totale di particelle abbiamo:

$$N = AV \int d\varepsilon\, \varepsilon^{1/2} N^F(\varepsilon) \implies \begin{cases} f(\varepsilon) = \varepsilon^{1/2} \\ N(0,\mu) = (2/3)AV\mu^{3/2} \end{cases}$$

e quindi, applicando la (6.65):

$$N \simeq (2/3)AV\mu^{3/2} + \frac{\pi^2}{12}AV(k_B T)^2 \mu^{-1/2}.$$

Tuttavia, N è fissato e quindi *non può* dipendere da T: dobbiamo allora determinare un andamento per μ che mantenga costante N. Dato che stiamo considerando solo termini fino al secondo ordine in T, sostituiamo nella precedente $\mu \simeq \varepsilon_F(1 + aT^2)$ ed imponiamo che si annulli il termine in T^2:

$$N \simeq AV\left[\frac{2}{3}\mu_0^{3/2}(1+aT^2)^{3/2} + \frac{\pi^2}{12}(k_B T)^2 \mu_0^{-1/2}(1+aT^2)^{-1/2}\right],$$

da cui:

$$a = -\frac{\pi^2 k_B^2}{12\mu_0^2} = -\frac{\pi^2}{12 T_F^2}$$

e pertanto:

$$\mu \simeq \mu_0\left[1 - \frac{\pi^2}{12}\left(\frac{T}{T_F}\right)^2\right]. \tag{6.66}$$

Dunque, il parametro dello sviluppo è in realtà T/T_F: quindi l'approssimazione di Sommerfeld è valida per $T \ll T_F$, al secondo ordine in (T/T_F).

Energia. In questo caso abbiamo:

$$E = AV \int d\varepsilon\, \varepsilon^{3/2} N^F(\varepsilon) \implies \begin{cases} f(\varepsilon) = \varepsilon^{3/2} \\ E(0,\mu) = (2/5)AV\mu^{5/2} \end{cases}$$

e quindi:

$$E \simeq (2/5)AV\mu^{5/2} + \frac{\pi^2}{4}AV(k_B T)^2 \mu^{1/2}.$$

Sostituendo la (6.66) e fermandosi all'ordine T^2 si ottiene:

$$E \simeq E_0\left[1 + \frac{5\pi^2}{12}\left(\frac{T}{T_F}\right)^2\right]. \tag{6.67}$$

Capacità termica. Da:

$$C_V = \left(\frac{\partial E}{\partial T}\right)_V = \frac{5\pi^2}{5}E_0 \frac{T}{T_F^2},$$

sostituendo l'espressione per E_0 e tenendo conto che $\varepsilon_F^{3/2} = 3N/2AV$, abbiamo:

$$C_V = \frac{\pi^2}{2} N k_B \frac{T}{T_F}.$$ (6.68)

In sostanza, quindi, la capacità termica del gas di Fermi *è ridotta rispetto a quella di un gas classico di un fattore dell'ordine di T/T_F*. Possiamo capire il perché di tale riduzione anche in un altro modo. Se fornisco calore al gas di Fermi, le uniche particelle che possono acquisire energia sono quelle per cui ε sta in un intorno di μ di larghezza qualche $k_B T$. Infatti, per le particelle con energia minore non ci sono stati disponibili ad energia immediatamente superiore: pertanto, le particelle "sepolte nel mare di Fermi"[17] si comportano in qualche modo come degli *zombie*, insensibili al tentativo di trasferire energia al sistema. Il numero di particelle "eccitabili" sarà allora (per $\mu \simeq \varepsilon_F$):

$$N_{ecc} \sim k_B T \times \rho(\varepsilon_F) = k_B T A V \varepsilon_F^{1/2}.$$

Ma da $N = 2AV \varepsilon_F^{3/2}$ si ha allora:

$$N_{ecc} \simeq \frac{k_B T}{\varepsilon_F} N = \frac{T}{T_F} N$$

e quindi:

$$C_V \simeq C_V^{MB} \frac{N_{ecc}}{N}.$$ (6.69)

Pertanto *la capacità termica ed il calore specifico vengono ridotti in proporzione alla frazione di particelle "eccitabili" sul totale*.

6.7.6 Gli elettroni nei metalli (cenni)

Un gas di fermioni di fondamentale interesse per la fisica dello stato solido è quello costituito degli elettroni di conduzione nei metalli, a cui si applicano molte delle idee che abbiamo sviluppato. Il comportamento degli elettroni nei metalli costituisce un argomento centrale dei corsi in cui si affronta lo studio della fisica dello stato solido, ai quali rimandiamo per un'analisi dettagliata. C'è tuttavia un aspetto preliminare importante a cui vogliamo fare cenno: l'approccio che abbiamo utilizzato per descrivere il gas di Fermi si basa su un'espansione per basse temperature, dove sicuramente le interazioni tra particelle si fanno "sentire" maggiormente. Se poi i fermioni sono carichi, come gli elettroni, come possiamo trascurare le forti interazioni coulombiane? A dispetto di ciò, gli elettroni di conduzione in un metallo *possono* inaspettatamente essere considerati in prima approssimazione come un

---

[17] Così è spesso detto l'insieme delle particelle con $\varepsilon \ll \mu$.

gas di fermioni liberi. Le ragioni possono essere sintetizzate a grandi linee come segue.

- Il metallo nel suo complesso è elettricamente neutro: gli elettroni si muovono in un *background* di carica positiva costituito dagli ioni del reticolo che tende a schermare e a rendere a range più corto le interazioni elettrone–elettrone (in qualche modo, si ha una situazione simile a quella di un plasma).

- La forma stessa della distribuzione di Fermi tende a *ridurre le collisioni*. Un processo d'interazione (scattering) tra due elettroni non può portare a cambiamenti di stato a meno che questi elettroni non abbiano un'energia prossima a μ: in caso contrario, non ci sono stati liberi da poter occupare e di fatto i due elettroni "si ignorano"[18].

- Siamo pur sempre lontani dal modello di fermioni liberi in una "scatola" vuota: qual è infatti il ruolo degli ioni del reticolo, che occupano una frazione sostanziale dello spazio? In realtà, la struttura microscopica del cristallo avrà poca importanza per quegli elettroni con lunghezza d'onda $\lambda \gg a$, dove a è il passo reticolare. Possiamo aspettarci che per gli stati con basso momento sia conservata una relazione di dispersione del tipo $\varepsilon = \hbar^2 k^2 / 2m^*$, a patto di introdurre una "massa effettiva" m^* dell'elettrone che tiene conto del reticolo così come, per le onde elettromagnetiche, l'indice di rifrazione tiene conto degli effetti di polarizzazione atomica quando la lunghezza d'onda è grande rispetto alle dimensioni molecolari[19]. L'andamento di ε in funzione di k comincerà a distaccarsi in modo significativo da una parabola quando la lunghezza d'onda scende a valori di pochi a, ossia quando k è dell'ordine di π/a. Tuttavia, se il potenziale chimico cade in una zona in cui si ha ancora con buona approssimazione un andamento quadratico, si avrà ancora sostanzialmente un comportamento ad "elettrone libero": è questo il caso della maggior parte dei metalli. Se invece il valore di k_F si avvicina a π/a (come avviene per isolanti, semiconduttori ed anche alcuni metalli) ci saranno deviazioni significative dal comportamento di un gas di fermioni liberi.

Chiediamoci infine quale sia il tipico valore della temperatura di Fermi per gli elettroni di conduzione. Scrivendo il momento di Fermi come $k_F = 3\pi^2 n$, dove n è la densità elettronica, ed introducendo la quantità $r_0 = (3/4\pi n)^{1/3}$, cioè il raggio di una sfera che ha per volume il volume libero per elettrone, si può scrivere:

$$k_F \simeq \frac{3.63}{r_0/a_0} \, \text{Å}^{-1},$$

dove $a_0 \simeq 0.53$ Å è il raggio di Bohr. Per gli elementi metallici, la quantità r_0/a_0 varia al più tra 2 e 6. L'energia di Fermi vale allora:

$$\varepsilon_F \simeq \frac{50}{(r_0/a_0)^2} \, \text{eV}$$

---

[18] Di fatto, il libero cammino medio di un elettrone nel "mare di Fermi" può raggiungere anche 10^8 volte il passo reticolare (~ 1 cm)!

[19] La massa effettiva dipende in realtà dalla direzione di **k** rispetto agli assi cristallini: la relazione di dispersione è quindi una $\varepsilon(\mathbf{k})$.

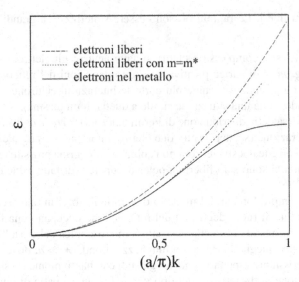

Fig. 6.5 Andamento schematico della legge di dispersione $\varepsilon(k)$ per gli elettroni in un metallo, confrontata con quella di elettrone libero

e quindi per i metalli varia tra 1.5 e 15 eV. Per quanto riguarda quindi T_F:

$$T_F \simeq \frac{5.8 \times 10^5}{(r_0/a_0)^2} \text{ K},$$

cioè T_F va dalle decine alle centinaia di migliaia di K! In condizioni normali, si ha quindi sempre $T \ll T_F$ ed il gas di elettroni è *fortemente degenere*. Osserviamo che a temperatura ambiente ciò significa una riduzione della capacità termica dell'ordine di $10^2 - 10^3$ volte rispetto a quella di un gas classico: il contributo elettronico C_V^{el} al calore specifico dei metalli è quindi in genere trascurabile rispetto a quello vibrazionale C_V^{vib}, se non a temperature molto basse, dove C_V^{vib} si annulla come T^3 mentre C_V^{el} è proporzionale a T.

6.8 Il gas di Bose

6.8.1 Il fattore di Bose

Occupiamoci ora di un gas di bosoni indipendenti. Considerando di nuovo un sistema macroscopico, il numero di particelle con energia ε è dato in questo caso dal *fattore di Bose*:

$$N^B(\varepsilon, T, \mu) = \frac{1}{\exp[\beta(\varepsilon - \mu)] - 1} \quad (\mu < \varepsilon_0) \tag{6.70}$$

dove, come abbiamo visto, la condizione sul potenziale chimico è *essenziale* per la convergenza della funzione di partizione. Notiamo che, a T e μ fissati, $N^B(\varepsilon)$ è una funzione decrescente di ε: variare μ corrisponde semplicemente a traslare la distribuzione lungo l'asse dell'energia, mentre variando T cambia la costante di decadimento dell'esponenziale. Analogamente a quanto visto per il gas di Fermi, il numero totale di particelle sarà dato da:

$$N = \int_{\varepsilon_0}^{\infty} \frac{\rho(\varepsilon)\mathrm{d}\varepsilon}{\exp[\beta(\varepsilon - \mu)] - 1}. \tag{6.71}$$

In questo caso, tuttavia, fissando N, non è detto che si possa trovare un valore μ che soddisfi la (6.71) e *contemporaneamente* la condizione $\mu < \varepsilon_0$.

Se consideriamo ora un gas di bosoni *liberi* possiamo scrivere, come nel caso dei fermioni:

$$N = AV \int_0^{\infty} \frac{\varepsilon^{1/2}\mathrm{d}\varepsilon}{\exp[\beta(\varepsilon - \mu)] - 1}, \quad \text{con } \mu < 0. \tag{6.72}$$

Osserviamo che, a differenza dei fermioni e come per il gas classico, il potenziale chimico deve essere sempre negativo. Introducendo la fugacità $\varphi = e^{\beta\mu}$ e ponendo $x = \beta\varepsilon$ abbiamo:

$$N = AV(k_BT)^{3/2} \int_0^{\infty} \mathrm{d}x \frac{x^{1/2}}{(e^x/\varphi) - 1} = AV(k_BT)^{3/2}I(\varphi), \tag{6.73}$$

con la condizione $0 \le \varphi < 1$. L'integrale $I(\varphi)$, che non è calcolabile analiticamente, è mostrato in Fig. 6.7. Per fissare N dobbiamo trovare quel valore della fugacità φ_N per cui $I(\varphi_N) = N/AV(k_BT)^{3/2}$: ma il problema è che l'integrale ha un valore

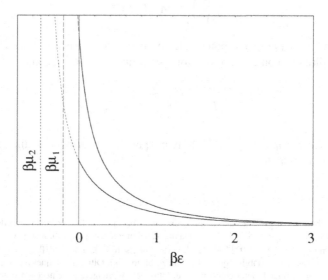

Fig. 6.6 Fattore di Bose per due diversi valori di μ

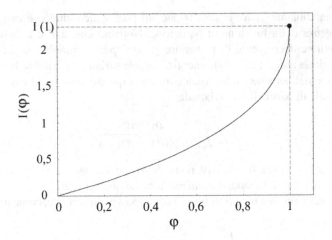

Fig. 6.7 Integrale $I(\varphi)$ nella (6.73)

massimo *finito* c che, poiché $I(\varphi)$ è una funzione monotona crescente, si ottiene per $\varphi = 1$. Infatti, come mostrato in Appendice A, si ha:

$$c = I(1) = \Gamma\left(\frac{3}{2}\right) \zeta\left(\frac{3}{2}\right) \simeq 2,315.$$

Vediamo dunque che, se la densità N/V supera il valore

$$\left(\frac{N}{V}\right)_B = Ac\,(k_B T)^{3/2},$$

non ci sono soluzioni per il potenziale chimico. Analogamente, fissata la densità, possiamo dire che non ci sono soluzioni per μ quando $T < T_B$, con

$$T_B = \frac{1}{k_B}\left(\frac{1}{Ac}\frac{N}{V}\right)^{2/3}, \tag{6.74}$$

che diremo *temperatura di Bose*[20]. Notiamo poi che T_B corrisponde alla temperatura per cui $\varphi = 1$, ossia $\mu = 0$.

---

[20] Notiamo che T_B è in generale una temperatura *molto* bassa. Se infatti consideriamo degli atomi di massa $m = n m_p$, dove $m_p \simeq 1.67 \times 10^{-27}$ kg è la massa del protone, e spin $s = 0$, sostituendo il valore di A e di c si ottiene $T_B \approx (16/n) \times 10^{-19} (N/V)^{2/3}$, valore che risulta dell'ordine di $10^{-2} - 10^{-1}$ K anche per l'idrogeno a densità paragonabili a quelle in condizioni normali. Oltretutto, a questa densità l'idrogeno liquefarebbe molto prima di poter condensare: di fatto, per raggiungere T_B, è necessario utilizzare gas a densità molto più basse.

6.8.2 La condensazione di Bose–Einstein (BEC)

Per $T < T_B$, dunque, $I(\varphi)$ non può assumere valori sufficientemente grandi perché la (6.72) risulti pari ad N. Perché? La ragione di questo apparente paradosso è che, per sostituire

$$\sum_\lambda N_\lambda \longrightarrow \int d\varepsilon\, \rho(\varepsilon) N(\varepsilon),$$

dobbiamo supporre che ogni termine della somma sia *infinitesimo*, ossia che al crescere delle dimensioni del sistema (quando gli stati di singola particella diventano in pratica un continuo) ogni stato venga occupato da un numero macroscopicamente *trascurabile* di particelle (cioè trascurabile rispetto ad N, che è dell'ordine di $\mathcal{N}_A$). Ma per lo stato fondamentale così non è: il numero medio di occupazione dello stato con $\varepsilon = 0$ è infatti $N_0 = [\exp(-\beta\mu) - 1]^{-1}$, cosicché, quando $\mu \to 0$, espandendo l'esponenziale come $1 - \beta\mu$:

$$N_0 \simeq \frac{k_B T}{\mu} \xrightarrow[\mu \to 0]{} \infty.$$

Dunque, al di sotto di T_B, una frazione *macroscopica* di bosoni "precipita" nello stato fondamentale, con un processo che diremo *condensazione di Bose–Einstein* (o BEC, *Bose–Einstein Condensation*) dando origine ad uno stato "condensato", di cui ci accingiamo ad analizzare le caratteristiche.

$\Diamond$ Possiamo anche vedere che, per un sistema macroscopico, questa situazione riguarda *solo* lo stato fondamentale. L'energia del primo livello eccitato per una particella in una scatola cubica di volume $V = L^3$ (ad esempio per $n_x = 1$, $n_y = n_z = 0$) vale:

$$\varepsilon_1 = \frac{\hbar^2}{2m} \left(\frac{\pi}{L}\right)^2 \propto V^{-2/3}.$$

Dato che $T_B \propto (N/V)^{2/3}$, possiamo scrivere $k_B T_B / \varepsilon_1 = C N^{2/3}$, dove C è una costante. Per $\mu = 0$ il numero di particelle nel primo stato eccitato è approssimativamente $N_1 = [\exp(\beta\varepsilon_1)]^{-1} \simeq k_B T / \varepsilon_1$, quindi, per $T < T_B$:

$$N_1 = \frac{k_B T}{\varepsilon_1} \leq \frac{k_B T_B}{\varepsilon_1} = C N^{2/3},$$

cioè N_1 è dell'ordine di $N^{2/3}$, mentre $N_0 \sim N$. Per $N \simeq \mathcal{N}_A$, pertanto, $N_1 \ll N_0$. $\Diamond$

6.8.2.1 Numero di particelle nel condensato

Per tenere conto della presenza di un numero macroscopico di particelle nello stato fondamentale Al di sotto della temperatura di Bose, riscriviamo la (6.72) come somma di una frazione macroscopica "condensata" $N_0(T)$ più l'integrale su tutti gli stati rimanenti, che continuiamo a trattare come un continuo[21]:

$$N = N_0(T) + AV \int_0^\infty \frac{\varepsilon^{1/2} d\varepsilon}{\exp(\beta\varepsilon) - 1},$$

---

[21] Notiamo che, scrivendo $\rho(\varepsilon) = AV\varepsilon^{1/2}$, abbiamo $\rho(0) = 0$: la descrizione continua degli stati *esclude* quindi di fatto lo stato fondamentale dall'integrale!

dove abbiamo tenuto conto che, per $T < T_B$, $\mu = 0$. Ponendo di nuovo $x = \beta\varepsilon$:

$$N = N_0(T) + AV(k_BT)^{3/2} \int_0^\infty \frac{x^{1/2}dx}{e^x - 1} = N_0 + cAV(k_BT)^{3/2} \qquad (6.75)$$

e, tenendo conto che dall'espressione per T_B abbiamo $(k_BT)^{3/2} = N/cAV$, otteniamo la *frazione condensata*:

$$N_0(T) = N\left[1 - (T/T_B)^{3/2}\right]. \qquad (6.76)$$

Il numero di particelle nel condensato cresce quindi con continuità al di sotto di T_B, fino a che per $T = 0^+$ K tutte le particelle si trovano nello stato fondamentale. Per comprendere il significato del fenomeno della BEC, in cui un numero progressivamente crescente di particelle si viene a trovare in un *singolo* stato quantico, esaminiamo le proprietà termodinamiche del condensato.

6.8.2.2 Energia e calore specifico

Osserviamo che le N_0 particelle "condensate" hanno $\varepsilon = 0$ e quindi non contribuiscono all'energia del sistema. Si ha allora (si veda di nuovo l'Appendice A):

$$E = \int_0^\infty \frac{AV\varepsilon^{3/2}d\varepsilon}{\exp(\beta\varepsilon) - 1} = AV(k_BT)^{5/2} \int_0^\infty \frac{x^{3/2}dx}{e^x - 1} = AV\Gamma(5/2)\zeta(5/2)(k_BT)^{5/2}.$$

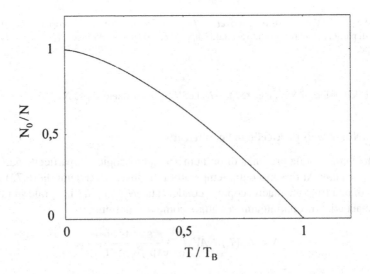

Fig. 6.8 Frazione di particelle nel condensato

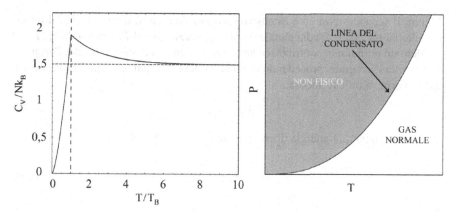

Fig. 6.9 Capacità termica (a sinistra) ed equazione di stato (a destra) del gas di Bose. Si noti come lo stato condensato coincida con la *linea* $P \propto T^{5/2}$, mentre la regione in grigio con rappresenta alcuno stato fisico

Usando $\Gamma(5/2) = 3\sqrt{\pi}/4 \simeq 1.33$, $\zeta(5/2) \simeq 1.341$ ed introducendo l'espressione per T_B:

$$E \simeq 0.77 N k_B T \left(\frac{T}{T_B}\right)^{3/2}, \qquad (6.77)$$

per cui capacità termica è data da:

$$C_V \simeq 1.9 N k_B \left(\frac{T}{T_B}\right)^{3/2}. \qquad (6.78)$$

Per $T = T_B$, $C_V \simeq 1.9 N k_B$, che differisce di poco dal valore $C_V^{MB} = (3/2) N k_B$ di un gas classico. L'andamento qualitativo di C_V al di sopra di T_B è mostrato in Fig. 6.9. Per quanto l'andamento di $N_0(T)$ possa "ricordare" in qualche modo quello del parametro d'ordine al di sotto di una temperatura critica, T_B non è quindi assimilabile ad una "temperatura critica", dato che il calore specifico non diverge, ma mostre piuttosto una "cuspide" in T_B. Notiamo che la capacità termica può essere anche scritta semplicemente:

$$C_V = 1.9 k_B [N - N_0(T)],$$

ossia, a parte il fattore numerico lievemente diverso, C_V è pressoché uguale a quella di un gas classico costituito *dai soli bosoni non condensati*.

6.8.2.3 Equazione di stato

Dato che la funzione di gran–partizione per lo stato fondamentale è $\mathscr{Z}_0 = 1 + N_0$, si ha:

$$J = -k_B T \ln[1 + N_0(T)] - k_B T A V \int_0^\infty d\varepsilon\, \varepsilon^{1/2} \ln[1 + N^B(\varepsilon, T, \mu = 0)].$$

Mentre il secondo termine è estensivo (proporzionale a V, quindi ad N), il termine relativo allo stato fondamentale è solo proporzionale al *logaritmo* di $N_0(T)$: il condensato quindi non contribuisce apprezzabilmente al gran-potenziale. Per quanto riguarda l'integrale, procedendo in maniera del tutto analoga a quella usata per il gas di Fermi si ottiene ancora:

$$J = -\frac{2}{3}E. \tag{6.79}$$

Per quanto riguarda l'energia libera, poiché $F = J + \mu N$ e $\mu = 0$ per $T < T_B$:

$$F = J = -\frac{2}{3}E, \tag{6.80}$$

da cui

$$P = -\frac{\partial F}{\partial V} = \frac{2}{3}\frac{\partial E}{\partial V},$$

ossia, usando l'espressione per E:

$$P = A\Gamma(5/2)\zeta(5/2)(k_B T)^{5/2} \simeq 1.78A(k_B T)^{5/2}. \tag{6.81}$$

Notiamo che al di sotto di T_B la pressione non dipende né da N né da V (cioè non dipende dalla densità), ma *solo* dalla temperatura.

6.8.3 La condensazione come transizione di fase

L'ultima osservazione del paragrafo precedente ci permette di dare un'interpretazione semplice della BEC, paragonandola con quanto avviene in una transizione gas–liquido (o gas–solido). Supponiamo infatti di comprimere un gas reale (cioè di particelle interagenti) a temperatura costante T: nel processo la pressione aumenta progressivamente, ma ad un certo punto si "blocca" ad un valore che dipende da T. Se si continua a comprimere il gas, il gas condensa divenendo liquido (o direttamente solido, se la temperatura è inferiore a quella del punto triplo) a pressione costante. Abbiamo però visto che un comportamento del tutto simile si ha per un gas di bosoni *non* interagenti se la densità supera un valore massimo $(N/V)_B = Ac(k_B T)^{3/2}$, valore per cui T diviene la temperatura di Bose del sistema. Per valori di densità inferiori a $(N/V)_B$, ossia se $T > T_B$, la pressione si scrive:

$$P = \frac{2E}{3V} = \frac{2}{3}A\int_0^\infty d\varepsilon\, \frac{\varepsilon^{3/2}}{e^{\beta(\varepsilon-\mu)} - 1}.$$

L'integrale al II membro è una funzione monotona crescente di μ[22] e a sua volta μ cresce con la densità, dato che per $(N/V) < (N/V)_B$ è negativo: pertan-

---

[22] Per convincersene, basta osservare che la derivata rispetto a μ dell'integrando è sempre positiva per $\varepsilon > 0$.

to, comprimendo il gas di Bose la pressione aumenta. Dalla (6.81), tuttavia, per $(N/V) > (N/V)_B$ la pressione diventa indipendente dal volume e quindi rimane costante. C'é quindi una forte analogia tra la BEC ed il processo di condensazione di un gas reale.

Vi sono tuttavia anche importanti differenze. Se ad esempio continuiamo a comprimere un gas reale, ad un certo punto tutte le molecole si vengono a trovare nella fase condensata (liquida o solida): da qui in poi, la pressione cresce molto rapidamente per la bassissima comprimibilità dei liquidi e dei solidi. Nel caso del gas (ideale) di Bose, al contrario, l'andamento di $P(V)$ rimane costante *fino a $V = 0$*: in altri termini, la fase condensata ha un volume *nullo*. È facile vedere che così deve essere perché, per $T \neq 0$, dalla (6.75) si ottiene $N = N_0$ (cioè tutti i bosoni in fase condensata) solo per $V = 0$. La diversità tra le due situazioni si apprezza meglio su un diagramma $P - T$ della linea di transizione, mostrato nel pannello a destra della Fig. 6.9). A differenza della transizione liquido–vapore, la curva corrispondente alla transizione di Bose non ha un punto critico terminale: quindi la transizione di fase è sempre *discontinua* (del I ordine). Inoltre, mentre la regione a sinistra della linea di liquefazione di un gas reale rappresenta lo stato liquido (o, nel caso della linea di sublimazione, il solido), per il gas di Bose questa regione è *fisicamente inaccessibile*: lo stato condensato infatti giace sempre e solo *sulla* linea $P(T)$, dato che non può avere una pressione diversa da quella di transizione.

6.8.3.1 Aspetti quantistici del condensato

Abbiamo finora descritto lo stato di un sistema macroscopico come una "miscela statistica" di stati puri. Di fatto, sappiamo che il numero di stati è enorme e che ciascuno di essi è occupato da poche particelle: per questa ragione, le fluttuazioni del numero di particelle in ciascun microstato sono rilevanti e, istante per istante, la funzione d'onda dell'intero sistema è una sovrapposizione del tutto incoerente di stati microscopici con fasi a caso, in cui i coefficienti variano rapidamente nel tempo. Ma per lo stato condensato *non è così*. Il numero di particelle condensate è dell'ordine di $\mathcal{N}_A$ e quindi le fluttuazioni di numero sono del tutto trascurabili. Si ha quindi una *singola* funzione d'onda (uno stato puro) che rappresenta *tutte* le particelle del condensato: come vedremo analizzando gli esperimenti recenti, ciò vuol dire che possiamo creare una sorta di "quantone" di dimensioni macroscopiche.

Nel passato, si è spesso interpretata la BEC come una "condensazione nello spazio dei vettori d'onda" (ossia una condensazione nello stato con $k = 0$) e non nello spazio reale, fondando questa asserzione sul fatto che lo stato fondamentale è rappresentato da una funzione d'onda che occupa tutto il volume. In realtà (come del resto gli esperimenti hanno fatto "toccare con mano") questa "lettura" è concettualmente erronea. La funzione d'onda non "occupa" proprio nulla, ma rappresenta solo la *densità di probabilità* di trovare il condensato in una specifica posizione: ovviamente essa è uniforme (non vi sono posizioni preferenziali), ma ogni volta che *riveliamo* il condensato lo troviamo *in un punto determinato*. D'altronde la condensazione nello spazio reale deve esistere, perché il volume del condensato è effettivamente *nullo*[23]!

6.8.4 Atomi in trappola: la BEC diviene realtà

Esistono sistemi fisici *reali* nei quali la condensazione di Bose–Einstein possa avere luogo? Di fatto, le particelle elementari comuni (elettroni, protoni e neutroni) sono tutte fermioni. Dobbiamo allora considerare sistemi "compositi", ossia ovviamente sistemi *atomici*, dove gli spin dei protoni, neutroni ed elettroni si sommino in modo tale da dare un valore intero[24]. Le condizioni che un sistema atomico deve soddisfare sono però molto stringenti. In primo luogo, gli effetti delle interazioni devono essere molto deboli, se vogliamo che gli atomi si possano considerare quasi-indipendenti: la scelta naturale sembrerebbe quindi quella di raffreddare un gas molto diluito ma, ahimè, dall'espressione (6.74) vediamo come T_B decresca sensibilmente al decrescere di N/V, diventando rapidamente inferiore al microkelvin, il che pone problemi enormi sperimentali, sicuramente del tutto insormontabili negli anni '20 del secolo scorso, quando Einstein predisse l'occorrenza della condensazione. La nota 20 mostra inoltre come sia molto più facile raggiungere la condensazione utilizzando bosoni di piccola massa atomica. Un potenziale candidato sembrerebbe essere l'elio[25], dove le interazioni tra gli atomi sono tra l'altro molto deboli. Purtroppo anch'esso, come tutti i gas, a temperature sufficientemente basse *liquefa*, il che lo rende molto diverso da un gas di particelle non interagenti! Ciò nonostante, non dimentica per nulla di essere un sistema di bosoni: ma questa è tutta un'altra storia, su cui ci soffermeremo più tardi[26].

Per lungo tempo, la BEC sembrò quindi essere tal quale l'araba fenice (che ci sia ciascun lo dice, dove sia nessun lo sa). Solo uno sforzo durato per una trentina di anni e lo sviluppo nuove tecniche di confinamento e raffreddamento che sanno quasi dell'incredibile portò nel 1995, prima presso i laboratori del JILA di Boulder,

---

[23] Del resto, anche nel caso classico della condensazione di un gas reale, in assenza di gravità o di effetti di "bagnamento" preferenziale della superficie del contenitore la fase liquida può svilupparsi ovunque con la stessa probabilità.

[24] Notiamo però che un sistema composto di fermioni è solo *approssimativamente* un bosone, o più precisamente lo è solo se i fenomeni a cui siamo interessati coinvolgono scale spaziali su cui il sistema può essere visto come un tutt'uno. Ad esempio, due atomi di ^{4}He, che come particella composita è un bosone, non possono condividere la stessa regione di spazio (come dei veri bosoni sarebbero felici di fare), perché su scala atomica la repulsione "fermionica" tra gli elettroni dovuta al principio di Pauli esiste, eccome! Per questo l'elio liquido, di cui parleremo, ha una densità non enormemente inferiore a quella dei liquidi comuni.

[25] Ci riferiamo all'^{4}He, di gran lunga l'isotopo più comune dell'elio (l'abbondanza naturale dell'isotopo ^{3}He, che è invece un fermione, è di circa una parte per milione).

[26] A dire il vero, anche l'idrogeno molecolare (H_2) è un bosone, e persino più leggero dell'elio. Tuttavia, oltre a liquefare anch'esso 20 K, *solidifica* per di più a circa 14 K, temperatura ben al di sopra del valore calcolato in condizioni normali di densità e pressione $T_B = 6$ K. In un solido non possono aver luogo neppure quegli strani effetti, imparentati con la BEC, che incontreremo per l'elio liquido.

Colorado, e pochi mesi dopo al MIT di Boston[27], ad un pieno e strepitoso successo. Non abbiamo qui lo spazio per ripercorrere i passi cruciali che portarono a questi risultati di estrema rilevanza: il sito http://jila.colorado.edu/bec/ contiene comunque una magnifica discussione a livello elementare (videogiochi inclusi!). Ci basti dire che, alla fin della fiera, la soluzione vincente fu proprio quella di intraprendere l'apparente *mission impossible* di raffreddare un gas molto diluito fino a temperature di poche centinaia di *nano*kelvin, perché queste tecniche di intrappolamento e raffreddamento richiedevano di sfruttare le proprietà di *splitting* in un campo magnetico dei livelli elettronici di atomi abbastanza pesanti, come i metalli alcalini quali il cesio o il rubidio[28]. Il numero di atomi condensati negli esperimenti originari fu peri a circa 10^{12} nell'esperimento del JILA e addirittura superiore a 10^{14} in quello del MIT[29]. Dato che tutti questi atomi si trovano uno stesso stato, si comportano come un unico "quantone" di dimensioni macroscopiche[30] (frazioni di millimetro), descritto da un'unica funzione d'onda: ad esempio, se un condensato viene suddiviso in due regioni e poi ricomposto, le due parti *interferiscono*, mostrando frange ben visibili.

Oggi le tecniche per ottenere condensati di Bose sono diventate di routine in molti laboratori: lo studio delle loro particolarissime proprietà ottiche e idrodinamiche, nonché la possibilità di sfruttarne le proprietà di coerenza per generare "laser atomici", hanno aperto un intero nuovo settore di investigazione per la fisica.

6.9 Incostanti fotoni

Sappiamo che il campo elettromagnetico, se quantizzato, può essere visto come costituito da quanti di eccitazione elementari, i fotoni. Dato che lo spin dei fotoni è intero, un campo elettromagnetico è quindi descritto come un sistema costituito da bosoni rigorosamente non interagenti: sembra quindi che un "gas" di fotoni costituisca un candidato naturale per osservare i fenomeni particolari che abbiamo messo in luce per un sistema di bosoni liberi. Tuttavia, non è così. I fotoni sono infatti rappresentabili come particelle ultrarelativistiche di massa nulla, e ciò introduce delle importanti differenze rispetto ad un gas di Bose non relativistico.

- In primo luogo, *il numero di fotoni non è una grandezza conservata*: i fotoni vengono creati e distrutti continuamente nei processi di interazione tra radiazione e materia quali assorbimento ed emissione.

---

[27] Dove in realtà buona parte di tali tecniche di intrappolamento e raffreddamento furono originariamente sviluppate.

[28] A prima vista, il comportamento "bosonico" dei metalli alcalini può sembrare strano, perché i loro nuclei hanno spin semintero: esso nasce da un sottile accoppiamento tra spin nucleari ed elettronici che, a temperature molto basse, rende intero lo spin totale degli atomi.

[29] Per questi straordinari risultati, Eric Cornell e Carl Wieman del JILA, e Wolfgang Ketterle del MIT, hanno ottenuto nel 2001 il premio Nobel per la fisica.

[30] Proprio perché gli atomi sono bosoni "compositi", la dimensione del condensato non è nulla.

- Per i fotoni, il legame tra energia e momento non è $\varepsilon = p^2/2m = \hbar^2 k^2/2m$ ma $\varepsilon = cp = \hbar ck$, ossia si ha una legge di dispersione *lineare* anziché quadratica.
- Ricordiamo infine come l'esistenza di momento angolare intrinseco si "traduca" nell'esistenza di *due* stati di polarizzazione distinti per i fotoni. Lo spin del fotone è però $s = 1$: se utilizzassimo le regole della meccanica quantistica non relativistica, dovremmo avere $2s + 1$, ossia *tre* stati di polarizzazione distinta. In realtà, in meccanica quantistica relativistica, lo spin di una particella che si muove alla velocità della luce (e quindi ha necessariamente massa nulla) ha sempre solo *due* valori.

Queste differenze (in particolare le prime due) modificano in modo sostanziale la termodinamica del gas di fotoni. In particolare, dato che il numero di fotoni non è conservato, l'esistenza di un valore finito massimo per $I(\varphi)$ non implica che una frazione macroscopica di particelle condensi sullo stato fondamentale: il numero N^P di fotoni si riaggiusta infatti spontaneamente per fissarsi al valore stabilito dal potenziale chimico. In effetti, in una descrizione canonica, per fissati valori di T e V il numero di fotoni si riaggiusterà così da minimizzare l'energia libera, il che implica:

$$\mu = \left(\frac{\partial F}{\partial N}\right)_{T,V} = 0, \qquad (6.82)$$

cioè il potenziale chimico di un gas di fotoni è *sempre* nullo: pertanto, la condensazione di Bose–Einstein non può aver luogo.

La diversa legge di dispersione, combinata con la diversa relazione per i valori dello spin, ha come conseguenza che la densità di stati (ossia di modi del campo elettromagnetico) per i fotoni è data da:

$$\rho(\omega) = \frac{V}{\pi^2 c^3}\, \omega^2 \underset{E=\hbar\omega}{\Longrightarrow} \rho(\varepsilon) = \frac{V}{\pi^2 \hbar^3 c^3}\, \varepsilon^2. \qquad (6.83)$$

Notiamo come $\rho(\varepsilon)$ dipenda molto più fortemente dall'energia rispetto alla densità di stati di un gas di particelle massive, dove $\rho(\varepsilon) \propto \varepsilon^{1/2}$.

6.9.1 Numero medio di fotoni e legge di Planck

Da quanto abbiamo detto, ne consegue che il numero medio di occupazione per uno stato di energia ε è:

$$N^P(\varepsilon, T) = \frac{1}{\exp(\varepsilon/k_B T) - 1}. \qquad (6.84)$$

La frazione dell'energia totale dovuta ai fotoni con energia compresa tra $(\varepsilon, \; \varepsilon + d\varepsilon)$ sarà allora:

$$E(\varepsilon, T)d\varepsilon = \varepsilon\rho(\varepsilon)N^P(\varepsilon, T)d\varepsilon.$$

Scrivendo quest'ultima come $E(\varepsilon, T)d\varepsilon = Vu(\omega, T)d\omega$, dove $u(\omega, T)$ è *la densità spettrale* di energia per unità di volume, otteniamo la *legge di Planck*:

$$u(\omega, T) = \frac{\hbar}{\pi^2 c^3} \frac{\omega^3}{\exp(\hbar, \omega/k_B T) - 1} \tag{6.85}$$

da cui seguono tutte le ben note proprietà del corpo nero, quali la legge di Stefan–Boltzmann o quella di Wien. Sottolineiamo, se ce ne fosse ancora bisogno, che questa è la densità spettrale per un campo di radiazione *all'equilibrio termico*: non descrive pertanto la radiazione emessa da sorgenti quali un laser.

6.9.2 Equazione di stato ed entropia del gas di fotoni

Dall'espressione per il gran-potenziale,

$$J = -k_B T \int d\varepsilon \rho(\varepsilon) \ln[1 + N^P(\varepsilon, T)] = -\frac{V k_B T}{\pi^2 \hbar^3 c^3} \int_0^\infty d\varepsilon\, \varepsilon^2 \ln[1 + N^P(\varepsilon, T)],$$

integrando per parti come fatto in precedenza, otteniamo:

$$J = -\frac{V}{3\pi^2 \hbar^3 c^3} \int_0^\infty d\varepsilon\, \varepsilon^2 N^P(\varepsilon, T). \tag{6.86}$$

In altri termini, a differenza di un qualunque gas di particelle con massa (classico, di Fermi, o di Bose) l'equazione di stato è:

$$PV = \frac{1}{3}E, \tag{6.87}$$

sostanzialmente per effetto della diversa legge di dispersione $\varepsilon(k)$.

Utilizzando $\int_0^\infty dx[x^3/(e^x - 1)] = \Gamma(4)\zeta(4) = \pi^4/15$, l'entropia del gas di fotoni sarà allora:

$$S = -\left(\frac{\partial J}{\partial T}\right)_V = \frac{4\pi^2}{45} \frac{k_B^2}{\hbar^3 c^3} V T^3 = \frac{4}{3} \frac{E}{T}. \tag{6.88}$$

È interessante notare come proprio da questa espressione per l'entropia del campo elettromagnetico in una cavità sia partito Planck per derivare l'ipotesi di quantizzazione dello scambio tra radiazione e materia.

6.10 Superfluidi (cenni)

Abbiamo visto come l'elio gassoso non possa mostrare la condensazione di Bose–Einstein, perché a temperature sufficientemente basse diviene liquido. A dire il vero, lo fa solo con grande riluttanza, dato che le interazioni attrattive tra gli atomi di ^{4}He sono solo deboli forze di dispersione (anzi, l'elio interagisce meglio con *qualun-que* altra sostanza piuttosto che con se stesso!), cosicché a pressione ambiente, la temperatura di liquefazione è di soli 4,2 K.

Del resto, questa fase liquida, che diremo He I per distinguerla da quella che presto incontreremo, è molto diversa dai liquidi comuni. Prima di tutto la sua densità, proprio a causa della debolezza delle forze attrattive, è piuttosto bassa: soli $0,125 \, g/cm^3$, ossia circa il 13% di quella di un liquido come l'acqua. La distanza media tra gli atomi è quindi molto maggiore di quella in un liquido comune, dove questi sono impaccati quasi come in un solido. Come conseguenza, anche l'indice di rifrazione dell'He I è molto basso: circa 1,025, molto vicino a quello dell'aria (il che significa che è anche piuttosto difficile *vedere* l'elio liquido!). Inoltre, il calore latente di evaporazione è pari ad una ventina di J/g, oltre cento volte inferiore a quello dell'acqua.

Data la bassa temperatura e la piccola massa degli atomi, l'energia interna dell'elio liquido è di fatto dominata dall'energia quantistica di punto zero. Una conseguenza davvero singolare di ciò è che l'elio è l'unica sostanza che *non solidifica mai* a pressione ambiente, per quanto bassa sia la temperatura. In realtà, l'elio può solidificare, ma solo per pressioni considerevolmente maggiori. Diamo allora un'occhiata al diagramma di fase $P - T$ completo dell'^{4}He, mostrato in Fig. 6.10. Come si può notare, la linea di coesistenza liquido/vapore si estende solo fino ad una temperatura critica $T_c \simeq 5,2 \, K$ (che corrisponde ad una pressione critica di poco più di due atmosfere, mentre la minima pressione di congelamento è di circa 25 atmosfere. Pertanto, le due linee di coesistenza non si incontrano e l'elio non presenta un punto triplo.

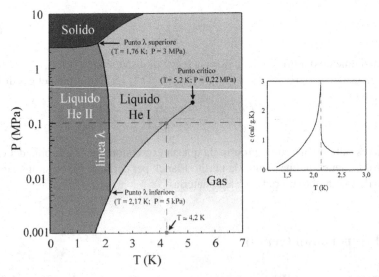

Fig. 6.10 Diagramma di fase dell'^{4}He. Nel riquadro a destra è mostrato il comportamento del calore specifico in prossimità della transizione, che giustifica l'espressione "punto λ" comunemente usata per indicarla

Tuttavia, ciò che è davvero sorprendente è quanto avviene raffreddando ulteriormente l'elio liquido: man mano che la temperatura diminuisce, si osserva un sensibile incremento del calore specifico, che tende a divergere, in condizioni di pressione ambiente, per una temperatura $T_\lambda = 2,17\,\mathrm{K}$, dove il suffisso "$\lambda$" è reminescente del tipico l'andamento del calore specifico in funzione della temperatura (riquadro a destra in Fig. 6.10), che sembra chiaramente indicare la presenza di una transizione di fase simile a quelle che abbiamo discusso nel Cap. 5. Le proprietà della fase liquida che si instaura al di sotto di T_λ, sono drasticamente diverse da quelle di qualunque altro fluido, tanto che questo liquido eccezionale, detto He II, viene detto un *super*fluido.

6.10.1 Effetti speciali nell'He II

Analizziamo allora, aiutandoci con la Fig. 6.11, alcune caratteristiche straordinarie ed inaspettate dell'elio superfluido, scoperte grazie ad una serie di esperimenti compiuti in Unione Sovietica da Pyotr Kapitsa a partire dal 1937.

Superconduttività di calore. Cominciamo proprio con l'osservare che cosa avviene quando l'elio liquido viene progressivamente raffreddato per via evaporativa, ossia pompando fuori da un contenitore il vapore in equilibrio con l'He I e provocando di conseguenza il rapido passaggio alla fase gassosa di parte del liquido per ristabilire l'equilibrio (fenomeno che, come abbiamo detto, riguarda in prevalenza gli atomi che posseggono una maggior energia cinetica e sottrae quindi calore al liquido)[31]. Per l'He I tale trasformazione avviene, come per ogni altro liquido, attraverso una vigorosa ebollizione, ossia con un processo di rapida nucleazione della fase vapore sotto forma di bolle che si creano in tutto il volume del liquido. Ma non appena si raggiunge T_λ, il processo cambia drasticamente: l'ebollizione cessa, il liquido si "quieta" d'improvviso, ed ogni ulteriore processo di evaporazione avviene solo *dalla superficie* del liquido. È come se il calore latente necessario all'evaporazione che avviene in superficie venisse ceduto simultaneamente da tutto il volume di elio, la cui temperatura si riduce ovunque uniformemente, e trasportato in modo pressoché istantaneo alla superficie. Insomma, è come se nell'He II la capacità di condurre calore divenisse pressoché infinita. In effetti, se non proprio infinita, la rapidità con cui il calore viene trasportato e con cui si smorzano i gradienti di temperatura diviene migliaia di volte maggiore che nell'He I, il che equivale ad una conducibilità termica superiore persino a quella dei metalli. L'He II è dunque un "superconduttore di calore", in cui è pressoché impossibile stabilire delle differenze di temperatura tra un punto e l'altro.

Superfluidità. Con superfluidità in senso stretto si intendono le straordinarie proprietà dell'He II per ciò che riguarda la resistenza opposta al moto, ossia delle sue

---

[31] Anche se è necessario abbassare la temperatura di soli due gradi, il procedimento è tutt'altro che semplice, sia perché il calore latente di evaporazione è molto basso, che in quanto il calore specifico cresce avvicinandosi alla transizione. Di fatto, se la temperatura iniziale dell'He I è prossima a $4\,\mathrm{K}$, circa 1/3 della massa totale di elio deve essere trasformata in vapore prima di raggiungere T_λ.

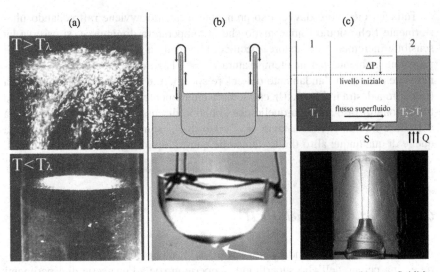

Fig. 6.11 Alcuni "effetti speciali" dell'He II: (a) superconduttività di calore; (b) superfluidità e "gocciolamento" da un contenitore; (c) effetto fontana

caratteristiche per quanto riguarda la viscosità. Di norma, per far fluire un liquido attraverso un tubo è necessario applicare tra gli estremi una differenza di pressione che, a parità di lunghezza del tubo, è tanto maggiore quanto minore è il diametro del tubo stesso: per l'esattezza, a parità di portata, la caduta di pressione, che è dovuta alle forze viscose, cresce con l'inverso della *quarta potenza* del diametro del tubo. Le cose sono del tutto diverse per l'He II: purché la velocità di flusso non sia troppo elevata, la caduta di pressione, per quanto piccolo sia il diametro del tubo, è rigorosamente *nulla*. Si può ad esempio far passare senza alcuno sforzo l'He II attraverso un setto di ceramica porosa che presenti pori con un diametro medio dell'ordine del micron, attraverso il quale nessun liquido "normale" fluirebbe mai. L'He II sembra quindi essere un fluido che non presenta alcuna resistenza al moto, ossia un fluido ideale con viscosità nulla. Una conseguenza di ciò è l'impossibilità di contenere l'He II in un recipiente che presenti anche una piccola apertura. L'elio bagna perfettamente le pareti del contenitore, di qualunque materiale siano fatte, e pertanto forma su di esse un film di spessore molecolare[32]. Per quanto sottilissimo, questo film può fluire liberamente, consentendo all'He II di "arrampicarsi'" sulle pareti verticali e di uscire dal contenitore riversandosi all'esterno come in un sistema di vasi comunicanti.

Ma la viscosità dell'He II è davvero nulla? Facciamo un ultimo esperimento, questa volta consistente nel far muovere un oggetto *attraverso* questo strano "superfluido". Se facciamo cadere in un liquido comune un oggetto solido, sappiamo che questo raggiunge una velocità limite v_∞ che si ottiene bilanciando la forza peso, cui dobbiamo sottrarre la spinta di Archimede, con la forza di resistenza viscosa

---

[32] Ossia, l'angolo di contatto con la superficie è nullo e si ha *wetting* completo.

$F_v = f v_\infty$, dove f è un coefficiente di frizione che dipende dalla forma dell'oggetto, ma che è in ogni caso proporzionale alla viscosità η. Lo stesso esperimento condotto usando elio liquido a $T < T_\lambda$ porta a valutare un valore di f molto piccolo ma *finito*: pertanto si deve avere $\eta \neq 0$. Pare quindi che l'He II si comporti in alcuni esperimenti come un fluido ideale, mentre in altri mostri una viscosità molto piccola, ma non nulla: una situazione a dir poco strana!

Effetti termomeccanici. Un terzo fenomeno, forse ancor più stupefacente, perché sembra minare alla base i fondamenti della termodinamica è l'effetto termomeccanica, noto anche, nella sua forma più spettacolare, come *effetto fontana*. Se due contenitori 1 e 2 contenenti He II, inizialmente allo stesso livello, vengono posti a contatto tramite un setto poroso S e al contenitore 2 viene fornita una certa quantità di calore innalzandone la temperatura, l'He II passa *spontaneamente* da $1 \rightarrow 2$, fino a quando si raggiunge una situazione stabile in cui sia la *pressione* che la *temperatura* di 2 sono maggiori di quelle di 1[33]. Se il contenitore 2 è un ugello riscaldato da una resistenza, l'He II zampilla fuori con un getto che non si esaurisce. Ciò sovverte apparentemente tutto quanto abbiamo detto sull'equilibrio: come fanno due sistemi che possono scambiare massa a raggiungere una condizione di equilibrio in cui temperatura e pressione sono diverse?

6.10.2 Il modello di Tisza e Landau

La transizione allo stato superfluido non è certamente la condensazione di Bose–Einstein in un gas rarefatto, ma possiamo supporre che di quest'ultima condivida l'aspetto più importante: una frazione macroscopica di atomi di elio *condensa sullo stato fondamentale del sistema*, anche se questo sarà molto diverso da quello di un sistema di particelle libere. Su questa ipotesi si basa il primo modello dell'He II originariamente sviluppato nel 1938 da Laszlo Tisza a partire da un suggerimento di Fritz London, e successivamente portato a pieno compimento da Landau. L'idea di base è quella di descrivere in modo semi-fenomenologico l'He II come una *miscela* di due fluidi: una componente "normale", simile a tutti gli effetti ad un liquido comune, ed una componente "superfluida", il cui stato è descritta da una *singola funzione d'onda* $\Psi_s(\mathbf{r})$ che rappresenta tutti gli atomi condensati.

Questa assunzione permette di giustificare, almeno qualitativamente, tutti gli effetti che abbiamo descritto, perché la componente superfluida deve avere due proprietà molto speciali. In primo luogo, essendo descritta da un singolo stato, la sua entropia deve essere *nulla*. In secondo luogo, non è difficile vedere come tale componente debba avere *viscosità* nulla. In meccanica quantistica, ad una funzione d'onda ψ si può associare un *flusso di probabilità* $\mathbf{J}$, che permette di valutare la variazione nel tempo della probabilità che una particella si trovi all'interno di un volume

---

[33] Se i contenitori sono aperti, si osserva quindi un innalzamento di livello Δh ine 2 tale che, detta ρ la densità dell'He II, $\rho g \Delta h = \Delta P$, come in Fig. 6.11c.

fissato V, e che è dato da:

$$\mathbf{J} = \frac{\hbar}{m}\mathfrak{S}(\psi^*\nabla\psi), \tag{6.89}$$

dove m è la massa della particella e $\mathfrak{S}(z)$ indica la parete immaginaria dell'argomento complesso z.

$\diamond$ Nel caso il significato di $\mathbf{J}$ e la sua relazione con ψ non vi fossero noti dai corsi introduttivi, cercherò di ricapitolare brevemente l'argomento. La probabilità complessiva che una particella di trovi in V è data da:

$$P = \int_V |\psi|^2 dV = \int_V \psi^* \psi dV,$$

dunque:

$$\frac{dP}{dt} = \frac{d}{dt}\int_V \psi^* \psi dV = \int_V \left(\psi^* \frac{\partial \psi}{\partial t} + \psi \frac{\partial \psi^*}{\partial t}\right) dV.$$

Sostituendo le derivate parziali dall'equazione di Schrödinger e dalla sua coniugata per ψ^*:

$$\begin{cases} i\hbar\dfrac{\partial \psi}{\partial t} = -\dfrac{\hbar^2}{2m}\nabla^2\psi + V\psi \\[2mm] -i\hbar\dfrac{\partial \psi^*}{\partial t} = -\dfrac{\hbar^2}{2m}\nabla^2\psi^* + V\psi^* \end{cases} \Longrightarrow \frac{dP}{dt} = \frac{i\hbar}{2m}\int_V \left(\psi^*\nabla^2\psi - \psi\nabla^2\psi^*\right) dV.$$

Ricordando che la divergenza del prodotto di vettore v per uno scalare a è data da:

$$\nabla \cdot (a\mathbf{v}) = (\nabla a)\cdot\mathbf{v} + a(\nabla\cdot\mathbf{v}),$$

si ottiene con semplici passaggi:

$$\frac{dP}{dt} = \frac{i\hbar}{2m}\int_V \nabla \cdot (\psi^*\nabla\psi - \psi\nabla\psi^*) dV$$

e quindi, usando il teorema della divergenza:

$$\begin{cases} \dfrac{dP}{dt} = -\displaystyle\int_S \mathbf{J}\cdot\mathbf{n}dS \\[3mm] \mathbf{J} = \dfrac{\hbar}{2mi}(\psi^*\nabla\psi - \psi\nabla\psi^*) = \dfrac{\hbar}{m}\mathfrak{S}(\psi^*\nabla\psi), \end{cases} \tag{6.90}$$

dove $\mathbf{n}$ è la normale alla superficie che racchiude V. La (6.90) ha la forma di un'*equazione di continuità*, dove $\mathbf{J}$ rappresenta il flusso di P attraverso S. Nel caso di un'onda piana $\psi = A\exp(i\mathbf{k}\cdot\mathbf{r})$, poiché $\nabla[\exp(i\mathbf{k}\cdot\mathbf{r})] = i\mathbf{k}\exp(i\mathbf{k}\cdot\mathbf{r})$, si ottiene semplicemente:

$$\mathbf{J} = A^2\frac{\hbar\mathbf{k}}{m} = |\psi|^2\mathbf{v},$$

dove $\mathbf{v}$ è la velocità classica della particella. $\diamond$

L'ultimo risultato ci mostra che, nel caso che ci riguarda, possiamo anche scrivere:

$$\mathbf{J} = |\Psi_s(\mathbf{r})|^2\mathbf{v}_s,$$

dove $\mathbf{v}_s$ va identificata la velocità con cui si muove la componente superfluida. Se ora scriviamo $\Psi_s(\mathbf{r}) = a(\mathbf{r})e^{i\varphi(\mathbf{r})}$, dove $a(\mathbf{r}) = |\Psi_s(\mathbf{r})|$ e $\varphi(\mathbf{r})$ sono l'ampiezza e la la fase della funzione d'onda, è facile vedere che

$$\mathbf{J} = \frac{\hbar^2}{m} a^2 \nabla \varphi.$$

Quindi, la velocità della componente superfluida è proporzionale a $\nabla \varphi$ e pertanto:

$$\nabla \times v_s \propto \nabla \times (\nabla \varphi) = 0, \qquad (6.91)$$

perché il rotore del gradiente di una funzione scalare è sempre nullo. In idrodinamica, la condizione di irrotazionalità della velocità di flusso espressa dalla (6.91) è soddisfatta solo da un fluido *ideale* con viscosità nulla.

$\diamondsuit$ Se non avete molta confidenza con la fluidodinamica e non vi è chiaro perché la condizione $\nabla \times \mathbf{v} = 0$ comporti l'assenza di dissipazione viscosa nel moto di un fluido, considerate il flusso tra due lastre in Fig. 6.12a dove, per un fluido reale, la velocità del fluido ha come noto un semplice profilo parabolico. Se tuttavia il campo di velocità fosse irrotazionale come nell'He II, la componente lungo y del rotore sarebbe:

$$\frac{\partial v_x}{\partial z} - \frac{\partial v_z}{\partial x} = 0$$

ossia, poiché $\mathbf{v} = v_x \mathbf{i}$ è diretta solo lungo x, $v_x(z) = $ cost. e non si ha dissipazione viscosa, ossia un superfluido ha un comportamento ideale. $\diamondsuit$

Veniamo allora agli effetti speciali che abbiamo descritto,cominciando propria dalla superfluidità. Da quanto abbiamo detto, è chiaro che, se colleghiamo due recipienti 1 e 2, entrambi a temperatura T, attraverso un setto poroso, per quanto piccoli siano i pori la componente superfluida può passare liberamente da 1 a 2 senza cadute di pressione. Cosa succede tuttavia alla componente normale? Sembrerebbe che il flusso crei uno sbilanciamento tra i due recipienti del rapporto delle due componenti, ma ciò ovviamente non è vero: il superfluido che giunge in 2 si trasformerà in parte in componente normale, mentre nel contenitore 1 una frazione della componente normale diverrà superfluida, in modo tale da *mantenere* tale rapporto al valore d'equilibrio a temperatura T. Nell'esperimento in cui si fa cadere un oggetto nell'He II, le cose vanno invece in modo diverso. Nel cadere, l'oggetto si muove in una "miscela" che contiene sia la componente superfluida, che quella normale, che invece è un fluido viscoso: ciò dà origine a una resistenza al moto piccola, ma finita.

Per quanto riguarda gli effetti termomeccanici, le cose sono ancora più semplici: la componente superfluida può passare liberamente da 1 a 2 ma, avendo entropia nulla, non trasporta *calore*: pertanto le due temperature *non possono* equilibrarsi. Ma come mai il superfluido deve necessariamente passare da 1 a 2? Perché i due contenitori non possono scambiare calore, ma possono scambiare *massa*[34]: dunque all'equilibrio i *potenziali chimici* dell'He II nei due contenitori devono essere uguali. Quindi, se permane una differenza di temperatura, *deve* crearsi uno sbilancio di pressione così da garantire che:

$$\mu_1(T_1, P_1) = \mu_2(T_2, P_2).$$

---

[34] Questo è dunque un caso singolare di due sistemi isolati l'uno rispetto all'altro per quanto riguarda gli scambi di calore, ma aperti per quelli di massa!

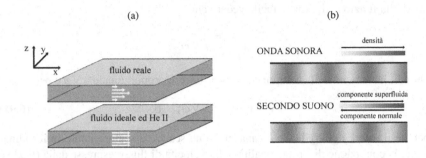

Fig. 6.12 (a) Flusso in un tubo per un fluido reale e per un superfluido; (b) Oscillazioni di secondo suono

Veniamo infine alla superconduttività di temperatura. Quest'ultima non è tanto giustificata dallo svanire della viscosità o dell'entropia della componente superfluida, quanto da un'ulteriore analogia tra la transizione allo stato superfluido e la BEC. Come abbiamo visto, al di sotto di T_B la pressione è funzione *solo* della temperatura, $P = P(T)$, il che significa che anche $T = T(P)$: pertanto un gradiente di temperatura dà origine ad una gradiente di pressione. Ma un gas all'equilibrio *non può* sostenere differenze di pressione, che vengono dissipate alla velocità del suono v_s attraverso onde sonore: quindi, lo stesso deve avvenire per i gradienti di temperatura. In altre parole, per $T < T_B$, il calore non *diffonde* come nei materiali normali, ma *propaga* come un'onda, ossia viene trasportato a distanze che crescono come $v_s t$, anziché come $D_q t^{1/2}$, dove D_q è il coefficiente di diffusione del calore, o diffusività termica (si veda l'Appendice D): come risultato, la conducibilità termica del gas di Bose è di fatto infinita. Qualcosa di molto simile avviene nell'He II, dove si ha ancora una relazione univoca tra pressione e temperatura. In questo caso, tuttavia, il calore non viene trasportato da onde di pressione, ma attraverso un curioso processo detto *secondo suono*. Nelle onde di secondo suono la densità totale del fluido rimane costante in ogni punto e non c'è flusso di massa, ma è la frazione relativa delle due componenti a variare in modo periodico, come la densità in un'onda sonora (si veda la Fig. 6.12b). Le onde di secondo suono propagano ad una velocità $v \simeq 20\,\mathrm{m/s}$, equalizzando nel contempo i gradienti di temperatura: in tal modo, la trasformazione in vapore dell'He II avviene dalla superficie e non per nucleazione nel bulk.

Quanto abbiamo detto giustifica le proprietà speciali dell'He II, ma rimane aperta una domanda fondamentale. Dopo tutto, le due componenti sono *fasi* in equilibrio: quindi, l'interazione con le pareti di un tubo durante il flusso (o, in maniera del tutto analoga, con un corpo in movimento nel superfluido), potrebbe fornire energia agli atomi di elio, eccitandoli in tal modo dallo stato fondamentale agli stati di maggiore energia e "distruggendo" di fatto la componente superfluida. Il fatto è che, perché si possa creare un'eccitazione elementare di energia ε e momento **p**, il superfluido deve muoversi ad una velocità *minima* rispetto alle pareti del tubo, che dipende dal legame tra ε e p, ossia dalla *relazione di dispersione* $\varepsilon = \varepsilon(p)$. Si deve infatti avere:

$$v \geq \frac{\varepsilon(p)}{p}. \tag{6.92}$$

$\Diamond$ Per vederlo, mettiamoci nel sistema di riferimento in cui il superfluido è fermo e consideriamo le pareti del tubo come un corpo macroscopico di massa M e momento $\mathbf{P} = M\mathbf{v}$, dove $\mathbf{v}$ con cui la componente superfluida interagisce come in un processo d'urto. La quantità di moto di M dopo il processo che genera l'eccitazione sarà quindi:

$$\mathbf{P}' = \mathbf{P} - \mathbf{p}.$$

Prendendone il quadrato e dividendo per $2M$:

$$\frac{P'^2}{2M} - \frac{P^2}{2M} = -\frac{\mathbf{P} \cdot \mathbf{p}}{2M} + \frac{p^2}{2M}.$$

Ma il primo termine a primo membro non è altro che la variazione di energia del corpo, che dev'essere ovviamente uguale a $-\varepsilon$. Se allora chiamiamo θ l'angolo tra P e p, abbiamo:

$$\varepsilon = \frac{pP\cos\theta}{M} - \frac{p^2}{2M},$$

ossia, considerando il limite $M \to \infty$,

$$v\cos\theta = \frac{\varepsilon}{p} + \frac{p^2}{2M} \xrightarrow[M \to \infty]{} \frac{\varepsilon}{p}.$$

La (6.92) segue immediatamente da $\cos\theta \leq 1$. $\Diamond$

È facile farsi un'idea "geometrica" della condizione (6.92): dato che non possono essere create "eccitazioni elementari", il superfluido rimarrà tale per tutti i valori velocità per i quali la retta $\varepsilon = vp$ giace interamente al di sotto della curva di dispersione $\varepsilon(p)$. Consideriamo ad esempio un gas di particelle indipendenti: la relazione tra momento ed energia è semplicemente quella di singola particella $\varepsilon = p^2/2m$, ossia una parabola. Ma allora, come evidente dalla Fig. 6.13, la (6.92) non é *mai* soddisfatta per $v > 0$: quindi, curiosamente, il gas di Bose non ha un comportamento superfluido[35]. Se al contrario l'He II si comportasse come un solido, dove le eccitazioni sono, come sappiamo, onde sonore (fononi) con una relazione di dispersione $\varepsilon = v_s p$, dove v_s è la velocità del suono, l'He II rimarrebbe superfluido per ogni valore di $v \leq v_s$. Ma quali sono le eccitazioni elementari in un liquido, soprattutto in un liquido speciale come l'He II? Il modello sviluppato da Landau suppone che per grandi lunghezze d'onda (piccoli $p = \hbar k$) le eccitazioni siano simili a quelle in un solido, ma che entri poi in gioco un contributo addizionale, del tutto specifico dei superfluidi, che porta $\varepsilon(p)$ a "ripiegare" verso il basso. Come mostrato in Fig. 6.13, in questo caso si ottiene una velocità critica di flusso superfluido pari a $v_c = \varepsilon(p_0)/p_0$. Successivamente, questa forma generale di $\varepsilon(p)$ fu giustificata da un modello quantistico delle eccitazioni nei superfluidi dovuto a Feynman, dove le lunghezze d'onda delle eccitazioni attorno al minimo di $\varepsilon(p)$, che Feynman battezzò

---

[35] Questo perché l'andamento quadratico di $\varepsilon(p)$ fa sì che vi siano *troppi stati accessibili a bassa energia*.

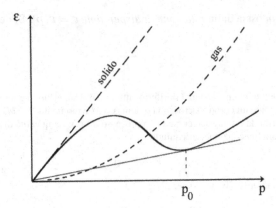

Fig. 6.13 Relazione di dispersione nell'He II e determinazione della velocità crissa di flusso superfluido

"rotoni", corrispondano a scale spaziale su cui l'He II presenta forte correlazione, ossia ad un picco del fattore di struttura $S(k)$. Tuttavia, il valore di v_c ottenuto dal modello risulta sensibilmente superiore a quello sperimentalmente osservato. Quale poi sia l'immagine fisica dei "rotoni" è tuttora una questione aperta, in cui non entreremo.

Vi sarebbero ancora molti aspetti curiosi ed interessanti del comportamento superfluido, ed molti altri fenomeni che potremmo discutere, ma il nostro tempo è davvero scaduto. Se siete riusciti comunque a seguirmi fino a questo punto, spero abbiate apprezzato quali e quante conseguenze sul comportamento della materia, dai semplici gas ai liquidi, dai materiali magnetici ai sistemi quantistici, si possano trarre dalla profonda intuizione di Boltzmann.

Appendice A

Note matematiche

A.1 Calcolo combinatorio

Il calcolo del numero di microstati accessibili per un sistema richiede fondamentalmente di "saper contare" in modo corretto in quanti modi si possano disporre, combinare, riarrangiare un certo numero di possibilità elementari. A questo scopo, richiamiamo alcuni elementi fondamentali di calcolo combinatorio.

Disposizioni. Ci chiediamo in quanti modi si possano raggruppare n oggetti in gruppi di k (pensate di avere gli oggetti in un urna e di estrarli ad uno ad uno). Chiameremo questi "arrangiamenti" *disposizioni $D_{n,k}$ di n oggetti a k a k*. Si ha quindi:

$$D_{n,k} = n(n-1)(n-2)...(n-k+1) \tag{A.1}$$

in particolare le disposizioni di n oggetti a n a n (che si dicono anche *permutazioni di n elementi*) sono pari al prodotto di tutti gli interi da 1 ad n , cioè al fattoriale di n:

$$n! = 1 \cdot 2 \cdot ... \cdot n \tag{A.2}$$

dove, per convenzione $0! = 1$. Osserviamo che, moltiplicando e dividendo per $(n-k)!$ si può scrivere:

$$D_{n,k} = \frac{n!}{(n-k)!} \tag{A.3}$$

Combinazioni. Se non ci interessa l'*ordine* con cui sono disposti i vari elementi, ma solo quali elementi costituiscano il gruppo prescelto, è sufficiente notare che,cche per ognuno di questi gruppi, abbiamo un numero di disposizioni pari alle permutazioni dei k elementi. Pertanto il numero di gruppi di k elementi che possono essere selezionati senza tener conto dell'ordine, che si dice *combinazioni di n elementi a k a k* e si indica con $\binom{n}{k}$, è dato da:

$$\binom{n}{k} = \frac{n!}{k!(n-k)!} \tag{A.4}$$

Piazza R.: Note di fisica statistica (con qualche accordo).
© Springer-Verlag Italia 2011

I coefficienti $\binom{n}{k}$ prendono anche il nome di *coefficienti binomiali*, dato che sono proprio quelli che intervengono nello sviluppo dell'n-esima potenza di un binomio $(a+b)$ (*formula di Newton*):

$$(a+b)^n = \sum_{k=0}^{n} \binom{n}{k} a^k b^{n-k}.$$

Ogni termine dello sviluppo di grado k in a può infatti essere visto come un prodotto di n termini di cui k sono uguali ad a ed $(n-k)$ a b, ed il numero di termini di grado k in a è pari ai modi in cui possiamo assegnare le a.

Anagrammi e coefficienti multinomiali. Possiamo estendere il concetto di coefficiente binomiale considerando in quanti modi $M(n; k_1, k_2, ...k_m)$ una popolazione di n elementi può essere suddivisa in m sottopopolazioni, di cui la prima contenga k_1 elementi, la seconda k_2, e cosi' via fino a k_m elementi, con la condizione $k_1 + k_2 + ... + k_m = n$. Per quanto abbiamo visto, da una popolazione di n elementi possiamo estrarre $\binom{n}{k_1} = n!/k_1!(n - k_1)!$ sottopopolazioni di k_1 elementi. Dai restanti $n - k_1$ elementi, i successivi k_2 possono essere estratti in $\binom{n-k_1}{k_2}$ modi e così via. Pertanto otteniamo:

$$M(n; k_1, k_2, ...k_m) = \frac{n!}{k_1!(n-k_1)!} \times \frac{(n-k_1)!}{(n-k_1-k_2)!} \times ... \times \frac{(n-k_1-...-k_{n-2})!}{k_{n-1}!k_n!}$$

semplificando l'espressione si ha:

$$M(n; k_1, k_2, ...k_m) = \frac{n!}{k_1!k_2!...k_n!} \qquad (A.5)$$

che viene detto *coefficiente multinomiale*. Un problema apparentemente diverso, ma che porta alla stessa soluzione, è quello di calcolare quante permutazioni distinte di n oggetti si possono ottenere, quando alcuni di questi oggetti sono identici tra loro. Supponiamo ad esempio di voler calcolare il numero r di anagrammi della parola *ANAGRAMMA*. Le nove lettere ammettono 9! permutazioni, ma dobbiamo tenere conto che ci sono quattro A e due M, e che due anagrammi che differiscano solo per lo scambio tra due A o tra due M sono ovviamente indistinguibili. Allora il numero r di anagrammi distinti si otterrà dividendo 9! per il numero di permutazioni delle A e delle M, ossia $r = 9!/(4!2!) = 7560$. In generale, osserviamo che ciascuno dei posti in cui disponiamo un numero totale di n oggetti, costituiti da $m < n$ tipi di oggetti diversi $a_1, ..., a_m$, può essere "etichettato" con il tipo di oggetto che ad esso viene fatto corrispondere. Il numero di permutazioni distinte è allora uguale al numero di modi in cui possiamo dividere in m famiglie gli n posti disponibili, dove ogni famiglia è costituita da un numero di elementi pari al numero di ripetizioni k_i dell'oggetto a_i, ossia al coefficiente multimoniale $M(n; k_1, k_2, ...k_m)$. Così il numero di anagramma di una parola di L lettere sarà dato da $M(L; r_1, r_2, ...r_\ell)$, dove r_i è il numero di ripetizioni delle ℓ lettere distinte che costituiscono la parola data.

Approssimazione di Stirling. In fisica statistica dobbiamo spesso considerare i fattoriali di numeri molto grandi, per i quali è utile far uso dell'approssimazione, dovuta a Stirling,

$$n! \simeq \sqrt{2\pi n}\, n^n \mathrm{e}^{-n}. \tag{A.6}$$

In realtà l'approssimazione risulta buona anche per n piccolo: per $n = 5$ l'errore è solo del 2% e per $n = 10$ dello 0.8%. Pur non dando una dimostrazione rigorosa della formula di Stirling, accenneremo ad un metodo per determinare perlomeno i termini dominanti dell'andamento di $n!$ per grandi n. Dato che $n!$ è una funzione che cresce molto rapidamente, è opportuno considerarne il *logaritmo*:

$$\ln(n!) = \ln(1 \cdot 2 \cdot \ldots \cdot n) = \sum_{k=1}^{n} \ln(k)$$

il valore di $\ln(n!)$ può allora essere pensato come la somma delle aree di n rettangoli di base unitaria e che hanno per altezza i logaritmi dei numeri naturali da 1 ad n. Possiamo allora paragonare quest'area con quella al di sotto della curva continua $y = \ln(x)$ tra $x = 1$ ed $x = n$. Dalla Fig. A.1 vediamo che all'area racchiusa dalla curva dobbiamo innanzitutto aggiungere il mezzo rettangolino che ha base compresa tra n ed $n + 1/2$ ed altezza $\ln(n)$. Inoltre dovremmo aggiungere tutti i "triangolini" al di sopra della curva (quelli indicati in grigio scuro) e togliere tutti quelli al di sotto (in grigio chiaro). Al crescere di k, tuttavia, l'area di questi triangolini diviene sempre più piccola ed inoltre, dato che la curvatura di $\ln x$ decresce rapidamente al crescere di x, i triangolini superiori e quelli inferiori divengono sempre più simili, dando contributi uguali ed opposti. L'approssimazione consiste proprio nel trascurare il contributo dei triangolini al crescere di k, limitandosi a tener conto delle differenze delle area dei triangolini per i primi valori di k sommando una costante c.

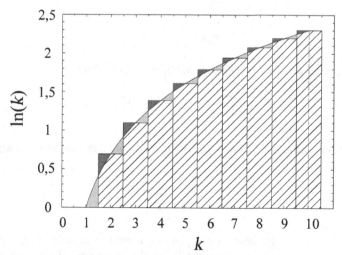

Fig. A.1 Giustificazione grafica dell'approssimazione di Stirling

Scriveremo pertanto:

$\ln(n!) \approx$ [Area sotto $\ln(x)$ tra 1 ed n] + [Area dell'ultimo semirettangolo] + c

Ma l'area racchiusa da $\ln(x)$ non è altro che:

$$\int_1^n \ln(x)\,\mathrm{d}x = [x(\ln(x) - 1)]_1^n = n[\ln(n) - 1]$$

e quindi otteniamo:

$$\ln(n!) \approx n[\ln(n) - 1] + (1/2)\ln(n) + c,$$

ossia, ponendo $C = e^c$,

$$n! \approx Cn^{n+(1/2)}\exp(-n).$$

A.2 Funzioni (e non) di particolare interesse

Gamma di Eulero. La funzione Gamma, definita come:

$$\Gamma(x) = \int_0^\infty \mathrm{d}t\, e^{-t} t^{x-1} \tag{A.7}$$

generalizza il fattoriale di intero ad un valore reale qualsiasi. Se infatti $x = n$, con n intero, si ha la regola ricorsiva $\Gamma(n+1) = n\Gamma(n)$ e quindi:

$$\Gamma(n) = (n-1)!$$

Per i primi seminteri, $\Gamma[(2k+1)/2]$ vale:

$$\Gamma(1/2) = \sqrt{\pi}$$
$$\Gamma(3/2) = \sqrt{\pi}/2$$
$$\Gamma(5/2) = 3\sqrt{\pi}/4.$$

Se $x \gg 1$, vale anche per $\Gamma(x)$ l'approssimazione di Stirling:

$$\Gamma(x+1) \simeq \sqrt{2\pi x}\, x^x e^{-x}.$$

Zeta di Riemann. La funzione ζ di Riemann, definita, per un generico argomento complesso s con $\Re(s) > 1$ come:

$$\zeta(s) = \sum_{k=1}^\infty \frac{1}{k^s}, \tag{A.8}$$

cioè come la serie degli inversi delle potenze di grado s degli interi, gioca un ruolo di grande importanza soprattutto nella teoria dei numeri, dove costituisce uno strumento essenziale per analizzare la distribuzione dei primi. La famosa e tuttora indimostrata "congettura di Riemann" è proprio un assunzione relativa ai poli della ζ come funzione di variabile complessa.

Un fatto piuttosto sorprendente è che, pur essendo estremamente difficile stabilire se un particolare numero sia primo o meno, si ha:

$$\zeta(s) = \prod_p \frac{1}{1 - p^{-s}}$$

dove la produttoria è *su tutti i numeri primi*. La dimostrazione è molto semplice e fa uso essenzialmente del teorema fondamentale per cui ogni intero si scrive *in uno ed un solo modo* come prodotto di primi. Consideriamo infatti il prodotto:

$$\prod_p \left(\sum_{k=0}^{\infty} p^{-ks} \right) = \left(1 + \frac{1}{2^s} + \frac{1}{2^{2s}} + \cdots \right) \times \left(1 + \frac{1}{3^s} + \frac{1}{3^{2s}} + \cdots \right) \times$$

$$\times \left(1 + \frac{1}{5^s} + \frac{1}{5^{2s}} + \cdots \right) \times \cdots \times \left(1 + \frac{1}{p^s} + \frac{1}{p^{2s}} + \cdots \right) \cdots$$

Ciascuno dei fattori è una serie di potenze di argomento p^{-s}, e quindi

$$\prod_p \left(\sum_{k=0}^{\infty} p^{-ks} \right) = \prod_p \frac{1}{1 - p^{-s}}.$$

D'altronde, se svolgiamo tutti i prodotti, un generico termine della serie che si ottiene ha la forma:

$$\frac{1}{(p_1^{\alpha_1} p_2^{\alpha_2} \cdots p_r^{\alpha_r})^s}$$

per *tutti* i possibili valori degli α_i. Allora, per il teorema citato, le quantità $p_1^{\alpha_1} p_2^{\alpha_2} \cdots p_r^{\alpha_r}$ non sono altro che *tutti e soli gli interi*. Pertanto:

$$\prod_p \left(\sum_{k=0}^{\infty} p^{-ks} \right) = \sum_{k=1}^{\infty} \frac{1}{n^s}$$

e uguagliando questi due risultati si ha l'assunto.

La ζ assume valori semplici nel caso in cui $s = 2n$, intero pari[1]. Per i primi valori di n si ha:

n	$\zeta(2n)$
1	$\pi^2/6 \simeq 1,645$
2	$\pi^4/90 \simeq 1,082$
3	$\pi^6/945 \simeq 1,017$
4	$\pi^8/9450 \simeq 1,004$

da cui risulta evidente come $\zeta(2n)$ tenda rapidamente ad 1 al crescere di n.

---

[1] In questo caso, $\zeta(2n)$ è proporzionale ai *numeri di Bernoulli* B_n che rientrano ad esempio nello sviluppo in serie delle funzioni trigonometriche.

Delta di Dirac. La δ di Dirac, già introdotta di fatto nel XIX secolo da Poisson, Fourier e Heaviside, ma usata estesamente per la prima volta da Dirac per formalizzare la meccanica quantistica, ha per quanto ci riguarda la funzione principale di fornire un metodo di "campionamento" (*sampling*) di una grandezza, estraendone il valore in un punto specifico. Cominciamo a considerare l'analogo discreto della δ. Da una successione di numeri $f_1, f_2, \ldots, f_i, \ldots$, possiamo estrarre il termine f_i introducendo la delta di Kronecker:

$$\delta_{ij} = \begin{cases} 1, \text{ se } i = j \\ 0, \text{ se } i \neq j. \end{cases}$$

Ad esempio, per una serie $\sum_j f_j$ si ha $\sum_j f_j \delta_{ij} = f_i$. Ma l'integrale di una funzione $f(x)$ di variabile reale può essere pensato come una serie in cui l'indice discreto j è sostituito dall' indice continuo x. Per campionare il valore $f(x_0)$ di una funzione definita su tutto l'asse reale, un analogo continuo della delta di Kronecker dovrebbe dunque soddisfare:

$$\int_{-\infty}^{\infty} \delta(x - x_0) f(x) dx = f(x_0). \tag{A.9}$$

In particolare, scegliendo $x_0 = 0$, possiamo formalmente introdurre un simbolo $\delta(x)$ tale che $\int_{-\infty}^{\infty} \delta(x) f(x) dx = f(0)$. È chiaro che $\delta(x)$ non può essere una "vera" funzione, dato che ciò implica:

$$\int_a^b \delta(x) dx = \begin{cases} 1, \text{ se } 0 \in [a, b] \\ 0, \text{ se } 0 \notin [a, b]; \end{cases}$$

pertanto, $\delta(x)$ dovrebbe essere zero per ogni $x \neq 0$, ma avere un'integrale pari ad uno su ogni intervallo $[a, b]$ piccolo a piacere che contenga l'origine. In realtà quindi la (A.9) deve essere pensata come ad un modo formale per indicare un'operazione che associa ad una funzione il suo valore in un punto[2]. Possiamo però pensare a $\delta(x)$ come al limite di una successione di funzioni $\delta_a(x)$ quando il parametro $a \to 0$, quali ad esempio le funzioni "rettangolari":

$$\delta_a(x) = \frac{1}{a} \text{rect}(x/a) = \begin{cases} 1/a, \text{ se } |x| \leq a/2 \\ 0, \text{ se } |x| > a/2, \end{cases}$$

dove, per $a \to 0$, otteniamo una funzione sempre più "stretta" ed "alta", ma il cui integrale rimane unitario. La stessa cosa avviene se prendiamo per $\delta_a(x)$ delle gaussiane $g(x; 0, a)$ centrate sull'origine e $\sigma = a$ e facciamo tendere la varianza a 0. Non è neppure necessario che l'intervallo in cui $\delta_a(x) \neq 0$ si restringa progressivamente per $a \to 0$. Ad esempio si può mostrare che:

$$\delta_a(x) = \frac{1}{\pi x} \sin\left(\frac{x}{a}\right) \xrightarrow[a \to 0]{} \delta(x)$$

---

[2] Operatori di questo tipo, che associano ad una funzione di una certa classe un numero reale sono detti *funzionali*.

anche se ciascuna di queste funzioni oscilla rapidamente su tutto l'asse reale, con oscillazioni che crescono per $x \to 0$. Una rappresentazione di $\delta(x)$ particolarmente utile per i nostri scopi è:

$$\delta(x) = \frac{1}{2\pi} \int_{-\infty}^{\infty} e^{-i\kappa x} d\kappa = \frac{1}{2\pi} \left[\int_{-\infty}^{\infty} \cos(\kappa x) d\kappa - i \int_{-\infty}^{\infty} \sin(\kappa x) d\kappa \right]. \qquad (A.10)$$

Possiamo giustificare qualitativamente questa espressione, osservando innanzitutto che la parte immaginaria deve essere nulla, dato che il secondo termine è l'integrale di una funzione dispari. Per quanto riguarda il primo integrale, notiamo che è una sovrapposizione di oscillazioni con diverse frequenze (e quindi fasi) il cui valore in un punto generico avrà un valore distribuito tra $[-1, 1]$: quindi possiamo aspettarci che, sommando un numero molto grande di contributi, si ottenga un valor medio nullo, *tranne* che nel punto $x = 0$, dove $\cos(\kappa x) = 1$ per ogni κ e quindi l'integrale diverge[3]. Alcune proprietà delle δ particolarmente utili nei calcoli sono:

- $\delta(ax) = \delta(x)/|a|$, che si dimostra facilmente a partire dalla (A.9), svolgendo il calcolo separatamente per $a > 0$ e $a < 0$;
- $f(x) * \delta(x - x_0) = f(x - x_0)$, ossia la convoluzione di una funzione generica con $\delta(x)$ equivale ad una traslazione della funzione stessa (è facile dimostrarlo a partire dalla definizione di convoluzione).

A.3 Integrali utili

Integrali gaussiani. Mostriamo che, se $a \geq 0$ ed r è un intero positivo:

$$\int_{-\infty}^{\infty} e^{-ax^2} dx = \sqrt{\frac{\pi}{a}} \qquad (A.11a)$$

$$\int_{-\infty}^{\infty} x^2 e^{-ax^2} dx = \frac{1}{2a} \sqrt{\frac{\pi}{a}} \qquad (A.11b)$$

$$\int_{-\infty}^{\infty} x^{2r-1} e^{-ax^2} dx = 0. \qquad (A.11c)$$

A.11a. Complichiamoci apparentemente la vita calcolando il valore del *quadrato* dell'integrale, ossia dell'integrale doppio:

$$I^2 = \left(\int_{-\infty}^{\infty} e^{-ax^2} dx \right)^2 == \int_{-\infty}^{\infty} \int_{-\infty}^{\infty} e^{-a(x^2+y^2)} dx dy.$$

---

[3] Notiamo che possiamo leggere la (A.10) anche dicendo che $\delta(x)$ è la trasformata di Fourier inversa della funzione costante $f(x) \equiv 1$ (funzione che, non essendo integrabile, non ammette una trasformata di Fourier "ordinaria").

Data la forma dell'integrale, conviene passare a coordinate polari[4] (r, ϑ), con $r = x^2 + y^2$ e $dxdy = rdrd\vartheta$:

$$I^2 = \int_0^{2\pi} d\vartheta \int_0^{\infty} re^{-ar^2} dr = -\frac{\pi}{a} \int_0^{\infty} d\left(e^{-ar^2}\right) = \frac{\pi}{a}.$$

A.11b. A questo punto il secondo integrale è quasi immediato, osservando che:

$$\int_{-\infty}^{\infty} x^2 e^{-ax^2} dx = -\int_{-\infty}^{\infty} \frac{\partial}{\partial a} \left(e^{-ax^2} dx\right) = -\frac{\partial}{\partial a} \left(\int_{-\infty}^{\infty} e^{-ax^2} dx\right) = -\frac{\partial}{\partial a} \sqrt{\frac{\pi}{a}},$$

da cui la (A.11b). Utilizzando lo stesso "trucco", si possono facilmente valutare gli integrali di potenze pari più elevate. Ad esempio:

$$\int_{-\infty}^{\infty} x^4 e^{-ax^2} dx = -\frac{\partial}{\partial a} \left(\int_{-\infty}^{\infty} x^2 e^{-ax^2} dx\right) = \frac{3\sqrt{\pi}}{4} \frac{1}{a^{5/2}}.$$

A.11c. Dato che l'integrando $I(x)$ è antisimmetrico rispetto all'origine, cioè $I(x) = -I(-x)$, i contributi all'integrale da $(-\infty, 0]$ e da $[0, +\infty)$ sono uguali e di segno contrario e pertanto l'integrale è nullo.

Integrali che coinvolgono le funzioni Γ e ζ. Nel testo, facciamo uso di due integrali indefiniti di questo tipo:

$$\int_0^{\infty} dx \frac{x^{s-1}}{e^x + 1} = (1 - 2^{1-s})\Gamma(s)\zeta(s) \quad (s > 1) \tag{A.12}$$

$$\int_0^{\infty} dx \frac{x^p}{e^x - 1} = \Gamma(p+1)\zeta(p+1) \quad (p > 0). \tag{A.13}$$

Non dimostreremo il primo risultato. Per il secondo si ha:

$$\int_0^{\infty} dx \frac{x^p}{e^x - 1} = \int_0^{\infty} dx\, e^{-x} \left(\sum_{k=0}^{\infty} e^{-kx}\right) x^p = \sum_{k=0}^{\infty} \int_0^{\infty} dx\, e^{-(k+1)x} x^p$$

e, ponendo $y = (k+1)x$,

$$\int_0^{\infty} dx \frac{x^p}{e^x - 1} = \left(\sum_{k=0}^{\infty} \frac{1}{(k+1)^{p+1}}\right) \int_0^{\infty} dy\, e^{-y} y^p = \zeta(p+1)\Gamma(p+1).$$

---

[4] Più rigorosamente, poiché gli estremi di integrazioni sono infiniti, dovremmo in realtà valutare l'integrale doppio tra due estremi finiti $(-b, b)$, osservare che l'area di questo rettangolo è sempre compresa tra quella del cerchio circoscritto di diametro $\sqrt{2}b$ e quella del cerchio inscritto di diametro b, e infine passare al limite.

Appendice B

L'entropia statistica

La probabilità di un evento può essere pensata come la misura del grado di certezza che abbiamo riguardo al fatto che tale evento avvenga o meno: in altri termini esiste una relazione tra la probabilità $P(A)$ che associamo ad un "evento" A, comunque decidiamo di attribuirla, e l'*informazione* che possediamo su di A. Consideriamo allora una classe di eventi A_i a cui associamo una probabilità $\{P_i\}$ che si verifichino e che siano mutualmente esclusivi, cioè tali che la probabilità che avvengano entrambi sia nulla. Supponiamo poi che tali eventi "esauriscano" in qualche modo tutte le possibilità, cioè tali che si abbia $\sum_i P_i = 1$ (con un'espressione più precisa, si dice che gli A_i costituiscono una partizione completa $\mathscr{P}$) dello "spazio degli eventi"). Possiamo in qualche modo quantificare la "carenza di informazione" che abbiamo rispetto ad una conoscenza completa, deterministica del problema?

Ad esempio, supponiamo che io debba cercare al buio (per non svegliare mia moglie) un paio di calze blu che si trovano in un cassetto mescolate a molte altre paia di calze di n diversi colori: $\mathscr{P}$ corrisponderà allora alla partizione delle paia di calze in n gruppi di un fissato colore, ed A_i al colore delle calze estratte. È chiaro che l'informazione che ho è massima se so di per certo che tutte le calze hanno lo stesso colore, mentre è minima se ciascun colore è ugualmente rappresentato. In altri termini, tale informazione dipende dalla specifica distribuzione di probabilità per i colori possibili. Inoltre, se sono un tipo originale che fa uso di calze di molti colori diversi, ho sicuramente molto più bisogno di informazione di quella necessaria per chi usa solo calze blu o marroni: l'informazione necessaria dipenderà quindi dalla "finezza" della partizione $\mathscr{P}$. È possibile però definire una *singola* grandezza, funzione delle sole P_i, che misuri la quantità di informazione di cui ho bisogno?

Il problema che ci poniamo è strettamente collegato a quello di estrarre un messaggio d'interesse quando riceviamo un segnale fortemente affetto da rumore, ossia sovrapposto a "'messaggi casuali" indesiderati, e costituisce quindi il problema chiave della teoria della comunicazioni e per certi aspetti, dell'intera teoria dell'informazione. Come tutti sappiamo, queste discipline hanno avuto uno sviluppo recente estremamente rapido, cui hanno contribuito importanti matematici quali H. Nyquist, J. von Neumann, e N. Wiener. Ma sicuramente, la vera e propria rivoluzio-

Piazza R.: Note di fisica statistica (con qualche accordo).
© Springer-Verlag Italia 2011

ne concettuale che ha permesso l'incredibile sviluppo successivo nel campo delle comunicazioni di cui siamo testimoni (e fruitori) è dovuta all'opera di Claude Shannon e al concetto di entropia statistica che egli sviluppò presso i Bell Labs verso la fine degli anni '40 del secolo scorso. Anche se a livello molto introduttivo, vale comunque la pena di soffermarci su questo concetto, sia perché fornisce un valido criterio per formulare ipotesi sulla distribuzione di probabilità di una grandezza, che (*nomen omen*) per la sua relazione con la fisica statistica.

B.1 Entropia ed informazione

Analizzeremo dapprima il caso di una partizione *discreta* dello spazio degli eventi e, per estensione, di una variabile casuale che assuma valori discreti. Consideriamo allora n eventi $\{A_i\}_{i=1,n}$ mutualmente esclusivi a cui siano associate le probabilità $\{P_i\}_{i=1,n}$, con $\sum_i P_i = 1$, e cerchiamo di determinare una funzione $S(P_i) = S(P_1, \cdots, P_n)$ che quantifichi la "carenza di informazione" derivante dalla natura aleatoria del problema considerato, e che diremo *entropia statistica* (o di Shannon). A tal fine, chiederemo che S soddisfi innanzitutto ad alcuni semplici requisiti.

1. Vogliamo che la quantità d'informazione mancante sia una grandezza non negativa, e quindi che S sia *definita positiva*, cioè $S(P_i) \geq 0$ per ogni i, ed in particolare sia nulla se e solo se uno specifico evento A_j avviene con certezza, ossia se, per un fissato j, $P_j = 1$ (e quindi $P_{i \neq j} = 0$):

$$S(0, 0, \ldots 1, \ldots 0) = 0.$$

2. Se cambiamo di molto poco ciascuna delle probabilità P_i, vogliamo che anche l'informazione non vari di molto. Inoltre S dovrà essere una funzione solo dell'insieme dei valori $\{P_i\}$ e non dell'*ordine* con cui questi appaiono nella sua definizione. Chiederemo quindi che S sia una funzione *continua* e *simmetrica* di tutte sue variabili $P_1, \cdots, P_n$.

3. Ripensando all'esempio delle calze, l'informazione di cui abbiamo bisogno cresce ovviamente al crescere del numero di colori possibili, almeno nel caso in cui la probabilità che le calze siano di un certo colore sia la stessa per tutti i colori. Se consideriamo n eventi *equiprobabili*, S dovrà quindi essere una funzione *monotona crescente* di n.

A questi ragionevoli requisiti elementari, vogliamo poi aggiungerne un quarto, forse meno intuitivo, ma certamente molto "caratterizzante" per S. Riprendiamo l'esempio precedente e supponiamo che, oltre ad un paio di calze, debba cercare anche una camicia azzurra che si trova in un secondo cassetto assieme ad altre camicie di diversi colori. Per come abbiamo formulato il problema, la scelta di una particolare camicia e di un particolare paio di calze sono ovviamente due eventi indipendenti. In questo caso è ragionevole ipotizzare che l'informazione che mi manca per realizzare un certo accostamento calze–camicia sia la *somma* dell'informazione necessaria per

selezionare un paio di calze con quella necessaria per scegliere una data camicia[1].
Pertanto:

4. Considerate due serie di eventi $\{A_i\}_{i=1\cdots n}$ e $\{B_j\}_{j=1\cdots m}$, con probabilità rispettivamente $\{P_i'\}$ e $\{P_j''\}$ e tra di loro *indipendenti*, ed un "doppio esperimento",
a cui corrispondono gli $n \times m$ eventi composti $\{A_i B_j\}$ (che avranno probabilità
$\{P_{ij}\} = \{P_i' P_j''\}$), chiederemo che S sia *additiva*:

$$S(\{P_{ij}\}_{i=1\cdots n, j=1\cdots m}) = S(P_1', \ldots, P_n') + S(P_1'', \ldots, P_m'').$$

L'importanza dell'analisi svolta da Shannon sta nell'aver dimostrato che questi requisiti, per quanto molto generali, definiscono S in modo *univoco*, a meno di una
costante moltiplicativa $\kappa > 0$. Si ha infatti necessariamente[2]:

$$S = -\kappa \sum_{i=1}^{N} P_i \ln P_i. \tag{B.1}$$

Mentre non è semplice dimostrare che la funzione definita dalla (B.1) sia effettivamente unica, è facile vedere che essa soddisfa ai requisiti $(1-4)$.

1. S è evidentemente continua e simmetrica nello scambio $P_j \rightleftarrows P_k \ \forall j, k$.
2. Dato che $\forall n : 0 \le P_n \le 1$, tutti i logaritmi sono negativi e quindi $S \ge 0$.
3. Se tutte le P_i sono uguali, e quindi $\forall i : P_i = 1/n$, si ha semplicemente:

$$S = \kappa \ln(n), \tag{B.2}$$

che è evidentemente è una funzione monotona crescente di n.
4. Si ha:

$$S(P_{ij}) = -\kappa \sum_{i=1}^{n} \sum_{j=1}^{m} P_i' P_j'' \ln(P_i' P_j'') = -\kappa \sum_{i=1}^{n} \sum_{j=1}^{m} P_i' P_j'' (\ln P_i' + \ln P_j'') =$$

$$= -\kappa \sum_{j=1}^{m} P_j'' \sum_{i=1}^{n} P_i' \ln P_i' - \kappa \sum_{i=1}^{n} P_i' \sum_{j=1}^{m} P_j'' \ln P_j''$$

e quindi, tenendo conto della normalizzazione delle P_i' e delle P_j'':

$$S(P_{ij}) = S(P_i') + S(P_j'').$$

Per eventi *generici* (non necessariamente indipendenti), si può poi dimostrare
che:

$$S(P_{ij}) \le S(P_i') + S(P_j'').$$

---

[1] Più correttamente, ciò equivale a *definire* quanto intendiamo per "informazione" sulla base di concetti
intuitivi.

[2] Nel caso in cui qualche P_i sia nulla, si pone per convenzione $P_i \ln P_i = 0$, prolungando per continuità
$x \ln x \xrightarrow[x \to 0]{} 0$.

Possiamo anche vedere come l'espressione (B.2) per eventi equiprobabili rappresenti anche il massimo[3] di S. Per valutare tale massimo, dobbiamo però tener conto del fatto che le P_i non possono variare liberamente, ma sono *vincolate* dalla condizione $\sum_n P_n = 1$. Per risolvere il problema di un minimo vincolato, si può fare uso del metodo dei moltiplicatori di Lagrange. Nel caso non vi suoni molto familiare, qui ci basta ricordare che trovare gli estremi della funzione $f(x_1, x_2, \ldots, x_n)$ soggetta al vincolo $g(x_1, x_2, \ldots, x_n) = c$, con c costante, equivale a trovare gli estremi *non vincolati* della funzione:

$$\tilde{f}(x_1, x_2, \ldots, x_n) = f(x_1, x_2, \ldots, x_n) - \lambda[g(x_1, x_2, \ldots, x_n) - c],$$

dove il "moltiplicatore" indeterminato λ verrà ricavato, dopo aver calcolato il minimo, imponendo la condizione di vincolo. Meglio vederlo con l'esempio che ci interessa. Nel nostro caso dobbiamo minimizzare:

$$\tilde{S} = S(P_1, \cdots, P_n) - \lambda \left(\sum_{i=1}^{n} P_i - 1 \right). \tag{B.3}$$

Per trovare gli estremi di S, dobbiamo imporre che, per ogni j, si abbia:

$$\frac{\partial \tilde{S}}{\partial P_j} = -\kappa(\ln P_j + 1 + \lambda/\kappa) = 0 \Longrightarrow \ln P_j = -(1 + \lambda/\kappa).$$

Osserviamo che, poiché P_j *non dipende* da j, tutte le P_j dovranno necessariamente essere uguali ad $1/n$. Esplicitamente, imponendo il vincolo:

$$\sum_{j=1}^{n} P_j = 1 \Rightarrow \lambda = \kappa(\ln n - 1) \to P_j \equiv 1/n.$$

Nel caso in cui agli eventi $\{A_i\}$ possiamo associare i valori discreti k_i assunti da una variabile causale k con probabilità $P_i = P(k_i)$, diremo che la (B.1) è *l'entropia statistica associata alla distribuzione di probabilità* $P(k)$. Notiamo che, in questo contesto, si può scrivere semplicemente $S = -\kappa \langle \ln P(k) \rangle$.

$\diamond$ I requisiti che abbiamo posto per determinare S, per quanto semplici, possono apparire come scelte opinabili per quanto riguarda la definizione di ciò che intendiamo per "contenuto d'informazione" e magari sostituibili con altre condizioni che definiscano in modo consistente una quantità diversa. Possiamo però seguire una strada del tutto alternativa, di tipo "costruttivo", che rende ugualmente plausibile la definizione data dalla (B.1).

Supponiamo di voler "costruire" una distribuzione di probabilità in questo modo: suddividiamo la probabilità totale in N piccoli pacchetti ("quanti") di probabilità $1/N$, e chiediamo ad una "scimmia instancabile" di gettarli a caso in un certo numero n di urne, ciascuna delle quali è etichettata con uno degli m valori assunti da una variabile casuale k. Chiamiamo allora n_i, con $\sum_{i=1}^{m} n_i = N$, il numero di "quanti" di probabilità finiti nell'i-esima urna. Se facciamo tendere $N \to \infty$ (rendendo in questo modo sempre più piccoli i "quanti" di probabilità), le frequenze relative n_i/N definiranno una distribuzione di probabilità per k ottenuta per mezzo dell'esperimento. A questo punto,

---

[3] Per quanto riguarda il minimo, basta osservare che, dato che $S \geq 0$, questo è dato da $S = 0$, che si ottiene se e solo se esiste un evento A_j con $P_j = 1$.

confrontiamo questa distribuzione con la $P(k)$ cercata: se ci va bene, ci fermiamo, altrimenti chiediamo alla scimmia (ricordiamo, instancabile!) di ripetere l'esperimento fino ad ottenere il risultato desiderato.

Quanto dovrà lavorare la scimmia? Poco, se vi sono tanti modi per ottenere $P(k)$, molto in caso contrario. Possiamo ritenere quindi che il contenuto informativo di una $P(k)$ sia tanto più alto, quanto più difficile è ottenerla con il nostro "esperimento casuale". Ricordando quanto visto in A.1, il numero di modi per ottenere la distribuzione $\{n_i\}$ è dato dal coefficiente multinomiale:

$$M = \frac{N!}{n_1! n_2! \ldots n_m!}.$$

Cerchiamo allora quale sia il massimo di M, e quindi della probabilità di ottenere una data distribuzione al crescere di N. Per un fissato N ciò equivale a massimizzare $\ln M / N$, che è una funzione monotona crescente di M:

$$\lim_{N \to \infty} \frac{1}{N} \ln M = \lim_{N \to \infty} \frac{1}{N} \left[\ln N! - \sum_{i=i}^{m} \ln(N P_i!) \right].$$

Usando l'approssimazione di Stirling, è facile vedere che:

$$\lim_{N \to \infty} \frac{1}{N} \ln M = \lim_{N \to \infty} \frac{1}{N} \left[N \ln N - \sum_{i=i}^{m} N P_i \ln(N P_i) \right] =$$

$$= \lim_{N \to \infty} \left[\ln N - \ln N \sum_{i=i}^{m} P_i - \sum_{i=1}^{m} P_i \ln P_i \right],$$

ossia, tenendo conto della normalizzazione delle P_i:

$$\lim_{N \to \infty} \frac{1}{N} \ln M = - \sum_{i=1}^{m} P_i \ln P_i,$$

che coincide con l'entropia di Shannon con $\kappa = 1$, la quale quantifica dunque anche la facilità con cui si ottiene in modo casuale una distribuzione prefissata e quindi, se vogliamo, la "limitatezza" del contenuto informativo della stessa. $\diamond$

Nella (B.1) siamo liberi di scegliere la costante k in modo arbitrario, purché sia positiva. In quanto segue, noi porremo per comodità $\kappa = 1$. Nella scienza delle comunicazioni e in teoria dell'informazione si preferisce scegliere $\kappa = 1/\ln 2$, così da poter scrivere, usando i logaritmi in base due:

$$S = - \sum_i P_i \log_2 P_i.$$

Per una partizione costituita da due soli eventi equiprobabili si ha quindi $S = 1$: con questa scelta per k, si dice che l'entropia è misurata in unità binarie, più note come *bit*. Così, l'entropia associata all'estrazione di un particolare numero al Lotto vale $S = \log_2 90 \simeq 6.5$ bit.

$\diamond$ Consideriamo ad esempio la "biblioteca di Babele" di J. L. Borges, costituita da libri di 410 pagine, con 40 righe per pagina e 40 lettere per riga, scritti utilizzando 25 diversi simboli. Se, come afferma Borges, tutti i possibili libri sono rappresentati equamente, l'entropia della distribuzione è data da:

$$S = \log_2(25^{40 \times 40 \times 410}) = 6.56 \times 10^5 \log_2 25 \simeq 3 \, \text{Mb},$$

che corrisponderà alla quantità minima di informazione necessaria ad individuare esattamente un particolare libro tra quelli presenti nella biblioteca. Che cosa ha a che vedere questo numero con lo spazio di memoria che un libro con le stesse caratteristiche occuperebbe sull'*hard disk* di un computer? Da una parte, dobbiamo osservare che la memoria di massa alloca ben $8\,\mathrm{bit} = 1\,\mathrm{Byte}$ per carattere, per consentire di utilizzare tutti i 128 simboli che costituiscono il codice ASCII standard (7 bit per selezionare il carattere + 1 bit di "parità"). D'altra parte, tuttavia, i libri di Borges sono un po' anomali, perché contengono tutte le possibili combinazioni di caratteri senza alcuna logica sintattica o grammaticale, come se li avesse scritti la scimmia instancabile (l'intera Divina Commedia, costituita da circa 4×10^5 caratteri, sarà quindi contenuta in molti di essi). Un libro reale con lo stesso numero di caratteri può richiedere uno spazio di memoria molto minore se viene *compresso*. Gli algoritmi di compressione possono essere molto elaborati, ma nella forma più semplice sfruttano il fatto che i caratteri sono in realtà raccolti in parole di senso compiuto, il cui numero non è troppo elevato. Anziché memorizzare tutti caratteri, si può ad esempio registrare solo i numeri di pagina e le posizioni in cui compare ciascuna parola, riducendo il numero di bit necessari. ◇

B.2 Il problema delle variabili continue

Definire l'entropia statistica per una variabile x che assuma valori continui nell'intervallo $[a,b]$ è un problema molto più "spinoso". Per farlo, proviamo a suddividere $[a,b]$ in n piccoli sottointervalli di ampiezza $\delta x = (b-a)/n$: la probabilità complessiva che x giaccia nell'n-esimo sottointervallo può allora essere scritta $P_i \simeq p(x_i)(b-a)/n$, dove $p(x_i)$ è la densità di probabilità per x calcolata in un punto x_i interno al sottointervallo. Così facendo, si ha:

$$S(\{P_i\}) = -\sum_{i=1}^{n} P_i \ln(P_i) = -\left[\sum_{i=1}^{n} \frac{b-a}{n} p(x_i) \ln p(x_i) + \ln \frac{b-a}{n}\right]$$

dove si è usato $\sum_i P_i = 1$. A questo punto, dovremmo passare al limite per $n \to \infty$ ma, mentre il primo termine in parentesi tende effettivamente a $\int_a^b dx\, p(x) \ln p(x)$, il secondo diverge! Per quale ragione? Semplicemente perché per "localizzare" *esattamente* un punto su di un segmento ho ovviamente bisogno di una precisione (ossia di una quantità di informazione) *infinita*.

Come uscirne? Osservando che il secondo termine, anche se divergente, *non dipende dalla particolare distribuzione di probabilità* $p(x)$, potremmo semplicemente "dimenticarlo" e *definire* l'entropia per variabili continue come:

$$S_c = \int_a^b p(x) \ln p(x) \mathrm{d}x.$$

Tuttavia, vi sono due problemi spinosi. Innanzitutto, se consideriamo una variabile fortemente "localizzata" attorno ad un singolo valore, prendendo il limite per $\varepsilon \to 0$ di $p(x) = 1/2\varepsilon$, con $|x - x_0| \le \varepsilon$:

$$S_c = -\frac{1}{2\varepsilon} \ln \frac{1}{2\varepsilon} \int_{x_0-\varepsilon}^{x_0+\varepsilon} \mathrm{d}x = \ln(2\varepsilon) \xrightarrow[\varepsilon \to 0]{} -\infty.$$

In altri termini, S_c *non è definita positiva*. Ma al di là di ciò, che significato fisico può avere il logaritmo di un quantità come $p(x)$, che *non* è adimensionale[4]? La via più semplice per risolvere il problema è quella di introdurre una "minima localizzazione possibile" δx per x, a cui corrisponde una minima "granularità" nella definizione di $p(x)$, ponendo quindi:

$$S = - \int_a^b p(x) \ln[p(x)\delta x]dx = \langle \ln p(x)\delta x \rangle, \qquad (B.4)$$

che non presenta i precedenti problemi. Notiamo che il grado di risoluzione δx non influenza comunque la *differenza* tra le entropie di due distribuzioni.

Dobbiamo tuttavia prestare attenzione al cambiamento di variabili. Se infatti valutiamo S per una variabile casuale[5] $y = f(x)$, si ottiene dalla (B.4):

$$\int_{f(a)}^{f(b)} p_y(y) \ln[p_y(y)\delta y]dy = \int_a^b p_x(x) \ln \left[p_x(x) \left| \frac{dx}{dy} \right| \delta y \right] dx.$$

Perché le definizioni di entropia coincidano dobbiamo assumere $\delta y = |dy/dx|\delta x$: in altri termini, l'imprecisione minima non è invariante per cambio di variabili e si deve quindi sempre stabilire quale sia la variabile "di riferimento".

Per una variabile uniformemente distribuita in $[0, a]$ (supponendo, sulla base di quanto abbiamo detto, che $a \geq \delta x$) abbiamo:

$$S = -\frac{1}{a} \int_0^a \ln \frac{\delta x}{a} dx = \ln \frac{a}{\delta x},$$

che risulta nulla proprio per una distribuzione di probabilità localizzata con la massima precisione δx.

Per una gaussiana $g(x) = g(x; \mu, \sigma)$, poiché:

$$\ln[g(x)\delta x] = \ln \left[\frac{\delta_x}{\sigma\sqrt{2\pi}} \right] - \frac{(x - \mu)^2}{2\sigma^2},$$

$$S_g = \ln \frac{\sigma\sqrt{2\pi}}{\delta_x} + \frac{1}{2\sigma^2} \langle (x - \mu)^2 \rangle = \ln \frac{\sigma\sqrt{2\pi}}{\delta_x} + \frac{1}{2},$$

ossia:

$$S_g = \ln(\sigma'\sqrt{2\pi e}), \qquad (B.5)$$

dove $\sigma' = \sigma/\delta x$ è la deviazione standard misurata in unità di δx. Si può dimostrare inoltre che la gaussiana ha la *massima* entropia tra tutte le distribuzioni $p(x)$ definite per $x \in (-\infty, +\infty)$ e con la stessa varianza.

---

[4] Ricordiamo che una densità di probabilità $p(x)$ ha dimensioni date dal reciproco di quelle della variabile. Se x non è semplicemente una quantità matematica, ma una *grandezza fisica*, quali unità di misura potremmo mai attribuire a $\ln x$?

[5] Supponiamo per semplicità f monotona, ma il caso generale non è molto diverso.

Appendice C

L'equazione di Boltzmann

In quest'appendice cercherò di presentarvi una derivazione elementare dell'equazione di Boltzmann per il comportamento cinetico di un gas diluito. Boltzmann descrive il moto di una *singola* molecola come il moto di un punto rappresentativo in uno spazio μ a sei dimensioni, costituite dalle tre componenti (x_1, x_2, x_3) del vettore posizione $\mathbf{r}$ e dalle tre componenti (v_1, v_2, v_3) della velocità $\mathbf{p}$ della molecola (una specie di "spazio delle fasi individuale", ma con le *velocità* che prendono il posto dei momenti). L'obiettivo è quello di determinare come varia quella che chiameremo *funzione di distribuzione* $f(\mathbf{x}, \mathbf{v}, t)$, definita dicendo che il numero di molecole che si trovano in un volumetto $\mathrm{d}\mathscr{V} = \mathrm{d}^3 x \mathrm{d}^3 v$ dello spazio μ è proprio pari a $f(\mathbf{x}, \mathbf{v}, t)\mathrm{d}\mathscr{V}$, ossia $(1/N)f(\mathbf{x}, \mathbf{v}, t)$, dove N è il numero totale di molecole, è la densità di probabilità di trovare la molecola al tempo t in un intorno $\mathrm{d}^3 x$ di $\mathbf{r}$ e $\mathrm{d}^3 v$ di $\mathbf{v}$.

La funzione di di distribuzione determina completamente lo stato del gas. Ad esempio, la densità locale $\rho(\mathbf{x}, t)$ di molecole, qualunque sia la loro velocità, si ottiene semplicemente integrando sulle velocità (o, come si dice spesso, "tracciando via" i gradi di libertà corrispondenti alle tre componenti di $\mathbf{v}$)[1]:

$$\rho(\mathbf{x}, t) = \int \mathrm{d}^3 v f(\mathbf{x}, \mathbf{v}, t). \tag{C.1}$$

Nello stesso modo, il valore in $\mathrm{d}V$ mediato sulle velocità di ogni grandezza molecolare $\chi(\mathbf{x}, \mathbf{v}, t)$ (ossia relativa ad una singola molecola) si scriverà:

$$\langle \chi(\mathbf{x}, t) \rangle = \frac{1}{\rho(\mathbf{x}, t)} \int \mathrm{d}^3 v \, \chi(\mathbf{x}, \mathbf{v}, t) f(\mathbf{x}, \mathbf{v}, t).$$

Consideriamo allora come grandezza la velocità stessa della molecola. Il suo valore

---

[1] Quando in seguito considereremo un gas *uniforme*, nel quale cioè la funzione di distribuzione non dipende da x, la densità di probabilità che una molecola abbia una certa velocità $\mathbf{v}$, qualunque sia la sua posizione, sarà $p(\mathbf{v}, t) = f(\mathbf{v}, t)/\rho$, poiché integrare $f(\mathbf{v}, t)$ sulle posizioni equivale a moltiplicare per il volume V.

Piazza R.: Note di fisica statistica (con qualche accordo).
© Springer-Verlag Italia 2011

medio in d^3x:

$$\mathbf{u}(\mathbf{x},t) \overset{def}{=} \langle \mathbf{v}(\mathbf{x},t) \rangle = \frac{1}{\rho(\mathbf{x},t)} \int d^3v \, \mathbf{v}(\mathbf{x},t) f(\mathbf{x},\mathbf{v},t)$$

corrisponderà proprio a ciò che usualmente chiamiamo "velocità idrodinamica" locale di un fluido in movimento.

C.1 L'equazione di Boltzmann in assenza di collisioni

La funzione di distribuzione cambierà nel tempo sia per la presenza di forze esterne come ad esempio la forza peso[2], che ovviamente per effetto delle collisioni , che modificano le velocità molecolari. Cominciamo ad occuparci di un caso "ideale"[3] in cui *non* vi siano collisioni tra le molecole del gas. In questo caso, la dipendenza dal tempo delle coordinate e delle velocità è semplicemente data da:

$$\begin{cases} \mathbf{x}' = \mathbf{x}(t + dt) = \mathbf{x}(t) + \mathbf{v}(t)dt \\ \mathbf{v}' = \mathbf{v}(t + dt) = \mathbf{v}(t) + \dfrac{\mathbf{F}(x,t)}{m}dt, \end{cases} \tag{C.2}$$

dove m è la massa della molecola e $\mathbf{F}(x,t)$ è la risultante delle forze esterne, che in generale potranno dipendere dalla posizione e dal tempo[4]. Seguiamo allora un elemento di volume nel suo moto nello spazio μ per un tempo dt da $d\mathcal{V}(t) \to d\mathcal{V}(t + dt)$. La funzione di distribuzione cambierà sia perché dipende *esplicitamente* da t tempo, che perché ne dipende *implicitamente* tramite coordinate e velocità che cambiano. Si avrà cioè:

$$f(\mathbf{x}',\mathbf{v}',t+dt) = f(\mathbf{x},\mathbf{v},t) + \frac{\partial f}{\partial t}dt + \sum_{i=1}^{3} \frac{\partial f}{\partial x_i}dx_i + \sum_{i=1}^{3} \frac{\partial f}{\partial v_i}dv_i.$$

Ciò equivale a dover valutare la derivata *totale* rispetto al tempo di f:

$$\frac{Df}{Dt} = \frac{\partial f}{\partial t} + \sum_{i=1}^{3} \frac{\partial f}{\partial x_i}\dot{x}_i + \sum_{i=1}^{3} \frac{\partial f}{\partial v_i}\dot{v}_i, \tag{C.3}$$

che, in forma vettoriale ed utilizzando le (C.2), può essere scritta nella forma compatta:

$$\frac{Df}{Dt} = \frac{\partial f}{\partial t} + (\mathbf{v} \cdot \nabla_{\mathbf{x}})f + \frac{1}{m}(\mathbf{F} \cdot \nabla_{\mathbf{v}})f, \tag{C.4}$$

---

[2] Oppure di campi elettrici e magnetici, se il gas è costituito da particelle cariche, ossia se abbiamo a che fare con un *plasma*.

[3] Ma non del tutto inutile. Nel caso dei plasmi, ad esempio, le collisioni tra ioni possono essere in prima approssimazione trascurate.

[4] Considereremo solo forze conservative non dipendenti da v.

dove i pedici sotto gli operatori ∇ indicano che i gradienti devono essere presi, rispettivamente, solo rispetto alle coordinate o alle velocità.

In assenza di collisioni, tuttavia, il numero di molecole all'interno del volume può cambiare solo perché vi è un flusso attraverso la superficie di contorno di $d\mathcal{V}$, ossia vale un equazione di continuità del tutto analoga a quella per la conservazione di massa o per il campo elettrostatico. Così come, sfruttando il teorema della divergenza, un equazione di continuità nello spazio fisico si scriverebbe:

$$\frac{\partial f}{\partial t} + \nabla(f\mathbf{v}) = \frac{\partial f}{\partial t} + \sum_{i=1}^{3} \frac{\partial(fv_i)}{\partial x_i} = 0,$$

nello spazio μ si dovrà avere:

$$\frac{\partial f}{\partial t} + \sum_{i=1}^{3} \frac{\partial(f\dot{x}_i)}{\partial x_i} + \sum_{i=1}^{3} \frac{\partial(f\dot{v}_i)}{\partial v_i} = 0.$$

Sviluppando e tenendo conto della C.3 si ha allora:

$$\frac{Df}{Dt} + f \sum_{i=1}^{3} \left(\frac{\partial \dot{x}_i}{\partial x_i} + \frac{\partial \dot{v}_i}{\partial v_i} \right) = 0.$$

Ricordando che l'hamiltoniana di una particella libera in presenza di forze conservative $\mathbf{F}$ che diano origine ad un potenziale $U(\mathbf{x})$ è semplicemente

$$\mathcal{H} = (m/2) \sum_{i=1}^{3} v_i^2 + U(\mathbf{x})$$

ed applicando le equazioni di Hamilton, è tuttavia immediato mostrare che il secondo termine a I membro è nullo:

$$\frac{\partial \dot{x}_i}{\partial x_i} = \frac{\partial}{\partial x_i} \left(\frac{1}{m} \frac{\partial \mathcal{H}}{\partial v_i} \right) = \frac{1}{m} \frac{\partial^2 \mathcal{H}}{\partial v_i \partial x_i} = \frac{\partial}{\partial v_i} \left(\frac{1}{m} \frac{\partial \mathcal{H}}{\partial x_i} \right) = -\frac{\partial \dot{v}_i}{\partial v_i}.$$

Pertanto, l'equazione di Boltzmann in assenza di collisioni è semplicemente:

$$\frac{Df}{Dt} = 0. \tag{C.5}$$

C.2 Collisioni e *Stosszahlansatz*

Ovviamente, tener conto delle collisioni, che modificano la distribuzione delle velocità molecolari, è molto più difficile. In generale, potremo scrivere:

$$\frac{Df}{Dt} = \Delta^- + \Delta^+,$$

dove:

Δ^-: è il *decremento* di f dovuto a quelle molecole che, per effetto delle collisioni
con altre molecole nel volume (fisico) dV, si trovano ad avere una velocità finale
diversa da **v**;

Δ^+: è l'*incremento* di f dovuto a quelle molecole con una velocità iniziale diversa
da **v**, che si trovano ad avere dopo un urto una velocità compresa nell'intervallo
considerato.

Per stimare queste quantità, dobbiamo fare alcune ipotesi sulla natura del sistema che stiamo considerando, che sostanzialmente corrispondono a definire un gas
ideale (a temperature non troppo elevate). Supporremo quindi che:

1. il gas sia *molto diluito*, ossia che, detta ρ la densità media in molecole per unità
   di volume e a il diametro molecolare, si abbia $na^3 \ll 1$; ciò equivale ad affermare
   che il libero cammino medio λ tra due urti è molto maggiore di a;
2. le forze agenti tra le molecole agiscano solo a *breve range*;
3. come conseguenza della precedenti due condizioni, ci si possa limitare a considerare collisioni *binarie*, ossia che la probabilità di una collisione simultanea tra
   tre o più molecole sia trascurabile;
4. le collisioni siano *elastiche* (ciò equivale a dire che negli urti non vengono eccitati
   gradi di libertà interni quali vibrazioni, il che a temperature non troppo elevate è
   plausibile).

Cominciamo ad occuparci di Δ^-, considerando gli effetti su di una molecola con
velocità iniziale v delle collisioni con quelle molecole che hanno un *particolare* valore **w** della velocità. Dato che le collisioni sono elastiche e conservano ovviamente
anche la quantità di moto totale, e poiché le molecole hanno egual massa, indicando
con **v'** e **w'** le velocità dopo l'urto, dovremo avere:

$$\begin{cases} \mathbf{v} + \mathbf{w} = \mathbf{v'} + \mathbf{w'} & \text{(conservazione del momento)} \\ v^2 + w^2 = (v')^2 + (w')^2 & \text{(conservazione dell'energia).} \end{cases} \qquad (C.6)$$

Notiamo che da queste discende, per le velocità relative delle due molecole prima e
dopo l'urto $\mathbf{V} = \mathbf{v} - \mathbf{w}$ e $\mathbf{V'} = \mathbf{v'} - \mathbf{w'}$,

$$|\mathbf{V}| = |\mathbf{V'}|. \qquad (C.7)$$

Introduciamo a questo punto la *sezione d'urto* $\sigma_{\mathbf{v},\mathbf{w}\to\mathbf{v'},\mathbf{w'}}$ del processo, che è in
sostanza la probabilità per unità di tempo che due molecole con velocità **v** e **w**
urtino, acquisendo velocità finali **v'** e **w'**. Il concetto di sezione d'urto ci permette di
definire in modo più preciso che cosa intendiamo per "reversibilità'" delle collisioni
microscopiche. Ciò infatti equivale a dire che una collisione e la collisione inversa
hanno la stessa sezione d'urto[5]:

$$\sigma_{\mathbf{v},\mathbf{w}\to\mathbf{v'},\mathbf{w'}} = \sigma_{\mathbf{v'},\mathbf{w'}\to\mathbf{v},\mathbf{w}}. \qquad (C.8)$$

---

[5] Stiamo però ben attenti a che cosa intendiamo per collisione "inversa": questa non si ottiene scambiando
solo $t \to -t$, ma *anche* $\mathbf{x} \to -\mathbf{x}$.

Per un dato valore della velocità relativa $\mathbf{V}$ delle particelle incidenti, la sezione d'urto in termini di velocità può essere direttamente legata a quella che viene detta *sezione d'urto differenziale* $\sigma(\Omega)$, definita in modo tale che $\sigma(\Omega)d\Omega$ rappresenti il numero di molecole che, per unità di tempo e di flusso incidente, emergono dopo l'urto con una velocità relativa $\mathbf{V}'$ diretta entro $d\Omega$ lungo una direzione che forma un angolo Ω con la direzione di $\mathbf{V}$ (dato che $|\mathbf{V}| = |\mathbf{V}'|$, σ è quindi in generale una funzione di sia di Ω che di $|\mathbf{V}|$). Integrando $\sigma_{\mathbf{v},\mathbf{w}\to\mathbf{v}',\mathbf{w}'}$ su tutte le velocità finale, e $\sigma(\Omega)$ su tutti gli angoli di uscita, si ha infatti:

$$\int d^3v'd^3w'\,\sigma_{\mathbf{v},\mathbf{w}\to\mathbf{v}',\mathbf{w}'} = \int d\Omega\,\sigma(\Omega). \tag{C.9}$$

Il numero di molecole che, per effetto delle collisioni, passano per unità di tempo da $(v,w) \to (v',w')$, oltre che alla sezione d'urto $\sigma_{\mathbf{v},\mathbf{w}\to\mathbf{v}',\mathbf{w}'}$, dovrà essere proporzionale al modulo della *velocità relativa* $|\mathbf{v} - \mathbf{w}|$ delle due molecole, dato che tanto più in fretta queste si avvicinano, tanto più urti avverranno per unità di tempo. Ma soprattutto sarà proporzionale alla probabilità *congiunta* di trovare *sia* una molecola con velocità $\mathbf{v}$ *che* una con velocità $\mathbf{w}$ nel volume considerato. A questo punto, Boltzmann fa un'ipotesi in apparenza del tutto "innocente" e plausibile: il fatto che una molecola nel volumetto considerato abbia velocità $\mathbf{w}$ è del tutto indipendente dal fatto che ve ne sia o meno un'altra con velocità $\mathbf{v}$. In altri termini, la probabilità congiunta $P(\mathbf{v} \cap \mathbf{w})$ *fattorizza nel prodotto delle probabilità* $P(\mathbf{v})P(\mathbf{w})$ per le singole molecole, e questa quantità è quindi proporzionale a $f(\mathbf{x},\mathbf{v},t)f(\mathbf{x},\mathbf{w},t)$, che scriveremo per semplicità $f_{\mathbf{v}}f_{\mathbf{w}}$. L'ipotesi di Boltzmann, nota come "ipotesi del caos molecolare" (o, dal tedesco, *Stosszahlansatz*), è proprio quella che, come vedremo, dà origine al comportamento irreversibile di f.

Il calcolo di Δ^- è a questo punto, almeno formalmente, immediato. Basterà integrare il prodotto dei fattori che abbiamo messo in luce su tutti i valori della velocità $\mathbf{w}$ della seconda particella e su tutti i valori possibili delle velocità finali $\mathbf{v}'$ e $\mathbf{w}'$. Si ottiene così l'espressione non proprio... semplicissima:

$$\Delta^- = \int d^3w d^3v' d^3w' |\mathbf{v} - \mathbf{w}|\sigma_{\mathbf{v},\mathbf{w}\to\mathbf{v}',\mathbf{w}'} f_{\mathbf{v}}f_{\mathbf{w}}. \tag{C.10}$$

Il calcolo di Δ^+ è del tutto analogo, sostituendo alle collisioni dirette quelle inverse ed integrando su tutti i possibili valori di "ingresso" e su tutti quelli di uscita per la seconda molecola. È quindi immediato scrivere:

$$\Delta^+ = \int d^3w d^3v' d^3w' |\mathbf{v}' - \mathbf{w}'|\sigma_{\mathbf{v}',\mathbf{w}'\to\mathbf{v},\mathbf{w}} f_{\mathbf{v}'}f_{\mathbf{w}'}. \tag{C.11}$$

Tenendo conto delle (C.8) e (C.7) otteniamo:

$$\frac{Df}{Dt} = \int d^3w d^3v' d^3w' |\mathbf{v} - \mathbf{w}|\sigma_{\mathbf{v}',\mathbf{w}'\to\mathbf{v},\mathbf{w}} \left(f_{\mathbf{v}'}f_{\mathbf{w}'} - f_{\mathbf{v}}f_{\mathbf{w}}\right),$$

o, usando la (C.9):

$$\frac{Df}{Dt} = \int d^3w d\Omega\,\sigma(\Omega)|\mathbf{v} - \mathbf{w}| \left(f_{\mathbf{v}'}f_{\mathbf{w}'} - f_{\mathbf{v}}f_{\mathbf{w}}\right).$$

Introducendo la forma esplicita (C.4) di Df/Dt, otteniamo la (a dir poco) formidabile espressione che passa sotto il nome di *equazione di Boltzmann*:

$$\frac{\partial f}{\partial t} + (\mathbf{v} \cdot \nabla_{\mathbf{x}})f + \frac{1}{m}(\mathbf{F} \cdot \nabla_{\mathbf{v}})f = \int d^3 w \, d\Omega \, \sigma(\Omega)|\mathbf{v} - \mathbf{w}| (f_{\mathbf{v}'}f_{\mathbf{w}'} - f_{\mathbf{v}}f_{\mathbf{w}}). \quad (C.12)$$

La (C.12) sembra lasciare ben poche speranze di essere risolta anche nei casi più semplici: è un'equazione integro-differenziale non lineare in f, dove per di più i termini non lineari $f_{\mathbf{v}}f_{\mathbf{w}}$ e $f_{\mathbf{v}'}f_{\mathbf{w}'}$ sono prodotti calcolati per valori diversi della velocità. Tuttavia, come vedremo nel prossimo paragrafo, contiene in sé un risultato a dir poco sconcertante: per quanto ottenuta a partire da equazioni microscopiche reversibili e dai teoremi di conservazione, porta irreversibilmente ad una condizione di equilibrio nella quale l'espressione di f coincide con la distribuzione delle velocità molecolari che si ottengono dalla teoria cinetica probabilistica di Maxwell.

C.3 L'equilibrio e la distribuzione di Maxwell-Boltzmann

Semplifichiamo leggermente il problema, assumendo innanzitutto che non vi siano forze esterne, cosicché l'ultimo termine a I membro della (C.12) sia identicamente nullo, e vediamo se l'equazione di Boltzmann ammetta una soluzione che non dipende esplicitamente dal tempo ($\partial f/\partial t = 0$) in cui il gas sia spazialmente omogeneo, ossia non esistano gradienti di densità ($\nabla_{\mathbf{x}} = 0$), condizione che corrisponde a ciò che chiamiamo "equilibrio". In quest'ipotesi, la funzione di distribuzione viene a dipendere solo dalle velocità e tutti i termini al primo membro sono nulli. Perché sia nullo anche il termine a secondo membro (in presenza di collisioni, dove almeno alcune delle σ sono diverse da zero) si deve allora necessariamente avere:

$$f(\mathbf{v}')f(\mathbf{w}') = f(\mathbf{v})f(\mathbf{w}) \implies \ln f(\mathbf{v}') + \ln f(\mathbf{w}') = \ln f(\mathbf{v}) + \ln f(\mathbf{w}).$$

L'espressione per i logaritmi di $f(\mathbf{v})$ ha una forma identica a quella delle (C.6), ossia la somma dei logaritmi delle funzioni di distribuzione *è una quantità che si conserva nelle collisioni*. Ma le uniche grandezze *indipendenti* conservate nelle collisioni elastiche sono la quantità di moto e l'energia, per cui $\ln f(\mathbf{v})$ deve necessariamente essere una combinazione lineare di queste grandezze, o se vogliamo, delle componenti della velocità e del suo modulo al quadrato. Dovremo cioè avere:

$$f(\mathbf{v}) = C_0 + C_1 v_1 + C_2 v_2 + C_3 v_3 + C_4 v^2,$$

dove le C_i sono costanti. Questa forma funzionale può essere riespressa in modo equivalente introducendo un vettore costante $\mathbf{v}_0$ ed due altre costanti arbitrarie A e B e scrivendo:

$$f(\mathbf{v}) = \ln(A) - B(\mathbf{v} - \mathbf{v}_0)^2.$$

Pertanto, l'equazione di Boltzmann (in assenza di forze esterne) ammette una soluzione di equilibrio:

$$f(\mathbf{v}) = A\exp[-B(\mathbf{v} - \mathbf{v}_0)^2]. \tag{C.13}$$

Dalla (C.1), tenendo conto che la densità è uniforme, si ha poi:

$$\rho = A \int d^3 \exp[-B(\mathbf{v} - \mathbf{v}_0)^2] = A\left(\frac{\pi}{B}\right)^{3/2} \Longrightarrow A = \rho\left(\frac{B}{\pi}\right)^{3/2}.$$

Inoltre, il valore medio delle velocità molecolari è:

$$\langle \mathbf{v} \rangle = \frac{A}{\rho}\int d^3v\, \mathbf{v} e^{-B(\mathbf{v}-\mathbf{v}_0)^2} = \left(\frac{B}{\pi}\right)^{3/2}\int d^3v'\,(\mathbf{v}' + \mathbf{v}_0)e^{-B(v')^2} = \mathbf{v}_0$$

e quindi $\mathbf{v}_0$ è la velocità media con cui si muove il gas nel suo complesso, ossia la velocità del centro di massa.

Se il gas è fermo (per cui f diviene funzione solo del *modulo* di $\mathbf{v}$) è immediato vedere che, a patto di porre $B = m/2k_BT$, la C.13 coincide con la soluzione classica di Maxwell per la distribuzione delle velocità molecolari in un gas all'equilibrio. Scrivendo esplicitamente le componenti cartesiane della velocità, dunque:

$$f(v_x, v_y, v_z) = \rho\left(\frac{m}{2\pi k_BT}\right)^{3/2}\exp\left[-\frac{m(v_x^2 + v_y^2 + v_z^2)}{2k_BT}\right], \tag{C.14}$$

che corrisponde alla densità di probabilità:

$$p(v_x, v_y, v_z) = \frac{1}{\rho}f(v_x, v_y, v_z) = p(v_x)p(v_y)p(v_z),$$

con

$$p(v_i) = \sqrt{\frac{m}{2\pi k_BT}}\exp\left(-\frac{mv_i^2}{2k_BT}\right)$$

per tutte e tre le componenti.

La (C.13) generalizza pertanto la distribuzione di Maxwell al caso di un gas che si muove con velocità idrodinamica costante $\langle \mathbf{u}(\mathbf{x},t) \rangle = \mathbf{v}_0$.

C.4 Il teorema H

Il risultato che abbiamo ottenuto mostra che l'equazione di Boltzmann ammette una soluzione di equilibrio, ma non ci dice né che tale soluzione sia raggiunta, né tanto meno che cosa quantifichi l'approccio all'equilibrio. Il colpo di genio di Boltzmann fu quello di considerare come varia nel tempo proprio il valore medio di quella quantità, il *logaritmo* della funzione di distribuzione, che abbiamo visto conservarsi in una collisione, ossia come varia:

$$\langle \ln(f(v,t)) \rangle = \frac{1}{\rho} \int d^3 v f(v,t) \ln f(v,t) = \frac{1}{\rho} H(t),$$

dove $H(t)$ è detta *funzione H di Boltzmann*. Ciò che Boltzmann dimostro è che *per ogni t* si ha:

$$\frac{dH}{dt} \le 0 \qquad\qquad (C.15)$$

e che $dH/dt = 0$ *solo all'equilibrio*. La funzione H è dunque in qualche modo la nostra vera "freccia del tempo", ed l'equilibrio è determinato proprio dal fatto che H non decresca più.

◇ Dimostrare il "teorema H" non è troppo difficile, anche se richiede qualche passaggio algebrico un po' noioso. Vogliamo valutare:

$$\frac{dH}{dt} = \frac{d}{dt} \int d^3 v f_\mathbf{v} \ln f_\mathbf{v} = \int d^3 v \frac{\partial f_\mathbf{v}}{\partial t} (1 + \ln f_\mathbf{v}).$$

Sostituendo dall'equazione di Boltzmann per un gas uniforme con $\mathbf{F} = 0$ e $\nabla_\mathbf{x} = 0$:

$$\frac{dH}{dt} = \int d^3 v d^3 w \int d\Omega\, \sigma(\Omega) |\mathbf{v} - \mathbf{w}| (f_{\mathbf{v}'} f_{\mathbf{w}'} - f_\mathbf{v} f_\mathbf{w}) (1 + \ln f_\mathbf{v}).$$

Ho separato le prime due variabili di integrazione, perché ora possiamo fare un piccolo trucco. Dato che $\mathbf{v}$ e $\mathbf{w}$ sono variabili integrate, possiamo sostituire l'integrale con la semisomma dell'integrale stesso più l'integrale in cui scambiamo $\mathbf{v}$ con $\mathbf{w}$. Con passaggi elementari allora otteniamo:

$$\frac{dH}{dt} = \frac{1}{2} \int d^3 v d^3 w \int d\Omega\, \sigma(\Omega) |\mathbf{v} - \mathbf{w}| (f_{\mathbf{v}'} f_{\mathbf{w}'} - f_\mathbf{v} f_\mathbf{w}) [2 + \ln(f_\mathbf{v} f_\mathbf{w})]. \qquad (C.16)$$

D'altronde, un ragionamento del tutto analogo si può fare per le collisioni inverse, da cui, ricordando che $\sigma(\Omega)$ non cambia se si scambiano le velocità iniziali e finali:

$$\frac{dH}{dt} = \frac{1}{2} \int d^3 v' d^3 w' \int d\Omega\, \sigma(\Omega) |\mathbf{v}' - \mathbf{w}'| (f_\mathbf{v} f_\mathbf{w} - f_{\mathbf{v}'} f_{\mathbf{w}'}) [2 + \ln(f_{\mathbf{v}'} f_{\mathbf{w}'})]. \qquad (C.17)$$

Tenendo conto che $d^3 v' d^3 w' = d^3 v d^3 w$ (è in pratica il teorema di Liouville per un mini-spazio delle fasi costituito solo dalle velocità delle due molecole!) e che $|\mathbf{v}' - \mathbf{w}'| = |\mathbf{v} - \mathbf{w}|$, possiamo sommare le (C.16), (C.17) e dividere per due, ottenendo con semplici passaggi:

$$\frac{dH}{dt} = \frac{1}{4} \int d^3 v d^3 w \int d\Omega\, \sigma(\Omega) |\mathbf{v} - \mathbf{w}| (f_{\mathbf{v}'} f_{\mathbf{w}'} - f_\mathbf{v} f_\mathbf{w}) \ln \frac{f_\mathbf{v} f_\mathbf{w}}{f_{\mathbf{v}'} f_{\mathbf{w}'}}. \qquad (C.18)$$

A questo punto basta osservare che, per qualunque coppia di numeri (x,y),

$$(x - y) \ln \frac{y}{x} \le 0$$

(se il primo termine del prodotto è positivo, il logaritmo è negativo e viceversa), ed è in particolare nullo solo se $x = y$. Dato che gli altri termini negli integrali sono positivi, ne segue il teorema H. ◇

Da $H = \rho \langle \ln f \rangle$, usando per f la distribuzione di equilibrio (C.14) e tenendo conto della relazione $m \langle v^2 \rangle / 2 = E/N = 3 k_B T / 2$ per un gas ideale, è abbastanza facile mostrare che si ha:

$$H = -N \left[\ln \left(\frac{V}{N} \right) + \frac{3}{2} \ln \left(\frac{E}{N} \right) + C \right],$$

ossia che la quantità $S = -k_B H$ coincide, a meno di una costante (proporzionale ad N) con l'entropia di un gas ideale data della (2.39). Ma la cosa più interessante è che, come mostrato alla fine del Cap. 2, per un gas ideale questo legame tra H e l'entropia di Boltzmann $S = k_B \ln \Omega$ è *sempre* vero, anche in condizioni ben lontane dall'equilibrio.

L'apparente contraddizione tra il Teorema H e il comportamento reversibile delle equazioni microscopiche che sono state utilizzate per ricavarlo è discussa nel Cap. 2, dove in particolare si mette in luce come l'ipotesi del caos molecolare sia vera solo in senso statistico e per le grandezze macroscopiche. Qui vogliamo solo mostrare come, per quanto l'equazione di Boltzmann sia estremamente complessa, una sua semplice approssimazione basata fondamentalmente sul fatto che f raggiunge un valore di equilibrio, permetta di ottenere risultati molto interessanti.

C.5 RTA e conducibilità elettrica dei metalli

Abbiamo visto che l'equazione di Boltzmann porta ad uno stato d'equilibrio (nel caso più semplice di un gas omogeneo in assenza di forze esterne, la distribuzione di Maxwell-Boltzmann) con una cinetica che è dettata dalle collisioni, e quindi su un tempo caratteristico che sarà legato al tempo medio τ_c tra due collisioni. Possiamo allora ipotizzare che quando la funzione di distribuzione viene perturbata di poco rispetto al valore f_0 di equilibrio, l'effetto del termine collisionale sia di fatto quello di far "rilassare" $f \to f_0$ in modo *esponenziale* con un tempo caratteristico τ dell'ordine di τ_c. In termini quantitativi ciò significa approssimare "brutalmente" il termine collisionale, scrivendo semplicemente:

$$\frac{Df}{Dt} = \frac{\partial f}{\partial t} + (\mathbf{v} \cdot \nabla_{\mathbf{x}}) f + \frac{1}{m} (\mathbf{F} \cdot \nabla_{\mathbf{v}}) f = -\frac{f - f_0}{\tau}. \qquad (C.19)$$

Questa equazione, che oltre ad essere molto più semplice è soprattutto lineare, è nota come equazione di Boltzmann nell'*approssimazione di tempo di rilassamento* (o RTA, *Relaxation Time Approximation*). Ovviamente, l'ipotesi che abbiamo fatto è del tutto *ad hoc*, anche se modelli semplici come quello di Kac, discusso nel Cap. 2, prevedono effettivamente un approccio esponenziale all'equilibrio. Ciò nonostante, la RTA consente di ottenere risultati sostanzialmente corretti per piccole deviazioni rispetto all'equilibrio.

Cercheremo allora di mostrare come la RTA permetta di ottenere informazioni importanti relative a fenomeni di *trasporto* nei gas. Anzi, faremo qualcosa di più, che ci mostrerà come l'equazione di Boltzmann possa essere utile anche in situazioni che sembrerebbero del tutto al di fuori della sua portata. Anche se l'equazione di

Boltzmann è stata ricavata a partire dalle leggi classiche del moto, vogliamo infatti vedere quali risultati fornisca nella RTA, quando venga applicata ad un gas quantistico fortemente degenere, come quello costituito dagli elettroni in un metallo. In questo caso, sulla base di quanto discusso nella Sez. 6 del Cap. 6, ciò richiede di modificare l'espressione:

$$f_{v'}f_{w'} - f_v f_w,$$

che compare nell'integrale di collisione, per tener conto degli effetti sulla probabilità di transizione da uno stato ad un altro dovuti all'antisimmetria della funzione d'onda, ossia sostituirla con:

$$[f_{v'}(1 - f_v)][f_{w'}(1 - f_w)] - [f_v(1 - f_{v'})][f_w(1 - f_{w'})].$$

In modo del tutto analogo a quanto fatto applicando il principio del bilancio dettagliato, è semplice mostrare che la distribuzione stazionaria che si ottiene annullando questa espressione coincide con quella di Fermi-Dirac.

In particolare, vogliamo chiederci se l'equazione di Boltzmann permetta di stimare la conducibilità elettrica in un metallo.

Consideriamo allora un gas di Fermi sottoposto ad un campo elettrico $\mathscr{E}$ in direzione z, e cerchiamo una soluzione dell'equazione di Boltzmann:

- in regime stazionario, ossia tale che $\partial f / \partial t = 0$;
- omogenea, ossia in cui non esistano gradienti spaziali di densità nel gas di Fermi;
- in presenza di una forza esterna $F_z = -e\mathscr{E}\hat{k}$, dove $-e$ è la carica dell'elettrone.

L'equazione di Boltzmann nella RTA diviene allora semplicemente:

$$-\frac{e\mathscr{E}}{m}\frac{\partial f}{\partial v_z} = -\frac{f - f_0}{\tau}. \tag{C.20}$$

Assumiamo ora che la deviazione rispetto allo stato equilibrio del gas di elettroni sia molto piccola, ossia che si possa scrivere $f = f_0 + f_1$, con $f_1 \ll f_0$. Allora, al I membro della C.20 possiamo trascurare f_1 rispetto ad f_0 (al secondo membro ovviamente no, perché f_1 è l'unico termine che rimane!) e scrivere:

$$\frac{f_1}{\tau} = \frac{e\mathscr{E}}{m}\frac{\partial f_0}{\partial v_z} \Longrightarrow f_1 = \frac{e\mathscr{E}\tau}{m}\frac{\partial f_0}{\partial v_z}.$$

Così facendo, abbiamo il grande vantaggio di considerare un'equazione in cui f_1 si ottiene immediatamente in funzione di sole quantità di *equilibrio*. Come visto nel Cap. 6, la distribuzione di Fermi-Dirac dipende solo dall'energia ε degli elettroni e dal potenziale chimico (che, a temperature non troppo elevate, coincide in pratica con l'energia di Fermi ε_F). Quindi, da $\partial \varepsilon / \partial v_z = m v_z$):

$$\frac{\partial f_0}{\partial v_z} = \frac{df_0}{d\varepsilon}\frac{\partial \varepsilon}{\partial v_z} = m v_z \frac{df_0}{d\varepsilon},$$

ossia:

$$f_1 = e\mathscr{E}\tau v_z \frac{\mathrm{d}f_0}{\mathrm{d}\varepsilon}. \tag{C.21}$$

La densità di corrente elettrica J_z è data dal flusso di carica, ossia numero di elettroni che attraversa il conduttore per unità di tempo e superficie. Ricordando la (Appendice C), ciò equivale a considerare la quantità $\chi = -ev_z$ e a calcolare:

$$J_z = -e \int \mathrm{d}^3 v f v_z.$$

In condizioni di equilibrio ($f = f_0$) l'integrale in $\mathrm{d}v_z$ è dispari (perché f_0 dipende quadraticamente da v_z) e pertanto il flusso di corrente è, correttamente, nullo. Possiamo allora sostituire nell'integrando $f \to f_1$ ottenendo:

$$J_z = -e^2\mathscr{E} \int \mathrm{d}^3 v \frac{\mathrm{d}f_0}{\mathrm{d}\varepsilon} \tau v_z^2. \tag{C.22}$$

A questo punto, dobbiamo fare qualche considerazione sul tempo caratteristico τ, che abbiamo detto essere legato classicamente al tempo di collisione τ_c In generale, τ_c e quindi τ *dipenderanno* dall'energia ε delle particelle. Tuttavia, come sappiamo, il fattore di Fermi varia solo in un breve intervallo attorno al valore del potenziale chimico, che sarà quindi anche la regione in cui $\mathrm{d}f/\mathrm{d}\varepsilon \neq 0$. Per $T \ll T_F$, possiamo allora assumere per τ il suo valore $\tau_F = \tau(\varepsilon_F)$ in corrispondenza dell'energia di Fermi e portarlo fuori dall'integrale. La conducibilità elettrica σ, che è semplicemente il rapporto tra il flusso di corrente ed il campo applicato, sarà allora:

$$\sigma = -e^2 \tau_F \int \mathrm{d}^3 v \frac{\mathrm{d}f_0}{\mathrm{d}\varepsilon} v_z^2 = -\frac{e^2 \tau_F}{m} \int \mathrm{d}^3 v \frac{\partial f_0}{\partial v_z} v_z,$$

dove ora possiamo ritornare all'espressione di f in funzione di v_z, perché permette un'integrazione immediata. Infatti, integrando per parti su $\mathrm{d}v_z$, il termini integrato $[f_0 v_z]_{-\infty}^{+}$ è nullo, perchè il fattore di Fermi si annulla esponenzialmente per alte energie. Quindi abbiamo semplicemente, tenendo conto che l'integrale sulle velocità della funzione di distribuzione dà la densità elettronica ρ,

$$\sigma = +\frac{e^2 \tau_F}{m} \int \mathrm{d}^3 v f_0 = \frac{\rho e^2 \tau_F}{m}. \tag{C.23}$$

In altri termini, rispetto a proprietà di equilibrio come la capacità termica, che dipendono solo da quegli elettroni che si trovano in prossimità dell'energia di Fermi, qui *tutti* gli elettroni contribuiscono alla conducibilità elettrica, anche se con il valore di τ caratteristico di quelli che hanno $\varepsilon \simeq \varepsilon_F$.

La spiegazione dal punto di vista fisico di questa differenza è semplice: mentre l'eccitazione di elettroni per via termica è un fenomeno casuale, per cui ogni elettrone deve "cercarsi" uno stato libero ad energia superiore (e solo quelli con $\varepsilon \simeq \varepsilon_F$ lo trovano), qui è tutta la distribuzione di Fermi che si muove "rigidamente" verso valori più alti di $-eE$ rispetto a quelli dello stato di equilibrio. Insomma, anziché con una folla di persone che cercano di salire su una collina ostacolandosi a vicenda, abbiamo a che fare con un esercito in marcia regolare. Quello che abbiamo svolto è solo un esempio di un approccio generale alle proprietà di trasporto dei metalli, dovuto sostanzialmente a Sommerfeld, che tratta il problema in modo semiclassico utilizzando un'equazione "alla Boltzmann", ma una funzione di distribuzione di equilibrio propria di un gas fortemente degenere.

Appendice D

Moto browniano e processi di diffusione

In questa appendice, esamineremo un problema di grande rilevanza nella fisica statistica, sia perché rappresenta in qualche modo un prototipo di quelli che si chiamano "processi stocastici", sia in quanto conduce alla formulazione di un'equazione irreversibile per una grandezza macroscopica, l'equazione di diffusione di massa, di estremo interesse teorico ed applicativo.

In un gas, come sappiamo, l'equilibrio termico ha origine dalle continue collisioni che hanno luogo tra le molecole. Ogni singola molecola compie un complicato moto a zig-zag attraverso il gas, scambiando negli urti quantità di moto ed energia cinetica e muovendosi di moto rettilineo uniforme tra due collisioni. Il tempo medio τ_c che intercorre tra due collisioni, calcolato a partire dalla distanza media tra due molecole e dal valore della velocità quadratica media, risulta dell'ordine di 10^{-12} s. È quindi impensabile (ed inutile) descrivere nei dettagli il moto di ciascuna molecola: possiamo però dare una descrizione statistica di questo moto, che diremo *random walk* (RW).

Non si può ovviamente osservare direttamente il moto di una singola molecola, ma è possibile visualizzare un altro fenomeno fisico simile al moto molecolare. Nel 1827 Robert Brown (non un fisico, ma un botanico!) osservò al microscopio che dei granelli di polline sospesi in un liquido compiono un moto molto irregolare e caotico. L'origine di questo fenomeno rimase oscura fino all'inizio di questo secolo, quando A. Einstein e M. Smoluchowski ne diedero indipendentemente la corretta interpretazione, fornendo così la prima prova diretta della struttura molecolare della natura. Ciò che produce il moto irregolare di una particella sospesa in un fluido è l'impulso ad essa comunicato dalle molecole di solvente tramite gli urti. La particella è "bombardata" in tutte le direzioni, e quindi il trasferimento di quantità di moto $\overline{\Delta \mathbf{p}}$ da parte delle molecole è nullo, Tuttavia, istante per istante, $\Delta \mathbf{p}(t)$ è una grandezza fluttuante, il che può essere visualizzato come una serie di "colpetti" con direzione causale che la particella subisce. Il moto che ne risulta, che viene detto *moto browniano*, è in molti sensi analogo al moto molecolare in un gas.

Cominciamo a farci un idea delle proprietà statistiche di un RW con un modello molto semplificato, limitandoci per ora a considerare un moto lungo una sola dimensione. Ad esempio pensiamo di aver bevuto un po' troppo e di uscire nella

Piazza R.: Note di fisica statistica (con qualche accordo).
© Springer-Verlag Italia 2011

notte lungo la strada su cui si affaccia il pub che abbiamo visitato (e di cui abbiamo abbondantemente fruito): non ci ricordiamo bene se per tornare a casa si debba andare a destra o a sinistra, per cui facciamo un primo passo in una direzione a caso, diciamo a destra. Poi ci fermiamo a ripensare e come conseguenza decidiamo di tornare sui nostri passi, oppure di fare un altro passo nella stessa direzione, e così via ad ogni passo. Ogni decisione presa corrisponde così ad un "urto" della nostra molecola. Dove ci troveremo, dopo aver fatto un certo numero N di passi? A tutti gli effetti, il problema è del tutto identico a quello di un gioco a "testa o croce": del resto, dato che non abbiamo nessuna idea su come arrivare a casa, potremmo ogni volta decidere da che parte andare proprio lanciando una moneta.

Consideriamo allora un random walk lungo un asse X orientato da sinistra a destra. Per generalità, supponiamo che la probabilità di compiere un passo a destra sia p (che potrebbe essere anche diversa da $p = 1/2$, corrispondente al lancio di una moneta "onesta") e che ciascun passo sia indipendente dall'altro. Chiediamoci quale sia la probabilità $P(k; N, p)$ di compiere k passi in direzione positiva dell'asse X su un totale di N (e quindi $N - k$ passi a sinistra, ciascuno con probabilità $1 - p$). Dato che le probabilità che avvengano più eventi indipendenti è il prodotto delle probabilità di ciascun singolo evento, uno *specifico* cammino del tipo che stiamo considerando ha probabilità $p^k(1 - p)^{N-k}$. Ma il numero di cammini di questo tipo è pari al numero di modi in cui possiamo scegliere i k passi positivi su N senza tenere conto dell'ordine con cui lo facciamo, ossia $\binom{N}{k}$. Quindi, per la probabilità totale avremo:

$$P(k; N, p) = \binom{N}{k} p^k(1 - p)^{N-k}, \tag{D.1}$$

che è una distribuzione binomiale (o di Bernoulli), con valore di aspettazione $\langle k \rangle = Np$ e varianza $\sigma_k^2 = Np(1 - p)$.

Se L è la lunghezza di un passo, la posizione finale x rispetto al punto di partenza, per un dato valore di k, sarà data da:

$$x = [k - (N - k)]L = (2k - N)L,$$

dove L è la lunghezza di un passo. Facciamo qualche osservazione.

- Si ha $\langle x \rangle = (2\langle k \rangle - N)L = (2p - 1)NL$; in particolare, se $p = 1/2$, $\langle x \rangle = 0$, ossia, come potevamo aspettarci, ci ritroviamo in media al punto di partenza. Se invece $p \neq 1/2$ si ha un progressivo *drift* della posizione media rispetto all'origine, a destra o a sinistra a seconda che si abbia rispettivamente $p > 1/2$ o $p < 1/2$.
- Dato che un termine costante non contribuisce all'allargamento di una distribuzione di probabilità, la deviazione standard della distribuzione di x è pari a:
$$\sigma_x = 2L\sigma_k = 2L\sqrt{p(1 - p)N}.$$
- In particolare per $p = 1/2 \rightarrow \sigma_x = L\sqrt{N}$, ossia la regione "esplorata" dal nostro ubriaco cresce come la radice del numero dei passi.

Nel limite di $N \to \infty$, i valori (discreti) di una distribuzione binomiale come la D.1 vengono interpolati sempre meglio da una distribuzione continua con una densità di probabilità *gaussiana*:

$$p(k) = \frac{1}{\sigma\sqrt{2\pi}} \exp\left[-\frac{(k - \langle k \rangle)^2}{2\sigma^2} \right],$$

di valore d'aspettazione $\langle k \rangle$ e varianza σ pari a quelli della binomiale (dove ora pensiamo a k come ad una variabile continua). La convergenza è particolarmente rapida per $p = 1/2$, ma in ogni caso questa distribuzione limite viene raggiunta per ogni p se N è sufficientemente grande.

◇ Questo risultato non è in realtà che un caso particolare di quello che il più forse importante teorema del calcolo delle probabilità, il Teorema Centrale Limite (TCL). In termini semplici e un po' imprecisi, il TCL afferma che se $x_1, x_2, \cdots, x_N$ sono delle variabili casuali le cui distribuzioni di probabilità hanno varianza finita, e se non vi è tra di esse una variabile "preponderante", ossia tale che la sua varianza è molto maggiore di quella di tutte le altre, allora, per N sufficientemente grande, la distribuzione di probabilità della somma $X = \sum_{i=1}^{N} x_i$ di tali variabili approssima sempre meglio, al crescere di N una gaussiana di valore d'aspettazione e varianza:

$$\begin{cases} \langle X \rangle = \sum_{i=1}^{N} \langle x_i \rangle \\ \sigma_X^2 = \sum_{i=1}^{N} \sigma_{x_i}^2. \end{cases}$$

Possiamo applicare direttamente il TCL per calcolare la distribuzione dello spostamento x in un random walk unidimensionale, limitandoci per semplicità al caso $p = 1/2$. Ciascun passo x_i è infatti una variabile casuale che può assumere solo i valori $\pm L$ con probabilità $p = 0.5$, e che quindi ha valor medio $\langle x_i \rangle = 0$ e varianza $\sigma_i^2 = 0.5L^2 + 0.5L^2 = L^2$. Se N è molto grande, lo spostamento totale x sarà quindi distribuito in modo gaussiano, con $\langle x \rangle = 0$ e $\sigma_x^2 = NL^2$. ◇

Supponiamo ora di analizzare il fenomeno nel tempo, e diciamo τ il tempo necessario a compiere un passo, scegliendo ancora per semplicità $p = 1/2$. Il numero di passi che hanno luogo in un tempo t si può scrivere allora $N = t/\tau$ e la varianza della distribuzione gaussiana come $\sigma^2 = 2Dt$, dove:

$$D = \frac{L^2}{2\tau} = \frac{\langle x^2 \rangle}{2t}. \tag{D.2}$$

La cosa interessante è che, dato che lo spostamento quadratico cresce linearmente con il tempo, il coefficiente D, che indica quanto in fretta si allarga la distribuzione delle posizioni e che viene detto *coefficiente di diffusione*, rimane finito anche per $t \to 0$ e quindi non dipende dalla scelta di τ. Notate che D ha le dimensioni di un quadrato di una lunghezza diviso un tempo. In termini del coefficiente di diffusione, la distribuzione delle posizioni al tempo t è data allora da:

$$p(x,t) = \frac{1}{2\sqrt{\pi Dt}} \exp\left(-\frac{x^2}{4Dt} \right). \tag{D.3}$$

Il moto browniano è dunque una sorta di "prototipo" dei processi diffusivi. Vogliamo ora vedere come da considerazioni puramente probabilistiche sul random walk si possa ottenere un equazione macroscopica per la diffusione di massa. Consideriamo nuovamente, per maggiore generalità, un valore generico di p, e supponiamo inoltre che τ sia molto breve rispetto ai tempi su cui vogliamo descrivere il processo. Per calcolare la probabilità $P(x, t + \tau)$ che la particella si trovi in x al tempo $t + \tau$ possiamo scrivere:

$$P(x, t + \tau) = pP(x - L, t) + (1 - p)P(x + L, t);$$

ossia, o la particella al tempo precedente si trovava un passo indietro ed ha fatto un passo avanti, o si trovava un passo avanti ed ha fatto un passo indietro (ovviamente con probabilità $1 - p$). Dato che τ è piccolo, possiamo approssimare $P(x, t + \tau)$ fermandoci al primo ordine come:

$$P(x, t + \tau) \simeq P(x, t) + \frac{\partial P}{\partial t} \tau.$$

Possiamo fare lo stesso anche per i termini al secondo membro, ma in questo caso, per ragioni che ci saranno presto chiare, conviene spingersi almeno fino al secondo ordine dello sviluppo, scrivendo:

$$P(x \pm L, t) \simeq P(x, t) \pm \frac{\partial P}{\partial x} L + \frac{1}{2} \frac{\partial^2 P}{\partial x^2} L^2.$$

Sostituendo nell'equazione originaria, si ottiene facilmente:

$$\frac{\partial P}{\partial t} = (1 - 2p) \frac{L}{\tau} \frac{\partial P}{\partial x} + \frac{L^2}{2\tau} \frac{\partial^2 P}{\partial x^2},$$

ossia in definitiva:

$$\frac{\partial P}{\partial t} = (1 - 2p) \frac{L}{\tau} \frac{\partial P}{\partial x} + D \frac{\partial^2 P}{\partial x^2}, \qquad (\text{D.4})$$

che viene detta equazione di Smoluchovski o (con minore correttezza storica) di Fokker–Planck. Se allora consideriamo un grande numero N di particelle, la frazione di particelle che si trova tra x ed $x + dx$ al tempo t sarà data da:

$$n(x, t)dx = NP(x, t)$$

e quindi obbedirà all'*equazione di diffusione* (generalizzata):

$$\frac{\partial n(x, t)}{\partial t} = (1 - 2p) \frac{L}{\tau} \frac{\partial n(x, t)}{\partial x} + D \frac{\partial^2 n(x, t)}{\partial x^2}. \qquad (\text{D.5})$$

Notiamo in primo luogo che, quando $p = 1/2$, il primo termine al secondo membro è nullo (per questo è stato necessario considerare lo sviluppo fino al *secondo* ordine). Questo è il caso del *random walk* semplice che abbiamo considerato in precedenza, la cui soluzione come abbiamo visto è una distribuzione gaussiana per $n(x, t)$ che si allarga nel tempo con $\langle x^2 \rangle = 2Dt$. In termini fisici, potrebbe descrivere ad esempio il progressivo allargarsi di una macchiolina d'inchiostro che depositiamo con un pennino sottile al centro di un bicchiere d'acqua (ben ferma). Ma non è necessario che la "cosa" che diffonde sia necessariamente una sostanza materiale: la stessa equazione descrive ad esempio la diffusione del calore. Processi di questo tipo ci mostrano comunque che l'equazione di diffusione per una grandezza *macroscopica* come $n(x,t)$, derivata utilizzando un approccio probabilistico, sia fondamentalmente *irreversibile*.

Qual è però il significato fisico del primo termine? Se $p \neq 0.5$, possiamo aspettarci che ciascuna particella (e quindi tutta la distribuzione di massa) "derivi" progressivamente in direzione positiva (se $p > 0.5$) o negativa (se $p < 0.5$) dell'asse x: in altri termini, la quantità $(1 - 2p)L/\tau$ corrisponderà alla "velocità di drift" V_d che una particella assume in presenza di una forza esterna come il peso (il cui effetto è proprio quello di rendere $p \neq 1/2$)[1].

Quanto abbiamo detto si generalizza facilmente al moto browniano in più dimensioni. Ad esempio, se consideriamo un *random walk* in tre dimensioni, con spostamenti indipendenti lungo x, y e z, si ottiene $\langle r^2 \rangle = 6Dt$. Il fatto che in un processo diffusivo $\langle x^2 \rangle$ sia proporzionale a t ci fa intuire, tuttavia, che la descrizione "idealizzata" del moto reale che compie una particella sottoposta agli urti da parte delle molecole di solvente come un *random walk* idealizzato presenta qualche problema. Se infatti calcoliamo la *velocità* quadratica media $\langle v \rangle$ con cui la particella diffonde a partire dall'origine, che definiamo come

$$\langle v \rangle = \frac{\mathrm{d}}{\mathrm{d}t} \sqrt{\langle x^2 \rangle} = \sqrt{\frac{D}{t}},$$

troviamo che $\lim_{t \to 0} \langle v \rangle = \infty$: ovviamente, ciò non ha senso fisico. In realtà, per intervalli di tempo sufficientemente brevi (almeno pari al tempo tra due collisioni successive) la particella si muoverà di moto uniforme (o, come si dice, avrà un moto "balistico"). Possiamo farci un'idea del tempo caratteristico su cui la direzione del moto della particella diventa casuale per effetto degli urti con le molecole del solvente, che si dice *tempo di rilassamento idrodinamico* τ_H, considerando un semplice esperimento "macroscopico" in cui una pallina di massa m cade in un fluido sotto effetto della forza peso. Sappiamo dai corsi elementari di fisica che in breve tempo la pallina raggiunge una velocità stazionaria, ossia quella che abbiamo chiamato velocità di drift V_d: in queste condizioni stazionarie, la forza peso (o meglio, la differenza $F = mg - F_a$ tra questa e la forza di Archimede F_a) è bilanciata esattamente dalla "resistenza viscosa" del mezzo $F_v = F$. Quanto vale V_d? Per determinarla, basta notare che la pallina potrà accelerare subendo uno spostamento netto in direzione di F, solo fino a quando l'impulso trasferito dalla forza agente non sarà stato "randomizzato" dalle collisioni, ossia solo per $t \lesssim \tau$. Avremo pertanto:

$$V_d = (F/m)\tau_H.$$

---

[1] Un modo rigoroso per convincersene è notare che, se tutta la distribuzione di massa si sposta rigidamente con velocità V_d, $n(x,t)$ non può essere una funzione arbitraria della posizione e del tempo, ma della sola variabile "combinata" $x + V_d t$. È abbastanza facile vedere che ogni funzione arbitraria $n(x + V_d t)$ soddisfa automaticamente la (D.5) se trascuriamo il secondo termine (il termine di allargamento "browniano") al membro di destra.

La forza di resistenza viscosa $F_v = F = fV_d$, dove f è detto coefficiente di frizione, è allora proporzionale alla velocità di drift, ed il tempo di rilassamento idrodinamico sarà legato al coefficiente di frizione da $\tau_H \sim m/f$. Quindi la descrizione del moto browniano come *random walk* ha in realtà senso solo per $t \gg \tau_H$ (che comunque, per una particella di raggio $R \sim 1\,\mu$m, è dell'ordine di poche centinaia di nanosecondi).

Notiamo infine che $\ell_g = D/V_d$ ha le dimensioni di una lunghezza. Che significato ha questa quantità? Una lunghezza può essere sempre pensata come il rapporto tra un'energia ed una forza. Nel caso che stiamo considerando, la forza in gioco è $F_v = mg - F_a$, mentre l'unica scala di energia presente nel problema è $k_B T$: da ciò si può intuire (ma anche dimostrare rigorosamente) che si deve avere $\ell_g = k_B T / F_v$. Scrivendo la forza di Archimede come $F_a = m_f g$, dove m_f è la massa del fluido "spostato", si ha inoltre:

$$\ell_g = \frac{k_B T}{(m - m_f)g}.$$

Pertanto, purché si sostituisca alla massa m una massa "efficace" $m^* = m - m_f$, ℓ_g corrisponde proprio alla "lunghezza gravitazionale" che abbiamo definito nel Cap. 6. Notiamo infine che si ha anche $D = k_B T / f$: dietro questo risultato, dovuto ad Einstein, è nascosto uno dei più importanti risultati della meccanica statistica fuori equilibrio, che passa sotto il nome di *teorema di fluttuazione e dissipazione*.

Letture consigliate

La produzione editoriale per quanto riguarda i testi di fisica statistica è ovviamente molto ampia, perlomeno in lingua inglese. In quanto segue, mi limito quindi a consigliare, in ordine di difficoltà crescente, qualche volume che ritengo molto significativo (o che comunque a me piace particolarmente).

- R. Baierlein, *Thermal Physics*, Cambridge University Press, Cambridge UK, 1998.
  Uno dei migliori testi introduttivi alla meccanica statistica. Contiene anche una buona trattazione elementare dei processi di trasporto.
- R. Bowley, M. Sanchez, *Introductory Statistical Mechanics*, Oxford University Press, Oxford, 2nd edition, 1999.
  Un buon testo di base, soprattutto per quanto riguarda la teoria di Landau delle transizioni di fase.
- M. W. Zemansky, R. H. Dittman, *Heat and Thermodynamics*, 7th edition, McGraw-Hill, Singapore, 1997.
  Un "classico" di livello intermedio per quanto riguarda la termodinamica, con una discreta introduzione alla meccanica statistica.
- D. L. Goodstein, *States of Matter*, Dover Publications, New York, 1986.
  Un grande libro, anche se un po' datato, che sviluppa un approccio unitario della fisica della materia a partire dalla meccanica statistica.
- D. Chandler, *Introduction to Modern Statistical Mechanics*, Oxford University Press, New York, 1987.
  Un testo di livello intermedio, che pone particolare enfasi sulla struttura dello stato liquido, sulle transizioni di fase e sulla simulazione numerica. Ha il pregio di essere particolarmente "compatto".
- T. L. Hill, *An Introduction to Statistical Thermodynamics*, Dover Publications, New York, 1988.
  Un libro che, per quanto un po' datato (l'edizione originale è del 1962), rimane comunque una splendida introduzione alla termodinamica statistica, soprattutto per quanto riguarda le applicazioni alla chimica e alla biofisica.

- L. Peliti, *Appunti di Meccanica Statistica*, Bollati Boringhieri, Torino, 2009.
  Nel panorama piuttosto deludente della produzione editoriale italiana per quanto riguarda la fisica statistica, mi sento comunque di consigliare questo ottimo testo a chiunque voglia approfondire gli argomenti che abbiamo affrontato nella nostra breve introduzione. Il volume è pensato soprattutto per studenti dei corsi di laurea in fisica, ed è di livello piuttosto avanzato.

- S. K. Ma, *Statistical Mechanics*, World Scientific Publishing, Singapore, 1985.
  A mio avviso, un libro impareggiabile per quanto riguarda la comprensione dei concetti chiave della fisica statistica, cui mi sono spesso inspirato nel redarre questo testo. Nonostante lo stile discorsivo e l'uso molto limitato del formalismo matematico, è tuttavia un testo tutt'altro che elementare, che richiede molto sforzo da parte del lettore per comprendere in pieno il significato fisico degli argomenti affrontati (sforzo comunque ampiamente ricompensato).

- L. D. Landau, E. M. Lifsits, *Fisica Statistica*, Fisica Teorica, Vol. 5/1, Editori Riuniti, Roma, 2010.
  Il monumentale corso di Fisica Teorica di Landau e Lifsits è in qualche modo la "Bibbia" dei fisici: dei dieci volumi che lo compongono, questo è sicuramente uno dei più riusciti. C'è sicuramente tutto quello che cercate, ed anche molto di più. Trovarlo (e soprattutto capirlo) non è però semplicissimo, per usare un eufemismo. Ciò nonostante, non dovrebbe mancare nella libreria di chiunque voglia occuparsi di fisica statistica. Oltretutto, come potete vedere, esiste anche un'ottima traduzione italiana.

- R. Kubo, *Statistical Mechanics*, North Holland, Amsterdam, 1990.
  Ryogo Kubo è uno dei grandi padri fondatori della meccanica statistica fuori equilibrio, cui ha dato contributi fondamentali. Pur essendo molto avanzato (è pensato per studenti di dottorato) questo testo spicca per la grande chiarezza e la profondità dell'analisi. Se avrete a che fare seriamente con la fisica statistica, prima o poi lo dovrete consultare.

- C. Cercignani, *Ludwig Boltzmann e la meccanica statistica*, La Goliardica Pavese, Pavia, 1987.
  Questo in realtà non è un testo di meccanica statistica, quanto piuttosto un'analisi accurata del contributo scientifico di Boltzmann. In chiusura di questa breve bibliografia, tuttavia, non potevo esimermi dal citare questo volume (purtroppo difficile da reperire), sia perché costituisce un testo fondamentale per la comprensione dello sviluppo della meccanica statistica, sia in memoria di Carlo Cercignani, uno dei maggiori interpreti delle idee di Boltzmann, oltre che una grande persona.

Indice analitico

UNITEXT – Collana di Fisica e Astronomia

Atomi, Molecole e Solidi
Esercizi Risolti
Adalberto Balzarotti, Michele Cini, Massimo Fanfoni
2004, VIII, 304 pp., euro 26,00
ISBN 978-88-470-0270-8

Elaborazione dei dati sperimentali
Maurizio Dapor, Monica Ropele
2005, X, 170 pp., euro 22,95
ISBN 978-88470-0271-5

**An Introduction to Relativistic Processes and the Standard
Model of Electroweak Interactions**
Carlo M. Becchi, Giovanni Ridolfi
2006, VIII, 139 pp., euro 29,00
ISBN 978-88-470-0420-7

Elementi di Fisica Teorica
Michele Cini
1a ed. 2005. Ristampa corretta, 2006
XIV, 260 pp., euro 28,95
ISBN 978-88-470-0424-5

Esercizi di Fisica: Meccanica e Termodinamica
Giuseppe Dalba, Paolo Fornasini
2006, ristampa 2011, X, 361 pp., euro 26,95
ISBN 978-88-470-0404-7

Structure of Matter
An Introductory Corse with Problems and Solutions
Attilio Rigamonti, Pietro Carretta
2nd ed. 2009, XVII, 490 pp., euro 41,55
ISBN 978-88-470-1128-1

Introduction to the Basic Concepts of Modern Physics
Special Relativity, Quantum and Statistical Physics
Carlo M. Becchi, Massimo D'Elia
2007, 2nd ed. 2010, X, 190 pp., euro 41,55
ISBN 978-88-470-1615-6

Introduzione alla Teoria della elasticità
Meccanica dei solidi continui in regime lineare elastico
2007, XII, 292 pp., euro 25,95
ISBN 978-88-470-0697-3

Fisica Solare
Egidio Landi Degl'Innocenti
2008, X, 294 pp., inserto a colori, euro 24,95
ISBN 978-88-470-0677-5

Meccanica quantistica: problemi scelti
100 problemi risolti di meccanica quantistica
Leonardo Angelini
2008, X, 134 pp., euro 18,95
ISBN 978-88-470-0744-4

Fenomeni radioattivi
Dai nuclei alle stelle
Giorgio Bendiscioli
2008, XVI, 464 pp., euro 29,95
ISBN 978-88-470-0803-8

Problemi di Fisica
Michelangelo Fazio
2008, XII, 212 pp., con CD Rom, euro 35,00
ISBN 978-88-470-0795-6

Metodi matematici della Fisica
Giampaolo Cicogna
2008, ristampa 2009, X, 242 pp., euro 24,00
ISBN 978-88-470-0833-5

Spettroscopia atomica e processi radiativi
Egidio Landi Degl'Innocenti
2009, XII, 496 pp., euro 30,00
ISBN 978-88-470-1158-8

Particelle e interazioni fondamentali
Il mondo delle particelle
Sylvie Braibant, Giorgio Giacomelli, Maurizio Spurio
2009, ristampa 2010, XIV, 504 pp. 150 figg., euro 32,00
ISBN 978-88-470-1160-1

I capricci del caso
Introduzione alla statistica, al calcolo della probabilità e alla teoria degli errori
Roberto Piazza
2009, XII, 254 pp.50 figg., euro 22,00
ISBN 978-88-470-1115-1

Relatività Generale e Teoria della Gravitazione
Maurizio Gasperini
2010, XVIII, 294 pp., euro 25,00
ISBN 978-88-470-1420-6

Manuale di Relatività Ristretta
Maurizio Gasperini
2010, XVI, 158 pp., euro 20,00
ISBN 978-88-470-1604-0

Metodi matematici per la teoria dell'evoluzione
Armando Bazzani, Marcello Buiatti, Paolo Freguglia
2011, X, 192 pp., euro 28,00
ISBN 978-88-470-0857-1

Esercizi di metodi matematici della fisica
Con complementi di teoria
G. G. N. Angilella
2011, XII, 294 pp., euro 26,95
ISBN 978-88-470-1952-2

Il rumore elettrico
Dalla fisica alla progettazione
Giovanni Vittorio Pallottino
2011, XII, 148 pp., euro 22,95
ISBN 978-88-470-1985-0

Note di fisica statistica (con qualche accordo)
Roberto Piazza
2011, XII, 306 pp., euro 26,95
ISBN 978-88-470-1964-5